21世纪普通高等院校规划教材 ——测绘专业

大比例尺数字化测图技术

第 4 版

李玉宝　　曹智翔　　余代俊　　刘　星
周　波　　宋怀庆　　莫才健　　吴龙祥　　等 编著

西南交通大学出版社

·成　都·

内 容 简 介

本书遵循理论上系统全面、内容上贴近生产实际的原则，较为系统地阐述了大比例尺数字化测图的理论、方法与应用技术。全书分 7 章，分别为第 1 章数字化测图概述，第 2 章计算机绘图基础，第 3 章数字化测绘外业作业，第 4 章 CASS 8.0 地形地籍成图软件概述，第 5 章 CASS 8.0 数字地形图编辑及工程应用，第 6 章土地调查与 CASS 数字化地籍图编辑，第 7 章 iData 数据工厂概述。

本书是作者在多年从事数字化测绘理论与实践教学、研究的基础上编著的，注重理论与应用并重，实用性强。因此，本书除作为测绘工程、地理信息系统等专业学生，在掌握了测量学基础理论后学习"数字化测图"专业课程的教材外，也可供从事数字化测绘工作的专业技术人员参考。

图书在版编目（ C I P ）数据

大比例尺数字化测图技术 / 李玉宝等编著. —4 版
. —成都：西南交通大学出版社，2019.5（2025.2 重印）
ISBN 978-7-5643-6850-0

Ⅰ . ①大… Ⅱ . ①李… Ⅲ . ①数字化测图 – 高等学校
– 教材 Ⅳ . ①P283.7

中国版本图书馆 CIP 数据核字（2019）第 080428 号

大比例尺数字化测图技术
第 4 版
李玉宝　曹智翔　余代俊　刘　星
　　　　　　　　　　　　　　　　　　编著
周　波　宋怀庆　莫才健　吴龙祥

＊

责任编辑　姜锡伟
助理编辑　王同晓
封面设计　何东琳设计工作室
西南交通大学出版社出版发行
四川省成都市金牛区二环路北一段 111 号西南交通大学创新大厦 21 楼
邮政编码：610031　发行部电话：028-87600564　028-87600533
http://www.xnjdcbs.com
四川森林印务有限责任公司印刷

＊

成品尺寸：185 mm × 260 mm　　　　印张：30.75
字数：769 千字
2006 年 9 月第 1 版
2019 年 5 月第 4 版　　2025 年 2 月第 14 次印刷
ISBN 978-7-5643-6850-0
定价：65.00 元

第 4 版前言

南方测绘 CASS 系统是受到测绘界广泛好评，拥有众多用户的数字地形图编辑软件，因而，在本教材前三版中，它作为唯一的测图软件系统被采用。但随着近年来测绘技术的飞速发展，CASS 的两个弊端也日益突出：

（1）数据格式不能满足现代地理信息技术（GIS）建库要求；

（2）CASS 是 AutoCAD 系统下二次开发的产品，不具有完全的自主知识产权。

为解决上述问题，南方测绘推出了新一代测绘数据生产、处理平台 iData 系统。iData 可读写 DB、DWG、DGN、DXF、GDB 等多种格式数据文件，并以数据库形式组织和存储，可与主流 GIS 系统进行无缝数据交换，真正实现了图库一体化、图属一体化。并在一个平台即可完成外业测绘、内业数据采编、数据质检、数据分发、数据入库等五个环节的作业，真正实现了一体化测绘生产。

本着"充分反映测绘科技进步，内容贴近生产实践"的一贯原则，本教材在第四版中增加了介绍 iData 系统的内容，并在别的内容上酌减。具体修订方案是删除原第三章"地图数字化"，和原附录二"数字化测图野外采集设备使用简介"，新增第七章"iData 数据工厂概述"和附录 2"野外操作码"、附录 3"iData 系统元规则"。

新增内容由宋怀庆、莫才健、吴龙祥执笔，李玉宝修改完成。吴龙祥是 iData 系统的研发负责人，为本书编撰提供了必不可少的技术资料，并详细审阅书稿，做出了许多重要改进。宋怀庆作为主要撰稿人，花费大量时间测试了 iData 系统每一条命令莫才健在书稿的修改，命令测试方面做出了大量工作。为了系统、完整、准确地阐述 iData 的各项功能和使用技巧，全体编者为之付出了艰辛的劳动，历经 6 次修订方才最终完稿。

iData 是一个功能众多的复杂软件系统，由于编者运用实践不足或受到专业水平局限，教材中可能仍有难以避免的不足。在此对由此给读者带来的困扰深表歉意，并恳请读者不吝赐教，以便在以后修订时更正。

编著者

2018 年 7 月 2 日

第 3 版前言

　　《大比例尺数字化测图技术》第二版自 2009 年 3 月出版以来，已经印刷 5 次。作者在此期间，广泛征求使用此书的教师和学生意见，历次重印皆对发现的错误和不足做了修订，使得全书的质量得到一定提升。借此机会，编者对本书的读者和使用本书的教师、学生表示深深的谢意。

　　本次再版，对全书内容做了系统、全面的修改，纠正了不少错误及概念不清、阐述不准确的内容，另外在内容上做了部分增添，使得知识体系更加完整，更加贴近工程实践。并且在全书的措辞上，做了细致的斟酌、修改，力图做到概念清晰、阐述精准。

　　本次再版修订工作主要由李玉宝和曹智翔完成，虽然修订过程花费了作者大量的心血和时间，但是，受专业水平和视野的局限，错误和不足仍然难以避免。热忱期望得到广大读者及同行专家、学者的批评指正，以期在未来修订时更正。

编　者

2014 年 4 月

第 2 版前言

《大比例尺数字化测图技术》第 1 版于 2006 年 9 月出版，两年多来，被多所高校测绘工程专业选做数字化测图课程教材，或用作职工技术培训教材。使用者在肯定其内容系统完整、贴近工程实际的同时，也指出了其中的许多错误和不足，我们对此表示衷心的感谢。另外，随着数字化测绘技术的飞速发展，书中的部分内容已显落后，需要更新和补充。基于以上两点，我们编写了本书第 2 版。

第 2 版对全书内容系统、全面地做了修正、增补，纠正了一些文字错误。在绘图软件系统介绍方面，更新原 CASS 7.0 为最新版的 CASS 8.0。在结构上，增加第 3 章"地图数字化"（成都理工大学余代俊编写），将原第 3 章改为第 4 章。原第 4 章、第 5 章顺延为第 5 章、第 6 章。增加第 7 章"土地调查与 CASS 数字化地籍图编辑"（重庆大学刘星编写），将原第 3 章中 3.2"数字化测量仪器的使用"剥离，列为附录二"数字化测图野外数据采集设备使用简介"（西南科技大学周波编写），原第 5 章中附录"地形图编辑时的常见问题"改列为附录一。

陈德富（南方测绘公司成都分公司）、范东明（西南交通大学）、刘福臻（西南石油大学）、熊德安（四川旭普信息产业发展有限公司）、谢征海（重庆市勘测院）、张孝成（重庆市土地勘测院）、樊正林（四川建筑职业技术学院）参加了全书的审定和校核工作，陈德富为本书提供了宝贵的资料。重庆交通大学研究生蒋陈纯、杨鹏参与了第 6 章的部分编写工作，重庆大学研究生郑鑫杰、周二众参与了第 7 章的部分编写工作。

本书第 2 版在编写过程中，参阅了众多文献，并引用了其中部分资料，参考文献中可能未能全部列出，在此谨向有关作者表示衷心感谢。西南交通大学出版社组织了本书第 2 版的出版，其编辑人员的专业水平和敬业精神令人敬佩，在此深表敬意。

尽管我们针对第 1 版存在的错误和不足做了全面地订正，但受专业水平局限，错误仍然不可避免，在此恳请读者不吝指正。

编著者

2009 年 3 月 15 日

第1版前言

20 世纪 80 年代以来，人造卫星、计算机、电磁波测距、遥感等高新技术的迅速发展及在测绘领域的应用，使得测绘科技获得了前所未有的发展，一跃成为了现代信息科学的重要组成部分之一。在大比例尺地形测量方面，全数字化测绘方法以其巨大的经济技术优势，已经基本上淘汰了传统的白纸测图方法，标志着大比例尺地形测量理论与实践取得了革命性进步。相对于传统方法，数字化测图涉及数字地面模型建立、计算机图形学、数字化数据采集设备原理及应用等一系列技术理论与方法，代表着一种全新的技术方法。鉴于目前系统而详尽地介绍大比例尺数字化测图理论与方法，并侧重具体应用的著作较少，遵循理论上系统全面、内容上贴近生产实际的原则，本书综合了编著者多年来从事大比例尺数字化测图理论与实践教学、研究的成果，在简明扼要地介绍测绘基本理论的基础上，着重阐述大比例尺数字化测绘成图的理论与技术方法。本书内容深入而具体，不仅可满足测绘工程、地理信息工程"数字化测图"课程专业教学的需要，对于从事数字化测绘工程实践的专业技术人员，也有一定的参考价值。

本书由李玉宝主持编著并完成全书的统稿工作，具体分工为曹智翔（重庆交通大学）第5 章，余代俊（成都理工大学）第 4 章、李玉宝（西南科技大学）第 1 章、第 2 章、第 3 章（3.1、3.3、3.4、3.5、3.6），周波（西南科技大学）第 3 章（3.2）。此外，刘星（重庆大学）、刘福臻（西南石油大学）、樊正林（四川建筑职业技术学院）、陈德富（南方测绘公司成都分公司）、熊德安（成都科地数字信息技术有限公司）参与了本书大纲的制定及书稿审核工作，并提出了宝贵的修改意见。

本书在编著过程中，参阅了大量的文献，并引用了其中的一些资料，在此谨向有关作者表示衷心的感谢！此外，西南交通大学出版社为本书的出版做了大量的工作，其专业水平及敬业精神令人印象深刻，在此深表谢意！

尽管本书作者在编著本书的过程中，倾注了极大的热情，付出了艰辛的劳动，但是受专业水平局限，错误在所难免，恳请广大读者批评指正。

作　者
2006 年 8 月 22 日

目　录

第1章 数字化测图概述

1.1 数字化测图概念

1.1.1 数字化测图是地形测量技术的革命性进步

地形测量是指测量地球表面局部区域内各种地貌、地物在确定参照系统中的位置和几何形状，以一定的比例尺缩小，按特定的符号绘制成平面图形的工作。传统的大比例尺地形测量方法是测量地貌、地物特征点到测站的距离及其相对某一参考方向的角度，使用量角器、比例尺等绘图工具在绘图纸上定点，以规定的地图符号手工绘制地形图。传统测图方法，因为直接在绘图纸上绘图，被称为白纸测图或模拟法测图。模拟法测图作业时，观测员要反复进行照准、读数等操作过程，而绘图员则一方面要根据观测员的报数，紧张地完成量角、按比例尺将实际距离换算成图面距离、图面定点等工作；另一方面，还要观察测点位置及相邻特征点间的关系，按地形图符号将测点连接绘图。因此，不仅劳动强度大、作业效率低，并且由于读数、记数、量角、距离换算、展点、绘图等众多环节出错概率大，使得地形图成果质量难以保证。此外，以图纸为载体的地形图，由于受图面负载能力局限，测绘工作只能按一种比例尺作业，数据利用率低，并且受人眼分辨能力的局限，即使采用高精度测量仪器测量，图上点位误差也不会小于图面 0.1 mm 所代表的实际距离。加之还存在成图周期长、不便于更新维护、图纸伸缩变形、不能用于计算机处理等固有缺陷，因此，白纸测图已经难以适应数字化时代经济建设对测绘的要求。

20 世纪 70 年代起，随着光电测距和计算机技术在测绘领域的广泛应用，产生了全站型电子速测仪及计算机辅助制图系统，两者结合逐步形成一套从野外数据采集到内业制图，实现了全过程数字化的大比例尺地形测图方法，即所谓野外数字测图技术，简称为数字化测图。数字化测图实质上是一种全解析计算机辅助测图的方法，它使得地形测量成果不再仅仅是绘制在纸上的地形图，而是以计算机存储介质为载体的，可供计算机传输、处理、多用户共享的数字地形信息。数字地形信息以其存储与传输方便、精度与比例尺无关、不存在变形及损耗，能方便、及时地进行局部修测更新，便于保持地形图现势性的巨大优势，极大地拓展了地形测量资料的应用范围，使其能在经济建设各部门发挥出更大的作用。所以，数字化测图技术的出现，标志着大比例尺测图技术理论与实践的革命性进步。

1.1.2 数字化测图的基本原理

数字化测图的基本原理是采集地面上的地貌、地物要素的三维坐标以及描述其性质与相互关系的信息，然后录入计算机，借助于计算机绘图系统处理，显示、输出与传统地形图表现形式相同的地形图。其中，将地貌、地物要素转换为数字信息这一过程称为数据采集。计算机绘图是用专业的数字化地形图编辑成图软件，通过人机交互的方式将采集的数据编辑成地形图，或录入计算机能识别的信息，绘图系统自动将野外采集的数据绘制成地形图。由于计算机软件通过计算、展点、识别、连接、加注记符号等步骤处理采集的数据，绘出所测地形图的过程，通常是在数据采集完成后进行的，要使计算机软件能识别所采集的数据，并据此绘出传统意义上的地形图，野外测绘时除点位的三维坐标外，还必须采集点位的连接信息和描述其性质的属性信息。点位的三维坐标是定位信息亦称点位信息，使用数字化测绘设备采集并自动计算存储在设备内存中，各个点之间以点号区别；连接信息是指测点的关联关系，它包括相邻连接点号和连接线型等，绘图系统据此才能将相关的点连接成一个地貌、地物符号。点位信息和连接信息合称为图形信息，又称为几何信息，据此可以绘制房屋、道路、河流、地类界、等高线、陡坎等地形图元素。

与空间位置有关，但又与地形图图形无关的信息称为属性信息。属性信息又称为非几何信息，包括定性信息和定量信息。属性的定性信息用来描述地形图图形要素的分类，或对地形图图形要素进行标名，一般用拟定的符号和文字表示，如植被类型、地名、河流名等。属性的定量信息是说明地形图要素的性质、特征或强度的，例如面积、楼层、人口、产量、流速等，一般用数字表示。

连接信息与属性信息只能靠测量人员实地观察确定。没有准确、完整的连接与属性信息，点位信息作为孤立的点，是没有意义的。所以，对于大比例尺数字化测图而言，观察、记录连接与属性信息，是非常细致、复杂的工作，需要测量人员具有良好的地形表现能力和专业素质。

1.1.3 数字地形信息的表述

作为面向使用者的数字地形信息，其输出形式仍是可视的传统地形图。但不同于纸质地形图的本质区别是，数字地形图是以数字形式储存在计算机存储介质中的，将其"还原"显示为人们熟悉的点、线、面元素构成的地形图，必须要借助于一种"解读系统"，即专业的数字化成图系统。因此，数字地形信息要经过计算机绘图系统处理，并借助于显示屏幕或绘图仪，才能输出为传统形式的地形图。和纸质地形图一样，在数字地形图中点是最基本的图形要素。这是因为，线是由一组有序的点连接而成，而面则是以线为其边界。地形图采用不同的地貌、地物符号和注记用来区分地形图上点、线、面代表的具体内容，其中独立地物可以由定位点及其符号表示；线状、面状地貌、地物以不同的线划符号或注记表示；连续起伏的地形表面可由等高线表示，并用高程注记值表达等高线代表的具体高程值等。计算机绘图系统显示出的一切都和传统地形图基本一样，所不同的是，显示屏或绘图仪输出的仅仅是数字地形图信息的一种表现形式，而不像传统的纸质地形图，所看到的即是它的全部。

1.1.4 数字地形图的数据格式

数字地形图图形要素按照数据获取和成图方法的不同，可区分为矢量数据和栅格数据两种数据格式。矢量数据采用定位信息（x，y）的有序集合，描述点、线、面等三种基本类型的图形元素，并结合属性信息实现地形元素的表述；栅格数据是将整个绘图区域划分成一系列大小一致的栅格，形成栅格数据矩阵，按照地理实体是否通过或包含某个栅格，使其以不同的灰度值表示，从而形成不同的图像。一般情况下同样大小的区域，栅格格式的地形图数据量比矢量数据量大得多。由野外直接采集、摄影测量解析测图仪获得或手扶跟踪数字化仪采集的数据是矢量数据；由扫描仪和遥感方法获得的数据是栅格数据。矢量数据结构是人们最熟悉的图形数据结构，各类数字图的工程应用基本上都使用矢量格式数字图，而栅格格式的数字图存在不能编辑修改、不便于工程量算、放大输出时图形不美观等问题。所以，对于栅格格式的地形图，常常要将其转换为矢量数据格式的数字图，这项工作称之为矢量化。

矢量化数字图采用的具体数据格式因绘图系统而异，但鉴于目前规划设计单位普遍使用基于 AutoCAD 的计算机辅助设计软件，所以目前矢量化地形图数据格式一般是 CAD 格式或与 CAD 格式兼容。

1.2　数字化测图系统的组成

数字化测图系统是以计算机为核心，在外连输入、输出设备硬件和软件的支持下，对空间数据及相关属性信息进行采集、输入、处理、绘图、输出、管理的测绘系统。数字化测图系统可分为数据输入、数据处理和图形输出三部分，其工作流程见图 1.1。

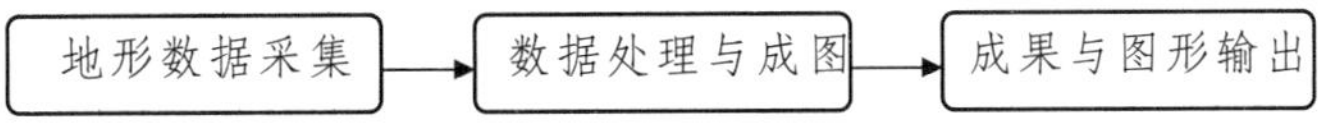

$$\boxed{\text{地形数据采集}} \rightarrow \boxed{\text{数据处理与成图}} \rightarrow \boxed{\text{成果与图形输出}}$$

图 1.1　数字化测图系统工作流程

数字化测图系统主要由地形数据采集系统、数据处理与成图系统、图形输出设备三部分组成。

1.2.1　地形数据采集系统

1. 野外地形数据采集设备

地面测量仪器是大比例尺数字化测图获取定位信息的基本设备，目前主要有全站仪（图 1.2）和双频动态 GPS 接收机（RTK，图 1.3）。全站仪数据采集作业原理与传统的经纬仪类似，需要测站与测点之间通视。不同之处仅在于全站仪测距、测角一体化，通过内置数据处理程序，可直接得到所测点的三维坐标。早期出厂的全站仪没有内存，采集的数据要通过连接电缆输入电子手簿存储。近几年出厂的全站仪均内置丰富的测量程序，能储存数万个定位点信息，不再需要电子手簿，并且具有中文菜单，操作非常简便。双频动态 GPS 接收机（RTK）只需要测点天空开阔，与基准站无线电通信畅通，即可在数秒至数分钟内获得厘米级精度的测点坐标。由于无须与测站通视，所以在适合其作业的区域，数据采集效率比全站仪更高。

图 1.2　全站仪

图 1.3　GPS（RTK）

2. 图形数字化输入设备

将已有的纸质地形图转换为数字地形信息的专用设备称为图形数字化输入设备，常用的有数字化仪和扫描仪（图 1.4）。

数字化仪通常是指手扶跟踪式直角坐标数字化仪，其工作原理是：把要数字化的地形图固定在能感应数字化仪定标器电磁信号的数字化板上，然后将作为信号发射器的定标器（专用鼠标）的十字丝中心对准纸质地形图上的已知点（控制点或坐标方格角点），按输入键发出电磁信号，使数字化板记录下该点的数字化板坐标。采集到数字化板坐标后，再键入该点的测量坐标，这样与数字化仪相连接的计算机系统即取得已知点的两套坐标。理论上，只要处理 2 个以上的已知点，就可确定由数字化板坐标到测量坐

图 1.4　工程扫描仪

标的转换关系。但一般而言，对于精度要求较高的情况，应至少输入 4 个已知点。建立图面数字化板坐标系坐标与测量坐标转换关系的工作，称为图纸定位。图纸定位完成后，用定标器十字丝中心对准地形图图形元素，进行跟踪数据采集，计算机系统会根据坐标转换参数，自动地将数字化板感应获得的数字化板坐标转换为测量坐标。手扶跟踪数字化仪具有操作简单、价格相对较低、数字化后可直接得到矢量数据格式的数字地形图、图形输入精度高的优势，在我国曾经被广泛使用。但由于其采用定标器十字丝逐点、逐线跟踪数字化的作业方法，劳动强度大，作业效率低，作业人员易疲劳，因而难以保证质量，所以目前已基本被淘汰。

扫描仪是通过光电扫描将纸质地形图转换为光栅图像数据文件的设备。扫描数字化具有速度快、方便简捷、劳动强度低、作业效率高的优势，目前已经成为现有纸质图形数字化的首选技术方法。通过扫描仪所得到的数字图是栅格格式的，而栅格图有不能编辑修改、工程应用不方便等缺陷，所以，通常还要通过专业的矢量化软件处理，将其转化为矢量格式的地形图。

1.2.2　数据处理与成图系统

数据处理与成图系统是指对野外直接采集到的点位信息和属性信息进行编辑处理，生成数字地形图的计算机软、硬件系统。在这个系统中，电子计算机是进行数据采集、储存、处理的基本设备，而专业的数字化成图软件则是系统的核心，其功能大体上可以分为数据输入、编辑处理、成图输出三大块，其中主要部分是各类地形图元素编辑处理工具。在我国，由于测量规范、文字注记、图示符号与国外存在一定差异，因此占据市场的地形测绘成图软件均是国产软件。我国大规模开展数字化测图工作已经超过 10 年，经过生产厂家的不断完善，数字化测图系统已经较为成熟，不仅图形编辑功能强大，还具有多种数字图的工程应用功能（如土石方计算、断面图生成等），并能输出多种图形和数据资料，功能正日臻完善。其中有代表性的有南方测绘仪器公司基于 AutoCAD 的 CASS 系统及清华山维自主开发的 EPSW 系统等。

1.2.3　图形输出设备

图形输出设备指绘图仪（图 1.5）、打印机、图形显示器、投影仪等数字化地形图显示、打印输出设备。

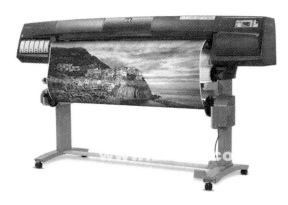

图 1.5　绘图仪

1.3　数字测图的优势

大比例尺数字测图较之传统的平板仪或经纬仪白纸测图方法,具有显著的经济技术优势。

1.3.1　测图劳动强度低、效率高

传统测图方式是手工作业,外业测量人工读数、记录、计算、绘图,劳动强度大、作业效率低。数字测图时,观测员若采用全站仪观测,只需照准目标按键确定,观测数据记录、解算、存储即自动完成,作业轻松快捷;绘图员可跟随棱镜记录定位点的几何信息及属性信息,不再像传统方法那样需要远距离观察绘图,简单而不易出错。若使用 RTK 测绘,由于不需要与观测站通视,单机作业采集定位信息自由灵活,几何及属性信息作为编码录入,计算机自动成图,优势更加明显。内业工作方面,测量数据自动传输、展绘,并且电脑编辑成图,较之传统的手工绘图,劳动强度显著降低而作业效率更高。因此,综合起来,在内、外业两方面,数字化测图作业效率高、劳动强度低是显而易见的。

1.3.2　成果能满足数字化、信息化时代的需求

以矢量格式保存的数字地形图,包含的信息量大,并具有编辑修改、储存、处理、传输方便和能供多用户共享的优势,不仅可以方便快捷地通过计算机应用系统实现提取点位坐标、两点距离、方位,计算地块面积、土石方量等信息供工程设计使用,同时也是 GIS(地理信息系统)建库必备的基础资源,满足了信息化时代对数字地理信息的需求。

1.3.3　点位精度高,精度与比例尺无关

传统的白纸测图,定位点平面位置的精度受到定点测量误差、测点展绘误差两方面因素影响,并且随着测点到测站距离的加大,误差增长迅速。而在数字测图中,测距、测角精度很高,测点精度与测点距离关系不大,计算机自动展点完全没有误差,因而精度远高于传统方法。此外,虽然数字化测图也分比例尺,也要借助于绘图仪输出传统形式的纸质图,但是各种几何元素的量算并非在纸面上进行,而是在计算机系统中进行。因此,点位精度不受图纸变形和人的感官辨识能力的影响,从这个意义上讲,精度与测图比例尺无关。

1.3.4 成果便于保存与更新

数字测图的成果是以数据文件的形式存入计算机存储介质的，因而便于保存、复制和传输，不像纸质地形图会因为纸张变形而影响精度。当地形、地物发生变化时，只需根据局部修测数据编辑处理，很快便可以得到更新，其速度快、费用低的优势是传统纸质地形图无法比拟的，从而可以确保地形图的可靠性和现势性。

1.3.5 数据利用率高

传统地形图在地形复杂、地物众多的地方，会产生图幅内地貌、地物符号过多而无法容纳的问题，即图形元素超出了负载量。为此，解决的方法是对该测图范围加大图幅幅面（扩大测图比例尺），或者测绘时省略部分次要地貌、地物（按小比例尺标准测绘）。因为一次地形测绘成果只能实现单一的目的，所以资料利用率较低。数字地形图能在计算机输出设备上无级缩放阅览，并且将不同属性地形图元素分别存放在不同的文件或同一文件的不同单元中，用户可根据不同的用途，选择不同的方式按属性进行组合显示，使得地形图主题清晰。所以从这个意义上讲，数字地形图的信息存量不再存在负载量的问题，测量工作采集数据时可根据需要进行，不必考虑比例尺因素。

由于数字化测图碎部点精度与比例尺无关，所以，除了可用于各种比例尺地形图、地籍图编辑成图外，还可用于制作各类专题图，如路网图、电网图、管线图等。南方CASS软件中共定义有26个层，按地貌、地物属性特征划分，房屋、管线、植被、道路、水系、地貌、境界等均存于不同的层中，不仅可以方便地通过关闭、打开、转换层等操作来提取相关信息，形成各类专题地图，还可以按图层统一地做修改字体、改变文字及符号大小、图层颜色等编辑操作，使得地形图的修改与编辑更加方便，因而数据利用率极高。

1.4 全野外数字测图的现状与展望

目前数字化测图以其精度高、作业效率高、经济效益高的巨大经济技术优势，已经彻底淘汰了传统方法，广泛地应用于大比例尺地形测量工作。但是，数字化测图技术相对于传统白纸测图方法，虽然极大地提高了地形图质量和作业效率，但其毕竟是一种人工小规模作业的模式，其固有的作业时间长、费用高的劣势，使其不可能在幅员辽阔的我国大规模、大面积地采用。所以，野外数字化测绘方法主要用于经济发达地区，较小区域的大比例尺地形图测绘，或是已有地形图的修测等任务，绝大多数地区还只能采用数字化摄影测量方法，制作较小比例尺数字地形图。

在数据采集设备方面，随着技术进步和越来越多的国内生产企业掌握了制造技术，使得全站仪价格持续下降，已经成为普通测量设备。近年来，GPS实时动态测量技术（RTK）迅速发展及国产接收机价格的大幅降低，使得RTK取代全站仪成了数字化地形测量数据采集的主要手段。RTK具有全站仪不可比拟的不需通视、单机作业、作用范围大、作业效率高的优势，在地形测量中正占有越来越重要的地位，但由于GPS定位要求天空开阔的固有缺陷，使其不可能全面取代全站仪。

无论是全站仪还是RTK，其作业方法都需要作业人员在野外逐点采集定位数据，这是其劳动强度大，作业效率低的根源。目前小型飞机、无人机低空摄影测量或机载三维激光扫描地形测量技术发展迅速，这种方法将全站仪或 RTK 的逐点测量变成了"面"的测量，具有作业速度快、效率与经济效益高的优势，已较多地应用于高差不大、植被覆盖及地物较少区域的大比例尺地形测量。作为一种全新的测量技术，虽然现在还不能取代全站仪或 RTK 测量方法，但是作为大比例尺数字化测图技术发展的重要方向，随着技术进步和成本降低，必将会对现有的大比例尺地形图测绘作业模式产生巨大的冲击。

第 2 章　计算机绘图基础

任何复杂的图形都是由基本图形元素（如点、直线、曲线等）组成的。计算机绘图软件包含各种绘图工具，这些绘图工具调用绘图函数，绘制点、直线、曲线及其组成的复杂图形元素。要在图形输出设备上生成地形图，计算机绘图程序必须能够识别或者确定图形元素的定位信息，并以正确的连接顺序及属性参数确定的线型、色彩，按图元逐个绘制完成一幅地形图。由于地形图是二维空间图形，所以以图形绘制程序的主要数学方法是平面解析几何和数值分析。本章仅就计算机绘制矢量地形图基本图元的算法作简要的介绍。

2.1　窗口、视图及其坐标变换

2.1.1　基本概念

（1）用户域：用户域是定义图形范围的实数域，如用 $R \times \omega$ 表示该实数域的集合，则用户域 $WD = R \times \omega$。用户域是一个与设备无关的概念，理论上讲是连续无限的区域，但就测量工作而言，可以简单地理解为平面坐标表述的测图区域范围。

（2）窗口区：小于或等于 WD 的任意区域 W（即 $W \subset R \times \omega$）均可定义为窗口，称之为窗口区（域）。显然，窗口区也是与设备无关的概念。作为用户域的子域，窗口区内的图形是用户域图形的一部分，通过封闭图形边界在用户域中截取。窗口区通常是矩形域，通过左下角和右上角坐标或左下角坐标加矩形长宽来表示，也可用圆或多边形作为窗口区的边界。

（3）屏幕域：屏幕域是设备输出图形的最大区域，是有限的整数域。例如，屏幕坐标系中以屏幕点阵为坐标单位，其取值范围只能是整数。对于一个分辨率设置为 $1\,024 \times 768$ 的显示器而言，屏幕域定义 $SD \in [0 : 1\,023] \times [0 : 767]$。屏幕域是与设备有关的概念，图形输出设备显示图像的指令均是在屏幕域上定义的。在用户域上的图形定义只有转换为屏幕域上的定义后，才能在输出设备上输出。

（4）视图区：任何小于或等于屏幕域，在屏幕上定义的区域都称为视图区。视图区相对于屏幕域类似于窗口区相对于用户域。作为屏幕域的子域，视图区内的图形通过封闭图形边界在屏幕域中截取。同样的，视图区通常是矩形域，也可用圆或多边形作为窗口区的边界。

（5）设备坐标系：数字地形图使用的是测量坐标系，而计算机图形显示和绘图仪绘图时，使用的是与图形输出设备有关的绘图坐标系，又称之为设备坐标系。设备坐标系因设备不同而不同，例如，计算机屏幕坐标系的坐标原点在屏幕的左上角，向右为 X 方向，向下为 Y 方向。坐标系中的单位是屏幕的最小分辨率单位，取值范围只能为整数，具体的取值范围与屏幕的分辨率有关。对于分辨率设为 $1\,024 \times 768$ 的显示器而言，坐标取值为 $[0 \sim 1\,023]$ 与 $[0 \sim 767]$ 之间。绘图仪的坐标系轴向与数学上的笛卡儿坐标系相同，向上为 Y 轴，向右为 X 轴。但原点或位于绘图幅面的左下角，或位于中间。坐标单位是绘图仪脉冲当量，多数绘图仪的一个脉冲当量等于 0.025 mm。

2.1.2　窗口区和视图区的坐标转换

外业测量采集的坐标数据经过计算机处理后需要以图形方式输出时，必须要进行坐标变换。只有把测量坐标转换为设备坐标，才能在各种图形输出设备中输出，因此坐标变换是数字化地形绘图软件中常用的算法。

若窗口区的内容要在图形显示设备上满屏输出，其坐标转换关系，即将测量坐标系坐标转换为设备坐标系坐标的关系式为：

1. 测量坐标系到笛卡儿坐标系

测量坐标系以 X 轴为纵轴，表示南北方向；Y 轴为横轴，表示东西方向。而笛卡儿坐标系以水平线为横轴 x，正向由左到右；竖直方向为纵轴 y，正向由下而上，如图 2-1 所示。在两坐标系单位一致的条件下，可得到矩形窗口内两者之间的转换关系为

$$
\begin{aligned}
x &= x_{d0} + (Y - Y_{c0}) \\
y &= y_{d0} + (X - X_{c0})
\end{aligned}
\tag{2-1}
$$

式中，X、Y 是窗口中一点的测量坐标系坐标；x，y 是对应的笛卡儿坐标系坐标。X_{c0}，Y_{c0} 是窗口左下角测量坐标系坐标，x_{d0}，y_{d0} 是对应的笛卡儿坐标系坐标。平面测量坐标系范围有限，X、Y 不取负值，简单地将 X_{c0}，Y_{c0} 和 x_{d0}，y_{d0} 都视为两坐标系的原点（0，0），可见转换关系就是纵横坐标的互换。

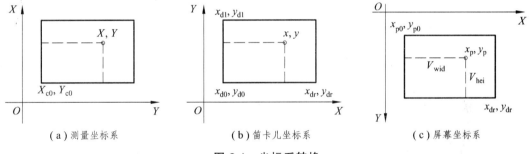

|（a）测量坐标系|（b）笛卡儿坐标系|（c）屏幕坐标系|

图 2.1　坐标系转换

2. 笛卡儿坐标系到计算机屏幕坐标系

屏幕坐标系与笛卡儿坐标系 x 轴方向一致，但 y 轴方向相反，而且两者长度单位不同。因此，矩形窗口内图形在视图区内满屏显示的坐标转换关系为：

$$
\begin{aligned}
x_p &= x_{p0} + (x - x_{d0}) \times s_x \\
y_p &= y_{p0} + (y_{d1} - y) \times s_y
\end{aligned}
$$

其中

$$
s_x = \frac{V_{wid}}{(x_{dr} - x_{d0})}, \quad s_y = \frac{V_{hei}}{(y_{d1} - y_{d0})}
\tag{2-2}
$$

式中，x_p，y_p 是 x，y 在屏幕坐标系中的坐标，x_{p0}，y_{p0} 是窗口左上角屏幕坐标系坐标，x_{d1}，y_{d1} 是对应的笛卡儿坐标系坐标。x_{dr}，y_{dr} 是窗口右下角笛卡儿坐标，V_{wid}、V_{hei} 是计算机显示屏宽度

和高度，s_x、s_y 分别是 x、y 方向坐标转换的缩放系数。实践中为了使图形不变形，两坐标轴方向应取同样的比例系数，即取 s_x、s_y 中较小者作为统一的比例系数。

　　3. 测量坐标系到计算机屏幕坐标系

　　将（2-1）式代入（2-2）式，就可得到测量坐标系与计算机屏幕坐标系的转换关系为：

$$x_p = x_{p0} + (Y - Y_{c0}) \times s_x$$
$$y_p = y_{p0} + V_{hei} - (X - X_{c0}) \times s_y \tag{2-3}$$

　　4. 笛卡儿坐标系到绘图仪坐标系

　　绘图仪坐标系的轴向与笛卡儿坐标系相同，两者差异仅仅在单位不同。因此，笛卡儿坐标系与绘图仪坐标系间的转换关系为：

$$x_h = x_{h0} + (x - x_{d0}) \times n$$
$$y_h = y_{h0} + (y - y_{d0}) \times n \tag{2-4}$$

式中，x_{h0}, y_{h0} 矩形窗口左下角绘图仪坐标系坐标；x_h, y_h 是相对于笛卡儿坐标 x，y 的绘图仪坐标系坐标；n 为绘图仪每毫米的脉冲当量数。

2.2　绘制直线段

　　平面直线可以由两个端点唯一地确定，因此绘图软件采用自定义的函数来绘制直线。绘制直线函数的一般形式为：

Line（ x_1, y_1, x_2, y_2, ＜属性参数＞）

　　其中（ x_1, y_1 ）、（ x_2, y_2 ）分别是直线段两个端点的平面坐标，属性参数是决定直线的颜色、宽度、线型等特征的参数。计算机系统中的图形输出设备硬件可以按照程序中绘制直线的指令，在图形显示器屏幕或绘图仪上绘出相应的直线段。

2.3　绘制圆和圆弧

　　在平面上确定圆和圆弧的位置、形状，可以用不同的参数，计算机绘图对应地采用不同的函数形式。按照确定圆和圆弧的参数类型，绘图函数主要有以下几种形式：

　　（1）圆心和半径确定圆。这是绘圆最常用，也是最简单的方法，其函数一般形式为 Circle（ x, y, r ），其中（ x, y ）为圆心坐标，r 为圆半径。

　　（2）圆周上的三点确定圆。平面上的三点可以唯一地确定圆，函数一般形式为 Circle（ x_1, y_1, x_2, y_2, x_3, y_3 ），其中参数是圆周上 3 个不同点的坐标。

　　（3）圆弧的圆心、起始点和圆心角确定圆弧。函数一般形式为 Arcl（ x_1, y_1, x_2, y_2, α ），其中（ x_1, y_1 ）是圆弧的圆心、（ x_2, y_2 ）是圆弧的起点、α 是圆弧的圆心角。

　　（4）圆弧上三点确定圆弧。函数一般形式为 Arcl（ x_1, y_1, x_2, y_2, x_3, y_3 ），其中（ x_1, y_1 ）、（ x_3, y_3 ）分别是圆弧的起点和终点，（ x_2, y_2 ）是圆弧上起点和终点之间的另一点。

　　对于（1）（3）两种情况，设圆心坐标为（ x_c, y_c ），半径为 r，则圆弧上点的坐标为：

$$x = x_c + r\cos\theta \\ y = y_c + r\sin\theta \Bigg\} \qquad (2\text{-}5)$$

将圆心角 θ 由起点按一定的增量 $d\theta$，逐步递增直到终点，求出圆周上均匀分布点的坐标值，将其依次连接即可绘出圆弧（周）。对于（2）（4）两种情况，半径 r 与圆心坐标 x_c、y_c 未知，设圆方程：$(x - x_c)^2 + (y - y_c)^2 = r^2$，则圆弧上的点应满足此方程。将已知的圆弧上 3 点坐标（$x_1, y_1, x_2, y_2, x_3, y_3$）分别代入圆方程，求得圆半径 r 与圆心坐标 x_c、y_c，从而可按（2-5）式计算出圆弧上任意点坐标。

2.4　绘制任意曲线

计算机控制图形输出设备绘制线段时，是按指定的顺序将线段经过的点用直线连接起来。因此，只有当相邻的点间距足够近，并且分布符合曲线的轨迹时，线段看起来才是一条光滑曲线。一般而言，实际采集的曲线点只是些有序的曲线特征点，为了从图形输出设备上输出光滑曲线，必须对曲线通过点进行加密，才能使顺序连接的短直线折线线段可视为光滑曲线。加密曲线通过点的方法是建立曲线方程，从而可按需要的密度进行曲线插点计算。

曲线方程所描述的曲线轨迹有其自身的规律，自然曲线不是数学曲线，因而一个曲线方程所描绘的曲线一般不能严格通过采集的自然曲线特征点，只是能逼真地反映其曲线轨迹。通过曲线方程绘制自然曲线的方法称为曲线拟合。自然曲线形态复杂多样，本身难于用曲线方程描述，因此为了更逼真的用数学曲线表示，较长的曲线要分段采用不同的曲线方程表示。地形测量采集的曲线特征点均位于曲线上，这就要求绘制的曲线通过每一个特征点。因此，实践中的做法是在每两个相邻特征点之间，分别建立曲线方程。

拟合曲线的常用算法有：高次多项式插值、张力样条函数插值法等。其中应用较多的是张力样条函数插值法，它描绘的曲线是由多段三次多项式曲线连接而成的，在连接处不仅函数连续，其一、二阶导数也连续，所以张力样条函数具有非常好的光滑性。下面就张力样条函数插值法作一简要介绍。

2.4.1　分段三次多项式

分段三次多项式插值属于高次多项式插值方法，是指在每两个相邻的曲线特征点之间分别建立一个三次多项式曲线方程，逐段计算插值点后以光滑曲线连接两相邻特征点，直至完成整条光滑曲线绘制。分段三次多项式方法绘制的曲线严格通过所有特征点，并且在特征点上具有连续的一阶导数。在每一个特征点上，曲线方程一阶导数是以该点为中心，前后各两个相邻点共同确定的，所以分段多项式法又称为五点光滑法。分段多项式法具体做法如下：

（1）设 2 个相邻特征点（x_i, y_i）和（x_{i+1}, y_{i+1}）之间三次曲线方程为：

$$y = a_0 + a_1(x - x_i) + a_2(x - x_i)^2 + a_3(x - x_i)^3 \qquad (2\text{-}6)$$

（2）设有 5 个相邻特征点 1，2，3，4，5，按下式计算曲线在中间点（点 3）处的导数：

$$t_3 = \frac{|k_4 - k_3|k_2 + |k_2 - k_1|k_3}{|k_4 - k_3| + |k_2 - k_1|} \qquad (2\text{-}7)$$

式中，k_i（$i=1, 2, 3, 4$）是图 2.2 中两相邻特征点间直线段的斜率，即：$k_i = (y_{i+1} - y_i)/(x_{i+1} - x_i)$。由此可见，分段多项式法是取第 3 点与前后两特征点直线段斜率的加权平均值，作为曲线方程（2-6）在特征点 3 的一阶导数。

（3）根据以下条件，可以确定曲线方程（2-6）中待定参数 a_0, a_1, a_2, a_3：

A. 曲线方程两端点位于曲线上；

B. 曲线方程两端点的一阶导数值（斜率）已知[按式（2-7）计算]。

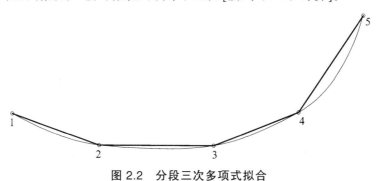

图 2.2　分段三次多项式拟合

2.4.2　样条函数的概念

所谓样条（spline）本是工程设计中使用的一种绘图工具，它是富有弹性的细木条或细金属条，绘图员用来绘制通过一些固定点的光滑曲线，所绘制的光滑曲线因而称为样条曲线。对样条曲线进行数学模拟得出的函数叫做作条函数。样条函数的形式是分段多项式，具体地讲，在给定区间 $[a, b]$ 的一个分划 $\Delta: a = x_0 < x_1 < \cdots < x_{n-1} < x_n = b$，如果函数 $f(x)$ 满足：

（1）在每个小区间 $[x_i, x_{i+1}]$（$i=0, 1, \cdots, n-1$）上 $f(x)$ 是 m 次多项式。

（2）$f(x)$ 在 $[a, b]$ 上具有 $m-1$ 阶连续导数。

则称 $f(x)$ 为关于分划 Δ 的 m 次样条函数，其图形为 m 次样条曲线，其中三次样条函数是曲线拟合最常用的函数形式。

2.4.3　张力样条函数插值法

张力样条函数是在三次样条函数中加入张力系数 σ，当 $\sigma \to 0$ 时，张力样条函数是三次样条函数；当 $\sigma \to \infty$ 时，它就退化成为分段线性函数，即特征点之间以直线连接。选择适当的张力系数 σ，可以控制曲线的弯曲程度，就像在曲线两端以一定的作用力拉伸，既能消除多余的节点，又能使曲线光滑美观。

张力样条函数由平面上一组离散数据点定义，设（x_1, y_1），（x_2, y_2），$\cdots$，（x_n, y_n）是一组已知的数据点，并且有 $x_1 < x_2 < \cdots < x_{n-1} < x_n$，则张力样条函数是一个具有二阶连续导数的单值函数 $y = f(x)$，它满足：

$$y_i = f(x_i) \quad (i=1, 2, \cdots, n) \tag{2-8}$$

同时要求 $f''(x) - \sigma^2 f(x)$ 是连续函数，在每个区间 $[x_i, x_{i+1}]$（$i=1, 2, \cdots, n-1$）呈线性变化，即有：

$$f''(x) - \sigma^2 f(x) = [f''(x_i) - \sigma^2 y_i] \frac{x_{i+1} - x}{h_i} + [f''(x_{i+1}) - \sigma^2 y_{i+1}] \frac{x - x_i}{h_i} \qquad (2\text{-}9)$$

式中，σ 是一不等于 0 的常数，称为张力系数，而 $h_i = x_{i+1} - x_i$（$x_i < x < x_{i+1}$）。若采用累加的弦长 s 作为参数，则参数方程形式的张力样条函数可以表示为：

$$\left. \begin{aligned} x &= x(s) \\ y &= y(s) \end{aligned} \right\} \qquad (2\text{-}10)$$

则离散的数据点为：$\begin{cases} x_i = x(s_i) \\ y_i = y(s_i) \end{cases}$

式中，s_i 是累加的弦长，$s_{i+1} = s_i + \sqrt{(x_{i+1} - x_i)^2 + (y_{i+1} - y_i)^2}$（$i = 1, 2, \cdots, n-1$，$s_1 = 0$，$s_1 < s_2 < \cdots < s_n$）。对于不等于 0 的常数 σ，$x''(s) - \sigma^2 x(s)$ 和 $y''(s) - \sigma^2 y(s)$ 在每个区间（s_i，s_{i+1}）上呈线性变化，令 $h_i = s_{i+1} - s_i$，则公式（2-9）的参数方程形式为：

$$\left. \begin{aligned} x''(s) - \sigma^2 x(s) &= [x''(s_i) - \sigma^2 x_i] \frac{s_{i+1} - s}{h_i} + [x''(s_{i+1}) - \sigma^2 x_{i+1}] \frac{s - s_i}{h_i} \\ y''(s) - \sigma^2 y(s) &= [y''(s_i) - \sigma^2 y_i] \frac{s_{i+1} - s}{h_i} + [y''(s_{i+1}) - \sigma^2 y_{i+1}] \frac{s - s_i}{h_i} \end{aligned} \right\} \qquad (2\text{-}11)$$

式（2-11）是一个二阶非齐次常系数线性微分方程组，其解的形式为：

$$\left. \begin{aligned} x(s) &= \frac{1}{\sigma^2 \sinh(\sigma h_i)} \left\{ x''(s_i) \sinh\left[\sigma(s_{i+1} - s)\right] + x''(s_{i+1}) \sinh\left[\sigma(s - s_i)\right] \right\} + \\ & \quad \left[x_i - \frac{x''(s_i)}{\sigma^2} \right] \frac{s_{i+1} - s}{h_i} + \left[x_{i+1} - \frac{x''(s_{i+1})}{\sigma^2} \right] \frac{s - s_i}{h_i} \\ y(s) &= \frac{1}{\sigma^2 \sinh(\sigma h_i)} \left\{ y''(s_i) \sinh\left[\sigma(s_{i+1} - s)\right] + y''(s_{i+1}) \sinh\left[\sigma(s - s_i)\right] \right\} + \\ & \quad \left[y_i - \frac{y''(s_i)}{\sigma^2} \right] \frac{s_{i+1} - s}{h_i} + \left[y_{i+1} - \frac{y''(s_{i+1})}{\sigma^2} \right] \frac{s - s_i}{h_i} \end{aligned} \right\} \qquad (2\text{-}12)$$

$$(s_i < s < s_{i+1}, \ i = 1, 2, \cdots, n-1)$$

只要确定了 $x(s)$、$y(s)$ 的二阶导数值在离散点 s_i 的值 $x''(s_i)$、$y''(s_i)$，即可确定张力样条函数。具体的做法是：对（2-12）式进行微分，利用函数节点及端点条件，顾及二阶导数连续，得到以 $x''(s_i)$、$y''(s_i)$ 为未知数的线性方程组，从中解算出未知数，就得到所求的张力样条函数式（2-12）。

2.5　二维图形的剪裁

图形编辑是数字化测图工作中必不可少的内容，在编辑过程中常常需要对某一区域内的图形作局部放大，以便更清晰地显示图形细部；此外，地形图一般也要以矩形区域剪裁后分幅储存。图形分区域显示和储存，都涉及如何截取一个区域内图形，删除区域外图形的问题。

为了实现这些功能，绘图程序要进行图形的剪裁处理，即仅选取封闭区域（窗口）内的图形进行显示或储存。由于数字化测图软件处理的是平面图形，最简单的剪裁区域是矩形区域，因此本节只介绍矩形窗口内二维图形剪裁的常用算法。

2.5.1 直线的剪裁

直线是最基本的图形元素，因此直线剪裁算法是图形剪裁算法的基础。一条直线与矩形相交后，会有一段直线在矩形内部（特别地，若直线与窗口边界重合，重合部分也视为在窗口内）。直线剪裁算法就是确定直线是否与窗口边界相交；若相交如何剪裁出窗口内直线段部分的计算方法。

图 2.3 是直线剪裁可能遇到的几种情况，直线 CD、GH 与矩形窗口边界相交；直线 EF、IJ 与窗口边界没有交点；AB 包含在窗体内，如图 2.3（a）所示。剪裁后的情况如图 2.3（b）所示。

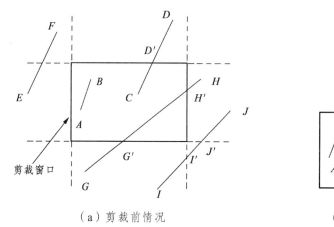

（a）剪裁前情况

（b）剪裁后结果

图 2.3　直线的剪裁

假定矩形四边由角点坐标 X_{min}，X_{max}，Y_{min}，Y_{max} 确定，则位于该矩形内部的点（x，y），一定要同时满足 $X_{min} \leq x \leq X_{max}$ 和 $Y_{min} \leq y \leq Y_{max}$。根据直线的几何特性，判断直线与矩形的关系，实际上只需要对直线段的两个端点做出判断。若两个端点都在剪裁区域内，则整条直线段位于剪裁区域内，否则就要判断直线是否通过剪裁区域，通过则直线段的一部分在剪裁区域内，反之整条直线在剪裁区域外。

1. 编码剪裁法

该算法是直线剪裁简单实用的方法之一，它将平面划分为9 个区域，如图 2.4 所示，矩形剪裁窗口位于中心，每个区域用4 位二进制编码表示。此编码的每一位表示相对于矩形窗口边的位置。具体的定义如下（从左至右，笛卡儿坐标系）：

第 1 位=1，表示 $y > Y_{max}$，即位于窗口上边框之上；

第 2 位=1，表示 $y < Y_{min}$，即位于窗口下边框之下；

第 3 位=1，表示 $x > X_{max}$，即位于窗口右边框之右；

第 4 位=1，表示 $x < X_{min}$，即位于窗口左边框之左。

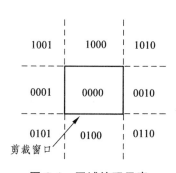

图 2.4　区域编码示意

如果四位全是 0，即表示位于窗口之内（包括位于边框上）。

确定一个点所在区域的 4 位编码是利用其坐标（x，y）与窗口边的坐标 X_{min}，X_{max}，Y_{min}，Y_{max} 的差的符号位（当差≤0 时，符号位为 1）。

第 1 位，$Y_{max} - y$ 的符号位；

第 2 位，$y - Y_{min}$ 的符号位；

第 3 位，$X_{max} - x$ 的符号位；

第 4 位，$x - X_{min}$ 的符号位。

在对直线进行剪裁时，如果直线两个端点的区域编码都是 0000，则该直线完全包含在窗口之内。如果两个端点的区域编码的逻辑乘（AND）结果不为 0，则直线全部位于窗口之外。如果不是上述两种情况，就要对直线进行分割剪裁，对分割后的每一子线段，重复进行上述编码判断，舍弃不在剪裁区域内的子线段，直到找出完全位于窗口内的部分。

分割剪裁的方法是：首先确定直线与窗口一个边（包含边的延长线）的交点，舍弃从交点开始不在窗口内的部分。余下的部分如果仍不是全部位于窗口之内，则继续分割和舍弃，直至余下的部分全部包含在窗口之内。由于从直线端点的区域编码就可以找到与直线有交点的窗口边（及其延长线），所以每次确定分割点的顺序从窗口外的端点开始，按照端点区域编码中值 1 出现的顺序开始，先上后下，先左后右地依次求得直线与窗口边框线的交点。例如，图 2.5 中两条直线都有包含在剪裁窗口内的部分，具体的剪裁过程如下：

直线 AD 的端点 A 的区域编码是 0000，位于窗口之内，而 D 点的区域代码为 1001，两端点逻辑乘为 0000，因此该直线既不是全部位于窗口之内，也不是全部位于窗口之外。D 点是位于窗口之外的端点。根据 D 点的编码 1001，第 1 位区位码不为 0，所以首先计算出直线与窗口上边框线的交点 B。交点 B 将 AD 分为 AB 和 BD 两部分，根据直线段 B 是 AD 与窗口上边框线的交点，而端点 D 的区位代码是 1001（即位于窗口上边线上方），可知线段 BD 完全位于窗口外。舍弃窗口外的部分 BD，直线 AB 两个端点的区位码全部为 0，表明 AB 完全位于窗口内，因此剪裁工作结束。

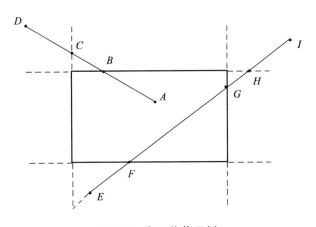

图 2.5　窗口剪裁示例

对于直线 EI，两端点区位码不为 0，但逻辑乘为 0，说明直线有一部分位于窗口内。剪裁工作先从位于窗口以外的端点 I 开始。因 I 的区域编码是 1010，所以首先求得 EI 与窗口的上边框线（上边框线的延长线）的交点 H，其区域编码是 0010，根据 I 的区位码判断，显然

直线段 IH 位于窗口以外可以舍弃。接着根据 H 的区位码中第3位为1，求得直线段 EH 与窗口右边线的交点 G，同理可知线段 GH 也完全位于窗口外，可以舍弃。此时，直线 EG 只有端点 E 在窗口外，由于端点 E 的区位码为0100，因而求得直线与窗口下边线的交点 F，舍弃位于窗口外的线段 EF，剩下直线段 FG 两个端点均在窗口内，剪裁结束。

设有一直线段，端点为 AB，直线段 AB 与窗口边框线交点坐标计算公式为：

$$\left.\begin{array}{l} x = x_A + (Y_{\max} - y_A) \times (x_B - x_A)/(y_B - y_A) \\ y = Y_{\max} \end{array}\right\} \quad （上边框） \qquad （2\text{-}14）$$

$$\left.\begin{array}{l} x = x_A + (Y_{\min} - y_A) \times (x_B - x_A)/(y_B - y_A) \\ y = Y_{\min} \end{array}\right\} \quad （下边框） \qquad （2\text{-}15）$$

$$\left.\begin{array}{l} x = X_{\min} \\ y = y_A + (X_{\min} - x_A) \times (y_B - y_A)/(x_B - x_A) \end{array}\right\} \quad （左边框） \qquad （2\text{-}16）$$

$$\left.\begin{array}{l} x = X_{\max} \\ y = y_A + (X_{\max} - x_A) \times (y_B - y_A)/(x_B - x_A) \end{array}\right\} \quad （右边框） \qquad （2\text{-}17）$$

2. 中点对分法

中点对分法运算简单，其基本原理是利用对半搜索的策略，找到被剪裁直线端点所对应的最远可见点（可见点指剪裁窗口内的点，最远可见点即直线上距该端点最远而位于窗口内的点）。中点对分法的步骤如下：

如图2.6所示，设直线的端点分别为 P_A 和 P_B，令 $p_1 = P_A$，$p_2 = P_B$，从 p_1 开始按下列步骤开始搜索：

（1）如果直线完全位于窗口之外或窗口之内，处理结束；

（2）如果 p_2 位于窗口之内，则已经是最远可见点，直接转到步骤（6）；

（3）对分计算 p_1，p_2 的中点 p_m，如果 p_m 为不可见点（位于剪裁窗口以外），则令 $p_2 = p_m$，重复对分步骤，直至对分点 p_m 为可见点为止；

（4）令 $p_1 = p_m$，重复对分步骤，直至新的对分点 p_m 为不可见点为止；

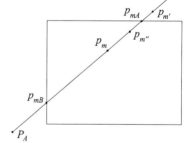

图2.6 中点对分法

（5）重复步骤（3）（4），直到两个可见对分点的差值小于设定的限差，此时，最后的对分点 p_{mA} 就是相对于直线端点 P_A 最远的可见点。

（6）令 $p_2 = P_A$，$p_1 = p_{mA}$（如果 P_B 本在窗口内，则 $p_1 = P_B$），重复步骤（3）（4）（5），搜寻直线相对于 p_{mA}（P_B）的最远可见点 p_{mB}。最后，p_{mB} 和 p_{mA} 之间的线段，就是剪裁窗口内的线段，剪裁工作结束。

2.5.2 任意多边形的剪裁

多边形剪裁要比直线剪裁复杂得多，这是因为剪裁后要求多边形轮廓线仍闭合。剪裁后的多边形边数可能增加或减少，一个多边形也可能被剪裁为几个多边形，所以剪裁后，需要适当插入窗口边界来保持多边形的封闭性。

多边形剪裁的思路是：先用窗口的第一条边界线（包括延长线）剪裁多边形，形成新的多边形，然后依次用窗口的其他边界线对新剪裁出的多边形进行剪裁，直到窗口的最后一条边界线剪裁完毕。

多边形剪裁步骤如下：

（1）首先取多边形的顶点 p_i（$i = 1$，2，…，n），按其相对于窗口第一条边界线的位置进行判断。如果 p_i 位于该边界（包括延长线）靠窗口的一侧，则将 p_i 计入新多边形顶点中，否则不计入。

（2）检查 p_i 与顶点 p_{i-1}（若 $i = 1$ 则 $i - 1 = n$）是否位于窗口边界同一侧，若是，则 p_{i-1} 是否计入顶点数组随 p_i 是否计入而定。若两点位于窗口边界两侧，则求出交点，计入新多边形交点。

（3）依次判断处理多边形所有顶点 p_i 后，得到一个新的多边形 q_i（$i = 1$，2，…，m）。

（4）分别以窗口的第 2、3、4 条边界线依次对新形成的多边形重复步骤（1）（2）（3），即得到剪裁的最后结果。

如图 2.7 所示的多边形，其剪裁过程如下：

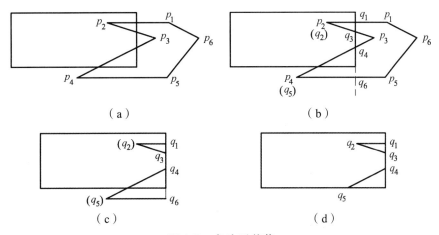

图 2.7　多边形剪裁

（1）首先从多边形的顶点 p_1 开始，针对窗口的右边界线依次判断：

p_1 在右边界线远离窗口一侧，不计入新多边形顶点；

p_6 与 p_1 位于右边界线同侧，因而 p_6 也不计入新多边形顶点；

p_2 点在右边界线窗口一侧，且与 p_1 异侧，所以求出 p_1，p_2 连线与右边界线的交点，记作新多边形交点 q_1，同时把 p_2 记作 q_2；

p_3 在右边界线远离窗口一侧，但与 p_2 异侧，因此求出交点记作 q_3；

p_4 在右边界线窗口一侧，与 p_3 异侧，求出交点记为 q_4，同时把 p_4 记作 q_5；

p_5 在右边界线远离窗口一侧，但与 p_4 异侧，因而求出交点记作 q_6；

p_6 与 p_5 在右边界线远离窗口的同侧，因此不求交点[图 2.7（b）]。

剪裁出的多边形顶点 q_i（$i = 1$，2，3，4，5，6），构成了两个新多边形，如图 2.7（c）所示。

（2）将新多边形顶点针对窗口的下边界线依次判断，按同样的步骤得到多边形顶点 q_i（i

= 1，…，5），如图 2.7（d）所示。

（3）新多边形与窗口的另外两条边界线无交点，剪裁结束，图 2.7（d）即是最后剪裁结果。

2.6　图形符号的自动绘制

地形图上的各种地物、地貌要素是使用专用图形符号来表示的。图形符号作为表示地理现象空间分布的特殊语言，通过标注的位置表述地物、地貌要素的空间特征；通过不同的形状、尺寸、颜色、结构来显示其数量和质量特征。地形图符号由国家颁布的地形图图式规定，各类地形图必须共同遵守。统一而标准的图式，不仅是人们识别和使用地形图的重要工具，也是地形图测绘制作与使用者相互沟通的语言。

各类图形符号都是根据欲表示的地物、地貌特征设计的，总的原则是对表示对象进行抽象、概括和简化，使其生动形象、易于定位，在表现地图要素存在及分布特征的同时，还能反映表示对象的轮廓和数量等特征。地形图示符号种类繁多，并还在不断增加，但根据图形特征可以划分为三类：点状符号、线状符号、面状符号。

2.6.1　点状符号的绘制

点状符号以一点定位，一般符号的几何中心与地物实际位置一致，用于不依比例尺表示点状分布或占地面积不大的地理对象。根据点状符号的图形特点又可分为：几何符号、文字符号、象形符号。几何符号图形简单规则，其形状与表现的对象外形或无直接联系，或有一定联系，一般是规则对称图形，易于定位和绘制。几何符号使用广泛，是地形图的基本元素之一，典型的有各类植被符号、控制点符号等。文字符号望文生义，清晰明了，广泛用于注记地名，植被名称，建筑物层数、结构等内容。象形符号生动形象，特征感强，但图形复杂，种类较少，典型的如烟囱、水塔、路灯等。

传统的纸质地形图，点状符号在图上有固定的大小，与比例尺无关。数字图点状符号大小定义是基于绘图输出时，符合传统制图规定之大小的原则。点状符号难以用数学公式表达，其通常由若干直线段和圆弧组合而成，因而可以用一列有序的数字信息表示。例如，将定位点作为坐标原点，按直线或圆弧特征点的相对坐标序列作为定位信息，结合线型、颜色等属性信息，以一个单独文件储存。每一个点状符号表示文件被赋予唯一的识别代码，表示文件的集合就称为地形图符号库，这也是数字化绘图软件所必备的。绘图时，绘图系统会根据用户给定的点状符号类型、定位及比例尺信息，经过坐标系统转换、缩放等程序，完成符号的自动绘制。

2.6.2　线状符号的绘制

1. 基本线型绘制

地形符号的基本线型有很多种，如实线、虚线、点线、点画线等，但归结起来可以用以下绘图参数来表示：定位点个数 n、定位点坐标（x_i, y_i）（$i = 1$, 2, …, n）、实步长 d_1、虚步长 d_2、点步长 d_3。若 $d_1 \neq 0$，$d_2 \neq 0$，$d_3 = 0$，则线型是虚线，如图 2.8（a）所示；若 $d_1 \neq 0$，$d_2 = 0$，$d_3 \neq 0$，则线型是点画线，如图 2.8（b）所示；若 $d_1 = 0$，$d_2 = 0$，$d_3 \neq 0$，则是点线，如图 2.6（c）所示。

基本线型的计算机绘制方法是：① 虚线（$d_3 = 0$）：根据给定的步长 d_1 和 d_2，沿着定位线方向，依次计算各 d_1 直线段端点坐标并连线。② 点画线（$d_2 = 0$）：根据给定步长 d_1 和 d_3，沿着定位线方向，依次计算各 d_1 直线段端点坐标后连线，并确定相邻 d_3 段之中点坐标，作为定位点画点。③ 点线（$d_1 = 0$，$d_2 = 0$），根据给定步长 d_3，沿着定位线方向计算出各 d_3 段中点坐标，然后作为定位点画点。

（a）虚线　　　　　　　　（b）点画线　　　　　　　　（c）点线

图 2.8　基本线型

2. 平行线绘制

一些线状地物符号是以平行线为基本边界绘制的，如铁路、围墙等；实际上加粗线也是通过绘制多条平行线来实现的。所以，平行线绘制也是线状地形符号绘制的基础。

平行线绘制的参数是：定位线节点个数 n、节点坐标（x_i, y_i）（$i = 1，2，\cdots，n$）、平行线宽度 w、平行线的绘制方向（即绘在定位直线前进方向的右方还是左方）。根据给定的参数绘制平行线，关键在于计算平行线节点坐标。

如图 2.9 所示，设在定位线右侧绘制平行线，定位线两相邻节点坐标分别为（x_i, y_i）和（x_{i+1}, y_{i+1}），则平行线节点坐标（x_i', y_i'）的计算公式为：

$$\left.\begin{array}{l} x_i' = x_i + l_i \cos(\alpha_i + \beta_i / 2) \\ y_i' = y_i + l_i \sin(\alpha_i + \beta_i / 2) \\ l_i = w / \sin(\beta_i / 2) \end{array}\right\} \tag{2-18}$$

式中，α_i 是节点 i 至节点 $i+1$ 直线线段的倾角（方位角），β_i 是第 i 个节点的右夹角，l_i 是定位线节点 i 到平行线节点 i' 间的距离。

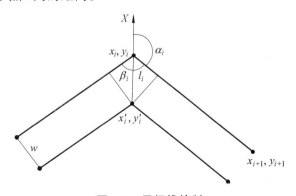

图 2.9　平行线绘制

3. 复合线状符号的绘制

复合线状符号除了有描述其趋势性的定位直线、曲线外，常常还配有其他的符号。如陡坎符号除了坎顶定位线以外，还有朝坎下绘制的短齿线；铁路符号除了有表示定位的两平行线以外，还在平行线之间配置了黑白相间色块。绘制这类沿定位线按一定规律进行符号配置的复合线型，关键在于计算定位点坐标。如图 2.10 所示带短齿线的线状符号，计算定位点坐标方法为：

$$
\left.\begin{array}{l}
s = \sqrt{(x_2 - x_1)^2 + (y_2 - y_1)^2} \\
\sin\alpha = (y_2 - y_1)/s, \quad \cos\alpha = (x_2 - x_1)/s \\
x_a = x_1 + d_1\cos\alpha, \quad y_a = y_1 + d_1\sin\alpha \\
x_b = x_a + d_2\sin\alpha, \quad y_b = y_a - d_2\cos\alpha
\end{array}\right\}
\qquad (2\text{-}19)
$$

式中，α 是定位线的方位角，d_1 是齿距，d_2 是齿长，(x_1,y_1)、(x_2,y_2) 是定位线两个相邻节点的坐标，(x_a,y_a)、(x_b,y_b) 是第一个齿心和齿端点的坐标。

依此类推，计算出两节点间所有齿心与齿端点的坐标后，即可绘制出齿型的线状符号。其他的线状符号，如陡坡、铁路、围墙等，计算方法类似。

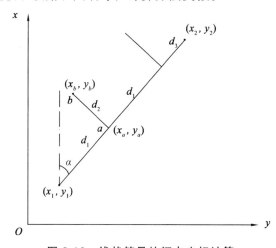

图 2.10　线状符号特征点坐标计算

2.6.3　面状符号的绘制

面状符号是指在给定的封闭区域内，有规则、不依比例地填充点状或线状的符号，用于表示与空间分布范围有关的地理特征，如植被、土质、人口密度等信息。常用的面状符号是在封闭轮廓线内充填晕线或一定密度的点状符号，前者只要求出每条晕线与轮廓边线的交点坐标，就可按绘制基本线型的方法绘制，而后者也要采用先确定晕线，然后在晕线上等分插点的方法，计算出区域内均匀内插点状符号的定位坐标。

1. 多边形轮廓线内绘制晕线

绘制参数为轮廓点个数 n、轮廓点坐标 $(x_i, y_i)(i=1, 2, \cdots, n)$、晕线间隔宽度 d、晕线方位角 α（和 x 轴的夹角）。如图 2.11 所示，晕线绘制的步骤如下：

（1）坐标系统旋转：为了计算方便，可对轮廓点坐标系统进行旋转变换，使晕线方向与旋转后的 x 轴一致。设晕线的倾角为 α，则对轮廓点坐标系顺时针旋转 α 度，得到轮廓点在新坐标系统下的坐标：

$$
\left.\begin{array}{l}
x_i' = x_i\cos\alpha + y_i\sin\alpha \\
y_i' = y_i\cos\alpha - x_i\sin\alpha
\end{array}\right\}
\qquad (2\text{-}20)
$$

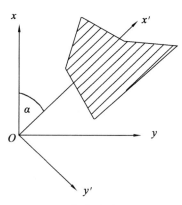

图 2.11　轮廓线内绘制晕线

（2）计算晕线条数：$m = [(y'_{max} - y'_{min})/d]$（方括号表示取整数），将整个轮廓线内的晕线从左到右地进行编号，第一条为 1 号，最后一条为 m 号。

（3）求晕线和轮廓边的交点：在变换后的坐标系中，编号为 j 的晕线横坐标为 $y'_j = y'_{min} + j \times d$。判断第 j 条晕线是否通过轮廓线的第 i 条边，可按第 i 条边的两个端点 y' 坐标值来判断。若式 $(y'_i - y'_j)(y'_{i+1} - y'_j) \leqslant 0$ 成立，则有交点，反之无交点。若有交点，交点坐标计算公式为：

$$\left. \begin{aligned} y'_{j(i)} &= y'_{min} + j \times d \\ x'_{j(i)} &= \left[x'_i(y'_{i+1} - y'_j) + x'_{i+1}(y'_j - y'_i) \right]/(y'_{i+1} - y'_i) \end{aligned} \right\} \qquad (2\text{-}21)$$

式中，$x'_{j(i)}, y'_{j(i)}$ 是编号为 j 的晕线和轮廓线第 i 条边的交点，在变换后坐标系中的坐标。

（4）交点坐标排序和配对输出：将交点坐标转换为原坐标系统，晕线按编号依次排序。同一条晕线与轮廓线的两个交点坐标，按 y 坐标大小顺序配对输出。

2. 点状填充符号绘制

点状填充的绘制参数为：轮廓边界点个数 n、轮廓边界点坐标（x_i, y_i）（$i = 1, 2, \cdots, n$）、符号轴线间隔 d、轴线方位角 α、轴线上点状符号的间隔 s 等。点状填充符号绘制步骤如下：

（1）按计算晕线的方法求出轴线与轮廓线交点坐标。

（2）根据轴线长度和轴线上符号的间隔 s，以均匀分布的原则计算点状符号的定位坐标。

（3）根据点状符号代码，在符号库中读取数据，按定位坐标绘制点状符号。

2.7　计算机生成等高线的算法

数字化绘图系统都具备等高线生成模块，能自动绘制等高线，其算法主要有格网法和三角网法两类。格网法是由矩形构成格网，确定格网的角点高程后，在网格边上进行等值点的内插、搜寻与追踪排序，然后调用光滑曲线程序绘制等高线。对于野外数字化测绘而言，碎部点分布是离散而无规律的，矩形格网角点的高程值需要运用数学插值方法确定。插值会人为地增加误差，所以格网法不适合野外数字化测图，而是更多地运用在摄影测量上。三角网法是按一定的规则，直接将离散碎部点连接成三角形无重复、无交叉的三角网。在三角形边上内插等值点并搜寻、追踪排序后，调用光滑曲线程序绘制等高线。这种方法不需高程内插计算，三角形顶点高程是直接测量值，精度优于格网法内插确定的角点高程，所以野外数字化测绘适合采用三角网法。

2.7.1　组成三角网

1. 三角网构网规则

每个三角形表示空间的一个平面，将三角形平面以边相连，组成一个连续完整、不重叠、没有空洞的表面，来模拟实际地表面，这就是三角网构网的要求。为满足上述要求，三角网的组成应以最小三角形为构网单元。因此，将碎部点连接成三角网的基本规则是：每个点都与距其最近的点构成三角形，并且在此前提下，尽可能地选择锐角三角形。

2. 三角网构网方法

构建三角网的方法有多种，不同的方法侧重点不同而各有优缺点。其中最佳三角形法，侧重三角网图形结构，方法简单、实用，得到了较多的实际应用。最佳三角形法是将彼此距离最近的 3 个离散点连接成初始三角形，再分别以这个三角形的每一条边为基础，搜索符合条件的离散点组成不重复、不重叠的新三角形。初始三角形三条边处理完毕后，转到新三角形重复上述过程，直到没有新三角形组成为止。最佳三角形法组三角网的具体步骤为：

（1）设 L 是三角形形成的计数号，K 是用来扩展三角形的计数号，初始值都为 1。构成一个三角形，需要 3 个离散点。设置 IB1（L）、IB2（L）、IB3（L）三个数组变量，分别储存 L 号三角形 3 个顶点的离散点编号。首先从 $L=1$ 开始，从离散点中任选一个点 A 送入 IB1（1），然后搜寻距 IB1（1）最近的点 B 送入 IB2（1）。三角形的第 3 个顶点 C，根据余弦公式 $c^2 = a^2 + b^2 - 2ab\cos\alpha$ 判断，选择使 α 角取得最大值的点 C 送入 IB3（1）。式中 a、b、c 分别是三角形顶点 A、B、C 的对边，α 是顶点 C 夹角。α 角为最大表明，C 点是距 A、B 两点连线距离最近的点。按这一选择法则确定的三角形，C 点到 A、B 两点距离的和为最小，并具有外接圆半径最小的特征。

（2）首先从 1 号三角形第 1 条边 S_{AB} 向外扩展。为避免重叠（复），第 2 个三角形的新顶点应与 C 异侧。判断方法是建立过顶点 A 和 B 的直线方程：

$$\left.\begin{array}{l} F(x,y) = y - ax - b = 0 \\ a = (y_2 - y_1)/(x_2 - x_1) \\ b = (y_1 x_2 - y_2 x_1)/(x_2 - x_1) \end{array}\right\} \qquad (2-22)$$

式中，(x_1, y_1)、(x_2, y_2) 分别是顶点 A、B 的坐标。将顶点 C 坐标代入方程（2-22），由于 C 点不在直线上，所以直线方程 $F(x,y) \neq 0$，并且数值因 C 点相对于直线方位不同而取不同的符号。用变量 M 储存其符号，将待搜索的离散点依次代入 $F(x,y)$ 检验，取代入后符号与 M 相反的点作为候选点。运用余弦定理对候选点进行判别，选择符合 α 最大条件的点构成新三角形。新三角形组成后，对三角形计数变量执行 $L=L+1$，并将三个顶点离散点编号计入 IB1（2）、IB2（2）、IB3（2）。

（3）当 K 号三角形的第一条边扩展完毕后，再转向第二条边，直到 K 号三角形的 3 条边都扩展完毕（图2.12），然后 $K=K+1$，继续到下一个三角形进行上述过程。最后判断三角网已经构完的条件是 $L=K$。

3. 最佳三角网法构网引入地性线

最佳三角形法单纯以图形结构为构网规则，所构成的三角网可能会有与实际地形不符的情况，即出现一些三角形平面没有贴近地面，而是悬空或者切入地面。为

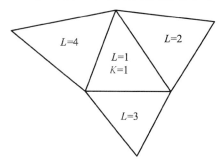

图 2.12　三角形扩展

避免出现这种情况，三角形组网可以引入地性线。所谓地性线就是指能充分表达地形形状的特征线。地性线在三角组网中的作用是，不允许三角形的边穿过地性线。所以组网前将沟底、山脊、陡坎（陡坡）坡顶和坡底的测点连接，并定义为地性线。三角形组网程序在构建三角网时，优先将地性线上相邻点设为三角形的边，在此基础上再应用最佳三角网法组网规则，因而不会出现三角网边穿过地性线的情况。

图 2.13 是三角形组网时,应用与不应用地性线的组网结果对比,图中线段 P_1P_2 是地性线。

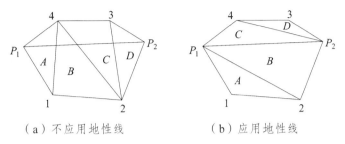

（a）不应用地性线　　　　　（b）应用地性线

图 2.13　应用地性线组三角网

2.7.2　等值点内插计算

1. 三角形边上有无等值点的判断

建立三角网实际上仅仅是将离散点每 3 个一组进行编排,为了绘制高程等值线,必须确定三角形边上高程等值线的通过位置,为此需要根据三角形顶点高程值做内插计算。在内插之前,首先应判断三角形各边上是否有给定高程等值线通过。确定三角形边是否有高程值为 h 的等值线通过,判别条件如下:

（1）三角形 3 个顶点高程相同,则三角形边上无等值点。

（2）三角形两个顶点高程不等,但是 $(h-h_1)(h-h_2) \geqslant 0$ 。这种情况下,两顶点间连线上无高程为 h 的等值点。这是因为 h 不在区间 (h_1, h_2) 内,反之则这条边上必有高程为 h 的等值点。

（3）三角形 3 顶点高程不等,其中一个顶点高程等于等值线高程 h 。若该三角形边上还有一个等值点,则该等值点必位于该顶点的对边上。

（4）三角形有两个顶点高程相同,若该三角形边上存在等值点,必位于与第 3 个顶点的连接边上。

判断后以数组 LB（L）存三角形信息,有等值点的赋值为 2,反之为 0。

2. 线性内插确定三角形边上等值点坐标

根据相似三角形对应边成比例的原理,得到线性内插计算公式:

$$\left.\begin{array}{l} x = x_1 + \dfrac{h-h_1}{h_2-h_1}(x_2-x_1) \\[3mm] y = y_1 + \dfrac{h-h_1}{h_2-h_1}(y_2-y_1) \end{array}\right\} \tag{2-23}$$

计算出等值点坐标后,用数组 $x(m, L)$, $y(m, L)$ 储存。由于编号为 L 的三角形一般有两个等值点,所以二维数组中下标 m 分别取值为 1 和 2,以分别储存 L 编号三角形的两个等值点坐标。

2.7.3　搜寻等值线起点和终点

等值线可能是开曲线,也可能是闭曲线,无论绘制那种等值线,必须从起始点（线头）开始,结束于终点（线尾）。闭合曲线一定位于绘图区域内部,线上任一点都可以是线头和线尾;开曲线一定开始于三角网某一三角边,又结束于另一三角边。所以开曲线的起点和终点,都是位于三角网外围三角形的外侧边线上。

一般的等值点既是前一个三角形的出口，又是下一个相邻三角形的入口，而开曲线的线头、线尾则只能居其一。根据这一特征，线头或线尾的搜索方法是：

（1）首先依三角形序号找到第 1 个有等值点的三角形，设为 i 号三角形，提取等值点坐标值 $x(m, i)$，$y(m, i)$。

（2）分别将两个等值点坐标 $x(m, i)$，$y(m, i)$（m=1，2），与全部三角形（包括 i 三角形自身）等值点坐标 $x(m, L)$、$y(m, L)$（L = 1，2，…，n）对比。由于比较对象包括自身，所以至少有一个符合，记为 $LB(i) = 1$。当有第二个符合情况出现，则 $LB(i) = LB(i) + 1 = 2$。

（3）若与全部三角形等值点比较结束后，仍然有 $LB(i) = 1$，则编号 i 的三角形内正在进行比较的等值点即为线头（线尾）。

（4）若某一等值点各三角形特征码 $LB(L)$（L = 1，2，3，…，n）值均为 2，则该等值点是闭曲线上的点。

（5）等值点坐标数组 $x(m, L)$、$y(m, L)$ 中 m 赋值是随机的，一个三角形内，先内插出的点赋值为 1，后内插出的点则赋值为 2。为了等值点追踪处理方便，规定三角形中，若存在线头（线尾），则 $x(1, L)$、$y(1, L)$ 是线头（线尾）坐标。若搜寻到三角形内线头（线尾）坐标是 $x(2, L)$、$y(2, L)$，则对两点坐标储存位置进行置换处理。

2.7.4　追踪等值点和曲线光滑

由内插所得的等值点是按三角形序号排列的，为了使其按等值线通过的顺序排序，必须由线头开始重新进行追踪排序。根据一个等值点既是某一三角形的入口，又是另一三角形的出口之特性，追踪排序的步骤如下：

（1）首先找到 $LB(L) = 1$ 的三角形，即找到存在线头（线尾）的三角形，并将线头（线尾）的坐标存入数组 $xp(j), yp(j)$，即令：$xp(j) = x(1, L), yp(j) = y(1, L)$，式中 j 是等值点计数，初始值为 1。

（2）使等值点计数加 1，即 $j = j + 1$，将三角形另一个等值点坐标存入数组：$xp(j) = x(2, L)$，$yp(j) = y(2, L)$。另存 L 三角形等值点坐标后，为避免等值点被重复使用，要抹去该三角形等值点记录，即执行 $LB(L) = 0$。

（3）将 $xp(j), yp(j)$ 与全部 $LB(L) \neq 0$ 的三角形等值点坐标对比，必在另一个三角形中找到一个相同的点（实际上是同一点），这时令 $j = j + 1$，以 $xp(j), yp(j)$ 储存该三角形的另一个等值点坐标。

（4）重复步骤（3），直到追踪到边界点（线尾）为止。

当某一高程的等值线全部追踪完毕后，即可调用光滑曲线绘制程序，把离散等值点连接成光滑曲线。

2.8　地形符号编码

地图符号是表达地形图要素的类别、空间位置、大小、质量、数量等特征的特定图形记号或文字。作为地图的语言，地图符号要求明确直观、形象生动，能准确表达各种地理对象的位置、质量、数量特征，其集合就形成一种广为人们认可和易于理解的标准化符号体系，规范了典型的地物、地貌的表示方法。地图符号的种类繁多，本身是一个复杂的体系，数字化测图系统在处理测量数据，绘制输出地形图时，要实现地图符号的自动绘制，需要建立一个结构完善、标准化、功能齐备和开放式的地图符号数据库。符合国家标准的符号集合，能确保不同绘图系统所完成的数字地图均符合统一的国家规范，而开放性则能提供对地形符号进行增加、删除、修改等维护操作，使符号库具备更新及调整的能力。

地图符号库由各类符号集合及调用符号的应用程序两部分组成，每一类地形图符号在符号库中被赋予一个代码，在计算机接到绘制地形图符号指令时，符号库应用程序是通过符号代码搜索并调用相应的地物、地貌符号，根据接收到的定位信息完成符号绘制工作。

对典型地物、地貌符号赋予数字代码的工作，称为地形编码。地形编码是一项重要而复杂的工作，关系到地理数据的组织、管理和使用的有效性问题。科学严密的编码将使得地理数据组织得紧凑、完整、关系明确、层次清晰，更新、检索简便而存取速度快。地形编码的方法很多，一般是按照地物、地貌的类型进行编码，其应遵循的基本原则是：

（1）编码的一致性。一致性指对代码所定义的同一地物、地貌概念，必须是唯一的，即一种代码定义了甲对象，就不能重复定义甲对象以外的任何对象。

（2）编码的通用性和标准化。标准化和通用性指拟定统一的代码内容、码位长度、码位分配和码位格式，作为必须共同遵守的规范。

（3）编码的系统性。各种地理对象是数字地图的有机组成部分，彼此之间应该存在一定的联系。例如每种地理对象都分属有关的大类，各个大类又可划分为多层类别或等级等。编码的系统性就是指设计代码时要明确反映出地理对象之间的相互联系。

（4）编码的扩展性。代码的设置一般要求简洁、紧凑，但是考虑到实际应用时，往往会出现新地理对象，所以代码设置时应留有扩展的余地。避免因新对象出现使原编码系统失效，或造成编码错乱现象。

在此原则基础上，国家颁布的编码方案有：

1. 三位整数编码

三位整数是最少位数的地形编码，通过三位整数的组合对全部地形要素进行编码，第一位是地物、地貌的类型，地形要素被分为以下十大类：

（1）测量控制点；

（2）居民地；

（3）工矿企业建筑物和公共设施；

（4）独立地物；

（5）道路及附属设施；

（6）管线及栅桓；

（7）水系及附属设施；

（8）境界；

（9）地貌与地质；

（10）植被。

在上述每一大类中又可细分为许多地形元素，所以三位整数编码中，第一位为类别号，代表上述十大类；第二、三位为顺序号，即地形符号在某大类中的序号。例如，编码105，1

为大类，即控制点类；05 为图式符号中顺序为 5 的控制点即导线点；106 为埋石图根点。又如 201 为居民地类的一般房屋中的混凝土房。

三位编码每一大类中的符号编码不能多于 99 个，而实际上符号最多的第 7 类（水系及附属设施），达到 130 多个（第一类控制点只有 9 个）。因此，在测图软件的编码系统中，在上述十大类的基础上作了适当的调整。如在 EPSW 系统中，水系及附属设施的编码就分为两段，由 700 ~ 799，再由 850 ~ 899。1 类控制点的编码少，就将部分植被放在 1 类编码中，编码为 120 ~ 189。

三位整数编码的优点是：

（1）编码位数最少，最简单，操作人员易于记忆和输入；

（2）按图式符号分类，符合测图人员的习惯；

（3）与图式符号一一对应，编码就带有图形信息；

（4）计算机可自动识别，自动绘图。

2. 四位整数编码

《地形要素分类与代码 GB 14804—93》（国家标准）采用四位整数编码，地形编码制定的原则同前，只是考虑到系统的发展，多留一些编码的冗余，以便编码的扩展。此外，还考虑到与原图式中编号的相似性。原图式的编号原有三位，在 4 位编码时就可往下细分，如图式中烟囱及烟道的编号为 327，此编号下还分三种：A（烟囱），B（烟道），C（架空烟道）。若采用三位编码，则按顺序依次编下去，而四位编码则可编为 3271、3272、3273。

2.9　高程点内插算法

假定地表是一连续光滑曲面，根据局部地域已知点的高程，确定一个曲面（平面）函数，将高程值表示为平面位置（x、y 坐标）的函数，从而可以求得所需位置点的高程，这就是高程内插算法的基本原理。

根据插值点的分布范围，高程内插可以分为整体内插、分块内插和逐点内插三类。

整体内插是在整个插值区域确定一个数学函数来表达地表的高低起伏，优点是能以一个光滑连续的数学曲面反映插值区域的宏观地形特征。缺点是地表不是数学曲面，对一个较大区域采用一个数学曲面表达，不能逼真地反映地形的细部，因而高程插值精度较差。

分块内插是将插值区域按地形特点分块（如可以地性线为界划分），对每一分块单独确定曲面函数进行高程内插。区域分块简化了地表的曲面形态，对每一分块区域以不同的数学曲面表达，可使数学曲面更逼近实际地表。

逐点内插以待插点为中心，取周边的已知高程点，分别对每一个插值点，确定一个曲面函数，来确定插值点高程。显然，逐点内插法内插精度要比整体内插和分块内插高，但是缺点是计算复杂、工作量大。

影响高程内插精度的因素很多，包括内插区域地表是否光滑；是否可以数学曲面模拟；已知高程点采集的密度、精度以及位置是否正确等。地表的形态是非常复杂、多样的，几乎找不到完全相同的地形条件，因此不能根据部分实例，确定哪一种方法更优。

2.9.1　线性内插

线性内插是使用插值点周围 3 个最近的已知点，确定一个平面的数学表达式，来模拟 3 个点所构成三角形区域内的地表面，从而求出欲插值点的高程。设平面方程为：

$$h_i = a_0 + a_1 x_i + a_2 y_i \tag{2-24}$$

将 3 个点的已知数据 $p_i(x_i, y_i, z_i)$ 代入，求得待定系数（a_0，a_1，a_2），确定方程（2 – 24）。然后代入插值点平面坐标（x_j，y_j），从而求得高程值 h_j。

线性内插法可用于分块高程内插，或者小范围、平坦地貌条件下的整体内插。这种方法以 3 个已知点确定的平（斜）面模拟地表面，方法简单、内插质量较低，往往只是在已知高程点不足的条件下应用。

2.9.2　双线性多项式内插

双线性多项式内插是以插值点周围最近的 4 个已知数据点，确定一个曲面函数，来模拟 4 个点所构成四边形区域内的地表面，从而唯一确定区域内待插点高程。由于多项式曲面函数形式为：

$$h_i = a_0 + a_1 x_i + a_2 y_i + a_3 x_i y_i \tag{2-25}$$

当 $x(y)$ 是常数时，高程 h 与 $x(y)$ 的函数关系成为直线方程，所以称为"双线性"。双线性多项式是二次函数，确定函数需要已知高程点比线性内插法多 1 个。双线性多项式函数图形是曲面，同样地形条件下，内插质量较线性内插好，常用在矩形方格内高程内插，或者在已知高程点不足的情况，用于区域分块内插。

2.9.3　移动拟合法

移动拟合法的原理是，对于每一个欲插值点，将其设为平面坐标系的原点，选其邻近的 n 个数据点，确定一个多项式曲面，从而求得欲插值点的高程。多项式曲面方程一般采用二次多项式：

$$h_i = a_0 + a_1 x_i + a_2 y_i + a_3 x_i^2 + a_4 x_i y_i + a_5 y_i^2 \tag{2-26}$$

曲面方程有 6 个待定系数和常数，所以确定此曲面方程需要 6 个已知数据点。由于已知数据本身有误差，加之实际地表并非数学表面，所以已知数据点不会都在所确定的曲面上。实践中应用移动拟合法，总是选取 6 个以上的已知数据点，按最小二乘法准则确定待定参数（a_i，$i = 0, 1, \cdots, 5$），具体步骤为：

（1）首先以待插值点 P 为中心，按 6 ~ 15 个点的要求，确定选点半径 R。

（2）将半径 R 内的 n 个数据点坐标减去 P 点坐标，即将坐标值转变为以 P 点为原点的相对坐标值。

（3）根据 n 个数据点，列出 n 个误差方程：

$$v_i = a_0 + a_1 x_i + a_2 y_i + a_3 x_i^2 + a_4 x_i y_i + a_5 y_i^2 - h_i \tag{2-27}$$

（4）根据最小二乘准则 $[pvv] = \min$，解算待定参数（a_i，$i = 0, 1, \cdots, 5$），从而确定曲面

方程。运用最小二乘准则时，确定权有多种方法，如 $p_i = 1/r_i^2$，或 $p_i = (R - r_i)^2 / r_i^2$ 等，其基本原则是：与待插值点距离 r 越小，权 p 值越大，反之越小。

（5）参数 a_0 就是待插值点的高程。

应用移动拟合法，已知数据点最好均匀分布在插值点四周。按一定半径选择，实际上是以距离近为唯一选择标准，这样可能会造成已知数据点全部位于插值点某一侧，严重影响插值质量。为避免这种情况，一种改进方法是分区间选择已知数据点，即以插值点为中心，将平面划分为若干个区间，在一定距离限制的条件下，每个区间内只取一个最近的点。

2.9.4 按方位取点加权平均法

移动拟合法计算复杂、工作量大，而按方位取点加权平均法计算相对简单，因而实践中得到了较多的应用。按方位取点加权平均法的思路是：以插值点为中心，将区域分为若干个象限，从每个象限内取 1 个已知高程点，以该点到欲插值点的距离定权，插值点高程为所取高程点的加权平均值。

$$h = \sum_{i=1}^{n} p_i h_i / \sum_{i=1}^{n} p_i \tag{2-28}$$

式中，h 是高程插值，h_i 是第 i 个已知高程点的高程，n 是选用已知高程点数目，p_i 是已知高程值 h_i 的权。

2.10 规则图形的几何纠正

在采集碎部点时，常因立镜位置偏离等原因，造成定位点测量出现较大误差。定位点误差会使本来规则、对称的地物，如矩形房屋、公路平行边线、圆形构筑物轮廓线等，因图形变形而不规则、不美观。为此，数字化测图系统设计了一些图形纠正功能，利用规则图形应满足的几何关系设立条件方程，通过平差处理对定位点坐标或者待定参数近似值进行有限度地修正，使绘制出来的图形符合其实际情况。

2.10.1 角度纠正

设 i, j, k 三个点连线构成了一个已知角值 β，则这 3 个点构成的角度关系可由下式表示：

$$\hat{\alpha}_{ik} - \hat{\alpha}_{ij} - \beta = 0 \tag{2-29}$$

式中，$\hat{\alpha}_{ik}$ 和 $\hat{\alpha}_{ij}$ 分别是边长 s_{ik}, s_{ij} 的坐标方位角平差值，可以表示为定位点坐标平差值的函数，即：

$$\left. \begin{aligned} \hat{\alpha}_{ik} &= \arctan \frac{\hat{y}_k - \hat{y}_i}{\hat{x}_k - \hat{x}_i} \\ \hat{\alpha}_{ij} &= \arctan \frac{\hat{y}_j - \hat{y}_i}{\hat{x}_j - \hat{x}_i} \end{aligned} \right\} \tag{2-30}$$

设 $\hat{y}_k = y_k + \delta y_k, \hat{y}_j = y_j + \delta y_j, \cdots, \hat{x}_i = x_i + \delta x_i$，并令

$$a_{ij} = \rho \frac{\sin \alpha_{ij}}{s_{ij}} \, , \quad a_{ik} = \rho \frac{\sin \alpha_{ik}}{s_{ik}} \, , \quad b_{ij} = -\rho \frac{\cos \alpha_{ij}}{s_{ij}} \, , \quad b_{ik} = -\rho \frac{\cos \alpha_{ik}}{s_{ik}}$$

将式（2-30）线性化，得到：

$$\left. \begin{aligned} \hat{\alpha}_{ik} &= \alpha_{ik} + \delta\alpha_{ik} = \alpha_{ik} + a_{ik}\delta x_i - b_{ik}\delta y_i - a_{ik}\delta x_k + b_{ik}\delta y_k \\ \hat{\alpha}_{ij} &= \alpha_{ij} + \delta\alpha_{ij} = \alpha_{ij} + a_{ij}\delta x_i - b_{ij}\delta y_i - a_{ij}\delta x_j + b_{ij}\delta y_j \end{aligned} \right\} \tag{2-31}$$

式中，s_{ij}，s_{ik} 和 $\hat{\alpha}_{ik}$，$\hat{\alpha}_{ij}$，是由定位点观测坐标计算 ij、ik 方向边长与坐标方位角近似值。将式（2-31）代入（2-29）式，并令 $w = \alpha_{ik} - \alpha_{ij} - \beta$，就得到条件方程：

$$-a_{ik}\delta x_k + b_{ik}\delta y_k + a_{ij}\delta x_j - b_{ij}\delta y_j + (a_{ik} - \alpha_{ij})\delta x_i - (b_{ik} - b_{ij})\delta y_i + w = 0 \tag{2-32}$$

在地形测图工程实践中，已知角度 β 为 0 或 90°的情况较为常见，其分别表示 3 点共线或成直角的情况。若要将变形的图形修正为规则图形，可按式（2-32）对每一个角度，列出定条件方程，按最小二乘法准则求解，并对定位点坐标进行改正。

2.10.2　圆曲线几何纠正

在实际工作中，常常通过测定圆周上的点来确定圆曲线。对于圆曲线上的测点 p_i，理论上应满足圆曲线方程：

$$(x_i - \hat{x}_c)^2 + (y_i - \hat{y}_c)^2 = r^2 \tag{2-33}$$

式中，圆心坐标（$\hat{x}_c$，$\hat{y}_c$），圆半径 $\hat{r}$ 均是未知参数。

由于测点存在误差，实际上往往不存在圆曲线方程，使测点 (x_i, y_i)（$i = 1$，2，3···）均位于圆曲线上。若设 $\hat{y}_c = y_c + \delta y_c$，$\hat{x}_c = x_c + \delta x_c$，$\hat{r} = r + \delta r$，其中 x_c、y_c、r 是近似值，将其代入式（2-33），经线性化整理并令 $w = [(x_i - x_c)^2 - (y_i - y_c)^2 - r^2]/2$，就得到：

$$\Delta x_{ic}\delta x_c + \Delta y_{ic}\delta y_c - r\delta r + w = 0 \qquad (i = 1, 2, 3, \cdots, n) \tag{2-34}$$

对每一个测点均列出条件方程（2-34），根据最小二乘准则求解，就可以得出虽然不一定经过测点，但整体意义上与各测点符合程度最好的圆曲线。

2.11　二维图形几何变换

图形的几何变换是指将图形的几何信息经过几何变换后产生新的图形。变换一般包括平移、比例缩放、旋转等基本类型。变换的实质是每一个定位点坐标（x，y），经过数学处理产生新的对应坐标（x'，y'）。在计算机绘图工作中，图形元素的复制、图形位移、图形坐标系统转换等，都属于二维图形的几何变换问题。

2.11.1　二维图形的基本变换

1. 平移变换

平移变换是将对象从一个位置移到另一个位置的过程中，变换过程中移动对象不发生旋转。如图 2.14 所示，设变换前后任一对应点坐标差为：

$$d_x = x' - x, \quad d_y = y' - y \tag{2-35}$$

则 d_x、d_y 称为平移距离，平移变换的公式为：

$$x'_i = x_i + d_x, \quad y'_i = y_i + d_y \quad (i = 1, 2, 3, \cdots, n) \tag{2-36}$$

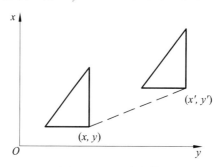

图 2.14　平移变换

2. 旋转变换

旋转是以某个参考点为中心，将对象上的各点（x, y）绕着中心转动一个角度 θ（设为顺时针旋转），变为新的坐标（x', y'）（图 2.15）。当参考点为坐标系原点时，旋转变换公式为：

$$\left.\begin{array}{l} x' = r\cos(\alpha + \theta) = r\cos\alpha\cos\theta - r\sin\alpha\sin\theta \\ y' = r\sin(\alpha + \theta) = r\sin\alpha\cos\theta + r\cos\alpha\sin\theta \end{array}\right\} \tag{2-37}$$

因为 $x = r\cos\alpha$，$y = r\sin\alpha$，所以上式又可以表示为：

$$\left.\begin{array}{l} x' = x\cos\theta - y\sin\theta \\ y' = y\cos\theta + x\sin\theta \end{array}\right\} \tag{2-38}$$

若参考点不是坐标原点，而是任意点（x_a, y_a），设对应新坐标为（x'_a, y'_a）则旋转变换公式为：

$$\left.\begin{array}{l} x' = x'_a + (x - x_a)\cos\theta - (y - y_a)\sin\theta \\ y' = y'_a + (y - y_a)\cos\theta + (x - x_a)\sin\theta \end{array}\right\} \tag{2-39}$$

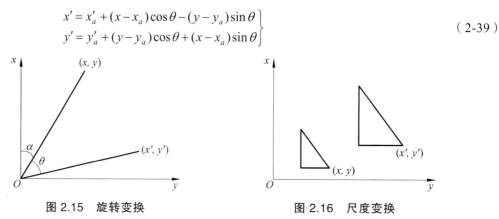

图 2.15　旋转变换　　　　　　　　　图 2.16　尺度变换

3. 尺度变换

尺度变换是使对象按比例因子（k_x, k_y）放大或缩小的变换，如图 2.16 所示。变换公式为：

$$x' = x \cdot k_x, \quad y' = y \cdot k_y \tag{2-40}$$

特别地，当 k_x, k_y 分别取（ -1, 1 ）和（ 1, -1 ）时，尺度变换后图形成为原图形相对于 y 或 x 轴的镜像，如图 2.17（a）、2.17（b）所示，若 k_x, k_y 均取 -1，则变换后图像如图 2.17（c）所示，称为按原点反射。

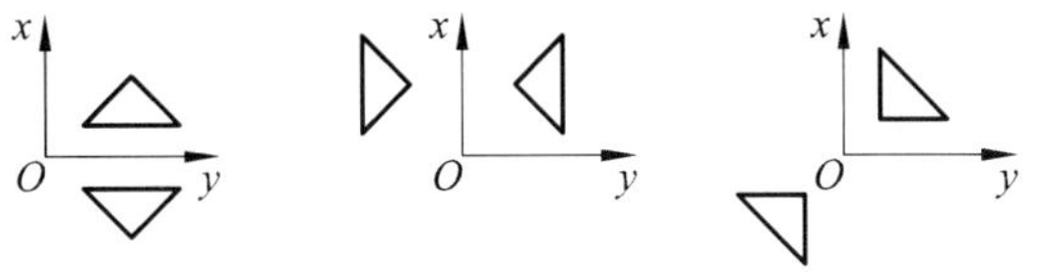

（a）x 轴反射　　（b）y 轴反射　　（c）原点反射

图 2.17　反射变换

由图 2.17 可见，按公式（2-40）作尺度变换时，不仅对象的大小产生了变化，而且离原点的距离也发生了变化。若只希望变换对象的大小，而不改变某一点的位置，则可以采取固定点尺度变换方法。例如，以 a 点（x_a, y_a）为固定点进行尺度变换的公式为：

$$x' = x_a + (x - x_a) \cdot k_x, \ y' = y_a + (y - y_a) \cdot k_y \tag{2-41}$$

4. 综合变换

综合变换指二维坐标系统同时进行平移、旋转和尺度变换处理，综合公式（2-39）、式（2-41），得到综合变换公式为：

$$\left. \begin{array}{l} x' = x'_a + k_x(x - x_a)\cos\theta - k_y(y - y_a)\sin\theta \\ y' = y'_a + k_y(y - y_a)\cos\theta + k_x(x - x_a)\sin\theta \end{array} \right\} \tag{2-42}$$

由此可见，以上各种单一的转换，均是综合转换的特例。

2.11.2　测量坐标变换

数字化测图工作中，平面坐标转换常用于纠正因测站设置问题导致的系统性错误，或者将假设坐标系统下测量的碎部点坐标转换到统一的测量坐标系统。在工程控制网改造、扩展工作中，由于原控制网已知控制点分布不合理、精度低，不能作为固定点。为了保持高精度的观测成果不被扭曲，也常先将控制网作自由网平差，然后以坐标变换方法将成果纳入原坐标系。所以，平面坐标的转换是测量工程实践中的一项基本工作。

坐标转换问题的核心是解算转换参数，测量实践中处理这一问题的方法是利用公共点来解算。所谓公共点是指同时具有两套坐标系统坐标的点位，当有两个以上公共点时，就可从中解算出平面坐标转换参数。下面分别就仅有必要转换信息和有多余转换信息两种情况下的处理方法，分别进行阐述。

1. 仅有 2 个公共点的坐标转换

设有已知点 a，b，分别具有坐标系（x'，y'）和（x，y）下的坐标（x'_a, y'_a）、（x'_b, y'_b）和（x_a, y_a）、（x_b, y_b）。边长 s_{ab} 在两套坐标系统下的坐标方位角和长度分别为：

$$
\left.\begin{array}{l}
\alpha'_{ab} = \arctan\left(\dfrac{y'_b - y'_a}{x'_b - x'_a}\right) \\[3mm]
\alpha_{ab} = \arctan\left(\dfrac{y_b - y_a}{x_b - x_a}\right) \\[3mm]
s'_{ab} = \sqrt{(x'_b - x'_a)^2 + (y'_b - y'_a)^2} \\[2mm]
s_{ab} = \sqrt{(x_b - x_a)^2 + (y_b - y_a)^2}
\end{array}\right\}
\tag{2-43}
$$

则将坐标系统（x, y）下坐标（x_i, y_i）转换到坐标系统（x', y'）下的坐标（x'_i, y'_i）（$i = 1$, 2, 3, …, n）的方法为：

（1）求旋转角：

$$
\theta = \alpha'_{ab} - \alpha_{ab}
\tag{2-44}
$$

（2）求尺度系数（测量坐标系统纵横方向尺度相同，所以只设一个尺度参数）：

$$
k = s'_{ab} / s_{ab}
\tag{2-45}
$$

（3）坐标转换：

$$
\left.\begin{array}{l}
x'_i = x'_a + k(x_i - x_a)\cos\theta - k(y_i - y_a)\sin\theta \\[2mm]
y'_i = y'_a + k(y_i - y_a)\cos\theta + k(x_i - x_a)\sin\theta
\end{array}\right\}
\tag{2-46}
$$

2. 有 3 个以上公共点的坐标转换

当有 3 个以上公共点时，公共点所包含的平面坐标转换信息超过了必要数，这时可以采取最小二乘方法求坐标转换参数。由于平面坐标转换是线性变换，所以设坐标线性变换通式为：

$$
\left.\begin{array}{l}
x' = a_0 + a_1 x - b_1 y \\[2mm]
y' = b_0 + b_1 x + a_1 y
\end{array}\right\}
\tag{2-47}
$$

设有 n 个公共点，坐标分别为（x'_i, y'_i）和（x_i, y_i）（$i = 1$, 2, 3, …, n），将公共点坐标分别代入式（2-47），组成误差方程：

$$
\left.\begin{array}{l}
v_{xi} = a_0 + a_1 x_i - b_1 y_i - x'_i \\[2mm]
v_{yi} = b_0 + b_1 x_i + a_1 y_i - y'_i
\end{array}\right\}
\tag{2-48}
$$

对（2-48）式，运用最小二乘准则 $\sum\limits_{i=1}^{n} p_i(v^2_{xi} + v^2_{yi}) = \min$ 组成法方程，求出平面坐标转换参数 a_0, a_1, b_0, b_1。然后将要转换的点坐标（x_i, y_i）代入式（2-48），即完成最小二乘坐标转换。最小二乘转换充分利用全部公共点包含的坐标转换信息，实现了整体意义上的最佳符合，常用于转换质量要求较高的控制点坐标转换。式中引入权 p_i 是为了适应公共点已知坐标精度不同，或对某些点位坐标符合程度的特殊要求。

2.12 面积及体积计算

2.12.1 面积计算

面积计算的方法很多，对于数字化地形图而言，均是采用坐标解析法。也就是根据所求面积区域边界轮廓点的坐标计算面积的方法，其中较为典型的有梯形法和三角形法。

1. 梯形法

如图 2.18 所示，已知多边形 $ABCDE$ 各顶点坐标为 (x_A, y_A)，…，(x_E, y_E)，则多边形面积：

$$S_{ABCDE} = S_{A_0ABCC_0} - S_{A_0ADCC_0} = S_{A_0ABB_0} + S_{B_0BCC_0} - (S_{C_0CDD_0} + S_{D_0DEE_0} + S_{E_0EAA_0})$$
$$= (x_A + x_B)(y_B - y_A)/2 + (x_B + x_C)(y_C - y_B)/2 +$$
$$(x_C + x_D)(y_D - y_C)/2 + (x_D + x_E)(y_E - y_D)/2 + (x_E + x_A)(y_A - y_E)/2$$

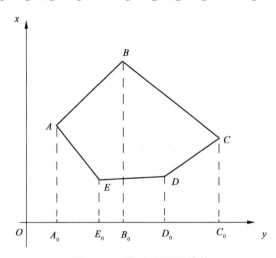

图 2.18 梯形法面积计算

整理，就得到一般形式：

$$S = \frac{1}{2}\sum_{i=1}^{n}(x_i + x_{i+1})(y_{i+1} - y_i) \tag{2-49}$$

或者：

$$S = \frac{1}{2}\sum_{i=1}^{n}(y_i + y_{i+1})(x_{i+1} - x_i) \tag{2-50}$$

公式中顶点时序号按顺时针计时，S 为正，反之为负，并令 $i = n$ 时，$x_{n+1} = x_1$。

2. 三角形面积累加法

如图 2.19 所示，已知多边形 $ABCD$ 的顶点坐标，将各顶点与坐标原点连接起来，则显然有：

$$S_{ABCD} = S_{\triangle BCO} + S_{\triangle CDO} - S_{\triangle ABO} - S_{\triangle DAO}$$

式中，的三角形面积可按矢量交叉乘积的方法计算，如：

$$S_{\triangle ABO} = \frac{1}{2}\begin{vmatrix} x_A & x_B \\ y_A & y_B \end{vmatrix} = \frac{1}{2}(x_A y_B - y_A x_B)$$

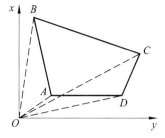

考虑矢量的方向，取顺时针的顺序，即可得到由顶点坐标计算多边形的面积公式：

$$S = \left(-\frac{1}{2}\right)\sum_{i=1}^{n}(x_i y_{i+1} - y_i x_{i+1}) \qquad （2\text{-}51）$$

图 2.19 三角形面积累加面积计算

同样的，当 $i = n$ 时，$x_{n+1} = x_1$。

2.12.2　断面法计算土石方

对于狭长的带状区域，尤其是地形变化平缓，趋势单一的情况，采用断面法计算土石方较为适合。断面法计算土石方的基本步骤为：

（1）在地形图上将计算土石方的带状区域，按一定的平行线间隔 k 等分带状区域，分别做断面图。

（2）根据断面图上设计高程线与地表线围成的区域，分别计算填、挖方断面面积。

（3）以相邻两同类断面面积（挖方或填方）的平均值，乘以等分的断面间距 k，得出两相邻断面间挖方（填方）体积。

（4）将各相邻断面间挖方（填方）量累加，就得到总的挖方（填方）量。

计算机在数字图上实现断面法土方计算，关键在于实现各断面挖方（填方）面积的计算，其具体的内容是：

（1）根据输入的断面方位、间距、计算范围确定断面线。

（2）按等分间距 d，在断面线上运用插值计算方法，计算该断面与地表线的切点坐标 $p_i(x_i, y_i, h_i)$，如图 2.20 所示。

（3）断面面积为各相邻切点与其在设计线上的垂足所围成梯形面积之和，即：

$$S = \frac{d}{2}\sum_{i=1}^{n}(h_{i-1} + h_i) \qquad （2\text{-}52）$$

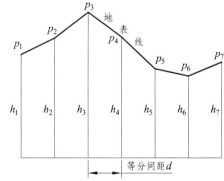

图 2.20　断面面积计算

式中，h_i 是切点 i 至其设计线上垂足的高差。

（4）挖方（填方）总量为各相邻断面间挖方（填方）量的累加，即：

$$V = \frac{k}{2}\sum_{j=1}^{m}(S_{j-1} + S_j) \qquad （2\text{-}53）$$

2.12.3　方格法计算土石方

方格法也是常用的土石方计算方法，不仅可以计算不规则地表与规则平面（斜面）间的体积，还能计算两不规则曲面间的体积，适用于较大区域复杂地表的土石方计算工作。

1. 整个小方格内是挖方或填方

小方格 4 个角点高程均大于或小于设计高程，则整个小方格内为挖方或填方。这是计算最简单的一种情况，计算土石方的基本步骤为：

（1）在给定的范围内，按一定间隔 d 生成方格网。

（2）按插值的数学方法，根据离散高程点确定方格网中各小方格角点的高程。

（3）设第 i 个小方格 4 个角点高程平均值为 $\overline{h}_i = (h_{i1} + h_{i2} + h_{i3} + h_{i4})/4$，高程设计值为 h_S，则该小方格土石方挖填量：

$$V_i = (\overline{h}_i - h_S)d^2 \tag{2-54}$$

（4）V_i 值大于 0 为挖方量，而小于 0 为填方量。对所有 V_i 值分别按大于 0 和小于 0 累加，就得到整个计算区域的土石方挖填方量。

2. 小方格内包含填方和挖方

在一个方格网内，并非全是为挖方或者为填方，有时候一个方格内既有填方又有挖方。在土方计算中，将不填也不挖的点叫零点，连接零点的线是挖方和填方的分界线，在土石方计算中称为零线。

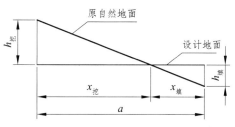

图 2.21　方格网零点确定

（1）零点位置计算。

处理小方格内既有挖方又有填方的计算问题，首先要在方格边上确定零点。如图 2.21 所示，$h_挖$ 是挖方区域小方格一个角点挖方高度，$h_填$ 是填方区域小方格一个角点填方高度，a 是小方格边长。如果两个相邻角点高程分别高于和低于设计高，则零点必位于两点之间的边上。根据相似三角形对应边成比例原理，零点位置距离挖方区域角点距离为：

$$\left. \begin{array}{l} x_挖 = \dfrac{ah_挖}{h_挖 + h_填} \\[3mm] x_填 = \dfrac{ah_填}{h_挖 + h_填} \end{array} \right\} \tag{2-55}$$

确定了零点，将相邻零点连接就成为零线。

（2）二点填方或挖方计算。

如图 2.22 所示，零线将方格分割为两部分，右边部分为填方区域，左边部分为挖方区域，每个区域内各有两个角点。挖方区域和填方区域在水平面投影均是梯形，按照面积乘平均高度的近似计算方法，得到小方格内挖填方量分别为：

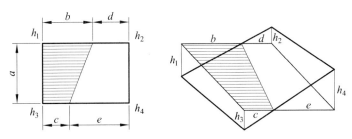

图 2.22　两点挖填方计算

A. 挖方部分体积：

$$V_{挖} = \frac{d+e}{2}a\frac{\sum h}{4} = \frac{a}{4}(d+e)(h_2+h_4) \qquad (2\text{-}56)$$

B. 填方部分面积：

$$V_{填} = \frac{b+c}{2}a\frac{\sum h}{4} = \frac{a}{4}(b+c)(h_1+h_3) \qquad (2\text{-}57)$$

公式中 b、d、c、e，按照公式（2-55）计算，以下相同不再赘述。

（3）三点填方或挖方计算。

如图 2.23 所示，零线将小方格分为两部分，一部分包括 3 个角点，另一部分只包括一个角点。

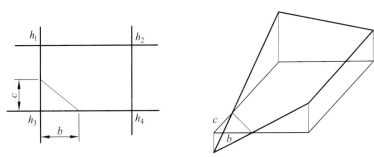

图 2.23　三点挖填方计算

设包含 3 个角点的部分为挖方，根据面积乘平均高度的基本原理,计算公式为：

A. 挖方部分

$$V_{挖} = \left(a^2 - \frac{bc}{2}\right)\frac{\sum h}{5} = \left(a^2 - \frac{bc}{2}\right)\frac{h_1+h_2+h_4}{5} \qquad (2\text{-}58)$$

B. 填方部分

$$V_{填} = \frac{bch_3}{6} \qquad (2\text{-}59)$$

3　两期土方计算

对于两期地形图之间的土石方计算，计算方法如下：

（1）根据第一次测量离散高程点和第二次测量离散高程点（或者是设计面高程点），分别

插值得到第 i 个小方格 4 个角点高程的平均值为：$\bar{h}' = \dfrac{h_1' + h_2' + h_3' + h_4'}{4}$ 和 $\bar{h}'' = \dfrac{h_1'' + h_2'' + h_3'' + h_4''}{4}$。

（2）小方格内的土方量为 $V_i = (\bar{h}' - \bar{h}'')$，$V_i$ 大于 0 为挖方，反之为填方。

（3）将所有小方格的挖方（填方）数据累加，即得到两期测量之间的挖（填）方量。

方格法土方量计算，理论上方格间距 d 较小时挖填方估算值精度较高，但 d 值应与实际测点的密度与地表的复杂程度相适应，过大达不到应有的精度，过小则是没有意义的，这一点应引起注意。

2.12.3　三角网法土石方计算

三角网法直接利用野外实测的地形特征点构建三角网，并对每一个三角形按三棱柱法计算土方。三角网法具有以下优点：三角网中角点高程是直接测量值，精度高于插值精度；三角网构网过程中引入地性线，可避免三角形平面架空或切入地面，能更好地适应复杂、不规则地形。因此相对于其他方法，三角网法计算土方量精度较高。

三角网法计算土石方量，首先要根据施工前后的地形测量数据分别建立三角网。如果是计算现有地形与设计地表面之间的土石方量，则以地表面设计值代替施工后地形测量数据。建立三角网后，以施工前地形测量数据建立的三角网为基础，从每个三角形的三个顶点竖直引出三条直线，直线与施工后地形测量数据（或设计数据）建立的三角网相交，这样形成一个个三棱柱，分别计算出每个三棱柱的体积，所有的三棱柱体积之和便是整个区域的土石方量。

如图 2.24 所示，施工前地形测量数据构成三角网中第 i 个三角形的 3 个顶点分别为 A,B,C，由 3 个顶点做垂直线与施工后地形测量数据（或设计面数据）所构成三角网面交点为 D,E,F。设 A,B,C 在水平投影面上的投影点为 A_1,B_1,C_1，水平面上三角形 $\triangle A_1B_1C_1$ 面积为 S。令 A 点与 D 点的高差为 h_{AD}，B 点与 E 点的高差为 h_{BE}，C 点与 F 点的高差为 h_{CF}，则这个三棱柱的体积为：

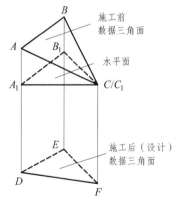

$$V_i = (h_{AD} + h_{BE} + h_{CF})S/3 \qquad （2\text{-}60）$$

图 2.24　三棱柱体积计算

计算 h_{AD}、h_{BE}、h_{CF} 所需的 D,E,F 点高程可以根据其所在的三角形，通过线性内插获得。高差 h_{AD}、h_{BE}、h_{CF} 全部为正，V_i 是挖方，反之是填方。若有正有负，则三角形内既有挖方又有填方，需要分别计算。

将各个三棱柱体积按挖填方累加，即得到整个计算区域的挖填土石方量。

第3章 数字化测绘外业工作

3.1 数字化野外测量设备

3.1.1 全站仪

数字化野外测量设备目前主要有全站仪和 GPS 接收机两类，其中后者近年来发展很快，并因为作业效率高而正占有越来越重要的地位。但是 GPS 接收机要求测点处天空开阔的固有缺陷，使其应用受到一定的限制，所以全站仪仍然是不可替代的数字化测绘采集设备。

全站仪集光、机、电为一体，可以同时进行角度和距离测量，观测时只要照准测量棱镜，输入目标高度后按键确定，即可直接一次性测定水平角、竖直角、斜距，还能借助于内置的软件系统，选择计算并显示出观测边的方位角、测点高程及平面坐标等观测值函数。更重要的是，全站仪通过与计算机的通信接口，可以实现与计算机的双向通讯，不再需要读数与记录，这不仅降低了测量人员的劳动强度，提高了工作效率，也避免了读数和记录出现错误的可能性。全站仪的出现改变了测绘作业的方式，极大地提高了测量作业的效率，在测量工作数字化、自动化的技术进步中，起到了关键性的作用。

和经纬仪一样，全站仪同样有基座、照准部、望远镜等主要部件，按功能划分为电源、测角系统、测距系统、计算机微处理器及应用软件、输入输出设备等功能相对独立的部分，以下分别作简单介绍。

3.1.1.1 电　源

全站仪电源分为机载电池和外接电池两种。机载电池体积小、重量轻，直接安置在仪器上，使用方便，但容量较小。外接电池容量较大，但要通过电缆与仪器连接，使用不便。较早出厂的全站仪所配电池属镍氢电池，存在容量小、使用寿命短、充电时间长的缺点，不能满足长时间测量的需要，因而有些用户选择配备外接电池。近几年出厂的全站仪均配备锂电池，锂电池具有容量大、无记忆、充电时间短的优势，性能远超过镍氢电池，可以满足长时间外业测量的需要，所以一般不需要配备外接电池。

3.1.1.2 测角系统

普通经纬仪是在玻璃度盘上刻上角度分划值，通过随照准部转动的读数装置来观察、读数。全站仪作为先进的光电一体化仪器，角度的读取是自动完成的。其实现度盘读数记录的自动化方法，是随着仪器的转动，光电扫描装置在特殊的光电度盘上获取电信号，再根据电信号转换成角度值。按获取电信号的方法分类，光电度盘一般分为两大类：一类称为绝对编码度盘测角系统，另一类称为增量光栅测角系统。

1. 绝对编码度盘系统

绝对编码度盘系统在度盘中设计透光与不透光两种状态，分别表示二进制的"0"和"1"。通过光电扫描在度盘的每一个位置直接读出度、分、秒角度值。绝对式编码度盘的读数原理如图 3.1 所示，在玻璃圆盘上刻画出 4 个同心圆环带，每一个环带表示一位二进制编码，称为码道，内环带表示高位数，外环带表示低位数。如果再将全圆划分为若干扇区，则每个环带被划分为间距相等的小格。各小格分别以不透光表示"1"，透光表示"0"，这样每个扇形区由内到外可以读到一个 4 位二进制的数。要以 4 位二进制数表示全圆角值，则全圆只能划分为 $2^4=16$ 个扇区，相应的 10 进制数为 0 ~ 15，因而度盘分划值为 360°/16 = 22.5°。这样大的度盘分划值，显然读数是很粗略的，实际应用没有什么意义。若要提高度盘的读数精度，则需要在度盘上划分出更多的码道和扇区。例如，要设计度盘分划值为 20″，则度盘需要分为 $(360×60×60)/20 = 64\ 800$ 个扇区，而由 $64\ 800≈2^{16}$ 知道码道数应为 16 个。与传统经纬仪的光学底盘一样，由于度盘的直径有限，度盘上不可能做出过细的划分，所以实际上也是以适当的码道和扇区对度盘进行刻画，然后借助于测微装置达到细分角值的目的。

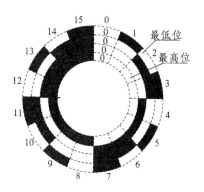

图 3.1 绝对编码度盘

2. 增量光栅测角系统

均匀地刻有许多一定间隔细线的直尺或圆盘称为光栅尺或光栅盘。刻在直尺上用于直线测量的为直线光栅，如图 3.2（a）所示，刻在圆盘上的等角距的光栅称为径向光栅，如图 3.2（c）所示。设光栅的栅线（不透光区）宽度为 a，缝隙宽度为 b，栅距 $d = a + b$，通常 $a = b$，它们都对应着一角度值。栅线为不透光区，缝隙为透光区，在光栅度盘的上下对应位置上装上光源、指示光栅和计数器等，随着照准部转动，计数器可以累计所扫描的栅距数，从而求得所转动的角度。光栅度盘上没有绝对度数，读数装置只是通过累计移动光栅的条数，故称为增量式光栅度盘，其读数系统为增量式读数系统。

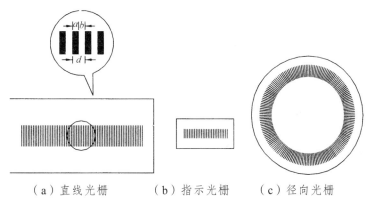

（a）直线光栅　　　　（b）指示光栅　　　（c）径向光栅

图 3.2 光栅尺和光栅盘

虽然光栅的栅距很小，但由于读盘直径有限，所以其分划值却仍然较大。如 80 mm 直径的度盘上刻 12 500 条线，密度达到了每毫米 50 线，但其栅距分划值为 $(360×60×60)/12\ 500 ≈104″$。显然这样的分划值对于精密测角来说是太大了，为提高测角精度，必须提高光栅固有的分辨率。但要对已经密度极高的光栅做进一步细分，在技术上是困难的，所以实际工作中是设法将栅距放大，莫尔条纹技术是常采用的放大技术。利用莫尔条纹技术进行放大的基本原理是：将如图 3.2（b）所示栅距与径向光栅相同的指示光栅与径向光栅重叠起来，当两光栅刻线成一微小倾角 θ 时，便形成了一串透光菱形图案，这称为莫尔条纹的亮条纹，如图 3.3 所示。

亮条纹位于两条暗条纹之间，其宽度 W 被称为纹距，宽度近似为

$$W = d/\theta \qquad (3\text{-}1)$$

式中，W 为莫尔条纹纹距；d 为光栅的栅距；θ 为两条光栅线之间的交角（单位是弧度）。

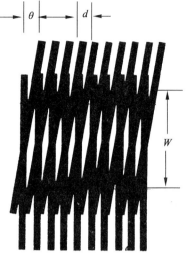

图 3.3　莫尔条纹

由式（3-1）可见，莫尔条纹纹距比栅距放大了 $1/\theta$ 倍。由于 θ 较小，所以放大效果明显，例如设 θ 为 20′，则 W 大约是 d 的 172 倍。当径向光栅静止，指示光栅沿垂直于自身栅线方向移动一个栅距 d 时，莫尔条纹则沿两个光栅交角 θ 的平分线方向移动一个纹距 W，因此 d 和 W 对应着同样的分划值。由于 W 值较大，读数装置通过累积条纹的移动量，可以较精确地推导出光栅的移动量。设从 O 点测量 A 方向到 B 方向的夹角，在由 A 方向旋转望远镜照准 B 方向的过程中，测定出条纹移动整条数为 n，条纹分划值 δ，不足一个条纹的距离为 $\Delta\delta$，则角度 $\angle AOB$ 可以表示为

$$\angle AOB = n\delta + \Delta\delta$$

4.1.1.3　测距系统

全站仪的测距系统实际上是集合在内的光电测距仪，其测距方法是直接或间接测量电磁波信号在待测点间往返一次的传播时间 t，然后按公式

$$d = \frac{1}{2}ct \qquad (3\text{-}2)$$

求得待测距离 d，式中 c 是光传播速度。

按光电测距仪采用的电磁波类型划分，光电测距可以分为微波测距和光波测距两种，其中光波又可分为激光和红外光两类。微波和激光测距往往用于远程测距，适用于大地测量，全站仪一般用于工程应用测量，测程不需要太长，所以较多地采用红外测距方法。但近年来，随着免棱镜测量方式的兴起，已经越来越多地采用激光测距方式了。

根据测定传播时间的方法的不同，光电测距仪又可分为脉冲式测距仪和相位式测距仪。

1. 脉冲式测距仪

通过直接测定调制光脉冲在测线上往返传播的时间，按公式 $d = \frac{1}{2}ct$ 来求得距离。其大致的工作过程如下：

首先由光脉冲发射器发射出一束光脉冲，经发射光学系统后射向被测目标。与此同时，由仪器内的取样棱镜反射一部分光脉冲送入接收光学系统，再由光电接收器转换为电脉冲（称为主波脉冲），作为计时的起点。从目标反射回来的光脉冲通过接收光学系统后，也被光电接收器接受并转化为电脉冲（称为回波脉冲），作为计时的终点。因此，主波脉冲和回波脉冲之间的时间间隔就是光脉冲在测线上往返传播的时间 t。

如图 3.4 所示，为了测定时间 t，测距电路将主波脉冲和回波脉冲先后送入"门"电路，分别控制"电子门"的"开门"和"关门"。时标振荡器不断地产生具有一定时间间隔 T 的电脉冲（时标脉冲），如同钟表一样提供一个电子时钟。在测距之前，"电子门"是关闭的，时标脉冲不能通过"电子门"进入计数系统。测距时，在光脉冲发射的一瞬间，主波脉冲把"电子门"打开，时标脉冲一个个地计入计数系统，当从目标发射回来的光脉冲到达测距仪时，回波脉冲立即把"电子门"关闭，时标脉冲就无法进入计数系统。由于每进入计数系统一个时标脉冲就要经历时间 T，所以，若在"电子门""开门"和"关门"之间有 n 个时标脉冲进入计数系统，则主波脉冲和回波脉冲之间的时间间隔 $t = nT$。确定了往返传播时间，由式（3-2）就可测得距离 $d = \frac{1}{2}ct = \frac{1}{2}cnT$。若令 $l = \frac{1}{2}cT$，表示在时间间隔 T 内光脉冲传播的一个单位距离，则有

$$d = nl \tag{3-3}$$

由上式可以看出，计数系统每记录一个时标脉冲，就等于记录下一个距离 l。由于测距仪中的 l 值是预设的，因此计数系统在累计出通过"电子门"的时标脉冲个数 n 之后，就可直接得到所测距离。

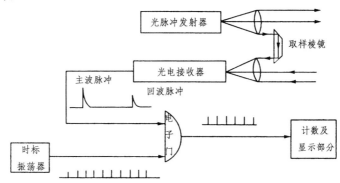

图 3.4　脉冲测距原理

目前的脉冲式测距仪，一般用固体激光器发射出高频率的光脉冲，因而这类仪器可以不用反射棱镜，而是直接用被测目标对光脉冲产生的漫反射进行测距。在一些对测距精度要求不是太高的工程应用中（地形测量等），当测量地点难以到达时，这类仪器具有其他方法不可替代的独特优势。

2. 相位式光电测距仪

相位式测距仪是通过测相电路测定调制光往返传播产生的相位差，乘以一个完整的相位对应的波长，求得待测距离。

相位式测距仪的基本工作原理可用图 3.5 来说明。由光源发出的光经过调制器后，成为光强随高频信号变化的调制光射向反射棱镜，经反射棱镜反射回来被接收器接收。由于电磁波中一点的相位在传播过程中保持不变，所以通过相位计将反射信号的相位与光源处连续变化的相位比较，就可测定调制光由发射到接受这段时间内光源处的相位变化值 φ。由图 3.5 可见，调制光全程的相位变化值为

$$\varphi = N \times 2\pi + \Delta\varphi = 2\pi\left(N + \frac{\Delta\varphi}{2\pi}\right) \tag{3-4}$$

式中，N 为相位变化值中的整周期数，$\Delta\varphi$ 是不足一周的小数部分。设 λ 为调制光的波长，$\Delta N = \dfrac{\Delta\varphi}{2\pi}$，则所测距离为

$$d = \frac{\lambda}{2}(N + \Delta N) \tag{3-5}$$

式（3-5）称为相位法测距的基本公式，这种测距方法实际上相当于用一把长度为 $\dfrac{\lambda}{2}$ 测尺来丈量所测距离。这一"尺子"称为测尺，令 $u = \dfrac{\lambda}{2}$，则 u 称为尺长。

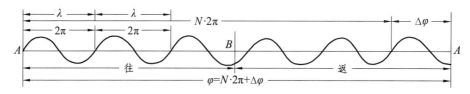

图 3.5　相位差测量

在相位式测距仪中，相位计只能测定 $\Delta\varphi$，而不能测得 N，因此距离 d 具有多值性而不能确定。为了测定距离，可以选择较长的测尺，即选择较低的调制频率。根据 $u = \dfrac{\lambda}{2} = \dfrac{c}{2f}$，可以计算出测尺长度与相应的调制波频率的关系，如表 3.1 所示。由于测相误差一般为 10^{-3}（周），所以测尺越长意味着测距精度越低，因此不能为了增加测程而简单地扩大尺长。实践中解决这个问题的方法是，用一组测尺组合来完成测距，以短测尺测定距离的尾数，以长测尺测定大数，就如同时钟中的时针、分针、秒针组合一样，既保证了精度，又解决了多值性的问题。

表 3.1　测尺频率与测距误差的关系

测尺频率	15 MHz	1.5 MHz	150 kHz	15 kHz	1.5 kHz
测尺长度	10 m	100 m	1 km	10 km	100 km
精　　度	1 cm	10 cm	1 m	10 m	100 m

3.1.1.4　计算机微处理器及应用软件

现代全站仪均内置计算机微处理器，具有与微机类似的操作系统，完成接收输入指令、测量数据接收、计算处理等工作。早期全站仪的微处理器功能较为简单，操作系统属于指令式的 DOS 系统，内置的测量数据处理软件仅能处理测量坐标计算、根据斜距和竖直角计算水平距离和高差、后方交会测站坐标计算、光电测距大气折光及曲率改正等简单问题，没有内存，测量数据通过外接电子手簿储存。20 世纪 90 年代末起，随着技术的进步，全站仪的功能越来越复杂，相对于原有的基本功能，增加了大量方便各种工程施工测量的设计，不仅极大地简化了施工测量外业工作，还能通过输入基本参数，自行计算出放样点坐标（如道路曲线上的特征点、整桩点）。这个时期的全站仪开始有大容量内存，不同项目的测量数据可以通过文件形式分别保存、管理，能储存数千到数万个碎部点测量数据。由于全站仪内置电脑功能越来越强大，显示屏和操作键盘越来越像掌上电脑，所以有人称这样的全站仪为电脑全站

仪。最近出厂的全站仪更是开始采用 Windows 操作系统，彩色显示屏幕，操作键盘更大。更重要的是，具有 USB 接口，数据通信更加方便，并且允许用户根据自身需要，自行设计测量应用软件，使得电脑全站仪名副其实。

3.1.1.5　输入输出设备

输入输出设备包括操作键盘、显示屏和数据接口。

1. 操作键盘

操作键盘用于输入操作指令、数据和仪器设置参数。早期的全站仪操作键盘较小，因为键钮数有限，所以大多数按钮均设计为多功能，按钮的第 2、3 项功能采用组合输入方式，操作不太方便。近期的全站仪操作键盘增大、按钮增多，数字输入不再采用组合方式而是直接按键输入，因此又被称为具有"数字键盘"。

2. 显示屏

显示屏是用于显示仪器当前的工作方式、状态、观测数据和运算结果的窗口。早期的全站仪屏幕较小，没有中文显示。现在国内市场上销售的全站仪都采用中文菜单，其发展的趋势是彩色文字与图像显示正迅速取代黑白的单纯文字及符号显示。

3. 数据接口

数据接口是实现全站仪与外部设备数据通信的设备，由于现在的全站仪均带有内存，不再使用电子手簿，所以本小节所谓的数据接口，主要是指实现全站仪与电子计算机的通讯的设备。全站仪的数据接口主要有以下几种：

（1）传输电缆通讯。这种方式采用通讯电缆将全站仪和计算机连接起来，将全站仪内的测量数据输送到计算机，或者将控制点数据由计算机输送到全站仪。通过电缆进行数据通信，其接口有并行接口和串行接口两种。并行通讯是各位数据同时并行传输，每位数占用一条传输线；串行通讯则是数据一位一位地传送，每一位数据占用一个固定的时间长度，传输时只需要一条传输线。由于全站仪与计算机之间传输的数据量较小，所以全站仪均是采用串行通讯的方式。

全站仪使用的串行通讯口是所谓的 RS-232C 标准接口，它是一个 25 针（或者 9 针）的插头。串口中的每一根针对应传输线的传输功能都有标准规定，传输测量数据最常用的只有 3 条，一条发送数据线，一条接收数据线和一条地线。

由于将测量数据保存在全站仪内存中既方便又安全，电缆传输方式硬件费用低，所以采用传输电缆通讯是目前各型号全站仪均予以保留的数据通信方法。

（2）USB 接口。最新出产的全站仪内置计算机功能强大，采用了 Windows 操作系统，具有 USB 数据接口。这种方法操作相对于传输电缆更加方便、快捷，目前已经成为全站仪广泛采用的标准数据传输方法。

（3）储存卡。目前各类储存卡正越来越多地成为全站仪数据储存与传输方式。标准的储存卡与许多家用数码产品兼容，携带方便、价格低廉、方便实用，因而较前两种方法更有优势。

3.1.2　GPS 接收机

3.1.2.1　GPS 系统概述

GPS（Global Positioning System）又称全球卫星定位系统，是 20 世纪人类最伟大的科技成果之一。GPS 系统集合了空间技术、微电子技术、通信技术、计算机技术的最新成就，是一项工程浩繁、耗资巨大的系统工程，被称为继阿波罗飞船登月、航天飞机之后的第三大空间工程。GPS 系统由美国国防部负责开发，其目的是为远程运载工具提供全方位、全天候实时导航，并以美国及其盟国的特许用户为服务对象，但后来随着整个国际政治形势的变化，这个系统已经越来越多地被用来牟取商业利益，广泛地应用于社会生活的各个领域，成为每年数百亿美元的庞大产业。

3.1.2.2　GPS 系统的组成

　　GPS 系统的研制始于 1973 年 12 月，历时 20 余年，耗资 200 亿美元，于 1994 年全面建成。其定位原理是通过在待定点接受高空 GPS 卫星发送的导航信号，从中获取卫星坐标信息，同时测量待定点与卫星间的距离，利用空间后方距离交会的原理，解算待定点三维空间坐标，如图 3.6 所示。GPS 系统是一个极其复杂的系统，按功能划分，可以分为空间部分、地面监控部分和用户接收机部分。

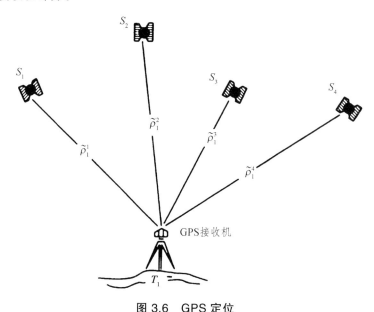

图 3.6　GPS 定位

1.　GPS 卫星

　　GPS 卫星设计由 24 颗卫星构成，其中 21 颗工作卫星（见图 3.7），3 颗备用卫星。24 颗卫星均匀分在 6 个轨道面上，轨道面倾角为 55°，各轨道面之间相距 60°，轨道平均高度 20 200 km，大约 12 h 绕地球一周。这样的卫星空间配置，保证了地球上任何地点、任何时刻能同时观测到 4 颗以上的 GPS 卫星，以满足精密导航与定位的需要。

　　GPS 卫星采用两种调制波发送导航信号：一种调制波组合了卫星导航电文和两种测距码（C/A 码和 P 码）；另一种调制波组合了卫星导航电文和一种测距码（P 码）。卫星导航电文是用户用来导航与定位的基础数据，其内容包括：卫星星历、时间信息和时钟改正、信号传播延时改正、卫星工作状态信息等。载波是一种周期性的余弦波，根据波长不同分为载波 L_1（波长为 19 cm）和载波 L_2（波长为 24 cm）。C/A 作为一种公开码，测距精度较低，相应的测距误差范围为几米到几十米。P 码测距精度高于 C/A 码，测距误差范围在几十厘米，但是属于加密码，只提供给特许用户使用。

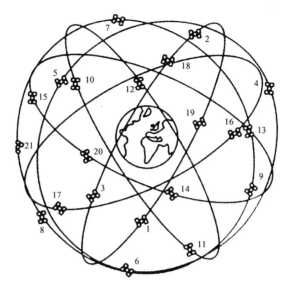

图 3.7　GPS 卫星

2．地面监控系统部分

GPS 系统的地面监控部分主要由分布在全球的 9 个地面站组成，其中包括 5 个卫星监测站、1 个主控站和 3 个信息注入站。监控站的功能是在主控站的直接控制下，对 GPS 卫星进行连续观测和收集有关的气象数据，进行初步处理并储存和传送到主控站，用以确定卫星的精密运行轨道。主控站负责协调和管理所有地面监控系统的工作，推算各卫星的星历、钟差和大气延迟修正参数，并将这些数据和管理指令送至注入站。注入站在主控站的控制下，将主控站传来的数据和指令注入相应卫星的存储器，并监测注入信息的正确性。

3．GPS 用户接收机

卫星和地面监控系统是 GPS 定位系统的基础，但用户实现定位是通过用户设备——GPS 信号接收机来实现的。为适应用户的不同要求，接收机分不同的类型，但就实现定位功能的接收机来说，可分为导航型和测地型两类。

（1）导航型：特点是使用 C/A 码测距，结构简单、价格低、定位精度低，定位方法属于实时定位。

（2）测地型：特点是测距不使用测距码，而是采用与相位法测距仪测距相似的原理，利用 L_1 或 L_2 载波进行测距。测地型接收机结构复杂、价格高、定位精度高，是 GPS 接收机中最复杂的一种。测地型接收机既可用于实时定位也可用于事后定位，定位时只能利用载波 L_1 进行测距的接收机称为单频接收机，能同时使用 L_1 和 L_2 两种载波完成测距的接收机，称为双频接收机。

3.1.2.3　其他卫星导航定位系统

GPS 系统并非唯一的卫星导航系统，我国和俄罗斯、欧盟都已（在）建立自己的卫星导航定位系统。随着俄罗斯的 GLONASS 和我国的北斗系统相继投入使用，越来越多的文献已经采用"GNSS"（Global Navigation Satellite System）来取代"GPS"。在此形势下，国内外 GPS 接收机生产厂商不失时机地推出了能兼容多个卫星定位系统的接收机，称为双星（GPS、GLONASS）或三星（GPS、GLONASS、北斗）系统。由于在同样的接收时间内，天空中的卫星更多，因而极大地提高了定位的精度和可靠性。

由于 GPS 系统是最早投入使用，并拥有最多用户的导航定位系统，GPS 已经成为卫星导航定位系统的代名词，因而本书仍采用"GPS"作为卫星导航定位系统的简称。

3.1.2.4　GPS 在工程测量中的应用

GPS 系统本身并非为测量工作而设计，其绝对误差达到数米乃至数十米的定位成果也不能满足大多数测量工作所需的定位精度。但是 GPS 系统推出后，测绘科技工作者研究发现，通过"同步观测同一组卫星"的观测方法，可以使定位误差中的绝大部分强烈相关，从而通过求坐标差而自然消除，获得极高的相对定位精度。于是各种测地型 GPS 接收机被迅速研发出来，运用于测量工程的诸多领域。

1. 控制测量

GPS 定位技术因具有测站点之间不需相互通视，观测全自动、全天候，成果高精度，作业高效率，地面点之间的连接网型与精度关系不大等技术特点，显示出了巨大的经济、技术优势，彻底地颠覆了传统的控制测量技术，在高等级控制测量领域，传统的三角、导线测量方法已经被淘汰。近年来，随着 GPS 接收机价格的迅速下降，即使在低等级乃至图根控制测量方面，GPS 方法都已成为首选的技术手段。

2. 地形测量

GPS 技术为消除误差，取得高精度的观测成果，一般采用两台以上接收机同步观测同一组卫星，数据事后差分处理的作业方法。近十年迅速兴起的动态实时差分定位（RTK）技术，实现了高精度定位数据的实时处理，可在数秒至数分钟内获得厘米级的定位成果，使 GPS 技术被迅速、广泛地应用于地形测量。

RTK 的工作原理如图 3.8 所示，一台接收机固定不动，称为基准站 R，另一台流动测点，称为流动站 i，两接收机之间建立实时数据通信。开始作业时，流动站首先依次在两个以上已知点上进行测量，通过实时数据传送，接收基准站观测数据进行差分处理，得到流动站与基准站之间的高精度 GPS 基线向量（三维空间坐标差，可通过投影转换为高斯平面的二维坐标差）。同时，利用已知点之间 GPS 基线向量（间接基线）及已知坐标数据，求得 GPS 二维

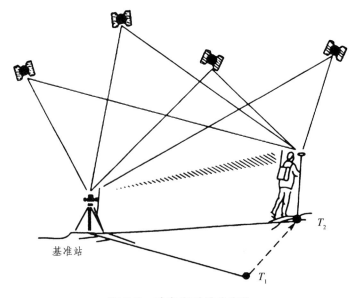

基准站

T_2

T_1

图 3.8　动态实时差分定位

基线向量转换到当地坐标系统二维基线向量的转换参数及基准点当地坐标,这一工作称为初始化。初始化完成后即可开始测量工作,流动站到待定点上,通过与基准站观测数据的实时差分处理,求得基准站到流动站的高精度当地坐标系统二维坐标差。

设基准站 R 已知坐标为 (x_R, y_R),流动站 i 与基准站之间当地坐标系统二维坐标差为 $(\Delta x_{Ri}, \Delta y_{Ri})$,则流动站 i 的坐标为:

$$\left.\begin{array}{l} x_i = x_R + \Delta x_{Ri} \\ y_i = y_R + \Delta y_{Ri} \end{array}\right\} \qquad (3\text{-}6)$$

RTK 基准站发送的信息可以被多台流动站接收,因而 RTK 系统对流动站的数量没有限制,流动站作业半径仅取决于数据通信距离,一般可长达数千米到数十千米。

RTK 技术用于地形测量,除初始化需要已知控制点外,在其作业半径内,不需要设置控制点。在地形特征点采集时,由于不需要和已知点通视,因而采点顺序灵活方便,完全可以按绘图次序进行,极大地简化了特征点连接信息和属性信息的记录工作。基于上述优势,RTK 技术在地形测量工作中,作业效率显著优于全站仪,并且采用多星 GPS 接收机,即使在天空被部分遮挡的地方,也能实现快速高精度实时定位。随着国内厂商不断推出质量更优、价格更低的多星接收机,RTK 技术已经成为野外数字化测图的主要技术手段。

尽管 RTK 技术相对于全站仪具有明显的技术优势,但是也有其不足之处,主要包括:

(1)技术相对复杂,测量过程受诸多因素影响,可靠性较差。

(2)至少需要两个已知点完成初始化。

(3)需要人员留守看护基准站。

(4)基准站覆盖范围有限,并且随着流动站距基准站距离加大,精度和解算速度下降。

近年来网络 RTK 技术发展迅速,作为新一代的高精度实时定位技术,较好的克服了 RTK 存在的上述问题,正在成为动态实时差分技术的主流。网络 RTK 由一个或若干个固定的、连续运行的 GPS 基准站(Continuous OperationalReference Station,简称 CORS),运用计算机、数据通信和互联网(LAN / WAN)技术组成的网络。 CORS 系统可以实时、连续地向覆盖范围内的不同类型、不同需求、不同层次的用户提供不同类型的 GPS 观测信息,供用户差分处理取得高精度的相对定位成果。相对于传统的 RTK 技术,网络 RTK 可靠性高、覆盖范围大、定位精度均匀,技术优势明显。

网络 RTK 目前在技术方法上分为 VRS、FTK、主辅站技术三种,国内主要 GPS 接收机生产厂家采用的方法是 VRS(虚拟参考站 Virtual Reference Station)技术。VRS 技术基本原理是:

(1)系统数据处理中心根据各参考站实时观测数据,建立精确的误差处理数学模型。

(2)移动用户通过 GSM 的短信息功能向数据处理中心发送一个概略坐标。

(3)控制中心收到这个位置信息后,即在该位置建立一个虚拟的参考站,解算出虚拟参考站误差改正数,并据此模拟出虚拟参考站的观测数据发送给流动站。

(4)流动站观测值与虚拟参考站虚拟观测值差分处理,得到流动站实时坐标。

由于采用 VRS 技术的网络 RTK,流动站解算方法和常规 RTK 技术相同,因而支持 RTK 技术的 GPS 接收机均可使用。另外,流动站与虚拟参考站之间的距离一般为几米到几十米之间,因而在系统的有效覆盖范围内,测量精度大致均匀,并且由于是多个参考站组成的系统,可靠性显著优于单个参考站的常规 RTK 系统。

　　覆盖范围较小的网络 RTK 系统可以只有一个基准站，即只有一个连续运行基准站。单基站网络 RTK 类似于传统 RTK，只不过自行架设的基准站由一个连续运行的固定基准站代替。但是网络 RTK 基准站同时又是一个服务器，不同于 RTK 只是单纯的发送差分信息，而能够通过软件实时查看卫星状态、存储静态数据、实时通过无线网络发送差分信息，并监控移动站作业情况。另外，网络 RTK 移动站通过 GPRS\CDMA 网络通

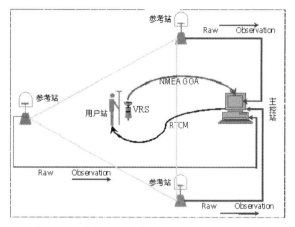

图 3.9　网络 RTK（VRS）实时差分定位

信和基站服务器通讯，因此相比传统 RTK 系统，单基站网络 RTK 仍具有覆盖范围大、精度和可靠性高的优势。

3.2　数字化测图技术设计

3.2.1　技术设计的意义

　　数字化地形测量作业环节众多，组织管理相对复杂。为了保证各项工作的顺利实施，成果质量符合相关技术标准，能获得最佳的社会及经济效益，应在施测前进行技术设计，制定合理的作业安排。所谓的技术设计，就是根据相关测量规范要求及用图单位的具体用途，结合测区自然地理条件和作业单位仪器设备、技术力量和项目资金情况等因素，制定出技术上可行、经济上合理的作业方案、方法和实施计划，并将其编制成技术设计书。

　　技术设计书原则上应报上级技术主管部门批准，或经过业主方审核同意后方可实施。但当测区较小，业主方无特殊要求时可以从简。对于小范围的地形图测量或者修测、补测工作，可不做技术设计，事后提交技术报告即可。

3.2.2　技术设计的依据和基本原则

　　1. 技术设计的依据

　　技术设计书是指导测绘作业的纲领性文件，作为制定设计书的依据，应包括下列文件：

　　（1）测绘任务的相关文件或合同书。

　　（2）相关的测量技术规范。

　　（3）测量生产定额、成本核算定额和设备标准等。

　　（4）测区已有资料。

　　2. 技术设计的基本原则

　　技术设计是一项技术性和政策性很强的工作，设计工作应遵循以下原则：

　　（1）技术设计方案应先考虑整体而后局部，且要兼顾发展，着眼于测绘成果的长远及综合应用。

（2）从实际出发，在满足技术标准要求的前提下，选择经济效益较高的作业方案。

（3）为保证已有的测绘成果延续利用，应采用原有的坐标系统或者确定新测绘成果与原有测绘成果的转换关系。

3.2.3　技术设计书撰写要求

技术设计书是整个作业过程中的技术依据，是一份重要的文献资料。对于技术设计书的撰写，具体要求如下：

（1）设计内容紧密结合测区和作业单位实际情况，切实具备可操作性。

（2）内容阐述要求文字简练、逻辑清晰、具体明确。

（3）根据成果应用单位的具体用途，对地形测绘工作的侧重点给出明确论述。

3.2.4　技术设计书主要内容

一般而言，技术设计书应包括以下内容：

1. 一般性说明

一般性说明应包括内容为：① 任务概述；② 测区自然地理；③ 作业条件及安全注意事项；④ 已有资料及利用情况。

2. 设计方案

设计方案应包括内容为：① 采用的技术规范；② 控制测量技术方案；③ 地形测量技术方案；④ 项目作业人员及设备安排。

3. 工作量统计、计划安排和经费预算

工作量统计、计划安排和经费预算应包括内容为：① 工作量统计。工作量统计应详列控制测量、地形测量、内外业检查、资料整理等各工序工作量。② 工作进度计划。根据工作量统计和计划投入作业的人力物力，参照生产定额，分别列出各工序进度和衔接计划。③ 经费预算。根据工作量和进度计划，参照生产定额和成本定额，编制分期作业经费和总经费投入预算，并作必要的说明。

工作量统计、计划安排和经费预算内容可以图表形式表述，图表形式形象直观，便于迅速准确地了解任务全貌，方便指挥调度生产。

4. 上交资料清单

技术设计书应根据技术规范及业主方的具体要求，明确列出要求提交的全部资料目录及内容。

3.3　数字化测图控制测量

3.3.1　平面坐标系统的基准选择

大比例尺地形图直接用于工程建设项目的规划设计工作，要求有较高的相对精度。因此，只有当测区海拔高程较低并且正好位于国家 3 度带或 6 度带中央子午线附近时，可以采用国家统一分带的高斯平面坐标系统，否则，往往需要建立独立的工程控制坐标系统，以减少观测值归算投影变形。

根据国家大地测量规范，只有一二等平面控制网才需要进行角度（方向值）归算改正。工程控制网的边长通常较短，不需做角度归算改正，所以下面只通过分析长度归算和投影变形，讨论坐标系统的基准选择问题。

1. 长度归算变形

如图 3.10 所示，设在点 Q_1 观测了到 Q_2 的距离 D，点 Q_1、Q_2 的大地高程分别为 H_1 和 H_2，Q_1 到 Q_2 方向的大地线曲率半径为 R_A。根据控制测量学中有关理论，电磁波测距边长 D 归算到椭球面后的曲面边长度 s_1 为：

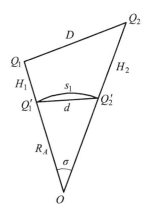

图 3.10　长度归算变形

$$s_1 = \sqrt{D^2 - \Delta h^2}\left(1 - \frac{H_m}{R_A}\right) + \frac{D^3}{24R_A^2} \qquad （3-7）$$

式中，$\Delta h = H_2 - H_1$，$H_m = (H_1 + H_2)/2$。由于工程控制网 D 通常较小，所以实际应用中公式第二项可忽略不计，R_A 就采用地球平均曲率半径 $R = 6\,370$ km。

设 $S = \sqrt{D^2 - \Delta h^2}$，$\Delta s_1 = s_1 - S$，根据式（3-7）可以得到：

$$\Delta s_1 = -\frac{S \cdot H_m}{R} \qquad 或 \qquad \frac{\Delta s_1}{S} = -\frac{H_m}{R} \qquad （3-8）$$

下面根据式（3-8）计算不同高程面上每公里归算变形长度，列入表 3.2。

由于我国境内大地高均为正值，所以地面水平边长归算到椭球面后，边长总是缩短的，$|\Delta s_1|$ 的值与 H_m 成正比。由表 3.2 中数据可见，对于高海拔地区，归算变形的影响是不容忽视的。

表 3.2　边长归算变形与大地高的关系

H_m / m	200	400	600	800	1 000	2 000
$\Delta s_1 / \mathrm{mm}$	-31	-63	-94	-126	-157	-314
$\Delta s_1 / S$	$\dfrac{1}{32\,000}$	$\dfrac{1}{16\,000}$	$\dfrac{1}{10\,000}$	$\dfrac{1}{8\,000}$	$\dfrac{1}{6\,000}$	$\dfrac{1}{3\,000}$

2. 长度投影变形

将地面实测边长归算到参考椭球面上后，还要将其投影到高斯平面上。根据高斯投影的理论，设椭球面上边长为 s_1，其两端相对于 X 轴的距离平均值为 y_m，测区平均曲率半径为 R，则投影后长度变形值 Δs_2 为

$$\Delta s_2 = \frac{s_1}{2}\left(\frac{y_m}{R}\right)^2 \qquad 或 \qquad \frac{\Delta s_2}{s_1} = \frac{1}{2}\left(\frac{y_m}{R}\right)^2 \qquad （3-9）$$

下面根据式（3-9）计算每千米长度投影变形值，列入表 3.3 中，计算采用测区平均纬度 $B = 41°52'$，$R_m = 6\,376$ km。

表 3.3　边长投影变形与距中央子午线距离的关系

y_m / km	20	40	60	80	100	150
$\Delta s_2 / \text{mm}$	4.9	19.7	44.3	78.7	123.0	276.7
$\Delta s_2 / s_1$	$\dfrac{1}{200\ 000}$	$\dfrac{1}{50\ 000}$	$\dfrac{1}{22\ 000}$	$\dfrac{1}{13\ 000}$	$\dfrac{1}{8\ 000}$	$\dfrac{1}{3\ 600}$

由表 3.3 中数据可见，将椭球面上的长度投影到高斯平面上长度总是增大，变化值 Δs_2 与 y_m 的平方成正比，离中央子午线越远，变形越大。

3. 平面坐标系统的基准选择

工程控制网不仅是大比例尺数字地形图测绘的基础，还是城市和各类工程建设施工放样测设工作的依据。工程应用要求由控制点坐标反算的边长，应等于实地测量的水平边长，所以工程控制网基准选择的原则是：野外实测边长经过归算、投影处理到高斯平面上后，两项改正数之和 $\Delta s = \Delta s_1 + \Delta s_2$，不应大于施工放样允许误差的 $1/2$。一般来说，建筑轴线测设测量精度要求为 $1/20\ 000 \sim 1/5\ 000$，由此得出归算投影引起的长度变形应控制在 $1/40\ 000 \sim 1/10\ 000$，换句话说，每公里长度变形不应大于 $2.5 \sim 10$ cm。

工程控制网一般范围较小，如果控制范围内高差相对于测区平均高程是一个小量，则各观测边归算变形可以视为近似成比例。同样，若测区内东西向距离相对于测区到中央子午线的平均距离是一个小量，各观测边的投影变形也可以视为近似成比例。在此前提下，归算变形和投影变形可以相互抵偿。因此，若国家统一分带的高斯平面坐标系能满足要求，则从资料共享考虑，要采用国家高斯平面坐标系，否则应建立独立的平面坐标系统。控制归算投影变形长度，可以采用设测区平均高程面为归算面[即以归算边两端相对于平均高程面的正常高高差平均值来代替公式（4-8）中的 H_m]，以过测区中央的经线为中央子午线，或者两者并用的方法。也可以采用中央子午线、归算面中一项不变，以 $\Delta s = \Delta s_1 + \Delta s_2 = 0$ 为条件，确定另一项的方法。一般情况下，应优先采用国家统一中央子午线，而通过改变归算面高度的方法来控制归算投影变形。因为采用独立的中央子午线，则坐标系统成为完全的独立坐标系统，测量成果不能在国家大地坐标系中小比例尺地形图上应用。而采用改变归算面高度的方法，即中央子午线不变，归算面高程采用 $H_m = y_m^2 / 2R$，这样建立的独立坐标系统和国家坐标系统相比，只是存在一定的尺度差异，这一差异基本上不会影响测绘成果在中小比例尺地形图上的应用。

3.3.2　控制网的布设与施测

3.3.2.1　概述

控制网的布设方法，应根据测区地理条件和作业单位所拥有的设备条件，综合考虑成果质量、作业效率和成本等因素而定。由于 GPS 作业具有作业效率高、精度高、作业成本低的显著优势，所以若测区天空开阔，则应以 GPS 方法作为首选，一次性布网完成全部控制点的测设工作。若测区是植被茂密的山区，或者是街道狭窄的城区等 GPS 作业受到限制的区域，则应以导线测量完成控制点布设。不适合 GPS 作业的区域一般是局部的，所以一般而言，应采用 GPS 控制测量为主要手段，全站仪导线测量为辅助手段的作业方法。

大比例尺数字化测图控制网属于工程控制网，一般控制范围较小，因而首级控制网若采用 GPS 技术实施，技术等级通常为《卫星定位城市测量技术规范》（CJJ/T 73—2010）（以下简称《技规》）规定的四等及以下等级。相应的技术指标列于表 3.4。

表 3.4　GPS 控制网的主要技术要求

等级	平均距离/km	a/mm	b (1×10^{-6})	最弱边相对中误差
四等	2	≤ 10	≤ 5	1/45 000
一级	1	≤ 10	≤ 5	1/20 000
二级	<1	≤ 10	≤ 5	1/10 000

《技规》规定：四等网相邻点最小距离不应小于平均距离的 1/2；最大距离不应超过平均距离的 2 倍。一、二级网可在上述基础上放宽一倍。

《工程测量规范》（GB 50026—2007，以下简称《规范》）规定，高程控制测量的等级按精度划分，依次为二、三、四、五等，四等及以下等级可采用电磁波测距三角高程测量，五等可采用 GPS 拟合高程测量。首级高程控制网的等级，应根据测图区域区范围大小合理选择，一般要求首级网应布设成环形网，加密网宜布设成附合路线或结点网。

数字化测绘采用全站仪测量，以支导线或后方交会的方法设立图根点快捷方便、精度高，加之单站测量范围远较传统经纬仪大，对于控制点的数量要求比传统方法低得多。以 GPS（RTK）方法作业，则根本不需要图根点，对控制点的密度要求也远较全站仪低。所以，在通视良好的地区，可以只做等级控制点，不再作图根控制测量。

GPS 控制测量网形结构与精度关系不大；在数字化测绘条件下，地形测绘作业方法极其灵活；计算机数据（图形、坐标）转换处理也非常容易。所以，在当前测绘技术条件下，选择控制点布设位置时，要更多地考虑设在交通方便、观测环境好、易于长期保存和便于寻找的位置；传统测绘条件下所强调的图形结构，通视等要求已经相对次要。

为了保证原有测绘资料的延续利用，新建控制网一般要求采用原有坐标系统。为此需要联测分布合理、数量足够的已知平面和高程控制点，通过约束平差或者坐标转换的方法将测量成果纳入原坐标系统。《技规》规定：平面控制点联测数不得少于 3 点，高程控制点联测点不少于 4 点。

联测已知点的精度、数量和分布，对新建控制网的精度有很大的影响。由于测绘技术的进步，新建控制网测量精度一般高于较早建立的控制网。原控制网已知点精度低、数量少、分布位置不理想的情况较为普遍。若以联测的已知点为固定点做强制约束平差，则新建网精度不会优于原控制网。在此情况下，可以选择新建控制网首先做自由网平差，然后通过联测点两套坐标包含的坐标转换信息，以坐标转换方法将新建控制网坐标纳入原有坐标系统，来保持新建网较高的相对精度。

如果测区没有已知点，可以在测区选择数量、分布位置合理的点，以双频 GPS 接收机按四等点技术要求观测，然后向有关部门索取周边 GPS 连续运行跟踪站坐标及同步观测数据，解算出观测站的国家坐标系坐标，作为控制网起算坐标。

4.3.2.2　GPS 静态平面控制测量

1. GPS 网形设计

GPS 控制网的网形取决于 GPS 接收机观测的安排调度，若相邻两个测段之间仅有一台接收机保持不动，则两同步网形之间通过一个公共点连接，称为点联式。若两相邻测段之间，有两台 GPS 接收机保持不动，两同步网形之间就通过一条公共边连接，称为边联式。当两相邻测段之间有 $k(k \geqslant 3)$ 台 GPS 接收机保持不动时，两同步网形之间就通过 C_k^2 条公共边连接，称为网联式。设有 m 台 GPS 接收机同步作业，经过 s 个测段后，点联式测点数为 $n = 1 + s \cdot (m-1)$，边联式测点数为 $n = 2 + s \cdot (m-2)$，网联式测点数为 $n = k + s \cdot (m-k)$。

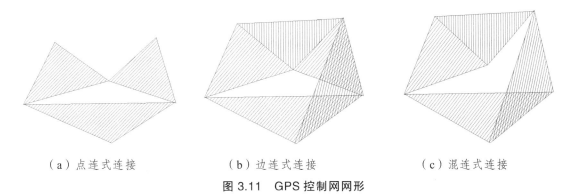

（a）点连式连接　　　　　　（b）边连式连接　　　　　　（c）混连式连接

图 3.11　GPS 控制网网形

在上述 3 种网形中，点联式作业效率最高，但是图形强度最低、检核条件最少，若连接点观测值出现问题，就会造成控制网型的断裂。网联式图形强度最高，检核条件最多，但是作业效率也最低。边联式则居于两者之间，作业效率较高，而且图形条件较强，检核条件足以发现问题。GPS 作业时选择何种图形，应综合观测条件、质量要求、测区交通情况等多种因素选择。作为一般原则，在满足质量要求的前提下，考虑作业效率优先。若测区观测条件较好，接收机数量较多则可以采用边联式，接收机数量较少就采用点联式。一般情况下，用于地形测量和一般施工测量的 GPS 控制网不必采用网联式。若测区观测条件较差，则不宜采用点联式，而应采用边联式或网联式，也可采用点联和边联混合的网型，以保证成果的可靠性。

《技规》对 GPS 四等及其以下等级 GPS 基线网闭合环边数做出了表 3.5 列出的规定：

表 3.5　闭合环或附合线路边数的规定

等级	四等	一级	二级
闭合环或附合线路 的边数（条）	≤10	≤10	≤10

实际工作中，同步作业的 GPS 接收机数量通常不低于三台，所以上述要求自然会满足。

2. GPS 外业观测

GPS 观测作业需要预先制定观测计划，作业时统一调度指挥，但由于实际情况错综复杂，执行时要灵活处理。对于按四等以下技术要求实施的 GPS 点观测，在执行预定作业计划的原则下，可以根据测站观测条件、交通条件、基线长度的因素，做出改变测段间公共点设置，适当地缩短或延长观测时间等变动。

《技规》对四等及其以下等级 GPS 控制网，所使用的接收机性能做出如下规定：

表 3.6　　GPS 接收机的选用

项目	等级		
	四等	一级	二级
接收机类型	双频或单频	双频或单频	双频或单频
标称精度	≤（10 mm + 2×10^{-6}d）	≤（10 mm + 5×10^{-6}d）	≤（10 mm + 5×10^{-6}d）
观测量	载波相位	载波相位	载波相位
同步观测接收机数	≥3	≥3	≥3

GPS 外业观测除严格执行规范要求外，要特别注意以下事项：

（1）观测前所有要使用的接收机应进行全面检验。

（2）所有接收机统一设置历元间隔和高度角限制，由于在基线解算时还可以设置这两个参数，所以观测时这两个参数设置不宜过大。

（3）统一点号编排规则，严防出现同点不同名，或不同点同名的混乱情况。

（4）严格执行作业规定，精确整平、对中，量取仪器高，开机后仔细输入点名、仪器高等参数。在接收机追踪到足够数目的卫星并开始记录后，立即通知调度人员记下观测开始时间。

（5）作业期间禁止在仪器附近使用手机和对讲机；雷雨天气时应关机停测，并卸下天线以防雷击。

（6）GPS 选点原则上要求远离无线电信号干扰源，如电视台、微波站，以及水面、建筑物玻璃幕墙等能反射电磁波的物体。但在实际工作中，这类干扰是难以完全避免的。对于观测条件较差的点，观测时可以对其周围障碍物的方位、高度，及可能受影响的卫星编号做出记录，以供内业基线解算时参考。实践经验表明，枝叶茂盛的树木、近距离建筑物的玻璃幕墙等对观测成果的危害远大于无线电干扰源，应予以特别重视。

（7）一个测段观测结束后的迁站过程，若时间较长，保持不动的接收机可以暂时关机以节省电力，但在同一 GPS 日内重新开机时，必须改变测段数设置，否则会覆盖已测数据。

　3．GPS 控制网观测基本规定

《技规》对四等及其以下等级 GPS 控制网观测的基本规定如表 3.7 所示。

表 3.7　　四等及其以下等级 GPS 控制网观测基本规定

项 目	观测方法	等级		
		四等	一级	二级
卫星高度角/(°)	静 态	≥15	≥15	≥15
	快速静态			
有效观测同类卫星数	静 态	≥4	≥4	≥4
	快速静态	≥5	≥5	≥5
平均重复设站数	静 态	≥2	≥1.6	≥1.6
	快速静态	≥2	≥1.6	≥1.6
时段长度/min	静 态	≥60	≥45	≥45
	快速静态	≥20	≥15	≥15
数据采样间隔/s	静 态	10～60	10～60	10～60
	快速静态			

4. 基线解算及平差步骤

基线解算及平差工作因采用的软件不同而略有差异，但是步骤如下：

（1）将各 GPS 接收机内观测数据输入计算机。

（2）运行基线处理及平差软件，设置解算参数（高度角、历元间隔、参考星等）或采用默认参数，选择观测文件导入系统。

（3）进行三维无约束平差，检验 GPS 的基线内符合精度。

（4）输入坐标系统参数及已知点平面坐标数据，进行二维约束平差，并在平差过程中完成坐标系统的转换。

（5）输入已知高程点数据，通过数学拟合的方法，将大地高转换为正常高。

5. 基线处理注意事项

（1）GPS 精度与网形关系不大，允许各级 GPS 网一次性观测及数据处理。但是如果基线长度太短，则该基线平差后相对误差可能达不到规范中关于边长相对中误差的要求。

（2）作业的 GPS 接收机数量较多时，会因为自然同步而生成一些非设计长基线。这些基线距离长而同步时间短，对控制网质量没有明显作用。为节省计算时间，可以在基线解算前直接删除。

（3）对于不合格基线可以尝试改变解算参数设置重新解算，若多余观测基线较多，也可以直接删除不合格基线或质量较差的基线。

（4）若三维平差精度很高，二维约束平差精度不合格，则是已知数据存在问题。问题可能包括：

① 已知数据与观测数据不兼容。二维约束平差数学模型设置了尺度比参数，若平差后解算出尺度参数较大（和 1 相比），则可能是两者投影面和中央子午线设置存在较大差异。

② 已知点质量不高甚至包含错误。对于这种情况，问题在于分析是已知点整体精度不高还是个别点错误。若是个别点错误，只要删除即可。若是整体精度不高，则为了保持 GPS 网的较高相对精度，不能采用强制约束平差的数据处理方法。

③ 由于二维约束平差模型中包含旋转、缩放参数，当 GPS 控制网只有两个已知点时，实际上是没有外部约束条件的自由网，即使已知点坐标存在错误，理论上也不能通过平差精度指标发现。因此只有两个已知点时，要特别注于平差后的尺度参数，其值理论上应该接近1，若相差较大，则表明已知点数据可能存在问题。

6. GPS 控制网基线解及平差值限差

《技规》对 GPS 基线向量解及其平差值规定以下限差

（1）复测基线的长度较差 d_s 应符合 $d_s \leqslant 2\sqrt{2}\sigma$。

（2）三维基线向量闭合差应符合下列要求：

表 3.8　三维基线向量闭合差限差

不符值	W_S	W_X	W_Y	W_Z
同步环		$\leqslant \sqrt{n}\,\sigma/5$	$\leqslant \sqrt{n}\,\sigma/5$	$\leqslant \sqrt{n}\,\sigma/5$
异步环或附和路线	$\leqslant 2\sqrt{3n}\,\sigma$	$\leqslant 2\sqrt{n}\,\sigma$	$\leqslant 2\sqrt{n}\,\sigma$	$\leqslant 2\sqrt{n}\,\sigma$

（3）三维基线分量的改正数绝对值（$V_{\Delta X}$、$V_{\Delta Y}$、$V_{\Delta Z}$）应满足 $\leqslant 3\sigma$。

$$\sigma = \sqrt{a^2 + (b \cdot d)^2} \quad (\text{mm})$$ 是相应级别基线规定的精度，a 是固定误差、b 是比例误差，d 是 GPS 网实际平均边长，单位为 mm）。n 为闭合环边数。

3.3.2.3　GPS 静态高程控制测量

1. 曲面高程拟合方法

GPS 控制网平差后得到的是大地高，而工程测量使用的是正常高。《技规》规定，在区域较小、地形平坦的地区，可利用水准测量、GPS 测量资料，通过一定的数学拟合方法，建立该区域的高程异常模型，从而将 GPS 大地高转换为正常高。

大比例尺数字化地形测图，一般是在城市或经济发达的地区开展，地理特征基本上符合这一条件，所以 GPS 高程控制测量常用曲面高程拟合方法实施。要通过曲面拟合将大地高转换为正常高，应使一定数量的 GPS 点与水准点重合，或者通过水准或者电磁波三角高程方法联测，得到正常高高程，才能以数学拟合方法将其余点大地高转换为正常高。

水准测量的方法在《测量学》中有详细叙述，电磁波三角高程测量基本方法及要求在本章导线测量中有简要叙述，在此不再赘述。下面而仅就高程拟合求 GPS 点正常高的方法和基本步骤，做一简要阐述。

① 由具有正常高高程的 GPS 点求出高程异常

$$\xi_i = H_i - h_i \tag{3-10}$$

② 将高程异常表示成高斯平面坐标的函数。曲面函数形式很多，二次多项式是最常用的形式。

$$\zeta_k = a_0 + a_1 \Delta x_k + a_2 \Delta y_i + a_3 \Delta x_i^2 + a_4 \Delta y_i^2 + a_5 \Delta x_i \Delta y_i \tag{3-11}$$

其中：$\left. \begin{array}{l} \Delta x_i = x_i - x_0 \\ \Delta y_i = y_i - y_0 \end{array} \right\}$，$x_0$ 是网中任意一点坐标。

③ 代入已知高程点高斯平面坐标（x_i, y_i）和高程异常值 ξ_i，按最小二乘法解得（3-11）式中系数 $a_0 - a_5$，从而确定公式（3-11）。

④ 根据公式（3-11）可计算控制网中任一点的高程异常，从而求得其正常高。

《技规》规定：点位应均匀分布于测区四周及中间，平原地区点间距一般不宜超过 5 km。实践经验表明，已知高程点 6-12，均匀分布在控制网中时，拟合效果较好。

2. 精度要求与检验

（1）基本技术要求。

对于测图控制网，GPS 高程控制测量按精度等级划分为四等和图根，《技规》中基本技术要求如下：

表 3.9　GPS 高程测量主要的技术要求　　　　　　　　　　cm

地形等级	平原			山区		
	高程异常模型内符合中误差	高程测量中误差	限差	高程异常模型内符合中误差	高程测量中误差	限差
四等	≤±1.0	≤±2.0	≤±4.0	≤±1.5	≤±3.0	≤±6.0
图根	≤±3.0	≤±5.0	≤±10.0	≤±4.5	≤±7.5	≤±15.0

（2）内符合中误差 μ 的计算。

$$\left.\begin{array}{l} v_i = H_i' - H_i \\ \mu = \pm\sqrt{[vv]/(n-1)} \end{array}\right\} \qquad (4\text{-}12)$$

式中　　v_i ——已知点拟合残差（拟和高程与已知高程之差）；

　　　　H_i' ——已知点 GPS 拟合高程；

　　　　H_i ——已知点高程；

　　　　μ ——内符合中误差；

　　　　n ——参与拟合的点数。

（3）高程测量中误差 m 的计算。

高程异常模型确定后，应采用与GPS高程联测相同的作业方法和精度单独进行外符合检验，即以水准测量方法联测部分GPS点，将测量高程与拟和高程对比检验。《技规》规定，联测检验点数不少于三个，并根据检测数据计算GPS高程测量中误差m。

GPS 高程测量中误差 m 计算公式和内符合中误差 μ 计算公式相同，只是 H_i 为不参与拟合计算的检测点已知高程，H_i' 是对应的拟合高程。$m = \pm\sqrt{[v_iv_i]/(n-1)}$ 是高程测量中误差；n 是检测点点数。

3.3.2.4　导线控制测量

导线测量由于要求通视方向少，因而作业灵活方便，在当前普遍使用全站仪的条件下，是常规控制测量最有效的作业模式。

1. 导线布设形式

导线的布设形式可以分为支导线、附合导线、闭合导线及导线网等几种形式。

（1）支导线。从已知点 B 开始，依次在各待定点上设站测角、测距，以边和角连接各相邻待定点，形成自由伸展的折线形状，这种导线形式称为支导线，如图 3.12 所示。支导线只有必要的起算数据，即已知点 B 的坐标及坐标方位角 α_{AB}，通过各测站所测夹角水平角 β、竖直角 α 和水平边长 s 等观测元素，依次推算各待定点坐标及高程。

使用全站仪内置测量程序，以支导线方法测定控制点方便快捷，是数字化测图设置图根点的主要方法。但由于支导线缺乏检核条件，理论上精度、可靠性差，所以等级点的控制测量一般不采用。

（2）附合导线。导线两端均附合在已知点及已知方向上的导线称为附合导线，如图 3.13所示。不同于支导线，附合导线坐标计算从一端已知点开始，推算到另一端已知点时，坐标和方位角应和已知值一致，这一检核条件保证了能发现错误和控制误差传播，所以附合导线精度和可靠性均比支导线高。

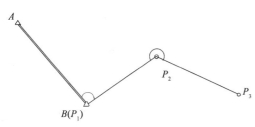

图 3.12　支导线

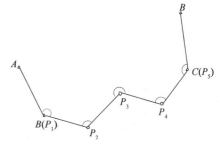

图 3.13　附合导线

特别的，若附合导线两端只各有一个已知点，由于从一端推算坐标时没有坐标方位角，所以称为无定向导线。无定向导线不需在已知点上观测，设站数较一般的附合导线少2个，只有一个独立坐标的检核条件。在许多测量实际工作中，找到足够数量和质量合格的控制点是困难的，所以无定向导线在一般测图或施工放样工作中是很实用的方法。

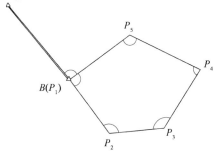

图3.14　无定向导线

如图3.14所示的无定向导线，坐标推算方法如下：

假设 $B(P_1)$ 到 P_2 的起算坐标方位角为任意值 α_1，并据此由 B 点坐标 (x_B, y_B) 依次推算待定点 P_2、P_3、P_4 及 $C(P_5)$ 点坐标。由于起算方位角 α_1 是假设的，所以推出的 $C(P_5)$ 点坐标，即使没有误差也不会和 C 点已知坐标相同。设 C 点已知坐标为 (x_C, y_C)，推算值为 (x_C', y_C')，起算方位角的正确值为 α_2，则：

$$\alpha_2 = \alpha_1 + \tan^{-1}\left(\frac{y_C - y_B}{x_C - x_B}\right) - \tan^{-1}\left(\frac{y_C' - y_B}{x_C' - x_B}\right) \qquad （3\text{-}10）$$

求得了正确的起算方位角，即可由 B 点起依次重新推算各待定点坐标。

（3）闭合导线。导线起点和终点为同一点，形成闭合的多边形，如图3.15所示，这样的导线称为闭合导线。闭合导线检核条件与附合导线相同，但实际上连接角 $\angle ABP_5$ 测错是不能发现的，所以闭合导线连接角可采分别测量左角和右角，增加检核条件以避免发生错误。

闭合导线的另一种形式是已知点 A，B 均在闭合路线中，即起点为 A（B），终点为 B（A），则这种形式的闭合导线计算和附合导线相同，所以也可以归于附合导线。

（4）导线网。上述的 1～3 种导线形式属于各测点只有前后两个方向或单一闭合环，被称为单一导线。若导线中的某一测点有 3 个及 3 个以上的观测方向，该点就称为节点，具有多个节点和闭合环结构的复杂导线形式称为导线网。导线网的优点是检核条件多，精度和可靠性高，但是外业工作量大，数据处理复杂，通常用于对精度及可靠性要求较高或较大区域的控制测量，图根测量不必采用。

图3.15　闭合导线

2. 导线测量基本技术要求

《规范》关于各等级导线测量的基本技术要求如下：

表3.10　各等级导线测量的主要技术要求

等级	导线长度/km	平均边长/km	测角误差/s	测距中误差/mm	测距相对中误差	测回数		方位角闭合差/s	导线全长相对闭合差
						2秒级	6秒级		
四等	9	1.5	2.5	18	1/80 000	6		$5\sqrt{n}$	≤ 1/35 000
一级	4	0.5	5	15	1/30 000	2	4	$10\sqrt{n}$	≤ 1/15 000
二级	2.4	0.25	8	15	1/14 000	1	3	$16\sqrt{n}$	≤ 1/10 000
三级	1.2	0.1	12	15	1/7 000	1	2	$24\sqrt{n}$	≤ 1/5 000

（1）测区测图最大比例尺为 1∶1 000 时，一、二、三级导线平均边长可适当放长，但最大值不应大于表中规定平均长度的 2 倍。

（2）导线平均边长较短时，应控制导线边数不超过根据表 3.10 中导线长度和平均边长计算的值；当导线长度小于表 3.10 规定长度的 1/3 时，导线全长的绝对闭合差不应大于 13 cm。

（3）导线网中结点与结点、结点与高级点之间的导线段长度不应大于表 3.10 中相应等级规定长度的 0.7 倍。

3. 导线测量外业工作

（1）导线点位的选定。

导线控制点布设，应符合以下规定：

① 点位应选在土质坚实、稳固可靠，便于保存、寻找，视野开阔，便于观测、加密和扩展的位置。为了方便记录、计算、查询使用，原则上导线点号应连续，无重复和空缺。

② 相邻点之间应通视良好，其视线距障碍物的距离，四等不宜小于 1.5 m；四等以下以便于观测，不受旁折光的影响为原则。

③ 当采用电磁波测距时，相邻点之间视线应避开烟囱、散热塔、散热池等发热体及强电磁场。

④ 相邻两点之间的视线倾角不宜过大。

⑤ 应充分利用旧有控制点。

（2）导线网的布设。

导线网布设基本要求为：

① 若首级网采用导线测量方法，则应布设成多个结点的导线网形式，然后在此基础上进行加密，此时可以单导线形式，符合在高级点上。

② 结点间或结点与已知点间的导线段宜布设成直伸形状，相邻边长不宜相差过大，网内不同环节上的点也不宜相距过近。

（3）水平角观测。

根据现行技术规范，使用全站仪测量时，同样要按测回变换度盘，测量竖直角、斜距，观测分盘左盘右进行，以便留下原始记录以供检查。《规范》关于水平角观测的基本规定如下：

表 3.11　水平角方向观测法的技术要求

等级	仪器精度等级	半测回归零差/(″)	一测回内 2C 互差/(″)	同一方向值各测回较差/(″)
四等	1 秒级仪器	6	9	6
	2 秒级仪器	8	13	9
一级及以下	2 秒级仪器	12	18	12
	6 秒级仪器	18	—	24

① 当观测方向的垂直角超过 ±3° 的范围时，该方向 2C 互差可与其他测回同方向比较，其差值应满足表中一测回内 2C 互差的限值。

② 首级控制网所联测的已知方向的水平角观测，应按首级网相应等级的技术规定执行。

③ 使用电子记录时，应保存原始观测数据，打印输出相关数据和预先设置的各项限差。

（4）距离观测。

《规范》关于各等级导线测量电磁波测距的基本技术如下：

表 3.12　电磁波测距的主要技术要求

平面控制网等级	仪器精度等级	每边测回数		一测回读数较差/mm	单程各测回较差/mm	往返测距较差/mm
		往	返			
四等	5 mm 级仪器	2	2	≤5	≤7	≤2（a+b×D）
	10 mm 级仪器	3	3	≤10	≤15	
一级	10 mm 级仪器	2	—	≤10	≤15	
二、三级	10 mm 级仪器	1	—	≤10	≤15	—

注：测距 1 测回是指照准目标一次，读数 2~4 次的过程。

虽然全站仪内置程序可以直接输出平距，但现行规范要求测量斜距和竖直角，通过计算改正得到平距。

现在的 6″ 全站仪，标称精度一般都达到了 3 mm + 2 ppm，因此表 3.12 中的技术要求很容易满足。

4. 电磁波测距三角高程测量

《规范》对三角高程测量的竖直角和边长测量规定如表 3.13 所示。

表 3.13　电磁波测距三角高程观测的主要技术要求

等级	垂直角观测				边长测量	
	仪器精度等级	测回数	指标差较差/s	测回较差/s	仪器精度等级	观测次数
四等	2″级仪器	3	≤7″	≤7″	10 mm 级仪器	往返各一次
五等	2″级仪器	2	≤10″	≤10″	10 mm 级仪器	往一次

《规范》规定四、五等三角高程测量的主要技术要求如表 3.14 所示。

表 3.14　电磁波测距三角高程测量的主要技术要求

等级	每 km 高差全中误差/mm	边长/km	观测方式	对向观测高差较差/mm	附合或环形闭合差/mm
四等	10	≤1	对向观测	$40\sqrt{D}$	$20\sqrt{\Sigma D}$
五等	15	≤1	对向观测	$40\sqrt{D}$	$30\sqrt{\Sigma D}$

表 3.14 中：① D 为测距边的长度（km）；② 三角高程路线长度不应超过相应等级水准路线的长度限值。③ 每千米高差全中误差 M_W 计算方法和水准测量一样，公式为

$$M_W = \sqrt{\frac{1}{N}\left[\frac{WW}{L}\right]} \qquad\qquad （3-11）$$

式中　W ——附合或环线闭合差（mm）；

L ——计算各 W 时，相应的路线长度（km）;

N ——附合路线和闭合环的总个数。

5. 平差计算工作

《规范》规定一级及以上等级的导线网计算，应采取严密平差法，二、三级导线网，可根据需要采用严密或简化方法平差。相应等级的等级高程网，也应进行严密平差并计算每千米高差全中误差。

导线测量的平差计算是相当烦琐的，尤其是点数较多的多结点导线网，严密平差计算的工作量很大。目前导线测量数据的平差计算工作，均是运用测量数据处理程序进行的。对于结构复杂的导线网，需要运用专业平差软件计算；而对于结构简单的单导线，数字化测图软件，甚至某些近期出厂的全站仪均带有平差处理功能，不需手工计算。所以，导线测量外业工作结束后，首先要按程序规定的数据格式整理观测成果，然后输入计算机进行平差计算。

平差数据处理是一项需要严谨、专注的工作态度和一定数据处理理论水平的工作，数据组织中存在任何错误都会导致计算工作失败。一般而言，计算不能进行，显示推算近似坐标错误、溢出等问题，多属于平差数据编排时出现了结构性错误。如测站点、照准点号输入错误，观测值录入错漏等问题。若计算能完成，但精度指标差，则一般是观测数据录入有错误，或者已知数据有问题。

平差计算不能正确完成时，原因很复杂，不但与数据有关，还和程序采用的算法有关，目前尚无有效的分析方法。一些所谓检查导线测量数据错误的方法，都只适用于仅含一个错误的单导线，要查出错误使计算工作能顺利完成，唯一的办法是耐心细致地分析、检查数据，才能找出问题。一般来说，分析时可以将复杂的导线网分解，分别录入计算机平差计算，从而缩小查找范围。

3.4　数字化测图数据采集

3.4.1　数字化测图的作业流程

数字化测图作业的流程可以大体分为：① 野外数据采集；② 内业编辑成图；③ 图面检查；④ 绘图输出，到实地调绘检查；⑤ 根据调绘结果修改错误，并进行图形整饰及分幅；⑥ 绘制输出数字图成果，并刻录数字图光盘。

3.4.2　设备及人员组织

1. 一个外业小组设备配置

全站仪：基本配备为：① 全站仪一台；② 反射棱镜及棱镜杆 1 ~ 3 套；③ 对讲机 1 ~ 4 部；④ 测伞 1 把；⑤ 皮尺及记录纸等工具。

其中每台全站仪所配备的棱镜数要根据测区实际情况而定。一般的原则是，通视良好，测量范围开阔，观测人员技术熟练时，应配备较多棱镜，反之则配备较少。

RTK：① 一个基准站（若采用网络 RTK 系统，则不需要基准站）；② 若干个流动站；③ 对讲机（一台流动站配一部，便于与其他作业员联系，避免测绘重复或遗漏）。

2．一个外业小组人员组织

全站仪：人员配备根据作业模式不同略有差异，基本安排如下：

（1）测记法：观测 1 人，记录（随观测棱镜记录点位连接及属性信息）1～3 人，立镜 1～3 人（也可以记录者自己立镜），立伞 1 人。

（2）电子平板：观测 1 人，电子平板（便携机）操作员 1 人，立镜 1～2 人，立伞 1 人。

RTK：人员配备视测区具体情况而定，原则上每台接收机（包括基准站）配备一人。

3.4.3 作业模式的选择

3.4.3.1 全站仪作业

根据地形条件和使用的设备不同，数字测图有不同的作业模式，总的来说，可区分为两大作业模式，即数字测记模式（简称测记式）和电子平板测绘模式（简称电子平板）。

数字测记模式就是用全站仪在野外测量地形特征点的定位信息时，同时记录下测点的连接信息及其属性信息，然后室内计算机编辑成图。测记式作业的特点是，采集设备轻便，作业效率高，野外工作时间短。

电子平板测绘模式就是全站仪＋便携机＋相应测图软件，实施外业现场测绘成图的作业模式。这种模式实际上是将便携机的屏幕作为绘图板在野外直接测图，不同的是自动展点代替人工刺点，计算机编辑代替手工绘图。其优点是可及时发现并纠正测量错误，外业工作完成，图也基本成形，实现了内外业一体化；缺点是由于全站仪测点距离较远，绘图员观察地貌、地物现场绘图比较困难，与棱镜处需要较多的交流，因而野外作业速度慢，对作业员技术要求高。此外还存在便携机在野外条件下容易损坏，光线明亮处屏幕看不清，电池容量不能支持长时间作业等缺点。

目前，电子平板方法存在上述缺陷，没有得到大规模使用。而测记式方法，由于作业效率、经济效益高，具有白纸测图经验的作业人员很容易掌握，因而是目前数字化测图工作的主要作业方法。

针对记录所谓几何信息和属性信息的不同方法，测记式又可分为编码法和无码法，现分述如下：

（1）编码法：根据一定的编码规则，描述测点的几何关系和属性并录入采集设备，事后计算机根据这些编码自动处理观测数据绘制成图。编码法的优点是内业成图编辑工作量较小，整体作业效率较高，缺点是要熟记编码及规则，野外采集数据作业速度稍慢。在测区地形复杂、通视不好，地貌、地物特征点测量不连贯，或测量非典型的复杂地貌、地物时，处理比较困难。特别是出现错误时，难以发现与纠正。

（2）无码法：无码法又称草图法，特点是通过示意图记录测点的定位信息、连接信息和属性信息，内业人机交互编辑成图。无码法的优点是用示意图记录点的属性及与其他点的关系，形象、直观，无需记忆编码规则，外业作业速度快，劳动强度低。并且一旦出现错误时，根据草图也便于分析、查出原因并纠正。缺点是内业人机交互绘图工作量较大，花费时间长。

综合起来，编码法与无码法各有优点。一般而言，作业人员技术熟练、测区通视较好时，适合采用编码法；作业人员作业经验较少，测区地形、地物复杂时，应采用无码法。实际作业时，应根据作业人员的技术素质及测区情况灵活选择，熟练作业人员通常是两种方法混合使用。

3.4.3.2　RTK 作业

RTK 作业的特点是无需与测站通视、单机作业、测点顺序相对自由，对同一地貌、地物特征点采集更容易按绘图顺序连续进行。另外，RTK 配备的电子记录设备输入编码及属性，也远较全站仪方便。所以一般而言，RTK 采集定位点信息普遍采用编码法。

3.4.4　数据采集的作业步骤

3.4.4.1　全站仪作业

（1）作业前的准备工作：数字化测绘的基本作业设备是：全站仪、照准棱镜及棱镜杆、对讲机、皮尺。作业前除要认真检查上述设备是否完好、电池是否充满电外，还应预先将已知点数据录入全站仪。

（2）设置仪器：首先在测站上安置仪器、对中、整平，然后按"选择数据文件"→"输入测站点号，仪器高"→"输入照准点号"→"照准定向点，按键确定"的步骤，完成测站的设置。

（3）碎部点观测：根据作业模式的不同选择，观测步骤方法不同。下面分述如下：

① 编码法：照准反射棱镜，在全站仪操作面板上按键输入棱镜高度、测点编码信息后，按执行键即完成一个碎部点测量及记录工作。

② 无码法：照准反射棱镜，输入棱镜高度，按执行键完成碎部坐标的测量和记录，然后向棱镜处的记录员报告全站仪按测点顺序自行生成的测点号，记录员通过绘制草图的方法记录点号、连接信息、属性信息。

（4）结束迁站：由于当前测站能够观测的目标，在其他测站可能不通视，所以观测员必须与棱镜处记录员协商，确定应观测的点全部观测完毕后，才能结束一个测站的观测工作迁往下一测站。

3.4.4.2　RTK 作业

（1）作业前的准备工作：RTK 系统各种附件较多，要注意认真检查，不能遗漏。另外RTK 系统耗电量较大，要特别注意接收机、记录手簿、电台等设备电池电量是否已充足。

（2）基准站架设（若采用 CORS 系统，不需要基准站）：基准站应架设在通信信号不易被干扰的高处，这样有利于流动站之间数据通信畅通，但要注意保证稳固、安全，防止设备被风吹倒坠地损毁。

（3）初始化：为求得 GPS 系统坐标和当地坐标系间的转换参数，作业前必须进行初始化。初始化是流动站到两个以上已知点采集 WGS84 坐标数据（如基站设置在已知点上，则只需要到一个以上已知点采集），通过已知点 WGS84 坐标数据和当地坐标数据，软件系统就可求得 GPS 坐标转换到当地坐标系统的平移参数和二维基线向量旋转、缩放参数。为保证有较高的坐标转换精度，初始化采用的已知点不可相距太近。

（4）数据采集：初始化工作完成后，RTK 流动站即可采集待定点的当地坐标系统坐标。

3.4.5　数字化地形测量特点

（1）数字测图外业是采集地貌、地物特征点的几何信息和属性信息，事后通过计算机软件完成编辑成图的工作。相对于白纸成图，作业人员跟随棱镜现场采集几何与属性信息较容易，计算机编辑成图也不要求较高的绘图技能，所以数字化测图对作业员基本技能要求较低，但对于其专业理论水平、计算机操作水平则提出了更高的要求。

（2）数字测图采用全站仪采集数据时，测距、测角精度很高，理论上碎部点已达到图根点的精度水平，所以控制点的数量、密度相对于白纸测图的要求可减少许多。若采用 RTK 作业，由于其作业半径达到数公里，则需要的已知点更少。

（3）碎部测量时不受图幅边界的限制，外业不采用分幅作业，地形图绘制完成后，采用绘图软件的分幅功能自动进行分幅处理。

（4）白纸测图必须先控制后碎部，而数字化测图时，碎部测量虽然理论上也应在控制测量后进行，但在测区面积不大的条件下，也可先碎部后控制，或两者同时进行。这里先碎部后控制，是指先采用任意假设坐标设站观测碎部点，然后测设控制点，通过联测已知点，运用绘图软件中的坐标转换功能将碎部点假定坐标转换为实际坐标。

（5）数字测图由计算机系统绘制地形图，其特点是虽然计算及过点准确，但机械刻板。所以若要准确表示地貌、地物特征，必须测定足够多的特征点，因此数字测图直接测量地形特征点的数目比白纸测图要多。

3.4.6　数据采集注意事项

和传统方法一样，数字化测图碎部测量也是采集地貌、地物的特征点，即正确描述地貌、地物位置及形状所必需的定位点，但基于其作业方法的特点，要注意以下事项：

（1）数字化测绘是采用野外采集数据，计算机编辑成图的作业模式。计算机编辑成图软件具有移动、旋转、缩放、复制、镜像、直角转弯、隔点正交闭合、等分符号内插等多种图形编辑功能，因而灵活利用这些方法，处理具有相同形状或对称性的地貌、地物，可以有效地减少野外采点工作量，提高工作效率。

（2）数字化测绘在已知点数据录入、设置测站点、照准点及定向等操作环节时，若出现错误会导致测量数据的整体错位，对于普遍采用的测记法难以当场发现。因此，除了认真细致的操作，避免出错外，两测站所测碎部点之间，应有一定数量的重合点，以便于内业检查和出错后纠正。

（3）描述测点及其连接关系的几何信息和地貌、地物的属性信息是非常重要的，没有正确、完整、清晰的记录，所测的定位信息仅仅是一群离散的、关系不清的点而已，没有办法编辑成图。所以测量人员不仅要熟悉地貌、地物的表示方法，迅速地确定特征点采集的位置，还要能迅速做出清晰、明了的几何及属性信息记录。

（4）数字化测绘由于观测速度很快，并且一个测站的测量范围也比较大，有时一台仪器要观测 2 个甚至 3 个棱镜。由于每一个棱镜相当于传统方法的一个作业小组，所以在测量过程中，各小组要以明显的地貌、地物划分测量范围，并在测量过程中保持密切联系，以避免出现重测和漏测。

（5）为了提高作业效率，减少外业工作时间，个别局部区域的碎部点测量可采用"自由设站"的作业方法。就是任意设站，设置假定坐标进行测量，然后通过两个以上的公共点（既有正确坐标，又有假定坐标），将任意设站测得的数据转换到正确的坐标系统中去。这样作业的依据是，数字化方法测定的碎部点具有很高的精度，通过一对公共点坐标所包含的假定坐标与实际坐标间的转换关系，可以利用图形编辑软件中的图形（数据）转换功能，将假定坐标转换为实际坐标。

需要说明的是，在许多文献中，自由设站的定义是任意位置设立测站，通过后方交会确定测站坐标，由于后方交会的条件难于满足，加之要去两个以上的已知点设棱镜站，劳动强度大、作业效率低，所以数字化测图实践中应用较少。

（6）在测绘作业过程中，由于通视的原因，需要经常变换照准棱镜高。使用出厂较早的全站仪时，由于操作面板功能键较少，频繁输入棱镜高不仅麻烦并且速度慢，可以采用统一的棱镜高，例如 1.6 m，当棱镜高不等于 1.6 m 时，由记录员记录，收测后再传入计算机修改相应碎部点的高程。

（7）绘图软件自动绘制等高线所采用的算法是：

① 在尽可能构成锐角三角形的前提下，将相距最近的三个碎部点作为顶点构成三角形。

② 若等值点通过三角形的某一条边，则按线性内插的方法确定其在该三角形边上的位置。

根据等高线绘制算法可知，一个三角形构成一个面，只有当三角形构成的面与地表面贴合时，所绘制等高线才是正确的。在绘制等高线的区域内，有陡坎或陡坡时，若坎（坡）顶线上的点和远离坎（坡）底线，相对较为平缓处的点构成三角形边，就会使三角形平面架空，等高线反映不出陡峭处较为密集，平缓处较为稀疏的特征。同样，若山脊线两侧的点直接连接成三角形边，则三角形平面会切入山体，若两点跨越山谷线连接成三角边，则三角形平面会架空在山谷上，这都会使绘制出的等高线与实际情况不符合。为避免出现上述情况，采集地貌数据时要特别注意采集坎（坡）顶线、坎（坡）底线、山脊线和山谷线上的点，在绘图时将山脊线、山谷线、坎（坡）顶线、坎（坡）底线设置为地性线，使组三角网时三角形边不能穿越。

（8）数字化测绘由于不需人工计算坐标、展点、描绘定向线等工作，测设图根点及测站设置远较传统平板测图方便快捷。所以当通视不好时，应该较多的采用支导线方法设置新测站，换一个方向观测。

（9）对于规则地貌、地物（如建筑物）测绘，和传统平板测图一样，可以较多地利用丈量方法。例如对于转角是直角的建筑物，只要确定了一条定向线后，通过丈量距离就可绘制出来。不同于平板测图的是，数字化测图由于测点精度高，没有展点、连线误差，当以两个相距较近的点确定定向线时，误差要比传统方法小得多。

（10）采用 RTK 系统采集数据时，系统受卫星分布、天气状况、数据链传输等多种因素影响，在不同的时间段，采集效率差距可能较大。因此要注意结合实际，合理地分配作业时段。

（11）RTK 作业时，基准站与流动站间数据传输信号受障碍物，如山体、高大建筑物和各种高频信号源的干扰而快速衰减，使实际作业有效半径比其标称半径要小很多。当流动站在有效作业半径之外时，数据采集精度和作业效率都会大受影响，这一点应该予以充分注意。

（12）RTK 稳定性较差，相对于全站仪，测量数据更容易出错，所以测量过程中应多注意重合已知点检查，以便及时发现和纠正错误。

3.4.7　外业检查工作

数字化测绘采用野外记录、内业编图的作业模式，对于范围较大、较复杂的测区，将编辑完成的图绘制输出，到实地检查的工作是必不可少的重要环节，检查时主要应注意：

（1）有无漏测内容。

（2）有无因地貌、地物特征点漏测或测点连接错误导致的图形形状与实际不符。

（3）有无属性值错误，例如建筑物层数注记不对或漏记、单位名称漏记或与实际不符、植被标记不全或注记错误等。

（4）坡（坎）的走向、电力线和通讯线的连线是否正确，等高线是否反符合实际等。

3.5　测绘成果检查与验收

成果检查和验收是大比例尺数字化测图工作质量控制的重要环节，验收工作一般由各地行业主管部门或者委托方组织实施。数字测图成果的检验、验收包括如下内容：

3.5.1　提交检查验收的测绘成果

大比例尺数字测图工作结束后，一般应提交如下技术成果：

（1）成果说明文件。

（2）地貌、地物特征点采集原始数据文件。

（3）控制点成果文件。

（4）数字图光盘。

（5）数字图打印成果。

3.5.2　检查、验收的一般规定

1. 对测绘产品实行二级检查和一级验收

测绘单位对测绘产品实行过程检查和最终检查。过程检查由项目作业队在作业小组自查、互查的基础上，按相关的技术规范和设计书要求全面检查。最终检查则由其上级单位安排进行，方法是按一定比例进行抽查。在最终检查合格后，应以书面形式向委托单位或所在地行业主管部门申请验收，验收后提出的检验报告是测绘成果是否合格的依据。

2. 检查、验收工作的依据

检查验收工作应参照有关文件进行，主要依据为：

（1）验收任务书或委托验收的文件。

（2）有关技术规范。

（3）技术设计书。

3. 数字测绘产品检验后的处理

（1）在检验中发现有不符合测量规范、技术设计书中规定的问题时，应及时提出意见交被检单位修改。若问题较多或性质较严重时，可将部分或全部测绘成果退回被检单位，令其整改后再提交验收，直至合格为止。

（2）经验收判为合格成果，被检单位要对验收中发现的问题进行全面处理；验收后判为不合格的成果，则全部退回被检单位，令其重新处理和检验，然后重新申请验收。

3.5.3　数字图测绘成果检查、验收的内容和方法

数字图测绘成果的检查和验收，主要包括以下内容：

1．控制资料检验

控制资料的检验包括控制测量采用的已知数据等级、质量等是否满足要求；控制点分布、密度是否合理；精度指标是否符合规范规定；原始记录是否齐全；控制点标志的类型和质量是否符合要求等。

2．计算机资料检验

计算机资料检查包括各类文字及图形文档是否齐全，图形文件分层是否符合规定，重要内容有无遗漏；地貌、地物表示是否合理；属性表示有无矛盾等。必要时应通过绘图仪输出后，在纸面上检查。

3．外业实地检验

外业检查是在室内检查的基础上进行的，主要采用野外巡视检查各种地理要素表示的正确性、合理性，有无错误、漏测现象。另外，还要通过实测来检验测绘成果的数学精度。

4．实测检验的限差标准

（1）地物点点位中误差。

由于地物特征点相对位置明确，所以实测检查地形测量精度主要是检查地物特征点测量精度。《规范》规定一般地物点图上点位中误差限差如表 3.15 所示。

表 3.15　图上地物点的点位中误差

区　域　类　型	点位中误差/mm
一般地区	0.8
城镇建筑区、工矿区	0.6
水域	1.5

注：点位中误差单位是图上距离

图上地物点点位中误差 δ 通过实地设站观测，测定地物点的坐标，与图上相同位置的地物点进行比较，得到坐标差 $\Delta x_i,\Delta y_i$ 后，按式（3-12）估算。

$$\left.\begin{array}{l} \delta_x^2 = \dfrac{1}{n}\sum_{i=1}^{n}\Delta x_i^2 \\[2mm] \delta_y^2 = \dfrac{1}{n}\sum_{i=1}^{n}\Delta y_i^2 \\[2mm] \delta = \sqrt{\delta_x^2 + \delta_y^2} \end{array}\right\} \qquad (3\text{-}12)$$

（2）地貌点位高程中误差。

《规范》对碎部点高程中误差的限差规定，如表 3.16 所示。

表 3.16　等高（深）线插求点或数字高程模型的高程中误差

一般地区	地形类别	平坦地	丘陵地	山区	高山区
	高程中误差	$\dfrac{1}{3}H_d$	$\dfrac{1}{2}H_d$	$\dfrac{2}{3}H_d$	H_d

注：H_d 是地形图基本等高距，高程中误差计算和地物点点位中误差计算类似，也是通过检查点数据计算。

（3）工矿区细部坐标点的点位和高程中误差。

《工程测量规范》对工矿区细部坐标点的点位和高程中误差[计算公式参照式（3-12）]，有表 3.17 所示限差规定。

表 3.17　工矿区细部坐标点的点位和高程中误差

地物类别	点位中误差/cm	高程中误差/cm
主要建构筑物	5	2
一般建构筑物	7	3

5. 数字测图产品的质量评定

数字测绘成果经检查验收后，应按照国家测绘局 1995 年颁布的《测绘产品检查验收规定》进行质量评定。

6. 编写验收报告

作为检查验收工作的成果，工作结束后，应编写检查验收报告，为用图单位使用测绘成果提供可靠依据。

检查验收报告应包括以下内容：

（1）任务概况（包括人员组成和采用的技术装备）。

（2）检查验收工作采用的依据。

（3）发现的问题及处理意见。

（4）质量分析。

（5）验收结论。

（6）其他意见及建议。

第 4 章　CASS 8.0 地形地籍成图软件概述

4.1　CASS 8.0 系统简介

CASS 系列地形地籍成图软件，是广州南方测绘仪器公司基于 AutoCAD 平台推出的数字化测绘成图系统。该系统操作简便、功能强大、成果格式兼容性强，被广泛应用于地形、地籍成图，数字地形图工程应用，空间数据建库等领域。CASS 系统自推出以来始终保持与 AutoCAD 的同步升级，软件各版本配套如表 4.1 所示。

表 4.1　CASS、AutoCAD 及操作系统配套表

CASS 版本号	AutoCAD 版本号	Windows 系统
CASS 3.0	AutoCAD R14/R13	Windows 95
CASS 4.0	AutoCAD 2000/R14	Windows 95/98/2000
CASS 5.0	AutoCAD 2002/2000/ R14	Windows NT4.0/9x/Me/2000/XP
CASS 6.0	AutoCAD 2004	Windows NT4.0/9x/2000/XP
CASS 7.0	AutoCAD 2006/2005/2004/2002	Windows NT4.0/9x /2000/XP
CASS 8.0	AutoCAD 2008/2007/2006/2005/2004/2002	Windows NT4.0/9x /2000/XP

CASS 8.0 于 2008 年 3 月推出，以 AutoCAD2006 为技术平台，充分运用该平台的最新技术，全面采用真彩色 XP 风格界面，优化了底层程序代码，大大完善了等高线、电子平板、断面设计、图幅管理等技术，并使系统运行速度既快又稳。同时 CASS8.0 运用全新的 CELL 技术，使界面操作、数据浏览管理、系统设置更加直观和方便。在空间数据建库、前端数据质量检查及转换上，CASS8.0 提供更灵活、更自动化的功能。为适应当前 GIS 系统对基础空间数据的需要，该版本对于数据本身的结构进行了相应的完善。

下面以 CASS 8.0 基于 AutoCAD 2006 为例，介绍软件的主界面和基本操作。

4.2　CASS 8.0 的安装

安装 CASS 8.0 的步骤是：先安装 AutoCAD 2006，重新启动电脑，并运行一次，再安装 CASS 8.0。

在安装 AutoCAD 时，用户可以在典型和自定义两种类型之间选择一种进行安装。典型安装属于较小容量的安装选择，若用户需全面使用 CASS 8.0 软件的各项功能，应选择自定义选项，并在此基础上选择所有的安装选项。安装路径可以选择 AutoCAD 给出的默认位置，

也可另选安装路径。

在运行了一次 AutoCAD 后，打开 CASS 8.0 文件夹，找到 setup.exe 文件并双击它，随后即可得到如图 5.1 所示的安装界面。

在图 5.1 所示操作界面中单击下一步按钮，安装程序启动，用户只需按提示操作，即可完成软件安装工作。安装软件给出了默认的安装位置 C：\Program Files\CASS 2008，用户也可以通过单击浏览按钮从弹出的对话框中修改软件的安装路径，要注意 CASS 2008 系统必须安装在根目录的 CASS 2008 子目录下。

安装完成，屏幕弹出图 5.2 所示操作界面以后，显示安装完成。单击"完成"按钮，即结束 CASS 8.0 的安装。

图 4.1　CASS 8.0 软件安装界面　　　　　图 4.2　CASS 8.0 软件安装"安装完成"界面

CASS 系统提供了安全的升级方式，用户可随时在南方公司网站下载最新的升级软件补丁，补丁程序的安装过程无须人工干预，程序能自动找到当前 CASS 的安装路径完成升级安装。

4.3　CASS 8.0 主界面介绍

CASS 8.0 安装完毕后，插上 CASS 8.0 软件"加密狗"，重启电脑后从桌面双击 CASS 8.0 的快捷图标，即进入 CASS 8.0 软件的主界面，如图 4.3 所示。

CASS 8.0 窗体的主要部分是图形显示区，操作命令分别位于三个部分：顶部下拉菜单、右侧屏幕菜单、快捷工具按钮。每一菜单项及快捷工具按钮的操作，均以对话框或底行提示的形式应答。CASS 8.0 的操作既可以通过点击菜单项和快捷工具按钮，也可在底行命令区以命令输入方式进行。

几乎所有的 CASS 8.0 命令及 AutoCAD 2006 常用图形编辑命令都包含在顶部下拉菜单中，菜单共有 13 个，分别是：文件、工具、编辑、显示、数据、绘图处理、地籍、土地利用、等高线、地物编辑、检查入库、工程应用、图幅管理等。顶部下拉菜单可用鼠标激活，也可用 Alt + 下拉菜单字母展开，在任何情况下若想终止操作，可用 Ctrl + C 组合键或 Esc 键来实现。

由于顶部下拉菜单中的操作命令涵盖了大部分快捷菜单工具命令功能，因此本章首先介绍屏幕下拉菜单中的一些主要命令，但其中有关"等高线"的内容，放在本书第 5 章中介绍，然后再介绍 CASS8.0 编辑、绘制地形图专用的右侧屏幕菜单。

图 4.3　CASS 8.0 主界面

4.4　文件（F）

本菜单主要用于控制文件的输入、输出，对整个系统的运行环境进行修改设定等，如图 4.4 所示。

4.4.1　新建图形文件

功能：建立一个新的绘图文件。

操作：左键点取本菜单后，弹出一"选择样板"对话框。若直接回车，则选择默认样本文件 acadiso.dwt。

样板文件的意义在于，它包含了预先准备好的设置，设置中包括绘图的尺寸、单位类型、图层、线型及其他内容。使用样板文件可避免每次重复基本设置，快速地得到一个标准的绘图环境，从而节省工作时间。

4.4.2　电子传递

功能：将打开的文件连同外部支持文件，集合成一个图形包保存。图形包除图形文件外，自动包含全部图形依赖文件，如外部参照和字体文件，目的是使其他兼容 CAD 数据格式的软件系统使用地形图时，CASS 系统专用的符号和字型能够正常显示。

图 4.4　文件菜单

操作：左键点击"电子传递"菜单后，弹出一对话框，在对话框中选择保存文件形式（压缩文件、自解压压缩文件、文件夹等）、保存位置、打包文件等选项后，回车确定。

4.4.3　修复破坏的图形文件

功能：无须用户干涉，可自动修复损坏的图形。

操作：左键点取本菜单后，弹出一对话框，如图 4.5 所示。

图 4.5　选取文件对话框

在搜索栏内找到要打开的文件并双击；或者在文件名一栏中输入要打开的文件名，然后点击"打开"即可。

注意：当系统检测到图形已被损坏，则在打开损坏文件时，系统会自动启动本项菜单命令对其修复。若出现该损坏文件无法修复的情况时，可以尝试先建立一幅空白新图，然后通过"工具"菜单下的"插入图块"命令将损坏图形插入。

4.4.4　加入 CASS 环境

功能：将 CASS 8.0 系统的图层、图块、线型等加入当前绘图环境中。

操作：左键点取本菜单即可。

注意：当打开一幅由其他软件制作的图后，在进行编辑之前最好执行此项操作。否则由于图块、图层等缺失，可能会导致系统无法正常运行。

4.4.5　清理图形

功能：将当前图形中冗余的图层、线型、字形、块、形等清除掉，如图 4.6 所示。

操作：选择相应的图元类别或者是某一类别下面需要删除的对象，按清除按钮就可完成对选择对象的清理操作。其中在选中一类删除时，系统会提示用户是逐一确认

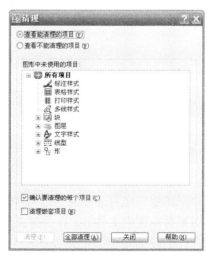

图 4.6　清理图形对话框

后删除，还是全部一次删除。"清理全部"选项是系统根据图形自行判断并删除冗余的数据，同样系统也有相应的确认提示。

4.4.6　绘图输出（用绘图仪或打印机出图）

功能：设置绘图仪或打印机出图。

操作：执行此菜单后，会弹出一个对话框，如图 4.7 所示。

在此界面中，用户可以指定布局设置和打印设备设置，并能形象地预览将要打印的图形成果，然后可根据需要作相应的调整。

现详细介绍本界面上各个选项的作用以及如何利用本界面进行设置，打印出满意的图形。

图 4.7　绘图仪配置对话框 1

4.4.6.1　布局名

显示当前的布局名称或显示选定的布局（如果选定了多个选项）。如果选择"打印"时的当前选项是"模型"，"布局名"将显示为"模型"。

将修改保存到布局。将在"打印"对话框中所做的修改保存到当前布局中，如果选定了多个布局，此选项不可用。

4.4.6.2　页面设置名

此下拉列表框显示了任何已命名和已保存的页面设置列表。用户可以从列表中选择一个页面设置作为当前页面设计的基础，如果用户想要保存当前的页面设置以便在以后的布局中应用，可以在完成当前页面设置以后单击添加按钮。此时将弹出一个对话框，在相应的栏中输入页面设置名，然后按确定键。用户也可以在此菜单中删除已有页面设置或对其进行重命名。

4.4.6.3　打印设备

用户可以在此指定要用的打印机、打印样式表、要打印的一个或多个布局以及打印到文件的有关信息。

1. 打印机配置

（1）名称。显示当前配置的打印设备及其连接端口或网络位置，以及任何附加的关于打印机的用户定义注释。可用的系统打印机和 PC3 文件名的列表将显示在"名称"列表框中。在打印设备名称的前面将显示一个图标以便区别系统打印机和 PC3 文件。用户可以在此列表中选择一项作为当前的打印设备。

（2）特性。显示打印机配置编辑器（PC3 编辑器），用户可以从中查看或修改当前的打印机配置、端口、设备和介质设置。如果使用"打印机配置编辑器"修改 PC3 文件，将显示"修改打印机配置文件"对话框。关于"打印机配置编辑器"的使用方法，用户可以参考 AutoCAD 2006 的使用手册。

（3）提示。显示指定打印设备的信息。

2. 打印样式表（笔指定）

设置、编辑打印样式表，或者创建新的打印样式表。打印样式是 AutoCAD 2006 中新的对象特性，用于修改打印图形的外观。修改对象的打印样式，就能替代对象原有的颜色、线型和线宽。用户可以指定端点、连接和填充样式，也可以指定抖动、灰度、笔指定和淡显等输出效果。如果需要以不同的方式打印同一图形，也可以使用打印样式。

每个对象和图层都有打印样式特性。打印样式的真实特性是在打印样式表中定义的，可以将它附着到"模型"选项卡和布局。如果给对象指定一种打印样式，然后把包含该打印样式定义的打印样式表删除，则该打印样式不起作用。通过附着不同的打印样式表到布局，可以创建不同外观的打印图纸。用户想要详细了解打印样式表的有关事项，可参考 AutoCAD 2006 的使用手册。

（1）名称。列表显示当前图形或布局中可以配置的当前打印样式表。要修改打印样式表中包含的打印样式定义，请选择"编辑"选项。如果选定了多个布局选项，而且它们配置的是不同的打印样式表，列表框将显示"多种"。

（2）编辑。显示打印样式表编辑器。从中可以编辑选定的打印样式表。具体编辑方法用户可以参考 AutoCAD 2006 的使用手册。

（3）新建。显示"添加打印样式表"向导，用于创建新的打印样式表。具体创建方法用户可以参考 AutoCAD 2006 的使用手册。

3. 打印内容

定义打印对象为选定的"模型"选项还是布局选项。

（1）当前选项。打印当前的"模型"或布局选项。如果选定了多个选项，将打印显示查看区域的那个选项。

（2）选定的表。打印多个预先选定的选项。如果要选择多个选项，用户可以在选择选项的同时按下 Ctrl 键。如果只选定一个选项，此选项不可用。

（3）所有布局选项。打印所有布局选项，无论选项是否选定。

（4）打印份数。指定打印副本的份数。如果选择了多个布局和副本，设置为"打印到文件"或"后台打印"的任何布局都只单份打印。

4. 打印到文件

打印输出到文件而不是打印机。

（1）打印到文件。将打印输出到一个文件中。

（2）文件名。指定打印文件名。缺省的打印文件名为图形及选项卡名，用连字符分开，并带有 .plt 文件扩展名。

（3）位置。显示打印文件存储的目录位置，缺省的位置为图形文件所在的目录。

（4）[...]。显示一个标准的"浏览文件夹"对话框，从中可以选择存储打印文件的目录位置。

4.4.6.6.4　打印设置

指定图纸尺寸和方向、打印区域、打印比例、打印偏移及其他选项，如图 4.8 所示。

1. 图纸尺寸及图纸单位

显示选定打印设备可用的标准图纸尺寸。实际的图纸尺寸通过宽（X 轴方向）和高（Y 轴方向）确定。如果没有选定打印机，将显示全部标准图纸尺寸的列表，可以随意选用。使用"添加打印机"向导创建 PC3 文件时将为打印设备设置缺省的图纸尺寸。图纸尺寸随布局一起保存并替换 PC3 文件的设置。如果打印的是光栅文件（例如 BMP 或 TIFF 文件），打印区域大小的指定将以像素为单位而不是英寸或毫米。

图 4.8　绘图仪配置对话框 2

（1）打印设备：显示当前选定的打印设备。

（2）图纸尺寸：列表显示可用的图纸尺寸。用户可根据工作的需要在这里选取合适的图纸尺寸。图纸尺寸旁边的图标指明了图纸的打印方向。

（3）可打印区域：基于当前配置的图纸尺寸显示图纸上能打印的实际区域。

2. 图形方向

指定打印机图纸上的图形方向，包括横向和纵向。用户可以通过选择"纵向""横向"或"反向打印"改变图形方向以获得 0°、90°、180° 或 270° 旋转的打印图形。图纸图标代表选定图纸的介质方向，字母图标代表图纸上的图形方向。

（1）纵向：图纸的短边作为图形图纸的顶部。

（2）横向：图纸的长边作为图形图纸的顶部。

（3）反向打印：上下颠倒的定位图形方向并打印图形。

3. 打印区域

指定图形要打印的部分。

（1）布局：打印指定图纸尺寸页边距内的所有对象，打印原点从布局的（0，0）点算起。只有选定了布局时，此选项才可用。如果"选项"对话框的"显示"选项卡中选择了关闭图纸图像和布局背景，"布局"选项将变成"界限"。

界限是指打印图形界限所定义的整个绘图区域。如果当前视口不显示平面视图，那么此选项与"范围"作用相同。只有"模型"选项卡被选定时，此选项才可用。

（2）范围：打印图形的当前空间部分（图形中包含有对象）。当前空间中的所有几何图形都将被打印。打印之前 AutoCAD 可能重新生成图形以便重新计算当前空间的范围。

如果打印的图形范围内有激活的透视图，而且相机位于这一图形范围内，此选项与"显示"选项作用相同。

（3）显示：打印选定的"模型"选项、当前视口中的视图或布局中的当前图纸空间视图。

（4）视图：打印以前通过 VIEW 命令保存的视图。可以从提供的列表中选择一个命名视图。如果图形中没有保存过的视图，此选项不可用。

（5）窗口：打印指定图形的任何部分。选择"窗口"选项之后，可以使用"窗口"按钮，并使用定点设备指定要打印区域的两个角点或输入其 X、Y 坐标值。

指定第一个角点：指定一点。

指定对角点：指定另一点。

4. 打印比例

控制打印区域。打印布局时缺省的比例为 1：1，打印"模型"选项卡时缺省的比例为"按图纸空间缩放"，如果选择了标准比例，比例值将显示于"自定义"文本框中。

（1）比例：定义打印的精确比例。最近使用的四个标准比例将显示在列表的顶部。

（2）自定义：创建用户定义比例。输入英寸（或毫米）数及其等价的图形单位数（图形单位一般为米），可以创建一个自定义比例。

（3）缩放线宽：线宽的缩放比例与打印比例成正比。通常，线宽用于指定打印对象线的宽度并按线的宽度进行打印，而与打印比例无关。

5. 打印偏移

指定打印区域偏离图纸左下角的偏移值。布局中指定的打印区域左下角位于图纸页边距的左下角，可以输入一个正值或负值以偏离打印原点。图纸中的打印单位为英寸或毫米。

（1）居中打印：将打印图形置于图纸正中间（自动计算 X 和 Y 偏移值）。

（2）X：指定打印原点在 X 方向的偏移值。

（3）Y：指定打印原点在 Y 方向的偏移值。

6. 打印选项

指定线宽打印、打印样式和当前打印样式表的相关选项。可以选择是否打印线宽。如果选择"打印样式"，则使用几何图形配置的对象打印样式进行打印，此样式通过打印样式表定义。

（1）打印对象线宽：打印线宽。

（2）打印样式：按照对象使用的和打印样式表定义的打印样式进行打印。所有具有不同特性的样式定义都将存储于打印样式表中，并可方便地附着到几何图形上。此设置将代替 AutoCAD 早期版本的笔映射。

（3）最后打印图纸空间：首先打印模型空间几何图形。通常情况下，图纸空间几何图形的打印先于模型空间的几何图形。

（4）隐藏对象：打印布局环境（图纸空间）中删除了对象隐藏线的布局。视口中模型空间对象的隐藏线删除是通过"对象特性管理器"中的"消隐出图"特性控制的。这一设置将反映在打印预览中，但不反映在布局中。

4.4.6.5 预 览

完全预览：按图纸中打印出来的样式显示图形。要退出打印预览，单击右键并选择"退出"。

部分预览：快速并精确地显示相对于图纸尺寸和可打印区域的有效打印区域。部分预览还将预先给出 AutoCAD 打印时可能碰到的警告注意事项。最后的打印位置与打印机有关。

修改有效打印区域所做的改变，包括对打印原点的修改。打印原点可以在"打印设置"选项的"打印偏移"选项中进行定义。如果偏移打印原点会导致有效打印的区域超出预览区域，AutoCAD 将显示警告。

图纸尺寸：显示当前选定的图纸尺寸。

可打印区域：基于打印机配置显示用于打印的图纸尺寸内的可打印区域。

有效区域：显示可打印区域内的图形尺寸。

警告：列表显示关于有效打印区域的警告信息。

说明：熟悉这些新特性可能需要一些时间，但一旦了解了它们，打印工作就会完成得更快、更简单，一致性也比以往大大提高。各选项设置可详见打印帮助（在进入此对话框前，就会询问是否需要帮助，或之后按 F1 键取得帮助也可）。

4.4.7　CASS 8.0 参数配置

功能：用户通过 CASS 8.0 参数配置对话框设置 CASS 8.0 的各种参数。

操作：用鼠标左键点击本菜单，系统会弹出一个对话框，如图 4.9 所示。该对话框内有四个选项卡：“地物绘制”“电子平板”“高级设置”“图框设置”。

1. 地物绘制（见图 4.9）

高程注记位数：设置展绘高程点时高程注记小数位数。

自然斜坡短坡线长度：选择自然斜坡的短线是按新图式的固定 1 mm 长度，还是旧图式的长线一半长度。

围墙是否封口：设置是否将依比例围墙的端点封闭。

电杆间是否连线：设置是否绘制电力电信线电杆之间的连线。

填充符号间距：设置植被或土质填充时的符号间距，缺省为 20 mm。

陡坎默认坎高：设置绘制陡坎后提示输入坎高时默认的坎高。

2. 电子平板（见图 4.10）

提供“手工输入观测值”和 7 种全站仪供用户在使用电子平板作业时选用。

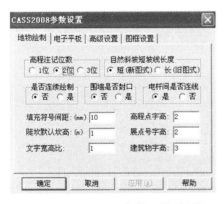

图 4.9　CASS 8.0 参数设置对话框

图 4.10　电子平板选项

3. 高级设置（见图 4.11）

生成和读入交换文件：选择按骨架线还是图形元素生成和读入交换文件。

DTM 三角形限制最小角：设置建三角网时三角形内角可允许的最小角度。系统默认为 10 度，若在建三角网过程中发现有较远的点无法连上时，可将此角度改小。

用户目录：设置用户打开或保存数据文件的默认目录。

地名库和图幅库文件：设置两个库文件的目录位置，注意库名不能改变。

4. 图框设置（见图 4.12）

图 4.11　高级设置选项　　　　　　图 4.12　图框设置选项卡

依实际情况填写图 4.12 所示"图框设置"选项卡，则完成图框图角章的自定义。其中测量员、绘图员、检查员等具体人名可以在绘制图框时再填。

4.4.8　AutoCAD 系统配置

功能：AutoCAD 2006 系统配置对话框可用于设置 AutoCAD 2006 的各种参数及其外部设备。

操作：用鼠标左键点击本菜单项，系统会弹出一个选项对话框，如图 4.13 所示。

图 4.13　AutoCAD 系统配置对话框

选项共有 9 项，使用者可以在此对 CASS 8.0 的工作环境进行设置。这里仅介绍一些比较常用选项的设置方法，其余选项请参阅 AutoCAD 的操作手册。

1. 文件选项

指定 AutoCAD 系统搜索支持文件、驱动程序、菜单文件和其他文件的路径，选择此选项后，AutoCAD 显示所使用的目录和文件列表。若要重新设定支持文件的位置，可从列表中双击该目录。选择右侧的"浏览"快捷键，并使用"浏览文件夹"对话框（一个标准的文件选择对话框）来定位新路径。

（1）支持文件搜索路径：支持文件搜索路径：指定 AutoCAD 用来搜索支持文件的目录。目录中除了运行 AutoCAD 必需的文件以外，包括字体文件、菜单文件、要插入的图形文件、线型文件、图案填充文件，还可以包含环境变量。选择右侧的"浏览"快捷键，可对支持文件搜索路径进行"添加""删除""上移""下移"操作。

（2）工作支持文件搜索路径：指定 AutoCAD 用来搜索系统特定支持文件的活动目录

（3）设备驱动程序文件搜索路径：指定 AutoCAD 用于搜索视频显示、定点设备、打印机和绘图仪等设备驱动程序的路径。

（4）工程文件搜索路径：指定图形的工程名，工程名应符合与该工程相关的（xref）外部参照文件的搜索路径。可以创建任意数目的工程名和相关目录，但每个图形只能有一个工程名。

（5）菜单、帮助和其他文件名称：指定各类文件的名称和位置。

① 菜单文件：指定 AutoCAD 菜单文件的位置。

② 帮助文件：指定 AutoCAD 帮助文件的位置。

③ 缺省 Internet 网址：指定"帮助"菜单中的"连接到 Internet"选项和"标准"工具栏上的"启动浏览器"按钮使用的缺省 Internet 位置。

④ 配置文件：指定用来存储硬件设备驱动程序信息的配置文件位置。这个值是只读 的，只能通过使用 /c 命令行开关来修改。

⑤ 许可服务器：提供网络管理员的网络许可管理器程序的当前有效的客户许可服务器列表。这个值存储在 ACADSERVER 环境变量中。如果未定义 ACADSERVER，将显示"无"。这个值是只读的，不能在"选项"对话框中修改。AutoCAD 只在每个任务开始时读取 ACADSERVER 的值。如果 AutoCAD 改变了该值，必须关闭并重新打开 AutoCAD 才能显示该值。

（6）文字编辑器、词典和字体文件名称：指定一系列可选的设置。

① 文字编辑器应用程序：指定用来编辑多行文字对象的文字编辑器程序。

② 主词典：指定用于拼写检查的词典。可以选择"美国英语"，"英国英语"的一或两个选项，或者是"法语"的一或两个选项。

③ 自定义词典文件：指定要使用的自定义词典（如果有的话）。

④ 替换字体文件：如果 AutoCAD 不能找到原始字体，并且在字体映射文件中也没有指定替换字体，那么就要指定要使用的字体文件的位置。如果选择"浏览"，AutoCAD 将显示"替换字体"对话框，可以从该对话框中选择一个可用的字体。字体映射文件：指定用于定义 AutoCAD 如何转换不能定位的字体的文件。

（7）打印文件、后台打印和前导部分名称：指定与打印相关的设置。

传统打印脚本的打印文件名：指定 AutoCAD 早期版本创建的打印脚本所用的临时打印文件的缺省名称。缺省名称是图形名称加上 .plt 扩展名。AutoCAD 2006 图形使用的缺省名称是图形名称-布局名称加上 .plt 扩展名。但是，有些打印设备的驱动程序使用其他的打印文件扩展名。此选项只影响 AutoCAD 早期版本创建的打印脚本所用的缺省打印文件名。

　　后台打印程序：指定批处理打印所使用的应用程序名称。可以输入可执行文件的名称以及需要使用的任何命令行参数。例如，可以输入 myspool.bat %s 将打印文件成批递送到 myspool.bat 文件中并自动生成一个特定的打印文件。PostScript 前导部分：为 acad.psf 文件中的自定义前导区指定名称。该前导区用来和 PSOUT 一起自定义结果输出。

　　打印机支持文件路径：指定打印机支持文件的搜索路径设置。

　　后台打印文件位置：指定后台打印文件的路径。AutoCAD 将打印内容写到此位置。

　　打印机配置文件搜索路径：指定打印机配置文件（PC3 文件）的路径。

　　打印机说明文件搜索路径：指定带有 .pmp 扩展名的文件的路径，或打印机描述文件的路径。

　　打印样式表搜索路径：指定带有 .sty 扩展名的文件路径，或打印样式表文件的路径（包括命名打印样式表和颜色依赖打印样式表）。

　　（8）Object ARX 应用程序搜索路径：指定 Object ARX 应用程序文件的路径，此选项中只能输入 URL 地址。本选项可以输入多个 URL 地址（多个 URL 地址应该用分号隔开），如果不能找着关联的 Object ARX 应用程序，AutoCAD 将搜索指定的 URL 地址。

　　自动保存文件位置：指定自动保存文件的路径。是否自动保存文件由"打开和保存"选项卡中的"自动保存"选项控制。

　　数据源位置：指定数据库源文件的路径。此设置所做的修改只有在关闭并重启 AutoCAD 之后才能起作用。

　　图形样板文件位置：指定启动向导使用的样板文件的路径。

　　日志文件：指定日志文件的路径。是否创建日志文件由"打开和保存"选项卡中的"保持日志文件"选项控制。

　　临时图形文件位置：指定 AutoCAD 用于存储临时文件的位置，所指定的目录必须是可读写的。AutoCAD 在磁盘上创建临时文件，并在退出程序后将其删除。如果从一个写保护的目录中运行 AutoCAD（例如打开光盘上的文件），应指定一个替换位置存储临时文件。

　　临时外部参照文件位置：指定外部参照（xref）文件的位置。当"打开和保存"选项卡的"按需加载外部参照"列表中选择了"使用副本"时，外部参照的副本将放在这个位置。

　　纹理贴图搜索路径：指定 AutoCAD 用于搜索渲染纹理贴图的目录。

　　2．显示选项

　　用户可以在这一选项中定制 AutoCAD 的显示方式。该选项中的大多数子选项是以复选框的形式出现的，用户在进行配置时只需用鼠标单击每一子选项以确定选中或不选即可。若选中某一子选项时，该选项前面的小方框内将出现"√"标志。下面分别介绍各个子选项的作用。

　　（1）窗口元素：通过设置窗口元素下面的子选项可以定制绘图窗口。

　　① 图形窗口中显示滚动条：用来确定是否显示绘图窗口右侧和下侧的滚动条，滚动条可以用来上下左右移动屏幕。

　　② 显示屏幕菜单：用来确定是否显示右侧的屏幕菜单，对于 CASS 系统，右侧菜单是非常重要的。

　　③ 命令行窗口中显示的文字行数：确定屏幕下面命令行窗口中显示的文字行数。缺省值为 3，有效值为 1 ～ 100。设置时直接用键盘输入数值。

　　④ 颜色：单击该项将弹出颜色选择对话框。通过此对话框可设置绘图窗口各要素的颜色。

　　用户在设置颜色时，应先选择要改变颜色的要素，然后再选择相应的颜色。用户在选择窗口要素时，可以在图形框用鼠标点取该要素，也可以在文字框中选择。

　　⑤ 字体：单击该项将弹出命令行窗口字体对话框，如图 4.14 所示。用户可在该对话框中选择相应的字形、字体、字号对命令行文字进行设置。

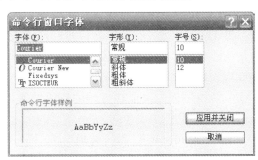

图 4.14　命令行窗口字体设置对话框

　　（2）布局元素：用户可以在这里设置已有布局和新建布局的控制选项。

　　① 显示布局和模型选项：确定是否显示屏幕底部的布局和模型选项，设置"显示"可以很方便地在布局空间和模型空间进行转换。

　　② 显示页边距：确定是否显示布局的边框。如选择"显示"，布局的边框将以虚线显示，边框以外的图形对象将被剪切掉或在打印时不予打印。

　　③ 显示图纸背景：确定是否在布局中显示所选图纸为背景，图纸背景的大小由打印纸的尺寸和打印比例尺决定。

　　④ 显示图纸阴影：确定是否在布局中图纸背景的周围显示阴影。

　　⑤ 新建布局时显示"页面设置"对话框：确定当创建一个新布局时是否显示"页面设置"对话框。用户可以通过该对话框设置图纸尺寸和打印参数。

　　⑥ 在新布局中创建视口：确定当创建一个新布局时是否创建视口。

　　3. 打开和保护

　　控制在 AutoCAD 中打开和保存文件的相关选项。

　　（1）文件保存：控制在 AutoCAD 中保存文件的相关设置。

　　① 另存为：显示用 SAVE 和 SAVEAS 保存图形文件时，使用的文件缺省格式。选项有 DXF 和 AutoCAD 格式，一般应选择设置为"AutoCAD 2006 图形"格式。

　　② 保存缩微预览图像：指定图形的图像是否可以显示在"选择文件"对话框的"预览"区域中。

　　③ 增量保存百分比：CAD 编辑过程中需要不断存盘，保存图形有全部保存和增量保存两种方法。增量保存会增加图形的大小，浪费磁盘空间，而全部保存则需要花费较长时间。这项设置是确定潜在浪费空间的百分比，当到达指定的百分比时，AutoCAD 即执行一次全部保存代替增量保存，全部保存将消除浪费的空间。

　　（2）文件安全措施：帮助避免数据丢失和检测错误。

　　① 自动保存：以指定的时间间隔自动保存图形。可以用 SAVEFILEPATH 系统变量指定所有"自动保存文件"的位置。

　　② 保存间隔分钟数：指定在使用"自动保存"时，多长时间保存一次图形。该值存储在

SAVETIME 中。

③ 每次保存均创建备份：指定在保存图形时是否创建图形的备份副本。

4. 打　印

控制打印的相关选项。

（1）新图形的缺省打印设置：控制新图形的缺省打印设置，对于在以前版本的 AutoCAD 中创建的、没有保存为 AutoCAD 2006 格式的图形，设置同样有效。

① 缺省输出设备：设置新图形的缺省打印设备。选择列表中显示从打印机配置搜索路径中找到的打印配置文件（PC3），和系统中配置的系统打印机。

② 使用上一次打印设置：使用最近一次成功打印的打印设置。这个选项将确定缺省打印设置，这与早期版本的 AutoCAD 使用的方式相同。

③ 添加和配置打印机：显示 Autodesk 打印机管理器（一个 Windows 系统窗口）。也可以用 Autodesk 打印机管理器添加或配置打印机。

（2）　基本打印选项：控制常规打印环境（包括图纸尺寸设置、系统打印机警告和 AutoCAD 图形中的 OLE 对象）的相关选项。

① 如果可能则保留布局的图纸尺寸：如果选定的输出设备支持在"页面设置"对话框的"布局设置"选项卡中指定的图纸尺寸，则使用该图纸尺寸。如果选定的输出设备不支持该图纸尺寸，AutoCAD 显示一个警告信息，并使用在打印配置文件（PC3）或缺省系统设置中指定的图纸尺寸（如果输出设备是系统打印机）。

② 使用打印设备的图纸尺寸：使用打印配置文件（PC3）或缺省系统设置中指定的图纸尺寸（如果输出设备是系统打印机）。

③ 系统打印机后台打印警告：确定在发生输入或输出端口冲突而需要系统打印机后台打印图形时，是否要警告用户。

始终警告（记录错误）：当通过系统打印机后台打印图形时，警告用户并记录错误。

仅在第一次警告（记录错误）：当通过系统打印机后台打印图形时，警告用户一次并记录错误。

不警告（记录第一个错误）：当通过系统打印机后台打印图形时不警告用户，但记录第一个错误。

不警告（不记录错误）：当通过系统打印机后台打印图形时，不警告用户或记录错误。

5. 系　统

（1）当前定点设备：控制与定点设备相关的选项。

① 当前定点设备：显示可用的定点设备驱动程序的列表。

当前系统定点设备：将系统定点设备设置为当前设备。

Wintab Compatible Digitizer：将 Wintab Compatible Digitizer 设置为当前设备。

② 输入自：指定 AutoCAD 是同时接受来自鼠标和数字化仪的输入，还是只能接受数字化仪输入。

（2）基本选项：控制与系统设置相关的基本选项。

① 单图形兼容模式：指定在 AutoCAD 中启用单图形界面（SDI）还是多图形界面（MDI）。如果选择此选项，AutoCAD 一次只能打开一个图形。如果清除此选项，AutoCAD 一次能打开多个图形。

② 显示"启动"对话框：控制在启动 AutoCAD 时是否显示"启动"对话框。可以用"启动"对话框打开现有图形，或者使用样板、向导指定新图形的设置或重新开始绘制新图形。

③ 显示"OLE 特性"对话框：控制在向 AutoCAD 图形中插入 OLE 对象时是否显示"OLE 特性"对话框。

④ 显示所有警告信息：显示所有包含"不再显示此警告"选项的对话框。所有带有警告信息的对话框都将显示，而忽略先前针对每个对话框的设置。

⑤ 用户输入错误时发声提示：指定 AutoCAD 在检测到无效条目时是否发出蜂鸣声警告用户。

⑥ 每个图形均加载 acad.lsp：指定 AutoCAD 是否将 acad.lsp 文件加载到每个图形中。如果此选项被清除，那么只把 acaddoc.lsp 文件加载到所有图形文件中。如果不想在特定的图形文件中运行某些 LISP 例程，也可以用 ACADLSPASDOC 系统变量控制"每个图形均加载 acad.lsp"。

⑦ 允许长文件名：决定是否允许使用长符号名。命名对象最多可以包含 255 个字符。名称中可以包含字母、数字、空格和 Windows 及 AutoCAD 中的非保留字符。当选中此选项时，可以在图层、标注样式、块、线型、文字样式、布局、UCS 名称、视图和视口配置中使用长名称。

6. 用户系统配置

控制在 AutoCAD 中优化性能的选项。

（1）Windows 标准：指定是否在 AutoCAD 中应用 Windows 功能。

① Windows 标准快捷键：用 Windows 标准解释键盘快捷键（例如 Ctrl + C 等于 COPYCLIP）。如果此选项被清除，AutoCAD 用 AutoCAD 标准解释键盘快捷键，而不是用 Windows 标准（例如，Ctrl + C 等于"取消"，Ctrl + V 等于"切换视口"）。

② 绘图区域中使用快捷菜单：控制在绘图区域中单击右键是显示快捷菜单还是发布 Enter 命令。

③ 自定义右键单击：显示"自定义右键单击"对话框，如图 4.15 所示。

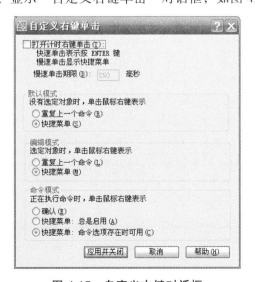

图 4.15　自定义右键对话框

通过这个界面可以设定在绘图区域中单击右键是显示一个快捷菜单还是等同于回车。如果习惯于在运行命令时用单击右键来表示按 Enter 键，就要从此对话框中禁用"命令"快捷菜单。此界面可设置在"缺省"、"编辑"、"命令"三种模式下单击鼠标右键的结果。

缺省模式：本区域中的选项控制在"缺省"模式下（即没有选中任何对象也没有运行任何命令），在绘图区域中单击右键的结果。

编辑模式：本区域中的选项控制在"编辑"模式下（即选中了一个或多个对象并且没有运行任何命令），在绘图区域中单击右键的结果。

命令模式：本区域中的选项控制在"命令"模式下（即当前正在运行一个命令），在绘图区域中单击右键的结果。

（2）坐标数据输入的优先级：控制 AutoCAD 如何响应输入的坐标数据。

① 执行对象捕捉：在任何时候都使用执行对象捕捉，而不用明确坐标。

② 键盘输入：在任何时候都使用所输入的明确坐标，忽略执行对象捕捉。

③ 键盘输入，脚本例外：和②相同，但脚本除外。

7. 草　图

指定许多基本编辑选项。

（1）自动捕捉设置：控制与对象捕捉相关的设置。通过对象捕捉，用户可以精确定位点和平面，包含端点、中点、圆心、节点、象限点、交点、插入点、垂足和切点平面等。

① 标记：控制 AutoSnap 标记的显示。该标记是一个几何符号，在十字光标移过对象上的捕捉点时显示对象捕捉位置。

② 磁吸：打开或关闭自动捕捉磁吸。磁吸将十字光标的移动自动锁定到最近的捕捉点上。

③ 显示自动捕捉工具栏提示：控制自动捕捉工具栏提示的显示。工具栏提示是一个文字标志，用来描述捕捉到的对象部分。可以在"草图设置"对话框的"对象捕捉"选项中打开或关闭捕捉工具栏提示。

④ 显示自动捕捉靶框：控制自动捕捉靶框的显示。当选择一个对象捕捉时，在十字光标中将出现一个方框，这就是靶框。

（2）自动捕捉标记颜色：指定自动捕捉标记的颜色。

（3）自动捕捉标记大小：设置自动追踪标记的显示尺寸，取值范围为 1 ~ 20。

8. 选　择

（1）选择集模式：控制与对象选择方法相关的设置。

① 先选择后执行：选择这一选项后，如果在调用一个命令前先选择一个对象，则被调用的命令立即作用于选定对象。

② 用 Shift 键添加到选择集：选择这一选项后，若要连续选择目标，必须在按住 Shift 键的情况下，才能点击鼠标选取新对象或取消已选中对象。若要快速清除全部已选择对象，只需在图形的空白区域点击鼠标左键即可。

③ 按住并拖动：选择这一选项后，鼠标需要在屏幕上点击并按住左键才能拉出选择框。若没有选择这一选项，则无需按住鼠标即可拉出选择框。

④ 隐含窗口：选择这一选项，才可以拉框选择，否则不能拉框选择。从左到右地拉框，只能选择完全在矩形框边界中的对象，从右到左地拉框，则可选中窗口内及与矩形框边界相交的对象。

⑤ 对象编组：当选择编组中的一个对象时，选择整个"对象编组"。通过 GROUP，可以创建和命名一组选择对象。

⑥ 关联性填充：确定选择关联图案填充时将选定哪些对象。如果选中该选项，那么选择关联填充时还将选定边界对象。将 PICKSTYLE 系统变量设置为 2 也可以设定该选项。

⑦ 拾取框大小：控制 AutoCAD 拾取框的显示尺寸。缺省尺寸设置为 3 像素点，有效值的范围为 0～20。也可以用 PICKBOX 系统变量设置"拾取框大小"。如果在命令行中设置"拾取框大小"有效值的范围从 0～32 767。

（2）控制与夹点相关的设置：在对象被选中后，其上将显示夹点，即一些小方块。

① 启用夹点：控制在选中对象后是否显示夹点。通过选择夹点和使用快捷菜单，可以用夹点来编辑对象。在图形中启用夹点会明显降低处理速度，清除此选项可使性能得以提高。

② 在块中启用夹点：控制在选中块后如何在块上显示夹点。如果选中此选项，AutoCAD 显示块中每个对象的所有夹点。如果清除此选项，AutoCAD 在块的插入点位置显示一个夹点。通过选择夹点和使用快捷菜单，可以用夹点来编辑对象。

③ 未选中夹点颜色：确定未被选中的夹点的颜色。如果从颜色列表中选择"其他"，AutoCAD 将显示"选择颜色"对话框。AutoCAD 将未被选中的夹点显示为一个小方块的轮廓。也可以用 GRIPCOLOR 系统变量设置"未选中夹点颜色"。

④ 选中夹点颜色：确定选中的夹点的颜色。如果从颜色列表中选择"其他"，AutoCAD 将显示"选择颜色"对话框。AutoCAD 将选中的夹点显示为一个填充的方块。

⑤ 夹点大小：控制 AutoCAD 夹点的显示尺寸。缺省的尺寸设置为 3 像素点，有效值的范围为 1～20。

9. 配　置

可以在这里控制 CASS 8.0 和 AutoCAD 之间的切换。如果想在 AutoCAD 2006 环境下工作，可在此界面下选择"unnamed profile"（有时显示"未命名配置"),然后单击置为当前按钮；如果要由 AutoCAD 2006 返回 CASS 8.0 环境下工作，选择 AutoCAD 2006"工具"菜单下最后一个子菜单"选项"进入同一界面，选择 CASS 8.0，然后单击"置为当前"按钮即可。

4.5　工具（T）

工具菜单如图 4.16 所示，本项菜单为编辑图形时提供绘图工具。

4.5.1　操作回退

功能：取消任何一条执行过的命令，本操作可以无限次回退，直至文件本次打开时的状况。

操作：左键点取本菜单即可。

注意：在底行命令区键入 U 然后回车与点击菜单效果相同。U 命令可重复使用，直到全部操作被逐级取消。还可控制需要回退的命令数，即键入 UNDO 回车，再键入回退次数再回车（如输入 50 回车，则自动

图 4.16　工具菜单

取消最近的 50 个命令）。

4.5.2　取消回退

功能：操作回退的逆操作，取消因操作回退而造成的影响。

操作：左键点取本菜单即可，或在底行命令区键入 REDO 后回车。在用过一个或多个操作回退后，可以无限次取消回退直到最后一个回退操作。

4.5.3　物体捕捉模式

在绘制图形或编辑对象时，有时需要在屏幕上精确定点，应用捕捉方式，便可以快速而精确地定点。AutoCAD 提供了多种定点工具，如栅格（GRID）、正交（ORTHO）、物体捕捉（OSNAP）及自动追踪（AutoTrack）。而在物体捕捉模式中又有圆心点、端点、插入点等，如图 4.17 所示。设置物体捕捉模式可点击"工具／物体捕捉模式"菜单选择，也可在主界面底部的状态栏右击"对象捕捉"快捷键进行设置（除四分圆点外）。

1．圆心点（center）

捕捉圆弧和圆周的中心点（执行 CEN 命令）。

设定圆心点捕捉方式后，在图上选择目标（圆弧或圆周），则光标自动定位在目标圆心。如捕捉高程点的展点点位，就要选用圆心捕捉模式，因为高程点的点位符号是实心圆圈。

2．端点（endpoint）

捕捉直线、多义线、踪迹线和弧形的端点（执行 END 命令）。

设定端点捕捉方式后，在图上选择目标（线段），光标靠近希望捕捉的一端时，光标自动定位在该线段的端点。

图 4.17　物体捕捉模式子菜单

3．插入点（insertion）

捕捉块、形体和文本的插入点（如高程点注记，执行 INS 命令）。

设定插入点捕捉方式后，在图上选择目标（文字或图块），光标就自动定位到目标的插入点。

4．交点（intersection）

捕捉两条线段的交叉点（执行 INT 命令）。

设定交点捕捉方式后，在图上选择目标（将光标移至两线段的交点附近），则光标自动定位到该交叉点。

5. 中间点（midpoint）

捕捉直线和弧形的中点（执行 MID 命令）。

设定中心点捕捉方式后，在图上选择目标（直线或弧），光标会自动定位在该目标的中点。

6. 最近点（nearest）

捕捉距光标最近的对象（执行 NEA 命令）。

设定最近点捕捉方式后，在图上选择目标（用光标靠近希望被选取的点），光标则自动定位在该点。

7. 节点（node）

捕捉点实体而非几何形体上的点（执行 NOD 命令）。

设定节点捕捉方式后，在图上选择目标（将光标移至待选取的点），光标就会自动定位在该点。捕捉展点号所对应的点位，应使用节点捕捉方式。

8. 垂直点（perpendicula）

捕捉垂足（点对线段）（执行 PER 命令）。

设定垂直点捕捉方式后，从一点对一条线段引垂线时，当光标靠近此线段时，会自动定位在线段垂足上。

9. 四分圆点（quadrant）

捕捉圆和弧形的上下左右四分点（执行 QUA 命令）。

设定四分圆点捕捉方式后，在图上选择目标（将光标移近圆或弧），则光标自动定位在目标四分点上。

10. 切点（tangant）

捕捉弧形和圆的切点（执行 TAN 命令）。

设定切点捕捉方式后，在图上选择目标（将光标移近圆或弧），光标会自动定位在目标的切点。

有时 AutoCAD 系统会出现显示错误，如圆弧显示为折线段，不同捕捉方式的捕捉位置这时候看起来好像是错误的，但实际上捕捉位置是正确的，用户可以使用"REGEN"命令来恢复线型图形的正确显示。

4.5.4　取消捕捉

功能：取消所有的捕捉功能（执行 NON 命令）。

操作：左键点取本菜单即可。

4.5.5　前方交会

功能：用两个夹角交会一点。

操作：点取本菜单后，依照对话框及命令区提示操作。

提示：① 用光标捕捉已知点 A、B，同时输入两个交会角度（单位为度、分、秒）；② 选择定点位置（确定两个点和角度，交会位置不唯一，需要选择交会点方向）；③ 点击"计算 p 点"按钮得到交会点坐标；④ 点击"画 p 点"展出交会点。

4.5.6　后方交会

功能：已知 3 个已知点和 2 个夹角，求测站点坐标。

操作：点取本菜单后，依照对话框及命令区提示操作。

4.5.7　边长交会

功能：用两条边长交会出一点。

操作：点取本菜单后，依照对话框及命令区提示操作。

4.5.8　方向交会

功能：将一条边绕一端点旋转指定角度与另一边交会出一点。

操作：点取本菜单后，依照对话框及命令区提示操作。

4.5.9　支距量算

功能：已知一点到一条边的垂线长度和垂足到该边上一点的距离，在屏幕上得到该点。

4.5.10　画直线

功能：在屏幕上画一条多段折线（执行 LINE 命令）。

注意：用本功能所画折线不是多义线（即不是复合线），即其折点处是断开的，折线不是一个整体。

4.5.11　画　弧

功能：提供 10 种绘制小于 360° 的二维弧形的方式（执行 ARC 命令），如图 4.18 所示。

图 4.18　画弧子菜单

4.5.12　画　圆

功能：根据不同的已知条件画圆（执行 CIRCLE 命令），如图 4.19 所示。

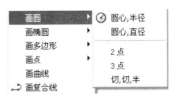

图 4.19　画圆子菜单

4.5.13　画椭圆

用两种不同的方法画椭圆（执行 ELLIPSE 命令），如图 4.20 所示。

图 4.20　画椭圆子菜单

1. 轴、偏心率

功能：指定两点作为轴，输入偏心率（另一轴长）画椭圆。点取本菜单后，命令区提示：

指定椭圆的轴端点或 [圆弧（A）/中心点（C）]：用光标拾取椭圆主轴上的第一个端点。

指定轴的另一个端点：用光标拾取椭圆主轴的第二个端点。

指定另一条半轴长度或 [旋转（R）]：直接按键输入另一条半轴长度，或者拖动鼠标，使椭圆经过已知点确定椭圆。这两种操作方法均可直接进行，不需要相互切换。

2. 心、轴、轴

功能：指定椭圆中心和其中一个半轴，输入另一轴长画椭圆。

操作方法：除了第一步是确定椭圆中心和一条轴线端点外，其余步骤和"轴、偏心率"选项相同。

4.5.14　画多边形

用三种方法绘制多边形（执行 POLYGON 命令），如图 4.21 所示。

图 4.21　画多边形子菜单

1. 边长

功能：通过给定多边形的边数和一条边的两个端点画正多边形。点取本菜单后，命令区提示：

输入边的数目<4>：输入多边形边数后回车，系统默认边数为 4。

指定边的第一个端点：用光标拾取多边形一条边第一个端点。

指定边的第二个端点：用光标拾取该边的另一个端点，系统随即绘制出多边形，多边形位于第一点到第二点方向的左侧。

2. 外切（多边形外切于圆）

功能：通过给定多边形的边数及圆心（或者是一条边）绘制正多边形。点取本菜单后，命令区提示：

输入边的数目<4>：输入正多边形边数后回车。

指定正多边形的中心点或 [边（E）]：用鼠标拾取正多边形内中心，多边形中心始终是默认选项。

指定被多边形外切的圆半径: <C>：输入圆半径数值回车，绘制的正多边形对称轴是铅直方向，如以鼠标指定半径，则多边形可绕中心任意旋转。

若不选择输入正多边形中心，而是输入 E 后回车，则操作方法回到"1.边长"模式。

3. 内接（多边形内接于圆）

功能：通过给定多边形的边数、圆心及多边形某一顶点画多边形。点取本菜单后，依据命令区提示操作：

输入多边形边数<4>:输入正多边形边数，默认值是 4。

指定正多边形的中心点或 [边(E)]: 用鼠标拾取正多边形内中心

指定圆的半径: 确定多边形外接圆半径。输入圆半径数值回车，绘制的正多边形对称轴是铅直方向，如以鼠标指定半径，则多边形可绕中心任意旋转。

4.5.15　画　点

功能：在指定点位置上画一个点（执行 POINT 命令）。

4.5.16　画曲线

功能：绘制曲线拟合的多义线。

操作：点取本菜单后命令区提示：**输入点**：按提示输入点，连续输入曲线点结束后，回车系统自动绘制曲线并拟合。

4.5.17　画复合线

功能：绘制一条由定宽或变宽的直线或曲线相连接的，为一个整体的复杂 2D 直线（执行 PLINE 命令）。

操作：点取本菜单后，首先在屏幕上用鼠标点击确定复合线起点，然后依据命令区提示进行：

指定下一点或 [圆弧（A）/闭合（C）/半宽（H）/长度（L）/放弃（U）/宽度（W）]: 曲线绘制命令选项解释：

角度（A）：表示弧形的圆心角。

圆心（CE）：表明弧形的中心点。

方向（D）：表明弧形的起始方向。

半宽（H）：表明弧形的半宽。

直线（L）：切换回绘制直线菜单。

半径（R）：表明弧形的半径。

第二点（S）：绘制三点式弧形。

放弃（U）：删除最后绘制的弧形部分。

宽度（W）：表明弧形的宽度。

直线绘制命令选项解释：

闭合（C）：使用直线段封闭多义线。

半宽（H）：表明多义线的半宽。

长度（L）：绘制与最后绘制的线段相切的多义线。

放弃（U）：删除最后绘制的线段。

宽度（W）：表明多义线的宽度。

4.5.18　多功能复合线

功能：绘制由曲线和直线组成的复杂线型，相对复合线线绘制功能更强大，但是在同一条复合线内，不可以改变线宽。

操作：点取本菜单后，参照命令区提示操作：

输入线宽<0.0>　输入要画线的宽度，默认的宽度是 0.0。

第一点：输入第一点。

曲线 Q/边长交会 B/跟踪 T/区间跟踪 N/垂直距离 Z/平行线 X/两边距离 L/<指定点>:指定下一点（用鼠标指定或键入坐标）也可选择字母 Q、B，做曲线绘制或交会定点。

曲线 Q/边长交会 B/隔一点 J/微导线 A/延伸 E/插点 I/回退 U/换向 H<指定点>用鼠标定点或选择字母 Q、B、J、A、E、I、U、H。

曲线 Q/边长交会 B/闭合 C/隔一闭合 G/隔一点 J/微导线 A/延伸 E/插点 I/回退 U/换向 H<指定点>用鼠标定点或选择字母 Q、B、C、G、J、A、E、I、U、H。

各选项功能解释：

Q：要求输入下一点，然后系统自动在两点间画一条曲线。

B：用于进行边长交会。

C：复合线封闭，该功能结束。

G：程序根据最后两点和第一点计算出一个新点，并且自动连接最后一点、新点和第一点。计算新点要满足的条件是，在给定的最后一点和新点处，角度均为直角。

J：与 G 选项类似，只是由用户输入的一点，来代替选 G 时的第一点。

A：在"微导线"选项中，输入当前点至下一点的左转角（°）和距离（m），系统会自动算出该点并连线，此功能常用于结合丈量数据绘制建筑物等规则地物。

E："延伸"功能是沿直线的方向伸长指定长度。

I："插点"功能是在已绘制的复合线上插入一个点。

U：取消最后画的一笔。

H："换向"功能是转向绘制线的另一端。

G 选项 ——隔一点闭合操作示例：

① 输入线宽:<0.0>：　输入所需线宽回车，直接回车默认线宽为 0。

② 第 1 点：用鼠标在屏幕上拾取第 1 点。

③ 曲线 Q/边长交会 B/<指定点>：用鼠标在屏幕上拾取第 2 点。

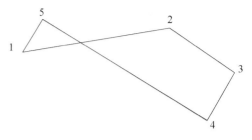

④ 曲线 Q/边长交会 B/隔一点 J/微导线 A/延伸 E/插点 I/回退 U/换向 H<指定点>：用鼠标在屏幕上拾取第 3 点。

⑤ 曲线 Q/边长交会 B/闭合 C/隔一闭合 G/隔一点 J/微导线 A/延伸 E/插点 I/回退 U/换向 H<指定点>：用鼠标在屏幕上拾取第 4 点。

图 4.22　隔点闭合

⑥ 曲线 Q/边长交会 B/闭合 C/隔一闭合 G/隔一点 J/微导线 A/延伸 E/插点 I/回退 U/换向 H<指定点>：输入 G 回车。

至此 CASS 系统会自动生成第 5 点，并且从第 4 点经过第 5 点闭合到第 1 点，如图 4.22。第 5 点即所谓的"隔点"，确定第 5 点的条件是∠4 和∠5 均为直角。这一功能在通过三点绘制一个矩形房屋时很有用。

4.5.19　画圆环

功能：通过输入内径、外径、指定中心点，绘出一个圆环（执行 DONUT 命令）。

操作：点取本菜单后，参照命令区提示：

指定圆环的内径<1.0000>：通过键入数字或选取两点确定内径大小。

指定圆环的外径 <15.1522>：通过键入数字或选取两点确定外径大小。

指定圆环的中心点或 <退出>：通过键入坐标或选取点确定圆环的中心点，不输入数值而直接回车则退出。

4.5.20　制作图块

功能：把一幅图或者一些图形元素做成一个整体图块保存。图块是一些图形元素的集合，这些图形元素被绑定在一起，只能作为一个整体来调用。

操作：点取本菜单后，弹出一个对话框（图 4.23），在对话框中完成选择、设置、保存操作。

图 4.23　制作图块对话框

　　制作图块对话框主要分为四个区：源（Source）、基点（Base point）、对象（Objects）和目标（Destination）。

　　1. 源（Source）区

　　用户在该区域中指定要制作图块的图形、对象和图块，其分别对应下列三个选项：

　　① 块（Block）：指定要保存到新图块文件中的图块。选择此选项后，下拉列表框中将显示系统支持文件目录下的图块文件名，可从中选择加入新图块文件的图块文件。

　　② 整个图形（Entire Drawing）：选择整个当前图形作为一个图块。

　　③ 对象（Objects）：根据其属性特征，在当前图形中选择部分图形元素，加入新建图块文件。

　　在源区的选择可以多次进行，完成一项选择后，系统将返回制作图块对话框，用户可以再次进行选择操作。

　　2. 基点（Base point）区

　　用户在此区域中指定图块的插入点（基点）。

　　在制作图块时指定的插入点，不仅是该图块插入其他图形的基准点，也是图块在插入过程中旋转或缩放的基点。理论上基点可以任意选择，但为了绘图方便，应根据图形的结构特征选择。一般将基点选在图块中具有明显特征的地方，CASS 8.0 默认的基点是坐标原点。

　　用户可用鼠标在屏幕上指定基点，也可直接输入基点坐标值。

　　如要在屏幕上指定插入点，可单击该区域中的拾取点（Pick）按钮，CASS 8.0 会暂时关闭对话框，并提示：**wblock 指定插入基点：**提示用户选择点击要插入的基点。

　　如果编辑的图形的各个部分采用了不同的坐标系统，则拼接时就必须设置基点及旋转参数才能正确插入。

　　地形图编辑时碎部点按实际坐标展入，因而分别编辑的图形的各个部分，均位于统一的坐标系统中。CASS 系统默认基点是坐标系原点，如图形的各个部分坐标系统一致，图块插入时采用默认基点，自然都会插入到正确的位置。

　　3. 对象（Objects）区

　　在对象区内用户可以在图面上选择制作新图块的对象，也可以通过快速选择功能，根据图形元素的属性特征进行批量选择。上述两种选择方法，分别对应下列选择按钮：

　　① 选择对象（Select）按钮：单击此按钮后，将暂时关闭对话框，返回当前打开图面，提示选择要加入块中的对象。用户选择完成后回车，系统将返回制作图块对话框。

　　② 快速选择 ⚡（QuickSelect）按钮：拾取此按钮后，会弹出一个对话框并通过该对话框来构造一个选择集。

　　选定制作新图块的图形元素后，用户还可以设置选中图形元素在原图中的处置方式。设置选项为三种：

　　① 保留（Retain）：选择制作图块后，原图形中保留选择对象。

　　② 转换为块（Convert to block）：选择将所选中对象在原图形中变成一个块。

　　③ 从图形中删除（Delete）：选择制作图块后，删除所选择的对象。

　　4. 目标（Destination）区

　　用户在该区域中指定所制作图块文件保存的名称、路径及单位。在此区域有两个选项：

　　① ⬚（Browse）图标按钮：拾取此按钮，将显示一个"浏览文件夹"对话框，用户在

其中完成图块文件名称及路径设置。

② 插入单位（Insert）下拉列表框：指定当新文件作为块插入时的单位。

4.5.21　插入图块

功能：把先前绘制的图形（图形文件、图块）插入到当前图形中来（执行 INSERT 命令）。

操作：左键点取本菜单后，会弹出一个对话框，如图 4.24 所示。

图 4.24　插入图块对话框

"名称"栏中可直接填入需插入的"块"或"图形文件"名。

"浏览"键通过"驱动器—文件夹"的浏览方法，在图形界面上选择欲插入的"图形文件"名。

"插入点"栏中可通过输入插入点的坐标，指定插入后图块的基点位置；在"缩放比例"栏中输入 X、Y、Z 方向上的图形缩放比例；"旋转"中输入图形旋转角度，可以确定插入图块相对于基点的缩放和旋转。如果在"在屏幕上指定"栏中打√，则插入基点坐标、图形比例、旋转角等均在屏幕图形上依命令栏提示输入。若在"分解"栏中打√，则插入后图块自动分离，不再作为一个整体存在。

参数设置完毕后，点击"确定"即可完成图块插入。

4.5.22　批量插入图块

功能：将选定的图形批量地插入到当前图形中来。

操作：左键点取本菜单后，会弹出一个对话框，如图 4.25 所示。

图 4.25　批量插入图块

批量选择需要插入的图块，点击"打开"即可将所选图块全部插入当前图形。

4.5.23　光栅图像

本菜单的功能是将光栅图像插入到当前编辑的图形中，并可对图像进行简单的处理纠正，以便制作矢量化图形或带光栅底图的地图等。

这一部分内容将在第六章作详细介绍。

4.5.24　文　字

以可视模式在图形中输入及处理文本。

1. 写文字（执行 dtext 命令）

功能：在指定的位置以指定大小书写文字，菜单如图 4.26 所示。

操作：左键点取本菜单后，命令区显示：

当前文字样式：HZ　当前文字高度：0.2000

指定文字的起点[对正（J）/样式（S）]：用光标或通过输入坐标指定文字注记位置的左下角。

图 4.26　文字子菜单

指定高度 <0.2000>：输入注记文本的高度。

指定文字的旋转角度 <0>：输入注记内容逆时针旋转角度。

输入文字：输入要注记的内容。

注意：输入的文本高是绘图仪按测图比例输出后的高度，在数字图上比例尺不同，字高就不同。例如 1∶500 的图，输入注记字高是 3.0，数字图形上只有 1.5，出图放大一倍后才有 3.0。

2. 编辑文字（执行 ddedit 命令）

功能：修改已注记文字的内容。点击本菜单后，命令行提示：

选择注释对象[放弃（U）]：，用光标点选一个文本实体，则该文字在一弹出式对话框中呈现编辑状态，改完注记内容后，回车确定即可完成修改。

3. 批量写文字（执行 mtext 命令）

功能：在一个指定写字框中输入文本段落。

操作：左键点取本菜单后，命令区提示：

指定第一角点：用光标输入边框一端端点。

指定对角点或 [高度（H）/对正（J）/行距（L）/旋转（R）/样式（S）/宽度（W）]：用光标输入边框另一端点，或指定[高度/对齐方式/行间距/旋转/样式/宽度]，然后会出现如图 4.27 所示的对话框。

图 4.27　批量写文字

利用对话框可以给新输入及选定的文字指定字体、字体高度、字体颜色、是否粗体等。下拉列表中含有操作系统 TrueType 字体和 AutoCAD 提供的 SHX 字体。只有选择了 TrueType 字体时粗体、斜体才有效。

选择"堆积"按键将使所选的两部分文字堆叠起来。在使用此键前，所选文字中必须要有一个"/"符号，用来将所选文字分成两部分，并在上下两部分之间画一条横线。另外，可以用"∧Φ"符号代替"/"，只是在上下两部分之间不画横线。

选择"插入符号"键可在当前光标位置处插入一些特殊符号。AutoCAD 在加入特殊字符时，要用到一些控制字符。%%p 表示 + 、 − 号，%%c 表示直径符号"∅"，%%d 表示度"°"。

4. 沿线条注记

功能：沿一条直线或弧线注记文字。

5. 插入文本文件（执行 rtext 命令）

功能：通过此功能可将文本文件插入到当前图形中去。

6. 炸碎文字

功能：将文字炸碎成一个个独立的线状实体。

7. 文字消隐

功能：通过此功能可以遮盖图形上穿过文字的实体，如穿高程注记的等高线。

执行此菜单后，命令区提示：Select text objects to mask or [Masktype/Offset]：直接在图上批量选取文字注记即可。还可通过 M 参数设置消隐方式，通过 O 参数设置消隐范围。

说明：如果将用此功能处理过的文字移动到别处，原被遮盖的实体将重新显示出来，而文字新位置下的实体却会被遮盖。

8. 取消文字消隐

功能：上一项操作的逆操作。

9. 查找替换文字

功能：在整张图上查找文字或替换图上文字。

10. 定义字形

功能：控制文字字符和符号的外观，如图 4.28 所示。

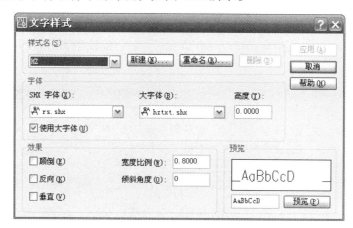

图 4.28　定义字形对话框

说明：按"新建"按钮可创建新文字样式，若要给已有样式改名，则按"重命名"按钮。"SHX字体"编辑栏中可指定字体，"大字体"编辑栏中可指定汉字字体，"高度"编辑栏中可设置文字的高度，"颠倒"和"反向"分别用来控制文字倒置放置和反向放置，"垂直"用于控制字符垂直对齐的显示，"宽度比例"用于设置文字宽度相对于文字高度之比。如果比例值大于 1，则文字变宽；如果小于 1，则文字变窄。"倾斜角度"用于设置文字的倾斜角度。

11. 变换字体

功能：改变当前默认字体。

12. 设置文字高度

功能：改变字体高度。

4.5.25　查　询

用本菜单可打开 AutoCAD 的文本窗口，查看当前图形文件的各种信息，如图 4.29 所示。

图 4.29　查询子菜单

（1）列图形表。列举实体的各项信息（执行 LIST 命令），如线段的起始坐标、线型、图层、颜色等，如果是复合线，还可以查看该复合线的线宽、是否闭合等。

左键点取本菜单后，命令区提示 Select objects：用光标选择待查看的图形实体后，回车即可。

（2）工作状态。显示图形当前的总体信息（执行 STATUS 命令），左键点取本菜单后即可。

4.6　编辑（E）

CASS 8.0 编辑菜单主要通过调用 AutoCAD 图形编辑命令，利用其强大丰富、灵活方便的编辑功能来编辑图形，菜单如图 4.30 所示。

4.6.1　编辑文本文件

功能：直接调用 Windows 的记事本来编辑文本文件，如编辑权属引导文件或坐标数据文件。

操作：左键点取本菜单后，选择需要编辑的文件即可。

4.6.2　对象特性管理

功能：管理图形实体在 AutoCAD 中的所有属性。

操作：左键点取本菜单后，就会弹出对象特性管理器，如图 4.31 所示。

图 4.30　编辑项菜单

图 4.31　对象特性管理器对话框

对象特性管理器的主要特点：

· 在对象特性管理器中，特性可以按类别排列，也可按字母顺序排列。

· 对象特性管理器窗口大小可变并可锁定在 AutoCAD 主窗口上。另外，还可自动记忆上一次打开时的位置、大小及锁定状态。

· 在对象特性管理器中提供了 QuickSelect 按钮，从而可以方便地建立供编辑用的选择集。

· 在以表格方式出现的窗口中，提供了更多可供用户编辑的对象特性。

· 选择单个对象时，对象特性管理器将列出该对象的全部特性；选择了多个对象时，对象特性管理器将显示所选择的多个对象的共有特性；未选择对象时，将显示整个图形的特性。

· 双击对象特性管理器中的特性栏，将依次出现该特性所有可能的取值。

· 改所选对象特性时可用如下方式：输入一个新值，从下拉列表中选择一个值，用"拾取"按钮改变点的坐标值。

· 对象特性管理器是图形编辑中一个非常重要的快速搜索查询工具，不管选择任何对象，AutoCAD 都将在对象特性管理器中列出对象的通用特性以供编辑时做相应设置。通用特性包括：颜色、图层、线型、线型比例、线宽、厚度、打印样式、超级链接。

利用对象特性管理器可通过屏幕点击，或者在对话框中输入选择对象属性值的方法，选中符合某些特性的多个元素，对其属性值进行统一的编辑、修改，或执行制作成图块等操作。

4.6.3　图元编辑

功能：对直线、复合线、弧、圆、文字、点等各种实体进行编辑，修改它们的颜色、线型、图层、厚度等属性（执行 DDMODIFY 命令）。

操作：左键点取本菜单后，命令区提示：

Select one object to modify：用光标选择目标后（如一段多义线），会弹出一个对话框，如图 4.32 所示。选中不同类型的图形实体就会弹出相应的对话框，对话框的基本选项包括：颜色、图层、线型、厚度、线型比例，以及图形实体的其他信息。可按需要选择合适的项目对对象特性进行编辑。

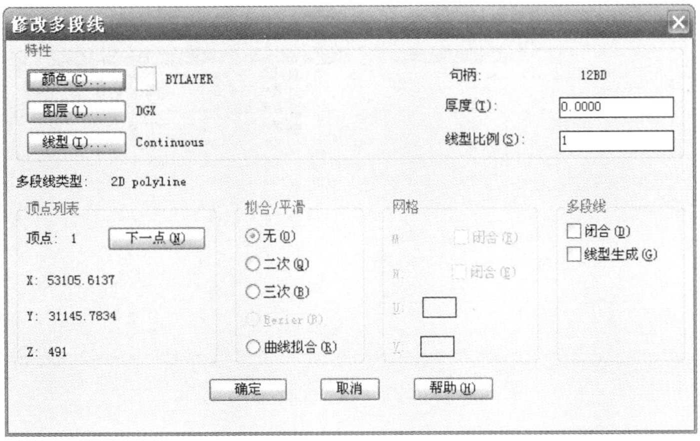

图 4.32　多段线图元编辑对话框

　　不同于对象特性管理器，图元编辑命令只能通过屏幕点击选中编辑目标，并且每次只能对一个图形元素进行编辑

4.6.4　图层控制

　　功能：控制图层的创建和显示，如图 4.33 所示。

　　说明：图层是 AutoCAD 中用户组织图形最有效的工具之一，用户必须安装了 AutoCAD 的 EXPRESS 工具才能正常使用菜单项的命令。用户可以利用图层来组织、管理图形，例如利用各个图层不同的颜色、线型和线宽等特性来区分不同的对象，或单独执行对某些图层的关闭、删除、转移等操作。

图 4.33　图层控制子菜单

　　左键点取"图层设定"菜单项后，会弹出图层特性管理器对话框，如图 4.34 所示。对话框中包含了图层的名称、颜色、线型、线宽等特性，可以点击选中这些特性进行修改或对图层执行创建、删除、锁定/解锁、冻结/解冻、禁止某图层打印等操作。

图 4.34　图层特性管理器对话框

利用此对话框，编辑者可以方便、快捷地设置图层的特性及控制图层的状态。但要指出，对话框中线型特性的修改，只对修改后绘制的图形元素有效，而其余特性，如颜色、可视性等特性的修改，则立即对所选择图层或图层内图形元素生效。

图 4.34 中常用的三个图层控制开关的含义是：

（1）打开/关闭：用于控制图层的可见性。当关掉某一层后，该层上所有对象就不会在屏幕上显示，也不会被输出。但它仍存在于图形中，只是不可见。在刷新图形时，还是会计算它们。

（2）解冻/冻结：用户可以冻结一个图层而不用关闭它，被冻结的图层也不可见。冻结与关闭的区别在于当系统刷新时，简单关闭掉的图层在系统刷新时仍会刷新，而冻结后的图层在屏幕刷新期间将不被考虑。但以后解冻时，屏幕会自动刷新。

（3）锁定/解锁：已锁定图层上的对象仍然可见，仍可在该图层上绘制对象、改变线型和颜色、冻结它们以及使用对象捕捉模式，但不能用修改命令来改变图形或删除。

为了编辑者更易理解图层控制过程及意义，CASS 8.0 专门定制了图层控制子菜单，使图层控制更直观、快捷。

图层控制子菜单包括 14 项菜单，除"图层设定"子菜单用左键点取后会弹出图层特性管理器对话框（见图 4.34）供编辑者进行各种设置外，其他 13 项子菜单的作用都可按其字面意义理解，直接点击操作。

4.6.5　图形设定

功能：对屏幕显示方式及捕捉方式进行设定，如图 4.35 所示。

图 4.35　图形设定命令子菜单

1. 坐标系标记

当设定为"ON"时，屏幕上显示坐标系标记；设定为"Off"时，取消显示。

2. 点位标记

当设定为"ON"时，光标进行的点击操作都会在屏幕上留下十字标记；设定为"Off"时，点击操作不会留下痕迹。

3. 物体捕捉

用于设定捕捉方式。左键点取本菜单后，会弹出一对话框，如图 4.36 所示。可在捕捉和栅格、极轴追踪、对象捕捉和动态输入四个页面中作物体捕捉的有关设置。

物体捕捉在"工具菜单"中已经做了阐述，本小节仅就没有提到的两种捕捉方式作一解释。

① 外观交点（Apparent Int）可用来捕捉所有的外观交点，不管它们在立体空间中是否相交。在捕捉诸如等高线与公路的交点时，此捕捉方式会很有效。

② 延伸点（Extension）可用来捕捉直线或圆弧的延长线上的点。

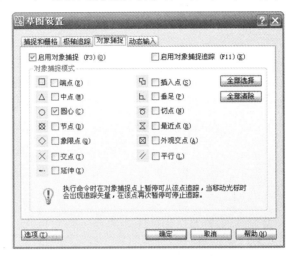

图 4.36　设定物体捕捉对话框

4. 图层叠放顺序

功能：改变图层的叠放顺序。

操作：点取本命令菜单后，系统提示：

选择对象：选择要修改的实体。

输入对象排序选项 [对象上（A）/对象下（U）/最前（F）/最后（B）] <最后>：选择要叠放的位置，若选 F/B 直接改变其顺序，若选 A/U 则有如下提示：

选择参照对象：选择一个参考图层的实体。

4.6.6　编组选择

功能：编组开关关闭后可以单独编辑骨架线或填充边界。

当设定为"ON"时，表示编组开关打开；设定为"Off"时，表示编组开关关闭。

4.6.7　删　除

功能：提供 10 种方式指定删除对象，如图 4.37 所示。

图 4.37　删除命令子菜单

全部 10 种删除对象的含义明确，分别是：选择多重目标并删除，选择单个目标并删除，删除上个选定目标（最后生成的一个目标），删除实体所在编码，删除特定文字，删除实体所在图层，删除实体所在图元的名称，删除实体所在线型，删除实体所在（图）块名，删除实体所在复合地物。

说明：删除实体所在编码就是删除与所选择实体编码相同的所有实体，其余依此类推。

4.6.8　断　开

功能：通过指定断开点把直线、圆（弧）或复合线断开，并删除断开点之间的线段（执行 BREAK 命令），如图 4.38 所示。

图 4.38　断开命令子菜单

1. 选物体，第 2 点

左键点取本菜单后，按命令区提示选择目标（注意：选定的目标时，鼠标点击的点即作为第一点），再按提示输入第二点，然后就会自动删除线上两点之间的部分。

2. 选物体，定 2 点

左键点取本菜单后，先选择目标，然后在线上选择两点，则自动删除所选两点间的线段。不同的是，执行此菜单时，不把选择目标时定的点作为断开的第一点。

4.6.9　延　伸

功能：将直线、圆弧或多义线延伸到一个边界上（执行 EXTEND 命令）。

操作：左键点取本菜单后，命令区提示：

选择对象：选择要延伸到的边界，回车确认。

选择要延伸的对象，或按住 Shift 键选择要修剪的对象，或 [投影（P）/边（E）/放弃（U）]：选择要被延伸的线条，可选取多个目标，回车即完成延伸操作。

4.6.10　修　剪

功能：以指定边界（剪切边）对直线、圆（弧）线或多义线进行修剪（执行 TRIM 命令）。

操作：左键点取本菜单后，命令区提示：

选择对象：选择剪切边界后回车确认。

选择要修剪的对象，或按住 Shift 键选择要延伸的对象，或 [投影（P）/边（E）/放弃

（U）]：选定要剪掉的图形元素，可选取多个目标，回车即完成修剪操作。

4.6.11　对　齐

功能：将调入的栅格图像定位至与实地坐标一致的位置。

操作：左键点取本菜单后，命令区提示：

选择对象：选择要定位的图像，可多次选取，回车结束选取。

指定第一个源点：选取图像上第一个点。

指定第一个目标点：选取第一个点目标位置。

指定第二个源点：选取图像上第二个点。

指定第二个目标点：选取第二个点目标位置。

指定第三个源点或 <继续>：直接回车。

说明：可自动移动、旋转和缩放图像至所需位置。

4.6.12　移　动

功能：将一组对象移到另一位置（执行 MOVE 命令）。

操作：左键点取本菜单后，命令区提示：

选择对象：用光标选取要被移动的目标，可选取多个目标，回车结束。

指定基点或位移：指定移动基点。

指定位移的第二点或 <用第一点作位移>：指定基点移动的目标点。

4.6.13　旋　转

功能：相对于指定基点对指定的实体进行旋转（执行 ROTATE 命令）。

操作：左键点取本菜单后，命令区提示：

选择对象：选定要旋转的目标，可多次选取，回车结束选取。

指定基点：给定对象旋转所绕的基点。

指定旋转角度或 [参照（R）]：可以直接用鼠标拖动旋转，也可以输入正负旋转角或键入 R 选择 Reference 选项。

技巧：输入负角为顺时针旋转，反之为逆时针旋转。如果对象必须参照当前方位角来旋转，可以用 Reference 选项，即已知线段当前方位角和目标方位角，可以选择 Reference 选项。Reference 选项方位角是连续的，新方向方位角小于当前方位角，线段顺时针旋转，反之则逆时针旋转。

4.6.14　比例缩放

功能：相对于指定基点改变所选目标的大小（执行 SCALE 命令）。

操作：左键点取本菜单后，命令区提示：

选择对象：选定要比例缩放的对象，回车结束选取。

指定基点：给定操作基点。

指定比例因子或 [参照（R）]：输入比例因子。

说明：要放大一个对象，可输入大于 1 的比例因子。要缩小一个对象，可用 0 到 1 之间的比例因子，比例因子不能用负值。例如，比例因子为 0.25 时所选定的对象将缩小到当前的 1/4 大。

如果要将对象参照某一图上尺寸缩放，可以用参照（R）选项。在缩放对象上指定一参照长度，然后在参照图形上指定新长度。系统会自动计算缩放比例并相应地缩放对象。

比例缩放功能可以选择多个图元进行缩放，但只能针对一个基点。

4.6.15　伸　展

功能：移动框选目标，延伸与选择框边界相交的对象（执行 STRETCH 命令）。

操作：左键点取本菜单后，命令区提示：

Select objects to stretch by crossing-window or crossing-polygon...Select objects：用光标拉框选取对象，回车结束选取。

Specify Base point or displacement：给定基点或回车。

Specify Second point or displacement：指定位移的第二点或回车。

注意：选择对象必须用交叉窗口或交叉多边形的方式，完全在选取窗内的对象将被移动，而与对象选取窗相交的对象会被拉伸，保持与被移动对象的连接。

4.6.16　阵　列

功能：用于将所选定的对象生成矩形或环形的多重复制（执行 ARRAY 命令）。

操作：左键点取本菜单后，弹出对话框如图 4.39 所示，选定各选项后确定或直接回车。

注意：行列间距为正数时，对象将沿右上方排列；为负数则沿左下方排列。

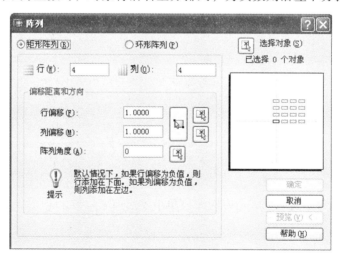

图 4.39　阵列对话框

4.6.17　复　制

功能：将选中的实体复制到指定位置上（执行 COPY 命令）。

操作：左键点取本菜单后，见命令区提示。

提示：选择对象：

选择要被复制的对象，回车结束选取。

指定基点或位移，或者 [重复（M）]：给定一个基点，或输入 M 进行多重复制。

指定位移的第二点或 <用第一点作位移>：给定第二个点。若是输入了 M 进行多重复制，则可重复进行复制，回车结束。

4.6.18　镜　像

功能：根据镜像线以相反的方向将指定实体进行复制（执行 MIRROR 命令）。

操作：左键点取本菜单后，命令区提示：

选择对象：选择需镜像复制的实体，回车结束选取。

指定镜像线的第一点：给定一点以确定镜像线的第一个点。

指定镜像线的第二点：给定一点以确定镜像线的第二个点。

是否删除源对象？ [是（Y）/否（N）] <N>：是否删除源对象。

4.6.19　圆　角

功能：将直线与直线、直线与圆弧、圆弧与圆弧之间，按指定的半径，绘制一条平滑的圆弧曲线连接起来（执行 FILLET 命令）。

操作：左键点取本菜单后，见命令区提示。

提示：请输入圆角半径（2.000）：输入圆角半径括号内为默认值。

请选择第一条边：选择第一条边。

请选择第二条边：选择第二条边。

4.6.20　偏移拷贝

功能：生成一个与指定实体相平行的新实体（执行 OFFSET 命令）。

操作：左键点取本菜单后，命令区提示：

指定偏移距离或 [通过（T）] <通过>：指定偏移距离或输入 T 来选择 Through 选项。

选择要偏移的对象或 <退出>：选择要偏移的对象。

指定点以确定偏移所在一侧：在对象的一边拾取一点，确定偏移的方向。

选择要偏移的对象或 <退出>：选择另外要偏移的对象，回车结束选取。

注意：有效对象包括直线、圆弧、圆、样条曲线和二维多义线。如果选择了其他类型的对象（如文字），将会出现错误信息。

4.6.21　批量选目标

功能：通过指定对象类型或特性（如颜色、线型等）作为过滤条件来选择对象。

操作：先运行一个编辑命令，当提示选择实体时左键点取本菜单后，命令区提示：

输入过滤属性序号[（1）块名/（2）颜色/（3）实体/（4）图层/（5）线型/（6）选取/（7）样式/（8）厚度/（9）向量/（10）编码]：输入过滤条件[图块名/颜色/实体/标记/图层/线型/拾取/字形/厚度/矢量]。

说明：在使用其他编辑命令时，可加入此命令，以所需要的条件从当前图形中过滤出对象。例如，当使用了"删除"命令后，再使用"批量选目标"命令来选择要删除的对象。可以输入多个过滤条件，各条件之间是"与"的关系。此功能适用于目标离散且较多但具有相同属性时，可一次性准确选择多个目标。

4.6.22　修　改

功能：提供对点、线等实体的特性修改，如图 4.40 所示。

图 4.40　修改命令子菜单

1. 性　质

功能：修改选中实体的图层、线型、厚度等特性（执行 CHANGE 命令）。

操作：键点取本菜单后，命令区提示：

选择对象：选取需改变性质的对象，回车结束选取。

指定修改点或 [特性（P）]：键入"P"后回车。

输入要修改的特性[颜色（C）/标高（E）/图层（LA）/线型（LT）/线型比例（S）/线宽（LW）/厚度（T）]：输入所需改变的属性（颜色/标高/图层/线型/线型比例/线宽/厚度）。

2. 颜　色

功能：直观修改选中实体的颜色。

操作：左键点取本菜单后，会弹出一个对话框，如图 4.41 所示。

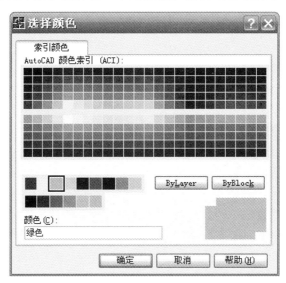

图 4.41　修改颜色对话框

选择所需的颜色，按"OK"键，然后命令区会出现提示：

选择对象：选取需改变颜色的对象，回车结束选取。

4.6.23　炸开实体

功能：将图形、多义线等复杂实体分离成简单线型实体。

操作：选取本命令后再选择要炸开的实体。

4.7 显示（V）

在 CASS 8.0 中观察一个图形可以有许多方法，掌握好这些方法，将提高绘图的效率。与以前版本特别不同的是，CASS 8.0 利用 AutoCAD 2006 的新功能，为用户提供了对对象的三维动态显示，使视觉效果更加丰富多彩。显示菜单如图 4.42 所示。

图 4.42　显示下拉菜单

4.7.1 重画屏幕

功能：用于清除屏幕上的定点痕迹。

操作：左键点取本菜单即可。

说明：当所见的图形不完整时，可以使用此命令。例如，如果在同一地方画了两条线并擦去了一条，看起来好像两条线都被擦去，这时激活此命令，第二条线就会再次显现。重画屏幕命令也可用于去除屏幕上无用的标记符号。

4.7.2 显示缩放

功能：通过局部放大，使绘图更加准确和详细，如图 4.43 所示。

菜单选项解释：

窗口：执行此命令后，用光标在图上拉一个窗口，则窗内对象会被尽可能放大以填满整个显示窗口。

前图：执行此命令后，显示上一次显示的视图。

动态：执行此命令后，可以见到整个图形，然后通过简单的鼠标操作就可确定新视图的位置和大小。当新视图框中央出现"X"符号时，表示新视图框处于平移状态。按一下鼠标左键后，"X"符号消失，同时在新视图框的右侧边出现一个方向箭头，表示新视图框处于缩放状态。只需按鼠标左键就可在平移状态与缩放状态之间切换，按右键表示确认显示。

图 4.43　显示缩放命令子菜单

全图：使用这个命令可以看到整个图形。如果图形延伸到图限之外，则将显示图形中的所有实体。实际作业时，有时使用此命令后，好像屏幕上什么都没有，这是因为图形实体间相距过远，显示全图使得整个图形缩小到看不见了。

尽量大：使用此命令也可在屏幕上见到整个图形。与全图选项不同的是，它用到的是图形范围而不是图形界限。

4.7.3 平　移

功能：使用此命令在屏幕上移动图形，观看在当前视图中图形的不同部分。

操作：点击本菜单后，屏幕上会出现一个"手形"符号，按住左键拖动即可。

4.7.4　鹰　　眼

功能：辅助观察图形，为可视化地平移和缩放提供了一个快捷的方法。

操作：左键点取本菜单后，会弹出一对话框，如图 4.44 所示。

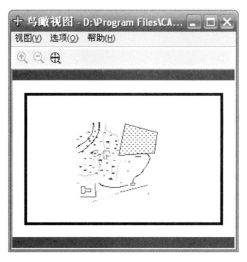

图 4.44　鸟瞰视图对话框

说明：新视图框的大小和位置可由鼠标来控制。当新视图框中央出现"X"符号时，表示新视图框处于平移状态。按一下鼠标左键后，"X" 符号消失，同时在新视图框的右侧边出现一个方向箭头，表示新视图框处于缩放状态。只需按鼠标左键就可在平移状态与缩放状态之间切换。

4.7.5　三维静态显示

功能：提供多种静态显示三维图形的方法，如图 4.45 所示。

图 4.45　三维静态显示子菜单

菜单选项解释：

视点预置：激活此命令，会弹出一对话框，如图 4.46 所示。用户使用此对话框，通过指定视点与 X 轴的夹角以及与 XY 平面的夹角便可确定 3D 视图观察方向。

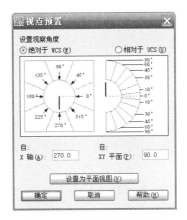

图 4.46 视点预置对话框

可以在对话框中的图像上直接指定观察角度或者在编辑框中输入相应的数值。单击 Set to Plan View 按钮可以设置观察角度，以显示相对于所选择的坐标系的平面图。

视点：用户观察图形或模型的方向叫作视点。激活此命令后，见命令区提示。

提示：当前视图方向：VIEWDIR=0.0000，0.0000，1.0000

指定视点或 [旋转（R）] <显示坐标球和三轴架>：输入坐标值确定一个视点的位置。默认选项为显示坐标球和三轴架，此选项将在屏幕上显示一个罗盘标志和三维坐标架。详见下面的坐标轴命令。

坐标轴：在图 4.47 中，圆形罗盘是地球的二维表示。中心点代表北极（0，0，1），内圆表示赤道，外圆表示南极（0，0，-1）。小十字（+）显示在罗盘上，可用鼠标移动。如果十字在内圆里，就是在赤道上向下观察模型；如果十字在外圆里，就是从图形的下方观察。移动小十字，三维坐标架便旋转，以显示在罗盘上的视点。当获得满意的视点后，按下鼠标左键或回车，图形将重新生成，体现新视点的位置。

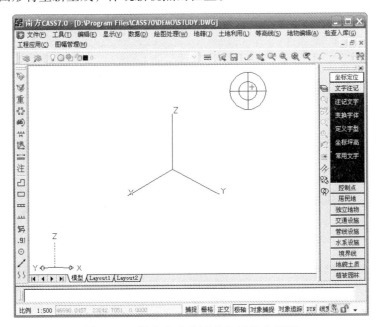

图 4.47 视点命令的罗盘和三维坐标架

东北角、东南角、西北角、西南角：用户通过这些选项，无须再使用坐标轴命令，即可快捷方便地从各种角度对图形进行观察。

4.7.6　三维动态显示

功能：AutoCAD 2006 新增功能。新提供了一组命令，使用户可以实时地、交互地、动态地操作三维视图。

操作：左键点取本菜单后，CASS 8.0 将进入到交互式的视图状态中，如图 4.48 所示。

当进入到交互式视图状态后，用户可以通过鼠标操作来动态地操纵三维对象的视图。当以某种方式移动光标时，视图中的模型将随之动态地发生变化。用户可以直观、方便地操纵视图中的对象，直到得到满意的视图为止。

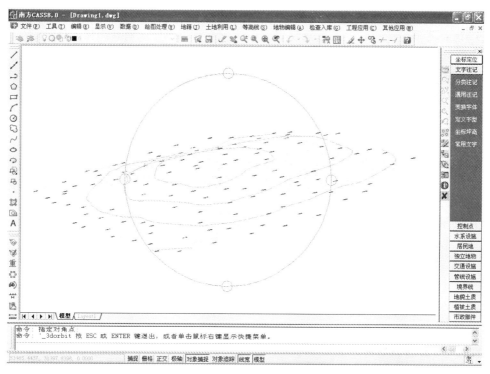

图 4.48　交互式视图状态

当进入到交互式视图状态中时，视图将显示一个分为 4 个象限的轨迹圆。当光标移动到轨迹圆的不同部分时，将显示为不同的光标形状，表明视图不同的旋转方向。当光标处在轨迹圆内、外，轨迹圆上的上下两个象限点以及轨迹圆的左右两个象限点上时，光标的形状是不一样的。

用户此时还可以从右键快捷菜单中访问动态显示命令的附加选项，快捷菜单如图 4.49 所示。

现详细介绍一下如何通过此快捷菜单实现对模型的连续动态观察。

在快捷菜单中选择 More，然后从弹出的子菜单中选择

图 4.49　三维动态显示的
快捷菜单

Continue Orbit。当在图形区中单击鼠标左键并朝任何方向拖动光标时，图形中的对象将沿光标拖动的方向开始移动或转动。松开鼠标左键后，对象将继续自动沿指定的方向移动或转动。光标移动的速度决定了视图中模型转动的速度。

　　用户可通过重新单击并拖动鼠标来改变图形连续旋转的方向。

4.7.7　多窗口操作功能

　　功能：层叠排列、水平排列、垂直排列、图标排列等都是为用户在进行多窗口操作时所提供的窗口排列方式。

　　"显示"下拉菜单的最下面列出的是当前已经打开的图形文件名。

4.8　数据（D）

　　本菜单包括了大部分 CASS 8.0 面向数据的重要功能，菜单如图 4.50 所示。

图 4.50　数据处理
命令菜单

4.8.1　查看实体编码

　　功能：显示所查实体的 CASS 8.0 内部代码以及属性文字说明。
　　操作：左键点取本菜单后，命令区提示：
　　选择图形实体　用光标选取待查实体。

4.8.2　加入实体编码

　　功能：为所选实体加上 CASS 8.0 内部代码（赋属性）。
　　操作：左键点取本菜单后，命令区提示：
　　输入代码（C）/<选择已有地物>：　这时用户有两种输入代码方式。

　　（1）若输入代码 C 回车，则依命令栏提示输入代码后，选择要加入代码的实体即可。

　　（2）默认方式下为"选择已有地物"，即直接在图形上拾取具有所需属性代码的实体，将其赋予要加属性的实体。首先用鼠标拾取图上已有地物（必须有属性），则系统自动读入该地物属性代码，然后依命令行提示选择需要加入代码的实体（可批量选取），则先前得到的代码便会被赋给这些实体。系统根据所输代码自动改变实体图层、线型和颜色。

4.8.3　生成用户编码

　　功能：将 index.ini 文件中对应图形实体的编码写到该实体的厚度属性中去。
　　说明：此项功能主要为用户使用自己的编码提供可能。

4.8.4　编辑实体地物编码

　　功能：相当于"属性编辑"，用来修改已有地物的属性以及显示的方式。

　　首先点击"数据"→"编辑实体地物编码"，然后选择地物实体。当选择的是点状地物时，弹出如图 4.51 所示对话框，当修改对话框中的地物分类和编码后，地物会根据新的编码变换图层和图式；当修改符号方向后，点状地物会旋转相应的方向，也可以点击"…"通过鼠标自行确定符号旋转的角度。

　　当选择的地物实体是线状地物时，弹出如图 4.52 所示的对话框，可以在其中修改实体的地物分类、编码和拟合方式，复选框"闭合"决定所选地物是否闭合，"线型生成"相当于"地物编辑"→"复合线处理"→"线性规范化"。

图 4.51　修改点状地物

图 4.52　修改线状地物

4.8.5　生成交换文件

　　功能：将图形文件中的实体转换成 CASS 8.0 交换文件。

　　操作：左键点取本菜单后，会弹出一个对话框，如图 4.53 所示。

图 4.53　生成交换文件对话框

　　在文件名栏中输入一个文件名后按保存即可，生成过程中命令栏会提示正在处理的图层名。

4.8.6　读入交换文件

　　功能：将 CASS 8.0 交换文件中定义的实体画到当前图形中，和"生成交换文件"是一对相逆过程。

　　操作：左键点取本菜单后，会弹出一个对话框，与图 4.53 相似。在文件名栏中输入一个文件名后按打开即可。

4.8.7　导线记录

功能：生成一个完整的导线记录文件用于做导线的平差。

操作：左键点取本命令后系统弹出如图 4.54 所示的对话框。

导线记录文件名：将导线记录保存到一个文件中。点击"…"按钮，弹出如图 4.55 所示的对话框，新建或选择一个导线记录文件（扩展名为.SDX）后保存。

起始站：输入导线开始的测站点和定向点坐标及高程，点击"图上拾取"按钮可直接在图上捕捉相应的测站点或定向点。

图 4.54　导线记录对话框

图 4.55　保存导线记录对话框

终止站：输入导线结束的测站点和定向点坐标及高程，点击"图上拾取"按钮可直接在图上捕捉相应的测站点或定向点。

测量数据：输入每站导线记录的数据，包括斜距、左角、垂直角、仪器高和棱镜高。每输完一站后点"插入（I）"按钮，若要更改或查看某站数据可点"向上（P）"或"向下（N）"按钮，若要删除某站数据，找到该站后点"删除（D）"按钮。记录完一条导线之后点"存盘退出"。若不想存盘则可点"放弃退出"。

4.8.8　导线平差

功能：对导线记录做平差计算。

操作：左键点取本菜单命令后弹出如图4.56所示的对话框。

选择导线记录文件，点击打开，系统自动处理后给出精度信息如图4.57所示。

图4.56　导线平差对话框

图4.57　显示平差精度

如果符合要求，则点击"是"按钮后系统提示如图4.58所示，提示将坐标保存到文件中。

图4.58　保存坐标数据对话框

注意：本功能只能处理单一导线平差。

4.8.9　读取全站仪数据

功能：将全站仪内存中的数据导入CASS 8.0中，并形成CASS 8.0专用格式的坐标数据文件。

操作：首先将计算机通过数据电缆和全站仪连接，然后点取本菜单后弹出数据转换对话框如图 4.59 所示。

仪器：在仪器栏选项中点击右边下拉箭头，可选择仪器类型，CASS 8.0 支持的仪器类型如图 4.60 所示。

图 4.59　全站仪内存数据转换对话框

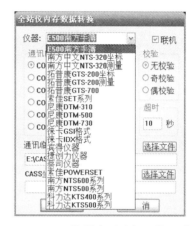

图 4.60　仪器类型选择下拉列表

联机：若选中复选框，则直接从仪器内存中（否则就在通讯临时文件栏中）选择一个由其他通信方式得到的相应格式的数据文件（一般是由读取相应格式的数据文件、各类仪器自带的通信软件转换或超级终端传输得到的数据文件）。

通讯参数：通信参数包括通讯口、波特率、数据位、停止位和校检等几个选项设置时，应与全站仪上的通信参数设置一致。

超时：若软件没有收到全站仪的信号则在设置好的时间内自动停止，系统默认的时间是 10 s。

通讯临时文件：打开由其他通信传输方式得到的相应格式的数据文件（一般是由各类仪器自带的通信软件转换或超级终端传输得到的数据文件）。

CASS 坐标文件：将转换得到数据保存为 CASS 8.0 的坐标数据格式。

4.8.10　坐标数据发送

功能：将 CASS 中的坐标数据直接发送到全站仪中去。系统下拉菜单显示发送目标共 6 类如图 4.61 所示。其中 E500 是电子手簿，现在已经淘汰，其余 5 项都是常用的全站仪型号，

图 4.61　坐标数据发送子菜单

功能：将微机的坐标数据文件传输到全站仪（电子手簿）中去。

操作：点取本命令后提示输入坐标数据文件名，出现如图 4.62 所示界面，选择相应的文件后点"打开"，再依照系统提示操作。

图 4.62　提示输入要保存到的目标文件名

提示：请选择通讯口：1.串口 COM1 2.串口 COM2 <1>：选择串口。

请选择波特率：（1）.1 200（2）.2 400（3）.4 800（4）.9 600<1>：设定波特率则系统弹出如图 4.63 所示的对话框。

图 4.63　全站仪等待计算机信号

设置好全站仪后回车，再在计算机上回车则开始传送坐标数据。

4.8.11　坐标数据格式转换

功能：本功能可将南方 RTK 和海洋成图软件 S-CASS 的坐标数据转换成 CASS 8.0 格式，也可把各种全站仪的坐标数据文件转换成 CASS 8.0 的坐标数据文件，菜单如图 4.64 所示。

图 4.64　数据格式转换命令子菜单

以索佳 SET 系列为例说明，当选择了此菜单后，会弹出一对话框，在文件名栏中输入相应的索佳 SET2100 坐标数据文件名后按"打开"按钮，又弹出一对话框，输入要转换的 CASS 8.0 数据文件名后按"保存"按钮，格式转换即完成。

4.8.12　原始测量数据录入

功能：此项菜单和下一项菜单主要是为使用光学仪器的用户提供一个将原始测量数据向 CASS 8.0 格式数据转换的途径。

操作：（略）。

4.8.13　原始数据格式转换

功能：将原始测量数据转换为 CASS 8.0 格式的坐标数据。现支持测距仪和经纬仪视距法两种操作方式。

操作：（略）。

4.8.14　坐标换带

功能：可进行 54 北京坐标系和西安 80 坐标系的高斯坐标换带计算。

操作：左键点击本菜单，弹出如图 4.65 所示对话框。首先选择是单点转换还是批量转换，然后选择椭球基准、新老投影带的中央子午线等参数。在输入了源坐标后，点击"坐标转换"，即可得到转换后的目标坐标。若点击"图形转换"，则将图形实体全部由源坐标位置转换至换带后的目标坐标位置。

图 4.65　坐标换带对话框

4.8.15　批量修改坐标数据

功能：可以通过加固定常数，乘固定常数，X、Y 交换三种方法批量修改所有数据或高程为 0 的数据。

操作：左键点击本菜单，弹出如图 4.66 所示对话框。首先选择原始数据文件名、更改后数据文件名、需要处理的数据类型和修改类型，然后在相应的方框内输入改正值，点击"确定"即完成批量修改坐标数据功能。

图 4.66　批量修改坐标数据对话框

4.8.16　数据合并

功能：将不同观测组的测量数据文件合并成一个坐标数据文件，以便统一处理。

操作：执行此菜单后，会依次弹出多个对话框，根据提示（见对话框左上角）依次输入坐标数据文件名一、坐标数据文件名二和合并后的坐标数据文件名。

说明：数据合并后，每个文件的点名不变，以确保与草图对应，所以点名可能存在重复现象。

4.8.17　数据分幅

功能：将坐标数据文件按指定范围提取生成一个新的坐标数据文件。

操作：执行此菜单后，会弹出一个对话框，要求输入待分幅的坐标数据文件名，输入后按"打开"键，随即又会弹出一个对话框，要求输入生成的分幅坐标数据文件名，输入后按"保存"键，然后见命令区提示。

提示：选择分幅方式：（1）根据矩形区域；（2）根据封闭复合线<1>。

如选（1），系统将提示输入分幅范围西南角和东北角的坐标。如选（2），应先在图上用复合线绘出分幅区域边界，用鼠标选择此边界后，即可将区域内的数据分出来。

4.8.18　坐标显示与打印

功能：提供对坐标数据文件的查看与编辑。

操作：执行此菜单后，会弹出一个对话框，如图 4.67 所示。此对话框是一个电子表格，它支持电子表格的各种功能，用户可以在此对话框对坐标数据文件进行各种编辑，包括修改或删除现有数据、增加新的点数据。编辑完成之后，按保存就可以将修改结果写进数据文件中了。

图 4.67　编辑坐标数据对话框

说明：

点名：每个地物点的点名或者是点号。

编码：指的是地物点的地物编码，主要用于自动绘制平面图。

参加建模：此项的值是"是"则此点将参加三角形建网，如是"否"则不参与三角形的建网。

展高程：此项的值是"否"则此点将在展高程点时不展绘出来，如是"是"则展绘出来。

东坐标：测量坐标的 Y 值。

北坐标：测量坐标的 X 值。

高程：地物点的高程。

4.8.19　GPS 跟踪

功能：用于 GPS 移动站与 CASS 8.0 的连接。菜单如图 4.68 所示。

图 4.68　GPS 跟踪子菜单

1. GPS 设置

用于 GPS 移动站与 CASS 8.0 连接工作时，设置 GPS 信号发送间隔，一般选 1 ~ 10 s，默认值是 3 s。

执行此菜单后，命令区出现提示输入 GPS 发送间隔：（1 ~ 10 s）<3> 后，输入发射间隔时间。

2. 实时 GPS 跟踪

用于将装有 CASS 8.0 的便携机与 GPS 移动站相连，每隔一个时间间隔（如 3 s）接受一次 GPS 信号，并将其自动解算成坐标数据，在地形图上以一个小十字符号实时表示当前所处的位置。同时可选择将坐标数据存入 CASS 8.0 的数据格式文件中。另外，本功能还可以实时算出一个区域的面积、周长、线长。

执行此菜单后，会弹出一对话框，输入要保存坐标的数据文件名，再根据命令行提示输入中央子午线经度即可。

4.9 绘图处理（W）

本菜单的主要功能是展绘处理碎部点，进行代码转换，自动绘图以及对绘图区域作加框整饰，如图 4.69 所示。

4.9.1 定显示区

功能：通过给定坐标数据文件定出图形的显示区域。

操作：执行此菜单后，会弹出一个对话框，要求输入测图区域的野外坐标数据文件，计算机自动求出该测区的最大、最小坐标。然后系统自动将坐标数据文件内所有的点都显示在屏幕显示范围内。

说明：这一步工作并非必须做，因为可随时点击快捷菜单中"缩放全图"按钮实现全图显示。

4.9.2 改变当前图形比例尺

功能：CASS 8.0 可根据输入的比例尺调整图形实体，实质是修改地图符号和注记文字的大小、齿状线型的齿距等，并且会根据骨架线重构复杂实体。

操作：执行此菜单后，命令区提示：

输入新比例尺 1：M 按提示输入新比例尺的分母后回车，此时命令行提示"是否自动改变符号大小？"，根据需要可选择"Y"或者"N"。

注意：有时复杂线型的线状实体，如陡坎，会显示成一根实线，这并不是图形出错，而只是显示的原因，要想恢复线型的显示，只需输入"Regen"命令即可。另外，线型符号的显示错误，如圆弧显示为折线段，也可以用"Regen"命令来恢复图面线型符号的显示问题。

图 4.69 绘图处理菜单

4.9.3 展高程点

功能：批量展绘高程点。

操作：执行此菜单后，会弹出一个对话框，输入待展高程点坐标数据文件名后按"打开"键。

提示：注记高程点的距离（m）：输入注记的间隔距离。

注意：注记的距离是指展绘的任意两高程点间的最小距离，此距离决定了点位密度。

4.9.4　高程点建模设置

功能：设置高程点是否参加建模。

操作：左键点取"高程点建模设置"后，选择参加设置的高程点，确定后弹出如图 4.70 所示界面，逐个确定高程点是否参加建模。

图 4.70　高程点建模设置

4.9.5　高程点过滤

功能：从图上过滤掉距离小于给定条件的高程点，用于高程点过密时删除一部分高程点的操作。

4.9.6　高程点处理

1. 打散高程注记

功能：使高程注记时的定位点与注记数字分离。

操作：左键点击"打散高程注记"后选择需要打散高程注记的高程点。

2. 合成打散的高程注记

功能：与"打散高程点注记"功能互为逆过程。

操作：左键点击"合成打散的高程注记"后选择需要合成高程注记的高程点。

4.9.7　野外测点点号

功能：展绘各测点的点号及点位，供交互编辑时参考，操作同展高程点。

4.9.8　野外测点代码

功能：展绘各测点编码及点位（在简码坐标数据文件或自行编码的坐标数据文件里有），供交互编辑时参考，操作同展高程点。

4.9.9　野外测点点位

功能：仅展绘各测点位置（用点表示），供交互编辑时参考。

4.9.10　切换展点注记

功能：用户在执行"展野外测点点号"或"展野外测点代码"或"展野外测点点位"后，可以执行"切换展点注记"菜单命令，使展点的方式在"点""点号""代码"和"高程"之间切换，做到一次展点，多次切换，满足成图出图的需要。

4.9.11　水上成图

功能：批量展绘水上高程点，与展高程点不同之处在于所展高程点位是小数点位。因水上成图与地面成图有一定差别，为此特别定制了8个子菜单，如图4.71所示。具体使用请参照CASS说明书。

图4.71　水上高程点命令子菜单

4.9.12　展控制点

功能：批量展绘控制点。

操作：点击"绘图处理"→"展控制点"，弹出如图4.72所示对话框，首先点击"…"选择控制点的坐标数据文件或者直接输入坐标文件名及所在路径，然后选择所展控制点的类型。当数据文件中的点有特殊编码时，按照特殊编码展为编码相对应的控制点类型，没有特殊编码，则按照选定的"控制点类型"展绘出来。

图4.72　展绘控制点对话框

4.9.13　编码引导

功能：根据编码引导文件和坐标数据文件生成带简码的坐标数据文件。

注意：使用该项功能前，应该先根据草图编辑生成"引导文件"。

操作：执行此菜单后，会依次弹出几个对话框，根据提示（见弹出对话框的左上角）分别输入编码引导文件名，坐标数据文件名及此两个文件合并后的简编码坐标数据文件名（这时需要给一个新文件名，否则原有同名文件将被覆盖掉）。

4.9.14　简码识别

功能：将简编码坐标数据文件转换为CASS 8.0交换文件及一些辅助数据文件，供下面的"绘平面图"用。

操作：执行此菜单后，会弹出一个对话框要求输入带简码的坐标数据文件名，输入后按"打开"键，此时在命令区提示栏中会不断显示正在处理实体的代码。

4.9.15　图幅整饰

功能：对已绘制好的图形进行分幅、加图框等工作，菜单如图 4.73 所示。

1. 图幅网格（指定长宽）

在测区（当前测图）形成矩形分幅网格，使每幅图的范围清楚地展示出来，便于用"地物编辑"菜单的"窗口内的图形存盘"功能。还能用于截取各图幅（给定该图幅网格的左下角和右上角即可）。

执行此菜单后，命令区提示如下：

方格长度（mm）：输入方格网的长度。

方格宽度（mm）：输入方格网的宽度。

用鼠标指定需加图幅网格区域的左下角点：指定左下角点。

用鼠标指定需加图幅网格区域的右上角点：指定右上角点。

按提示操作，系统将在测区自动形成分幅网格。

2. 加方格网

在所选图形上加绘方格网。

图 4.73　绘图处理菜单图幅整饰子菜单

3. 方格注记

将方格网中的十字符号注记上坐标。

4. 批量分幅

将图形以 50×50 或 50×40 的标准图框切割分幅成一个个单独的磁盘文件，而且不会破坏原有图形。

执行此菜单后，命令区提示如下：

请选择图幅尺寸：（1）50×50（2）50×40（3）自定义尺寸〈1〉选择图幅尺寸。若选（3）则要求给出图幅的长宽尺寸。选（1）（2）则提示：

请输入分幅图目录名：如：c：\CASS8.0\demo\cdut1（确认 cdut1 已存在）。

输入测区一角：给定测区一角。

输入测区另一角：给定测区另一角。

5. 批量倾斜分幅

批量倾斜分幅子菜单如图 4.74 所示。

图 4.74　批量倾斜分幅子菜单

（1）普通分幅。将图形按照一定要求分成任意大小和角度的图幅。

先依需倾斜的角度画一条复合线作为分幅的中心线，再执行本菜单后，命令行出现提示：

输入图幅横向宽度：（单位：dm）给出所需的图幅宽度。

输入图幅纵向宽度：（单位：dm）给出所需的图幅高度。

请输入分幅图目录名：分幅后的图形文件将存在此目录下，文件名就是图号。

选择中心线 选择事先画好的分幅中心线则系统自动批量生成指定大小和倾斜角度的图幅。

（2）700 m 公路分幅。将图形沿公路以 700 m 为一个长度单位进行分幅。

画一条复合线作为分幅的中心线，再执行本菜单后命令行提示：

请输入分幅图目录名： 分幅后的图形文件将存在此目录下，文件名就是图号。

选择中心线 选择事先画好的分幅中心线则系统自动批量生成指定大小和倾斜角度的图幅。

6. 标准图幅（50 cm×50 cm）

给已分幅图形加 50 cm×50 cm 的图框。

执行此菜单后，会弹出一个对话框，如图 4.75 所示，按对话框输入图纸信息后按"确定"键，并确定是否删除图框外实体。

注意：单位名称和坐标系统、高程系统可以在加图框前定制。图框定制可方便地在"CASS 8.0 参数设置\图框设置"中设定或修改各种图形框的图形文件，这些文件放在"\cass80\cass80tk"目录中，用户可以根据自己的情况编辑，然后存盘。50×50 图框文件名是 AC50TK.DWG，50×40 图框文件名是 AC45TK.DWG。

图 4.75　输入图幅信息对话框

7. 标准图幅（50 cm×40 cm）

给已自动编成 50 cm×40 cm 的图形加图框，命令栏提示和操作同"6. 标准图幅"。

8. 任意图幅

给绘成任意大小的图形加图框。

执行此菜单后，按图 4.75 的对话框输入图纸信息，此时"图幅尺寸"选项区域变为可编辑，输入自定义的尺寸及相关信息即可。

9. 小比例尺图幅

根据输入的图幅左下角经纬度和中央子午线来生成小比例尺图幅。

执行此菜单后，命令区提示：**请选择：（1）三度带（2）六度带<1>** 然后会弹出一个对话框，如图 4.76 所示，输入图幅中央子午线、左下角经纬度、参考椭球、图幅比例尺等信息，系统自动根据这些信息求出国标图号并转换图幅各点坐标，再根据输入的图名信息绘出国家标准小比例尺图幅。

图 4.76　输入小比例尺图幅坐标信息

10. 倾斜图幅

为满足公路等工程部门的特殊需要，提供任意角度的倾斜图幅。

执行此菜单后，按图 4.75 所示的对话框输入图纸信息，此时"图幅尺寸"选项区域变为可编辑，输入自定义的尺寸及相关信息确定后见提示：

输入两点定出图幅旋转角，第一点：第二点：

注意：执行此功能前一般要做"加方格网"。

11. 工程图幅

提供 0、1、2、3、4 号工程图框。

执行此菜单后，命令区提示：

① 用鼠标指定内图框左下角点位：此时给出内图框放置的左下角点。

② 要角图章，指北针吗〈N〉键入 Y 或 N（缺省为 N）选择是否在图框中画出角图章、指北针。

12. 图纸空间图幅

将图框画到布局里，分为三种类型：50×50，50×40，任意图幅。命令栏提示和操作同"6. 标准图幅"。

4.9.16　图形梯形纠正

如果所用的是 HP 或其他系列的喷墨绘图仪，在用它们出图时，所得到图形图框的两条竖边可能不一样长，这项菜单的主要功能就是对此进行纠正。

先用绘图仪绘出一幅 50×50 或 40×50 的图框，并量取右竖直边的实际长度和理论长度的差值，然后按命令区提示：

请选择图框：（1）50×50（2）40×50　<1> 选择（1）或者（2）。

请选取图框左上角点：精确捕捉图框的左上角点。

请输入改正值：（ + 为压缩，－ 为扩大）（单位：mm）输入右竖直边长度和理论长度的差值。

说明：如果差值大于零，则说明右竖直边的实际长度大于理论长度，输入改正值的符号为" + "以便压缩；反之为" － "时扩大。

4.10 地籍（J）

此菜单是为地籍测量、地籍图编辑及地籍数据统计专门定制的。其中包含子菜单如图 4.77 所示，其部分功能及应用方法在第 7 章中有详细阐述，在此仅作简述阐述。

4.10.1 地籍参数设置

功能：为适应不同图式如注记、小数位数、宗地图框等的需要而提供一个可以修改或自定义设置的环境。

操作：点取本命令菜单，则弹出如图 4.78 所示的参数设置对话框。

街道位数和街坊位数：依实际要求设置宗地号街道、街坊位数。

宗地号字高：依实际需要设置宗地号注记的高度。

小数位数：依实际需要设置坐标、距离和面积的小数位数。

界址点编号方式：提供街坊内编号和宗地内编号的切换开关。

宗地图注记方式：设置宗地图注记的内容。

宗地内图形：控制宗地图内图形是否满幅显示或只显示本宗地。

地籍图注记：提供各种权属注记的开关供用户选用。

自定义宗地图框：设置自定义的宗地图框名和尺寸，以及各项注记的文字大小和注记位置。

图 4.77　地籍成图下拉菜单

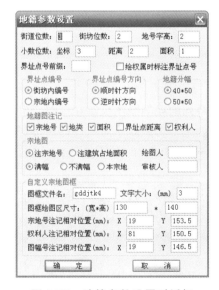

图 4.78　地籍参数设置对话框

4.10.2　绘制权属线

功能：直接绘制具有宗地号、权利人、土地利用类别属性的宗地界线。

操作：点取本菜单命令后，命令行提示：

第一点：输入第一点位置。

曲线 Q/边长交会 B/<指定点>：继续输入其他点位置。

曲线 Q/边长交会 B/隔一点 J/微导线 A/延伸 E/插点 I/回退 U/换向 H<指定点>：继续输入点的位置，直至回车结束。回车后系统弹出如图 4.79 所示的对话框，提示输入宗地号、权利人和土地利用类别。

图 4.79　宗地属性输入对话框

输入宗地号地类注记位置：用鼠标直接指定或坐标指定注记位置。

4.10.3　复合线转为权属线

功能：将封闭的复合线转换为权属线。

操作：点取本菜单命令后，选择封闭的复合线，即弹出如图 4.79 所示的窗口提示，输入权属信息。

4.10.4　权属生成

功能：生成地籍图成图所需的权属信息文件，生成权属信息文件有如图 4.80 所示的四种方法：

1. 权属合并

将权属引导文件和与界址点对应的坐标数据文件结合，生成地籍图成图所需的权属信息文件。

图 4.80　权属生成命令子菜单

执行此菜单后，会依次弹出三个对话框，根据提示（见弹出对话框左上角）分别输入权属引导数据文件名，坐标点（界址点）数据文件名及上两个文件合并后的地籍权属信息文件名即可。

2. 由图形生成

通过手工定界址点生成权属信息文件，结果同经"权属合并"生成的文件一样。执行此菜单后，命令区提示：

是否绘出界址线？（1）否（2）是 <1>：选是的话，则在点取界址点的同时绘出界址线，如果未曾给出图形比例尺，则命令区提示会要求输入比例尺。如果选否的话，则点取界址点的同时不绘界址线。

请选择：（1）界址点号按序号累加（2）手工输入界址点号<1>：选择定义界址点号的方式。如果需要按自己的要求定义界址点号的话，则必须选 2。然后会弹出一个对话框，在文件名栏中输入想保存的权属信息数据文件名后，按"保存"键即可，再根据命令区提示操作。如果此文件名已存在，则会有提示：

文件已存在，请选择：（1）追加该文件（2）覆盖该文件 <1>：若选（1），则新建文件内容将追加在原有文件之后；若选（2），则新文件会将原有文件覆盖掉。

输入宗地号：输入宗地号。

输入权属主：输入权属主名称。

输入地类号：输入该宗地的地类号。

输入点：用鼠标指定该宗地的起点。

输入代码：输入指定点的代码，不输入则直接回车（只有选手工输入界址点号时，才会有此项提示出现）。

重复执行"输入点"操作，直到在"输入点："处键入空回车表示结束。

请选择：（1）继续下一宗地（2）退出 <1>：如果继续下一宗地，输入 1 后回车。如果想退出，输入 2 后回车。

3. 由复合线生成

通过闭合的复合线生成权属信息文件。执行此菜单后，命令区提示：

输入界址号前缀字母：<不要前缀>：通过此选项可设置在界址点号前加上前缀字母，直接回车则表示不要前缀。然后会弹出一个对话框，在文件名栏中输入想保存的权属信息数据文件名后，按"保存"键即可。如此文件已存在，则会有提示：

文件已存在，请选择（1）追加该文件（2）覆盖该文件 <1>：根据需要选择 1 或 2

选择复合线：选取需要生成权属文件的复合线。

输入宗地号：输入宗地号。

输入权属主：输入权属主名称。

输入地类号：输入该宗地的地类号。

该宗地已写入权属信息文件!

选择复合线（回车结束）：上一宗地的权属文件已生成完毕，开始进行下一宗地的复合线选取。直接回车结束选取。

注意：最后生成的是一个包含所有选择的权属信息文件。

4. 由界址线生成

通过选择闭合界址线生成权属信息文件。

执行此菜单后，系统会弹出一个对话框，输入想保存的权属信息数据文件名后，按"保存"键即可。再根据命令行提示选择界址线。可重复选择界址线，回车结束，最后生成一个包含所有界址线的权属信息文件。

注意：所选的界址线必须是加过地籍号、权利人、地类编码等属性，CASS 8.0 在绘出界址线后就会提示输入以上信息。如果在提示时没有输入该属性，则可以通过修改宗地属性来加入该属性。

5. 权属信息文件合并

将几个权属文件合并为一个整体，点取本菜单后弹出如图 4.81 所示的对话框。

在右边的选项框中给出源文件的路径（注意源文件要放到同一个文件夹中），确定后提示保存的文件名，给出新的文件名即可。

图 4.81　权属信息文件合并对话框

4.10.5　依权属文件绘权属图

功能：依照权属信息文件绘制权属图。

操作：执行此菜单后，会弹出一个对话框，按要求输入权属信息数据文件名后，再按"打开"键，此时命令区提示：

输入范围（宗地号.街坊号或街道号）<全部>：直接回车默认全部。如果想绘制某一宗地、某一街坊或某一街道的权属图，只需输入对应的宗地号、街坊号或街道号，例如，输入"001"将选中以"001"开头的所有宗地。

注意：所生成权属图中的注记内容种类可通过"地籍参数设置"来确定。

4.10.6　修改界址点号

功能：将原来老的界址点的编号改为新的编号。

操作：点取本命令菜单后提示选择界址点圆圈，可单个选取，也可拉框选取，回车后在界址点旁出现一个修改框，按回车键可在所有界址点间切换，如图 4.82 所示。

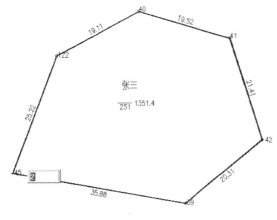

图 4.82　修改界址点号

4.10.7　重排界址点号

功能：改变界址点的起点号，使本宗地其他界址点号依次改变。

操作：点取本命令菜单后，系统提示：

（1）手工选择要重排的界址点（2）指定区域边界 <1>：选（1）则单个或拉框选界址点，选（2）则选区域边界。

输入界址点号起始值：<1> 给出重排的起始值"5"后回车。

排列结束，最大界址点号为 10： 系统重新注记新界址点。

4.10.8　设置最大界址点号

功能：设置当前最大的界址点号，下一宗地的起始界址点号为当前最大界址点号加 1。即不论当前的最大界址点号是多少，可以设置任何一个数作为下一宗地界址点号的起始值参照。比如要下一宗地的起始界址点号为 1，则可设置当前最大界址点号为 0。

4.10.9　修改界址点号前缀

功能：批量修改界址点号的前缀。

操作：点取本菜单命令后，系统提示：

请输入固定界址点号前缀字母（直接回车去除前缀）：确定界址点号前缀。

选择对象：选择需要修改的界址点。

4.10.10　删除无用界址点

功能：此功能用于删除没有界址线连接的界址点。

4.10.11　注记界址点点名

（1）注记。将图上的界址点注记其界址点名。

（2）删除。与上相反，即去掉界址点的点名注记。

4.10.12　界址点圆圈修饰

界址点圆圈修饰子菜单如图 4.83 所示。

图 4.83　界址点圆圈修饰子菜单

1. 剪　切

功能：根据出图需要对界址点圆圈进行修饰以使其符合出图标准。

操作：执行此菜单后，见命令区提示。

提示：执行本功能后不可存盘!在出图时才用此命令。

是否继续？（1）否（2）是 <1> 因为修饰后会使界址线断开，所以用户应只在出图时应用此功能，且应用完后不要存盘。

2. 消　隐

消隐与剪切的目的是一样的，但是剪切会剪断界址线，而消隐则不会。

4.10.13　调整界址点顺序

功能：调整界址点成果输出时的顺序。图面上的界址点号不变，但在界址点成果输出时，界址点的前后顺序会发生改变。

操作：执行本菜单后，命令区提示：

选择宗地：选择要调整界址点顺序的宗地。

请选择指定界址线起点方式：（1）西北角（2）手工指定：输入界址点新的起始位置。

请选择界址点排列方式：（1）逆时针（2）顺时针：选择新的界址点排列方式。

4.10.14　界址点生成数据文件

功能：根据图上已有界址点生成界址点数据文件。

操作：选取本菜单命令后，给出一用来保存数据的文件名（文本文件），再依提示选择指定的界址点或相应的宗地即可。

4.10.15　查找宗地

功能：可以输入单个条件进行指定查询，也可输入多个条件进行组合查询，默认的是进行宗地号的查询。查询执行完毕，系统将自动定位到查询得到的第一个宗地，如图 4.84 所示。其中，"宗地号"查询栏支持模糊查询，这样，当没有符合条件的查询结果时，程序将尽量返回与查询条件最接近的宗地号。

图 4.84　查找宗地

操作：输入相应的查询条件，如输入宗地号：0010200004；点击"查找"，如果查询结果不为空，则图面定位到宗地号为 0010200004 的宗地，当查询结果超过一个，则程序自动将结果显示在浮动的列表框中，双击即可实时定位。否则显示如图 4.85 所示的对话框。

图 4.85　没有找到符合要求宗地时对话框

4.10.16　查找界址点

功能：在当前的地籍图中查找指定的界址点。

操作过程：选取本命令弹出如图 4.86 所示的对话框，然后在对话框中输入查找的条件，若找到则将结果显示在屏幕中央，若找不到则提示"没有找到界址点××"。

图 4.86　查找指定界址点

4.10.17　宗地加界址点

功能：在已有宗地上添加界址点。

操作：选取本菜单命令之后，按提示依次选择要插入新界址点的位置。

提示：请指定插入点位置：指定添加点的新位置

4.10.18　宗地合并

功能：将相邻且至少有一条公共边的两块宗地合并为一宗地。

操作：选取本命令后，按提示依次选择要合并的宗地。

选择第一宗地：选择第一宗地。

选择另一宗地：选择第二宗地。

注意：合并后的宗地面积、建筑物面积分别作累加，宗地号、权利人、地类与所选的第一宗地相同，但可利用"修改宗地属性"命令来修改。另外，宗地合并每次只能合并两宗地，若有多块宗地需合并则可以重复执行该命令两两合并。

4.10.19　宗地分割

功能：将一宗地依公共边分割成两宗地。

操作：先用复合线画出分割这块宗地的分界线，然后执行本命令，依提示操作：

选择要分割的宗地：选择宗地边界。

选择分割线：选取事先画好的复合线。

注意：分割之后的两宗地属性都相同，需用"修改宗地属性"来修改。

4.10.20　宗地重构

功能：根据图上界址线重新生成一遍图形，当宗地界址点或边发生移动时可通过宗地重构实时调整宗地面积。

操作：执行本命令后选取需重构的宗地即可。

4.10.21　修改建筑物属性

修改建筑物属性命令子菜单如图 4.87 所示。

图 4.87　修改建筑物属性命令子菜单

1. 设置结构和层数

设置和改变建筑物结构及层数。执行此菜单后，命令区提示：

选择建筑物：用鼠标点取欲设置的建筑物，然后会弹出一个对话框，如图 4.88 所示，按提示输入建筑物的结构及层数。

是否注记：（1）是（2）否<1>：如选（1），系统将在建筑物内注记建筑物结构和楼层。

2. 注记建筑物边长

自动将所选建筑物所有边长计算出来并自动注记在各边上。

执行此菜单后，会弹出一个对话框，输入权属信息文件名后按"打开"键即可。

图 4.88　设置建筑物信息对话框

3．计算宗地内建筑面积

计算单块宗地内建筑物的总面积。执行本菜单命令再选择相应宗地即可。

4．注记建筑占地面积

将宗地内建筑物加上面积和边长注记，该面积为建筑物首层面积。执行本菜单命令再依提示操作即可。

5．建筑物注记重构

将宗地内建筑物注记，进行重新生成。执行本菜单命令再依提示操作即可。

4.10.22　修改宗地属性

功能：为宗地提供一个属性管理器，可方便地查询、修改、添加宗地的属性。

操作：选取本命令菜单后弹出如图 4.89 所示的对话框，然后可根据实际情况来添加或修改相应的内容。

图 4.89　宗地属性查询修改界面

4.10.23　修改界址线属性

功能：编辑界址线的属性。

操作：点取本菜单命令后，系统提示：

选择界址线所在宗地：选择一块宗地。

指定界址线所在边：选择本宗地上需编辑属性的界址线，选择后系统会弹出一对话框，如图 4.90 所示，即可在对话框中设置属性值。

图 4.90　界址线属性对话框

4.10.24　修改界址点属性

功能：编辑界址点的属性。

操作：点击此菜单命令，命令提示：

图 4.91　界址点属性对话框

请拉框选择要处理的界址点：选择需编辑的界址点，选择后系统会弹出一对话框，如图 4.91 所示，即可在对话框中设置属性值。

4.10.25　输出宗地属性

功能：将宗地的属性输出到 ACCESS 数据库中。

操作：选取本菜单命令后生成一个*.mdb 数据库文件，依提示给出文件名保存即可，此文件可直接在 Access 数据库中打开。

4.10.26　读入宗地属性

功能：把宗地的属性（*.mdb）调入当前图形。

4.10.27　绘制地籍表格

本菜单可以根据有关地籍测量规范的要求标准，提供多种地籍表格的绘制输出。其子菜单如图 4.92 所示。

1. 界址点成果表

功能：依据权属信息文件，绘制界址点成果表，包含宗地号、宗地面积、界址点坐标及界址线边长。

图 4.92　绘图处理菜单绘制地籍表格子菜单

操作：执行此菜单后，会弹出一个对话框提示：

用鼠标指定界址点成果表的定位点：指定成果表的左下角。

（1）手工选择宗地（2）输入宗地号 <1>：　直接回车默认手工选择，如果想绘制某一宗地界址点成果表，只需输入对应的宗地号。

2. 界址点成果表（Excel）

功能：依据权属信息文件，绘制界址点成果表并直接输入到 Excel 中，包含宗地号、宗地面积、界址点坐标及界址线边长。

执行此菜单后，会弹出一个对话框提示：

（1）手工选择宗地（2）输入宗地号 <1>：直接回车默认手工选择，如果想绘制某一宗地界址点成果表，只需输入对应的宗地号。

3. 界址点坐标表

功能：通过鼠标定点或选取已有封闭复合线，生成界址点坐标表。

执行此菜单后，命令区提示：

请指定表格左上角点：指定成果表的左上角。

请选择定点方法：（1）选取封闭复合线（2）逐点定位 <1>：选（1）则提示：

选择复合线：选择复合线

选（2）则提示：

用鼠标指定界址点（回车结束）：逐点选取界址点

4. 以街坊为单位界址点坐标表

功能：得到一个街坊的界址点坐标表。

执行此菜单后，命令区提示：

（1）手工选择界址点（2）指定街坊边界 <1>：选择获取界址点的方式。选（2）则提示：

指定街坊边界：选择街坊的边界。

请指定表格左上角点：指定表格的插入点。

输入每页行数：（20）输入表格每页的行数。

5. 以街道为单位宗地面积汇总表。

功能：依据权属信息数据文件，生成指定街道的宗地面积汇总表。

操作：执行此菜单后，会弹出一个对话框要求输入权属信息数据文件名，输入后按"打开"键即可。然后见命令区提示。

输入街道号：输入所要汇总的街道号。

输入每页行数：（20）

输入面积汇总表左上角坐标：用鼠标指定表格左上角点。

6. 城镇土地分类面积统计表

功能：根据土地类别，生成城镇土地分类面积统计表。

操作：执行此菜单后，命令区提示：

请输入最小统计单位：（1）街道（2）街坊 <1>：输入统计单位。表格每一行代表一个街道，统计范围为整个权属信息文件。

输入分类面积统计表左上角坐标：指定表格左上角点。

7. 城镇土地分类面积统计表（Excel）

功能：根据土地类别，生成城镇土地分类面积统计表 Excel。

操作：同"6. 城镇土地分类面积统计表"。

8. 街道面积统计表

功能：统计权属信息文件各街道的面积。

操作：执行此菜单后，会弹出一个对话框，输入权属信息文件名后按"打开"键，命令区提示：

输入面积统计表左上角坐标： 指定表格左上角点。

9. 街坊面积统计表

功能：依据权属信息文件，统计指定街道中各街坊的面积。

操作：执行此菜单后，命令区提示：

输入街道号： 输入想要统计的街道号，如"001"。然后会弹出一个对话框，输入权属信息文件名后按"打开"键即可。

输入面积统计表左上角坐标： 指定表格左上角点。

10. 面积分类统计表

功能：依据权属信息文件，统计文件中各地类的面积。

操作：执行此菜单后，会弹出一个对话框，输入权属信息文件名后按"打开"键，命令区提示：

输入面积分类表左上角坐标： 指定表格左上角点。

11. 街道面积分类统计表

功能：依据权属信息文件，统计指定街道中各地类的面积。

操作：执行此菜单后，命令区提示：

输入街道号： 输入想要统计的街道号，如"001"。然后会弹出一个对话框，输入权属信息文件名后按"打开"键即可。

输入面积分类表左上角坐标： 指定表格左上角点。

12. 街坊面积分类统计表

功能：依据权属信息文件，统计指定街道中各地类的面积。

操作：与街道面积分类统计表类似，只是输入改为街坊号。

4.10.28　绘制宗地图框

功能：给已绘制宗地图加绘相应的图框，并将图形进行缩放以适应指定图框的尺寸。

注意：在普通情况下宗地图在比例缩放后，大小会发生变化，这时界址线的宽度、界址点圆圈的半径以及文字、符号的大小会与要求不符，而用本功能绘制宗地图。可自动调整实体的大小粗细，使最后的图面符合图式要求。

菜单内给出了不同大小的宗地图框供选择，用户也可以自定义宗地图框，方法是建立自己的宗地图框文件，并且填写"地籍参数设置"中"自定义宗地图框"栏的宗地图框文件名、尺寸以及文字大小、注记位置等相关内容。下面以 32 开宗地图框为例说明。

1. 单块宗地

功能：用鼠标划出包含某界址线的矩形区域，加 32 开的宗地图框，并适当缩放图形。

操作：执行此菜单后，命令区提示：

用鼠标器指定宗地图范围 ——第一角： 点第一角。

另一角： 点另一角，弹出窗口，如图 4.93 所示。

用鼠标指定宗地图框的定位点： 指定图框左下角位置。

请选择宗地图比例尺：（1）自动确定（2）手工输入：如选自动确定比例尺，系统对指定区域进行自动缩放以便最大限度地适应图框，但缩放后的比例尺分母固定为 10 的倍数。

如选手工输入比例尺，将会提示：请输入宗地图比例尺分母=1：用户可输入任意整数，不一定是 10 的倍数，如输入的比例尺分母不恰当的话，图形缩放后有可能超出图框。

是否将宗地图保存到文件？（1）否（2）是 <1>：如选（2），生成的宗地图会被切割出来存放在磁盘文件内，并且还会有下列提示：

是否按实地坐标保存宗地图？（1）否（2）是 <1> 由于宗地经过了缩放平移，在宗地图内的坐标和比例都与实际不符，如选（2），宗地图会被平移缩放回原来的位置再存到磁盘文件中，但该图在打印输出时要注意算一下出图比例，打出来才有实际的 32 开大小。

请输入宗地图目录名：宗地图将存放在这个目录里，图形文件名就是宗地号。

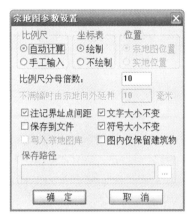

图 4.93　宗地图参数设置对话框

CASS 8.0 还会自动在宗地图上注记以下内容：本宗地的界址点号、界址线长度、宗地面积、建筑物占地面积、地类编号、邻宗地地类和地号。要注意注记的界址点号是以界址线绘制的顺序排列，建筑物占地面积是统计"JMD"层的封闭复合线的面积之和。

注意：如果在指定宗地图范围时，所拉对角方框内没有完整的宗地，作出的宗地图里会缺少一些注记；如方框内有两宗以上的宗地，系统会随机挑选一宗处理，因此这种情况下应该用下面讲的批量处理来作宗地图。

2. 批量处理

功能：单块宗地处理一次只能绘一幅宗地图，如一幅地籍图里有成百上千的宗地，处理起来会很麻烦，这时就可以用鼠标在图上批量选取界址线，只要选中的界址线加过属性，就可以一次性画出排成一排的多幅宗地图。

操作：操作方法与"单块宗地"相同，只是界址线外切割的范围是程序自动确定的，与要处理宗地的大小有比例关系。

如地籍图较大，生成的宗地图很可能和地籍图叠在一起，看起来很混乱，但这没有关系，宗地图保存到文件的时候会自动过滤掉不属于宗地图的实体。

4.10.29　界址点点之记图

功能：绘制界址点的点之记图，并生成表页。

操作：此命令子菜单如图 4.94 所示。先点击"**插入点之记图框**"，根据命令行提示确定点之记表页的存放位置，随即弹出对话框和点之记表页；再点击"**绘制点之记图**"，选定待绘点之记之界址点，并框定界址点绘制范围，自动或手动将界址点绘于点之记图表中；最后点击"**尺寸标注**"，标定界址点与其他参考点间的距离。

图 4.94　界址点点之记图子菜单

4.11　土地利用（L）

这是 CASS 8.0 为适应土地管理应用而设置的菜单项。通过本菜单可绘制行政区界，生成图斑等地类要素，对土地利用情况进行统计计算，如图 4.95 所示。

4.11.1　面状行政区

功能：主要用于绘制行政区划线，包括村界、乡镇界、县区界。属性修改用来修改行政区的属性。

操作：选择区划线种类，比如村界。命令行会有如下提示：

第一点：<跟踪 T/区间跟踪 N>

曲线 Q/边长交会 B/跟踪 T/区间跟踪 N/垂直距离 Z/平行线 X/两边距离 L/<指定点> 指定第一点。

曲线 Q/边长交会 B/跟踪 T/区间跟踪 N/垂直距离 Z/平行线 X/两边距离 L/隔一点 J/微导线 A/延伸 E/插点 I/回退 U/换向 H<指定点>：C。键入 C 让行政区划线闭合。

之后系统会弹出一个行政区属性对话框，在其中输入区划代码和行政区名。确定之后，系统提示：

行政区域注记位置：选择注记的位置，完成绘制。

若要对行政区做属性修改，选择属性修改后系统有如下提示：

选择行政区：选择需要修改的行政区边线，系统弹出如图 4.96 所示的对话框，编辑后按确定完成属性修改。

内部点生成，在一个封闭的区域里点取一点，于是将这个封闭的区域生成一个行政区。

图 4.95　土地利用菜单栏

图 4.96　行政区属性对话框

4.11.2　村民小组

功能：主要用于绘制小组界。

操作：绘图方法同绘制行政区界，完成后弹出如图 4.97 所示的属性对话框。

图 4.97　组属性对话框

4.11.3　图　斑

功能：主要用于绘制土地利用图斑、生成图斑，赋予图斑基本属性。统计图上图斑面积，方法同绘制行政区界。

操作：选择绘图生成，操作方法与画多功能复合线的方法相同。之后系统弹出对话框，如图 4.98 所示。

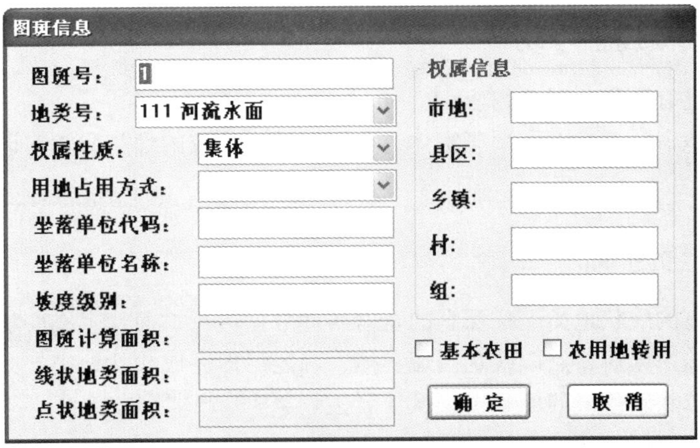

图 4.98　图斑信息对话框

录入基本信息之后按确定即可。属性修改对话框与图 4.97 所示相同，主要用于后期对图斑信息的更改。还有一种生成图斑的方法就是内部点生成，使用该方法系统会有相应的提示：

输入地类内部一点：在所需区域内点击一下。

是否正确？（Y/N）：输入 Y 系统会覆盖所选区域，若与所需区域相同则回车确定，否则键入 N，退出并重新操作。

说明：图斑计算面积、线状地类面积和点状地类面积的计算值，都是由系统在图形上直接读取的，线状地类面积和点状地类面积的实际值是丈量面积。

4.11.4　线状地类

功能：绘制线形地类并赋予相关的属性数据。

操作：绘图方法与绘复合线的方法相同。绘制完成后弹出线状地类属性对话框，录入相关属性值，点击确定完成操作。

属性修改：按提示选中某线状地类，在如图 4.99 所示的对话框中修改。

说明：线状地类宽度指的是丈量宽度。

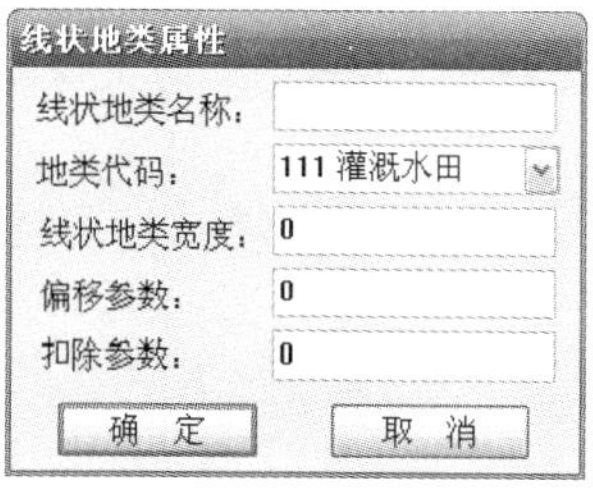

图 4.99　线状地类属性对话框

4.11.5　零星地类

功能：绘制零星地类并赋予相关的属性数据。如图 4.100 所示。

操作：执行命令之后系统提示：

输入零星地类位置：鼠标点击图面或者是输入坐标值（格式：X，Y，高程），完成后弹出零星地类属性对话框，录入相关属性值，点击确定完成操作。

属性修改：按提示选中某点状地类，在弹出如图 4.100 所示的对话框中修改属性值即可。

图 4.100　零星地类属性对话框

4.11.6　地类要素属性修改

功能：修改已有图斑的属性内容。

操作：选择该命令后，点取图斑实体，确定后弹出相应的地类属性对话框，对图斑属性进行编辑。

4.11.7　线状地类扩面

功能：将已有的线状地类，按照它的宽度属性数据进行扩面，生成面状图斑实体。

操作：选择该命令后，点取线状图斑实体，确定后即完成线状地类扩面，并通过地类要素属性修改，可以将新生成的面状图斑赋予属性。

4.11.8　线状地类检查

功能：检查图面上是否有跨越图斑的线状地类，并提示是否纠正，如图 4.101 所示。

操作：如果图面存在跨越图斑的线状地类，则屏幕弹出如图 4.101 所示的对话框，点击"是"，程序自动以图斑边线切割所有跨越图斑的线状地类；点击"否"，则取消本次操作。如果图面不存在跨越图斑的线状地类，命令行提示：

图形中不存在跨越图斑的线状地类

图 4.101　线状地类检查提示

4.11.9　图斑叠盖检查

功能：检查图面上是否有相互叠盖的面状图斑，并提示叠盖的位置，如图 4.102 所示。

操作：选择"土地利用\图斑叠盖检查"命令，命令行提示：

选择边界线：选择图上要进行图斑叠盖检查的范围（边界）。

如果图面上存在图斑叠盖，则会弹出如图 4.102 所示的 CheckTuban.log 文本窗口。

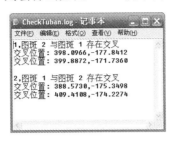

图 4.102　图斑检查提示

4.11.10　分级面积控制

功能：检查上下级行政区的面积统计情况。

操作：选择该命令后，点取上一级行政区线。

如果各级行政区与其下一级的各子面积之和不相等，则屏幕弹出对话框，如图 4.103 所示。

图 4.103　分级面积控制提示

4.11.11　统计土地利用面积

功能：统计图面上的土地利用情况。

1. 统计图斑面积

操作：选择"土地利用\图斑\统计面积"命令，命令行提示：

输入统计表左上角位置：在图面空白处点取一点，确定统计表左上角的位置。

（1）选目标（2）选边界 <1>：第一种方式是直接选取要统计的图斑，第二种方式是选取要统计图斑的边界；默认选项是直接框选统计图斑。

执行完上一步操作后，按回车或右键（"确定"），程序自动在刚才点取的位置输出土地分类面积统计表。

2. 统计土地利用面积

操作：选择"土地利用\统计土地利用面积"命令，命令行提示：

选择行政区或权属区：在图面上选取要统计土地利用面积的行政区或权属区；

输入每页行数：<20>：输入每页的行数，默认为 20；

输入分类面积统计表左上角坐标：在图面空白处点取统计表的左上角坐标。

执行完上一步操作后，程序自动在刚才点取的位置输出城镇土地分类面积统计表。

4.11.12　图斑面积统计汇总表

功能：生成图斑面积的统计汇总报表。

4.11.13　绘制境界线

功能：绘制各种境界线。

操作：选择境界线种类，比如省界。系统会有如下提示：

第一点：

曲线 Q/边长交会 B/<指定点> 指定第一点。

曲线 Q/边长交会 B/隔一点 J/微导线 A/延伸 E/插点 I/回退 U/换向 H<指定点>

曲线 Q/边长交会 B/闭合 C/隔一闭合 G/隔一点 J/微导线 A/延伸 E/插点 I/回退 U/换向 H<指定点> C。依次指定界址点，最后键入 C 让行政区划线闭合。

4.11.14　设置图斑边界

功能：将各种复合线实体设置为图斑边界。

操作：操作该命令后选择需要设置为图斑边界的复合线实体即可。

4.11.15　取消图斑边界设置

功能：取消线实体的图斑边界设置。

操作：操作该命令后，选择需要取消设置为图斑边界的复合线实体即可。

4.11.16　图斑自动生成

功能：以境界线、行政区界、图斑边界围成的封闭区域，生成用地地界及用地界址点，并将相应小区块生成面状图斑，如图 4.104 所示。

图 4.104　图斑生成参数设置

4.11.17　用地界址点名

功能：修改、注记、取消注记、修改界址点点名；注记界址点点名；取消界址点名称注记。

操作：选择该命令后，按提示操作。

4.11.18　图斑加属性

功能：给生成的图斑加属性。

操作：选择该命令后，点取图斑内部一点，弹出图斑属性对话框，如图 4.105 所示。

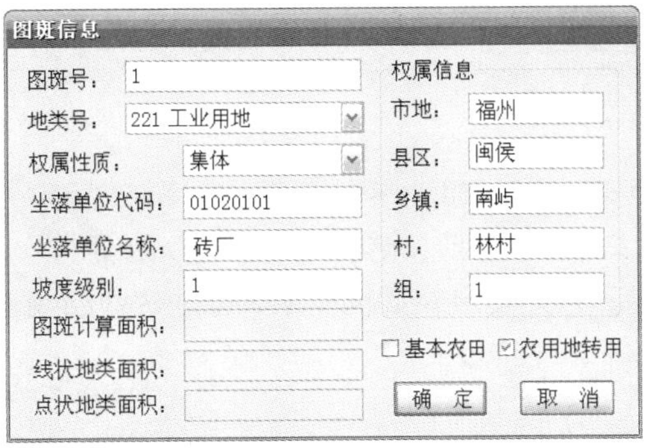

图 4.105　图斑属性对话框

4.11.19　搜索无属性图斑

功能：搜索并定位到没有赋予属性图斑。

操作：操作后，直接定位到图斑，图斑居中放大，然后可以通过加属性编辑，对该图斑赋予属性内容。

4.11.20　图斑颜色填充

功能：对图斑进行颜色填充。

操作：操作该命令后，选择需要填充的图斑，确定后即可对图斑进行颜色填充。

4.11.21　删除图斑颜色填充

功能：删除图斑的颜色填充。

操作：操作该命令后，直接删除图斑的颜色填充。

4.11.22　图斑符号填充

功能：对图斑进行符号填充。

操作：操作该命令后，直接对图斑进行符号填充。

4.11.23　删除图斑符号填充

功能：删除图斑的符号填充。

操作：操作该命令后，直接删除图斑的符号填充。

4.11.24　绘制公路征地边线

功能：绘制公路征地边线。

操作：首先要在"工程应用"菜单栏里通过"公路曲线设计"，设计出一条道路中心线。然后操作该命令后，弹出对话框，如图 4.106 所示。

1. 逐个绘制

如图 4.106 所示，填入相关的参数，如桩间隔、桩号、边框等，点击"绘制"，程序绘完一个桩，桩号自动累加，准备下一个桩的绘制。拐弯的地方可适当减小桩间隔，保证边线尽量逼近实际位置。点击"回退"，可以撤销最后绘制的桩，点击"关闭"，则退出对话框，结束征地边线绘制。

2．批量绘制

如图 4.107 所示，除了填入同样相关参数，必须要填"起点桩号"和"终点桩号"。点击"绘制"，程序根据用户所填的参数，批量绘制出涉及的所有的桩。点击"回退"，撤销上一次批量绘制的桩，点击"关闭"，则退出对话框，结束征地边线绘制。

图 4.106　绘制公路征地边线对话框

图 4.107　绘制公路征地边线对话框

如果没有设计道路，操作此命令后。系统会弹出提示对话框，如图 4.108 所示。

图 4.108　信息提示

4.11.25　线状用地图框

线状用地图框的菜单如图 4.109 所示。

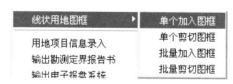

图 4.109　线状用地图框的菜单

1．单个加入图框

操作：选择"土地利用\线状用地图框\单个加入图框"命令，命令行提示：

请输入图框左下角位置：沿公路设计中线，点取图框的左下角位置，屏幕显示要加入的图框，并确定图框的旋转方向，如图 4.110 所示。

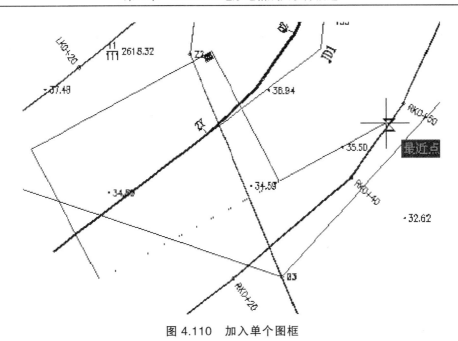

图 4.110　加入单个图框

2. 单个剪切图框

操作：选择"土地利用\线状用地图框\单个剪切图框"命令，命令行提示：

请输入图框左下角位置：沿公路设计中线，点取图框的左下角位置，屏幕显示要加入的图框，并确定图框的旋转方向，如图 4.111 所示。

选择图框：选择要剪切的图框。

请指定图框定位点：在图面空白处点取图框的绘制位置，屏幕弹出如图 4.112 所示的图框保存路径对话框，选择图框文件的保存路径，点击"确定"，如果不保存，则点击"取消"；接着程序在刚才指定的图框定位点绘出完整的图框内容。

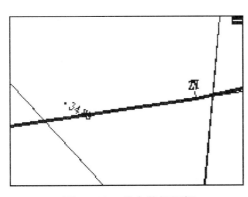

图 4.111　单个剪切图框

图 4.112　图框保存路径对话框

3. 批量加入图框

操作：选择"土地利用\线状用地图框\批量加入图框"命令，命令行提示：

选择道路中线：选择要批量加入图框的公路设计中线，点取图框的左下角位置，屏幕显示要加入的图框，并确定图框的旋转方向，如图 4.113 所示。

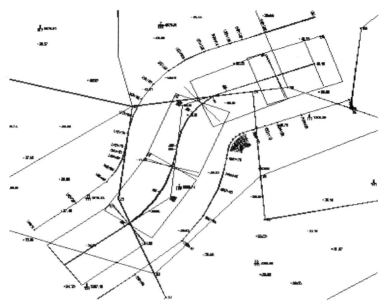

图 4.113　批量加入图框

　　选择道路中线：输入分幅间距（m）：<800>190：输入分幅的间距，默认是 800，在本文例子中，输入 190。程序根据相关参数，沿公路设计中线批量加入图框。

　　4. 批量剪切图框

　　功能：能批量进行图框剪切。

　　操作：同单个剪切图框。

4.11.26　用地项目信息输入

　　功能：输入当前图的用地信息情况。

　　操作：选择该命令后，弹出对话框，如图 4.114 所示。

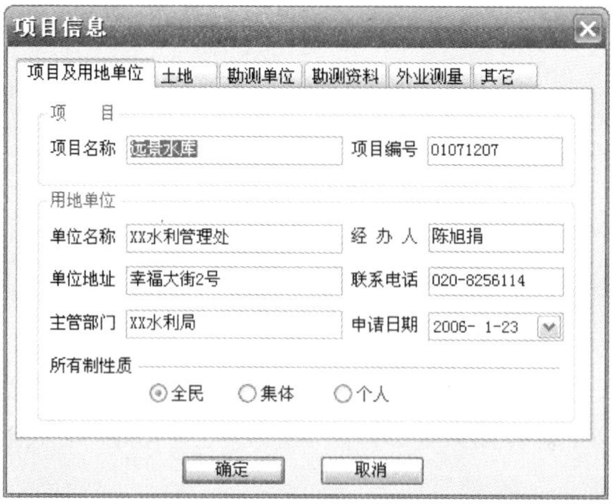

图 4.114　项目信息对话框

　　将用地项目的信息情况填写到相应的栏目里，保存这幅图后，这幅图将永远保存该项目信息。

4.11.27　输出勘测定界报告书

功能：生成勘测定界报告。

操作：选择"土地利用\输出勘测定界报告书"命令，屏幕弹出土地勘界报告书对话框，如图 4.115 所示。填写相关参数，点击"确定"，程序生成勘测定界报告书，并保存在对话框填写的报告书保存路径中。

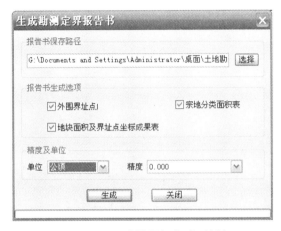

图 4.115　土地勘界报告书对话框

接着，屏幕弹出土地勘界报告书对话框，点击选项"是"，程序打开上一步骤生成的勘测定界报告书，点击"否"，退出对话框。生成的报告书如图 4.116 所示。

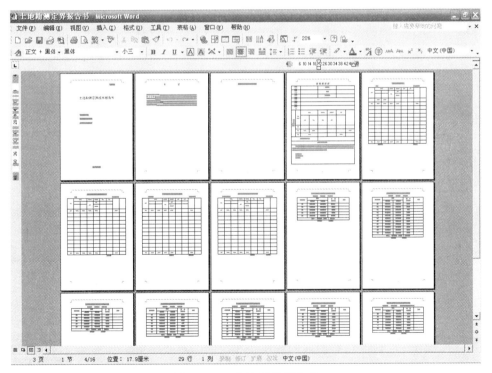

图 4.116　土地勘界报告书

4.11.28　输出电子报盘系统

选择"土地利用\输出电子报盘系统"命令，屏幕弹出选择报盘系统数据库文件的对话框，如图 4.117 所示。选择目标文件，点击"打开"，程序将把当前图面上的土地勘测定界信息导入报盘系统数据库文件中；点击"取消"，放弃本次操作，退出对话框。

图 4.117　选择报盘系统数据库文件

4.12　地物编辑（A）

本节主要讲述对地形、地物图形元素加工编辑的方法，作为专业的地形、地籍成图软件，CASS 8.0 提供了内容丰富、手段多样的地形图编辑方法。地物编辑菜单内容如图 4.118 所示。

4.12.1　重新生成

功能：此功能将根据图上骨架线重新生成一遍图形，通过这个功能，编辑复杂地物只需编辑其骨架线。

操作：执行此菜单后，命令区提示：

选择需重构的实体：<重构所有实体>：选中修改后的骨架线后回车确定，系统即按修改后的骨架线重新生成复杂线型。若不选择而直接回车，则系统重构全部含骨架线的复杂线型。

4.12.2　线型换向

功能：改变各种线型（如陡坎、栅栏）的方向。

操作：请选择实体：用鼠标指定要改变方向的线型实体，则立即改变线型方向。

说明：线型换向实际是将要换向的线段按相反的结点顺序重新连接。因此，没有方向标志的线段换向后虽然看不出变化，但实际上连线顺序变了。另外，依比例围墙的骨架线换向后，会自动调用

图 4.118　地物编辑菜单

"重新生成"功能将整个围墙符号换向。

4.12.3　修改墙宽

功能：依照围墙的骨架线来修改围墙的宽度。

操作：见命令区提示。

提示：选择依比例围墙骨架线：选择待修改围墙骨架线。

输入围墙调整后宽度：输入新的宽度。

4.12.4　修改坎高

功能：查看或改变陡坎各结点的坎高。

提示：选择陡坎线 用鼠标选择一条陡坎或加固陡坎，该条陡坎将会显示在屏幕中央，系统依次查询陡坎的每一个结点，正在处理的结点会有一个十字符号作标志。

每个结点都提示：当前坎高=1.000 m，输入新坎高<默认当前值>：输入该结点坎高，直接回车默认是整个陡坎的缺省坎高。修改一拐点后，系统自动跳至下一点，直至结束。

4.12.5　电力电信

功能：画出电杆附近的电力电信线，如图 4.119 所示。

图 4.119　电力电信线编辑对话框

操作：如果选择输电线、配电线、通讯线，过程如下：

提示：给出起始位：键入电杆位坐标。

是否画电杆?（1）是（2）否 <1> 输入（1）（选择"是"）画出电杆，如已画好了电杆输入（2）。

然后会连续两次提示：给一方向终止点：分别给出两个方向的电线终止点，将会在两个方向上分别绘出箭头符号。

当电力线多于两根时请使用加线功能，如加输电线、加配电线、加通讯线。

提示：选择电杆：鼠标选取要加线的电杆。

给一方向终止点：在电线终止方向点一下绘出箭头符号。

4.12.6　植被填充

功能：在指定区域内填充植被，其子菜单如图 4.120 所示。
以稻田为例：

提示：请选择要填充的封闭复合线：选择需要填充稻田符号区域的边界线，所选择封闭区域内将填充稻田符号。填充密度可由"CASS 8.0 参数配置"功能设置。

注意：选取的复合线必须是封闭的。

4.12.7　土质填充

功能：在指定区域内进行各种土质的填充。操作过程同植被填充。

4.12.8　小比例房屋填充

功能：对小比例尺中的房屋进行填充斜线。

操作：执行此菜单后，命令区提示：

请选择要填充的封闭复合线：选择要填充的封闭复合线。

图 4.120　植被填充子菜单

4.12.9　图案填充

功能：把指定封闭的复合线区域填充成指定的图案，颜色为当前图层颜色。

4.12.10　符号等分内插

功能：在两相同符号间按设置的数目进行等距内插。

操作：执行此菜单后，命令区提示：

请选择一端独立符号：点击"输入"输入一端符号。

请选择另一端独立符号：点击"输入"输入另一端符号。

请输入内插符号数：输入数字，系统将按此数目进行符号内插。

注意：两端符号应相同，否则此功能无法进行。

4.12.11　批量缩放

1．文　字

功能：对屏幕上的注记文字进行批量放大、缩小或者位移。

执行此菜单后，命令区提示：

（1）选目标/（2）选层、颜色或字体〈1〉：

（1）输入（1）或回车（缺省为 1），提示 Select object：进行目标选择，用窗口、All 等各种方式均可，系统将自动过滤出文字目标。

给文字起点 X 坐标差：<0.0>

给文字起点 Y 坐标差：<0.0> 输入文字起点 X、Y 方向的坐标差值。

给文字缩放比：输入缩放比。

（2）输入（2），提示：**C 颜色/LA 图层/S 字体〈C〉**：键入 C，则通过颜色选目标，然后会提示"**颜色号/〈？ 〉**："空回车则系统会提供各种颜色代码；键入 LA 则以图层选目标；键入 S 则以字体选目标，然后会提示"**字体名：**"。

2. 符　号

在屏幕上批量地放大或缩小选中的符号。

执行此菜单后，命令区提示：

空回车选目标/〈输入图层名〉：直接回车即可选目标。若输入图层名，系统会自动在此图层中滤出独立符号块，对非符号无任何影响。

给符号缩放比：输入符号的缩放比。

3. 圆　圈

按比例或固定半径缩放圆圈。

4.12.12　复合线处理

功能：提供对地物线型的批量处理，其子菜单如图 4.121 所示。

1. 批量拟合复合线

对选中的复合线批量进行拟合或取消拟合。

执行此菜单后，命令区提示：

D 不拟合/S 样条拟合/F 圆弧拟合<F>：　S 拟合是样条拟合，线变化小，但不过点；F 拟合是曲线拟合过点，但线变化大。对密集的等高线一般选前者（输入 S），其他选后者（输入 F 或直接回车）。

空回车选目标/〈输入图层名〉：若空回车，则提示 **Select object**：可用点选或窗选等方法选择复合线；若输入图层名，将对该图层内所有的复合线操作。

图 4.121　复合线处理命令子菜单

2. 批量闭合复合线

将选定的未闭合复合线闭合。

3. 批量修改复合线高

CASS 8.0 中的复合线，如等高线都是带有高度的，用本项功能可以改变此高度。

执行此菜单后，命令区提示：

输入修改后高程：<0.0> 输入要修改的目标高程。

选择复合线：选择复合线。

Select objects：可用点选或窗选等方法选择复合线，输入 ALL 则选中所有复合线。

4. 批量改变复合线宽

批量修改多条复合线的宽度。

执行此菜单后，命令区提示：

空回车选目标/<输入图层名>：若空回车，则提示 **Select object**：可用点选或窗选等方法选择复合线；若输入图层名，将对该图层内所有的复合线进行宽度更改。

请输入复合线宽缩放比：输入复合线宽度缩放比。

5. 线型规范化

控制虚线的虚部位置以使线型规范。

执行此菜单后，命令区提示：

Full/Segment〈Full〉：选 F 或直接回车，将以端点控制虚线部位置，重新生成均匀虚线，即虚线段为均匀的。选 S，将以顶点控制虚部位置，即只在顶点间虚线才均匀。

Select objects：选取对象，对选中的非虚线将无影响。

注意：如果执行程序看到线型好像未变，请将图形放大观察。

6. 复合线编辑

对复合线的线型、线宽、颜色、拟合、闭合等属性进行修改。

执行此菜单后，命令区提示：

Select polyline：选取要编辑的复合线。

Enter an option [Close/Join/Width/Edit vertex/Fit/Spline/Decurve/Ltype gen/Undo]：输入编辑参数。

说明：C：将复合线封闭；J：将多个复合线连接在一起；W：改变复合线宽度；E：编辑复合线的顶点；F：将复合线进行曲线拟合；S：将复合线进行样条拟合；D：取消复合线的拟合；L：确定复合线顶点是否进行虚部控制；U：取消最后的 Pedit 操作。

7. 复合线上加点

在所选复合线上加一个顶点，选择线的位置即为加点处。

8. 复合线上删点

在复合线上删除一个顶点，直接选中顶点蓝色节点即可。

9. 移动复合线顶点

可任意移动复合线的顶点。

10. 相邻复合线连接

将首尾相接但不是同一个实体的复合线连接为一体。

11. 分离的复合线连接

将首尾不相接的两条复合线连接为一体。

12. 重量线→轻量线

将 POLYLINE 转换为 LWPOLYLINE 将大大压缩线条的数据量。

13. 直线→复合线

将直线转换成复合线。

14. 圆弧→复合线

将圆弧转换为复合线。

15. SPINE→复合线

将样条曲线转换为复合线。

16. 椭圆→复合线

将椭圆转换为复合线。

4.12.13　图形接边

功能：两幅图进行拼接时，存在同一地物错开的现象，可用此功能将地物的不同部分拼接起来形成一个整体。

操作：执行本菜单命令后，弹出如图 4.122 所示的对话框。

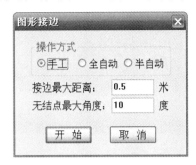

图 4.122　图形接边对话框

操作方式：有手工、全自动、半自动三种方式。手工是每次接一对边；全自动是批量接多对边；半自动是每接一对边前提示，问是否连接。

接边最大距离：设定能连接的两条边的最大距离，大于该值不可连接。

无结点最大角度：参与接边一对线的交角不超过所设置的角度时，相接后变成一在相接处无结点的复合线。若超过该值则生成一条折线，相接处有结点。

设置好操作方式、接边最大距离和无结点最大角度后，点击"开始"按钮，再依提示操作。

提示：若选手工方式则提示：

选择图形实体一<回车退出> 选择第一条边。

选择图形实体二<回车退出> 选择要连接的另一条边。

连接成功!

若是选全自动方式则提示：

选择要接边的第一部分实体：批量选择第一部分实体。

选择要接边的第二部分实体：批量选择第二部分实体。

共连接了 2 对实体

注意：两次选择的实体数目要相等，设置接边距离要以相距最远的两条边为准。

若选择半自动方式则提示：

选择要接边的第一部分实体：选择接边实体。

选择要接边的第二部分实体：选择接边实体。

是否连接（Y/N）？<Y>

是否连接（Y/N）？<Y>

是否连接（Y/N）？<Y>

共连接了 3 对实体

4.12.14　求中心线

功能：求两条复合线之间的中心线。

操作：执行本菜单命令后，提示一：请选择第一根复合线，提示二：选择第二根复合线，提示三：请输入中线滤波参数，默认值为 0.2。确定后即绘制出两条复合线之间的中心线。

4.12.15　图形属性转换

功能：如图 4.123 所示，共有 14 种转换方式，每种方式有单个和批量两种处理方法，以"图层→图层"为例，单个处理时：

提示：**转换前图层**：输入转换前图层。

转换后图层：输入转换后图层。

系统会自动将要转换图层的所有实体变换到要转换到的层中。

如果要转换的图层很多，可采用"批量处理"，但是要在记事本中编辑一个索引文件，格式是：

转换前图层 1，转换后图层 1

转换前图层 2，转换后图层 2

转换前图层 3，转换后图层 3

　⋮

END

其他功能索引文件格式同图层→图层，格式：

转换前**1，转换后**1

转换前**2，转换后**2

转换前**3，转换后**3

　⋮

END

图 4.123　图形属性转换子菜单

4.12.16　坐标转换

功能：将图形或数据从一个坐标系转到另外一个坐标系（只限于平面直角坐标系）。

操作：执行此菜单后，系统会弹出一个对话框，如图 4.124 所示。用户拾取两个或两个以上公共点就可以进行转换。

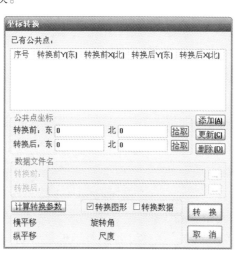

图 4.124　坐标转换对话框

4.12.17　测站改正

功能：如果用户在外业不慎搞错了测站点或定向点，或者在测控制前先测碎部，可以应用此功能进行纠正。

操作：执行此菜单后，命令区提示：

请指定纠正前第一点：输入改正前测站点，也可以是某已知正确位置的特征点，如房角点等图上位置。

请指定纠正前第二点方向：输入改正前定向点，也可以是另一已知正确位置的地形特征点。

请指定纠正后第一点：输入测站点或特征点的正确位置。

请指定纠正后第二点方向：输入定向点或特征点的正确位置。

请选择要纠正的图形实体：用鼠标选择图形实体。

系统将自动对选中的图形实体作旋转平移，使其调整到正确位置，之后系统提示输入需要调整和调整后的数据文件名，可自动改正坐标数据，如不想改正，按"Esc"键即可。

此项功能与坐标转换的差别在于，后者可以利用多个公共点包含的坐标转换信息进行最小二乘转换，而测站纠正仅是一点定位平移后，按已知方向旋转。

4.12.18　二维图形

功能：删除图形的高程信息。

4.12.19　房檐改正

功能：对测量过程中没有办法测到的房檐进行改正。

操作：执行此菜单后，命令区提示：

选择要改正的房檐：选取需要进行改正的房檐。

输入房檐改正的距离（向外正向内负）：输入需要房檐改正的距离，如果是向房外改正则输入正数，如果是向房内改正则输入负数。

房檐改正边长是否改变（1—不改变，2—改变）：输入在进行房檐改正后改正的边长是否改变。

4.12.20　直角纠正

功能：将多边形内角纠正为直角。

操作：执行此菜单后，见命令区提示。

提示：选择封闭复合线：（点取基准边）选取需纠正的多边形。所谓基准边，就是该边在纠正过程中方向不变。

说明：多边形的边数必须是偶数才能执行本操作，系统将尽量使各顶点纠正前后位移最小。

4.12.21　批量删剪

1. 窗口删剪

删除窗口内或窗口外的所有图形，如果窗口与物体相交，则会自动切断。

执行此菜单后，命令区提示：

窗口删剪 — 第一角：指定窗口第一角。

另一角：通过指定窗口两角来确定删剪窗口。

用一点指定剪切方向…用鼠标指定删除窗内还是窗外的图形。点到窗口外即删减窗口外图形，反之删除窗口内图形。

2. 依指定多边形删剪

删除并修剪掉多边形内或外的图形。执行此菜单后，命令区提示：

多边形窗口删剪——选择 Pline 线围成的封闭删剪边界…：选择对象：选择多边形（多边形应先用封闭复合线画出）。

用一点指定剪切方向…指定点在多边形内，则删去里面的图形；指定点在多边形外，则删去外面的图形。

4.12.22 局部存盘

1. 窗口内的图形存盘

将指定窗口内的图形存盘，主要用于图形分幅。执行此菜单后，命令区提示：

窗口内图形存盘—左下角：指定矩形窗口左下角。

右上角：指定矩形窗口右上角。

请等待...输入存盘文件名（不能和已有图形文件重名）：指定存盘文件名，将窗口内图形存入此文件中。

输入新图形操作基点：将此窗口内图形插入时，此点即为操作基点。

2. 多边形内图形存盘

将指定多边形内的图形存盘，而多边形区域应先用复合线画好。执行此菜单后，命令区提示：

Select object：指定多边形。

请等待…输入存盘文件名（不能和已有图形文件重名）：键入文件名。

输入新的图形操作基点：键入基点（用键盘输入坐标或用鼠标选定），存盘结束后多边形内的图形将消失（已被存盘）。

说明：可用 U（回退）命令将消失的图形找回。水利、公路和铁路测量中的"带状地形图"可用此法截取。

4.12.23 地物特性匹配

功能：将一个实体的地物特性匹配给另一个实体。

操作：命令后，提示选择源对象：[设置（S）]，输入 S 后确定，弹出特性匹配学习对话框，如图 4.125 所示。

在相应的需要刷的属性内容的复选框里打上钩后确定，然后按照提示选择源对象，再提示选择对象，然后选择被刷的对象实体，确定后就完成了对象的特性匹配了。

提示：本功能包含了单个刷和批量刷两种方式。

单个刷：是指一个个地选择被刷的实体对象；

图 4.125 匹配学习对话框

批量刷：是指选择需要被刷的其中一个对象实体后，一次性把该同一类型的对象实体全部刷成功。

4.12.24　地物打散

1. 打散独立图块

功能：把图块、多义线等复杂实体分离成简单实体，以便按要求编辑或修改。一次只能分离一级复杂实体。

操作：执行此命令后，选择要分离的对象，可多次选取，回车结束操作。

2. 打散复杂线型

功能：将 CASS 8.0 中特有的复杂线型打散以便在 AutoCAD 中显示。CASS 8.0 中定义了大量测量规范图式中特有的复杂线型，而由这些线型生成的实体在 AutoCAD 中无法显示，故调入 AutoCAD 之前将复杂线型打散成 AutoCAD 可识别的简单线型。

操作：左键点击本菜单后，命令区提示：

本操作进行前应注意将原有图形存盘，是否继续？（Y/N）<Y>：执行本操作会破坏原有的图形，故应注意存盘，直接回车默认 Y 继续。

（1）手工选取要打散的复杂线型实体

（2）打散相同编码的复杂线型实体<1>：

选择对象：直接回车选（1），并选择复杂线型实体，回车选取结束，系统提示：

共打散 3 个具有复杂线型的复合线。

若选（2），则系统提示：

选择实体…：选择一个复杂线型实体，则可打散具有相同属性的复杂线型实体。

4.13　检查入库（G）

进行图形的各种检查以及图形格式转换，菜单如图 4.126 所示。

4.13.1　地物属性结构设置

CASS 8.0 的"属性结构设置"窗口如图 4.127 所示，用户可以不必理会几个配置文件间的复杂关系，直接在同一个界面上就能完成定制入库接口的所有工作，并易于查看、检核数据库表结构，极大地方便了 GIS 建库工作。

说明：对话框左边的树状图中，Tables 根目录底下的名称是符号（地物、地籍）所属层名，对应到数据库中，就是该数据库的表名。要增加或删除数据表，可以在树状图的任意位置点击右键，弹出"删除/添加"，选择菜单后，执行相应操作。

在对话框中部的下拉框中选择地物类型，选取具体的地物添加到当前层中，表明当 DWG 文件转出成 SHP 文件时，

图 4.126　检查入库菜单

该地物就放在当前层上。对话框右下角方框为"表结构设置"，可以对当前的表进行相应的修改，例如，更改表类型、表说明、增加字段、更新字段，等等。

图 4.127　属性结构设置对话框

提示：

上图左边的窗口列出的是各个实体层所对应的属性表名称。

上图中间的窗口中列出的是该实体层所对应的没有被赋予属性表的地物实体。

上图右边的窗口列出的是该实体层所对应的被赋予了该属性表的地物实体。

上图下面的窗口列出的是该实体层所对应的属性表的字段内容。

字段名称：为该字段所对应的英文代码，用户可以自定义，如层高可以表示为 CG。

字段类型：即填写该字段的数据类型，有整型、字符串型等。

长度：即该字段填写内容的长度，如字符串类型字段，长度是 10，那么就只能填 10 个字符，整型只能填写 10 位数字。

小数位数：是指浮点型数据类型，即该保留的小数位。如是 3 位有效数字，那么该是 0.000。

说明：即属性名称所对应的内容，如权利人、层数。

字典：填写该字段的数据字典，如果没有就空着。

注意：修改之后注意实时保存。

4.13.2　编辑实体附加属性

功能：给被赋予了属性表的地物实体添加属性内容，如图 4.128 所示。

操作：左键点击"编辑实体附加属性"菜单后，弹出屏幕窗口如图 4.128 左侧窗口，然后再选中需要赋予附加属性内容的实体，最后在窗口中填写相应的属性内容即可。

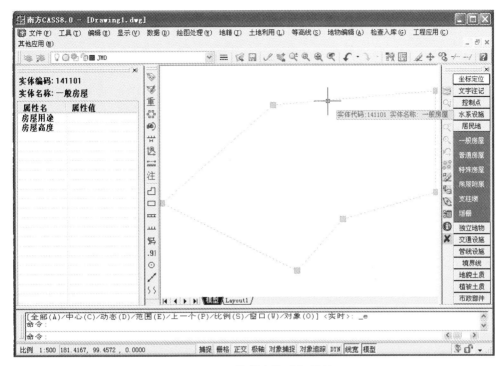

图 4.128　编辑实体附加属性

4.13.3　复制实体附加属性

功能：已经赋予了属性内容的实体，把该实体的属性信息复制给同一类型的其他实体。如已经把一个一般房屋添加了附加属性内容，就可以通过此命令将附加属性内容复制给图面上的其他一般房屋。

操作：左键点击本菜单后，提示选择被复制属性的实体，选择"要复制的源实体"后，提示选择对象，再选择要被赋予该属性内容的实体即可。

4.13.4　图形实体检查

图形实体检查对话框如图 4.129 所示。

检查结果放在记录文件中，可以逐个或批量修改检查出的错误。

（1）编码正确性检查。检查地物编码，类型正确与否。

（2）属性完整性检查。检查地物的属性值是否完整。

（3）图层正确性检查。检查地物是否按规定的图层放置，防止误操作。例如，一般房屋应该放在"JMD"层的，如果放置在其他层，程序就会报错，并对此进行修改。

（4）符号线型线宽检查。检查线状地物所使用的线型是否正确。例如，陡坎的线型应该是"10421"，如果用了其他线型，程序将自动报错。

（5）线自相交检查。检查地物之间是否相交。

（6）高程注记检查。检核高程点图面高程注记与点位实际的高程是否相符。

图 4.129　图形实体检查

（7）建筑物注记检查。检核建筑物图面注记与建筑物实际属性是否相符，如材料、层数，如图 4.130 所示。

（8）面状地物封闭检查。此项检查是面状地物入库前的必要步骤。用户可以自定义"首尾点间限差"（默认为 0.5 m），程序自动将没有闭合的面状地物边线强行首尾闭合：当首尾点的距离大于限差，则用新线将首尾点直接相连，否则尾点将并到首点，以达到入库的要求。

图 4.130　建筑物注记检查

（9）复合线重复点检查。复合线的重复点检查旨在剔除复合线中与相邻点靠得太近又对复合线的走向影响不大的点，从而达到减少文件数据量，提高图面利用率的目的。用户可以自行设置"重复点限差"（默认为 0.1），执行检查命令后，如果相邻点的间距小于限差，则程序报错，并自行修改。

4.13.5　过滤无属性实体

功能：过滤图形中无属性的实体。

操作：绘制完图形后左键点击菜单，在对话框中选择文件保存的路径，点击确定进行过滤。

4.13.6　删除伪结点

功能：删除图面上的伪结点。

操作：左键点取本菜单后，系统提示：

请选择：（1）处理所有图层（2）处理指定图层：如果选择（1）命令，会删除所有图层上的伪结点；如果选择（2），见如下提示。

请输入要处理的图层：输入图层名后命令会删除所选择图层的伪结点。

4.13.7　删除复合线的多余点

功能：删除图面中复合线上的多余点。

操作：左键点取本菜单后，系统提示：

请选择：（1）只处理等值线（2）处理所有复合线：

请输入滤波阈值<0.5 米>：输入滤波阈值，系统默认为 0.5 m。选择 1 或 2。

选择对象：选择处理对象。

4.13.8　删除重复实体

功能：删除完全重复的实体。

操作：左键点击菜单，弹出如图 4.131 所示的对话框，确定是否继续。

图 4.131　删除重复实体

4.13.9　等高线穿越地物检查

功能：检查等高线是否穿越地物。

操作：左键点击本菜单，系统自动检查等高线是否穿越地物。

4.13.10　等高线高程注记检查

功能：检查等高线高程注记是否有错。

操作：左键点击本菜单，系统自动检查等高线高程注记是否有错误。

4.13.11　等高线拉线高程检查

功能：拉线后检查该线段与等高线交点高程值是否有错。

操作：左键点击本菜单后，系统提示：

指定起始位置：指定线段第一点

指定终止位置：指定线段第二点。指定起始位置和终止位置后，命令栏会显示所拉线与等高线有多少个交点，是否存在错误。

4.13.12　等高线相交检查

功能：检查等高线之间是否相交。

操作：左键点击本菜单后，系统提示：

请选择要检查的等高线：选择完成后命令栏会显示等高线之间是否相交。

4.13.13　坐标文件检查

功能：自动检查草图法测图模式中的坐标文件（*.DAT），不仅对 DAT 数据中的文件格式进行检查，还对点号、编码、坐标值进行全面的类型、值域检查并报错，显示在文本框中，以便于修改。

操作：左键点击本菜单，弹出如图 4.132 所示的对话框。

图 4.132　坐标文件检查选择文件对话框

选择文件名后，弹出如图 4.133 所示的对话框。

图 4.133　CASS 坐标数据文件检查结果

4.13.14　点位误差检查

功能：点位精度的检查。通过重复设站，测定地物点的坐标，与图上相同位置的地物点进行比较，得到点位中误差，以此确定地物点的定位精度。一般每幅图采点 30～50 个。计算模型如下：

$$\delta_x^2 = \frac{1}{n}\sum_{i=1}^{n}\Delta x_i^2$$

$$\delta_y^2 = \frac{1}{n}\sum_{i=1}^{n}\Delta y_i^2$$

$$\delta = \sqrt{\delta_x^2 + \delta_y^2}$$

操作：点击本菜单后弹出如图 4.134 所示的对话框，打开文件进行点位误差的检查。

图 4.134　点位中误差检查

4.13.15　边长误差检查

功能：边长精度的检查。根据数据采集的点位反算出的边长与原边长之差或人工实际量距与原边长的差得到边长的中误差。计算模型如下：

$$\delta_L = \sqrt{\frac{1}{n}\sum_{i=1}^{n}\Delta L_i^2}$$

操作：点击本菜单后弹出如图 4.135 所示的对话框，打开文件进行边长误差的检查。

图 4.135　边长误差的检查

4.13.16　手动跟踪构面

功能：将断断续续的复合线连接起来构成一个面，如花坛、道路边线、房屋边线等断开的线，我们可以通过手动构面，把它们围成的面域构造出来。

操作：点击本菜单，提示：

选取要连接的一段边线：<直接回车结束>：依次选择需要进行构面的复合线边线，当最后需要闭合的时候，直接回车闭合结束。

4.13.17　搜索封闭房屋

功能：自动搜索某一图层上复合线围成的面域，并把它自动生成房屋面。

操作：点击本菜单，系统提示：

请输入旧图房屋所在图层：输入需要搜索封闭房屋面的图层，确定后即将该图层上复合线围成的面域生成一般房屋。

4.13.18　输出 ARC/INFO SHP 格式

功能：用来将 CASS 作出的图转换成 SHP 格式的文件。

操作：点击本菜单，弹出如图 4.136 所示的对话框。首先选择无编码的实体是否转换、弧段插值的角度间隔、文字是转换到点还是线，然后选择生成的 SHP 文件保存在哪一个文件夹内（可以直接输入文件路径），完成 SHP 格式文件的转换。

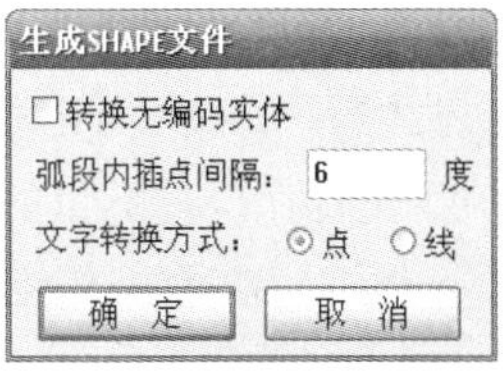

图 4.136　生成 ARC/INFO
SHP 格式对话框

4.13.19　输出 MAPINFO MIF/MID 格式

功能：用来将 CASS 作出的图转换成 MIF/MID 格式的文件。

操作：点击本菜单，弹出对话框。在对话框中首先选择生成的 MIF/MID 文件保存在哪一个文件夹内（可以直接输入文件路径），点击"确定"完成 MIF/MID 格式文件的转换。

4.13.20　输出国家空间矢量格式

功能：用来将 CASS 作出的图转换成国家空间矢量格式的文件。

操作：点击本菜单，弹出对话框。选择生成的国家空间矢量文件保存在哪一个文件夹内（可以直接输入文件路径）。点击"确定"完成国家空间矢量格式文件的转换。

4.14　其他应用（M）

本菜单是用来建立地形图数据库，进行图纸管理，数字市政监管和符号自定义，菜单内容如图 4.137 所示。

4.14.1　图幅信息操作

打开地名库、图形库、宗地图库，对地名、图幅、宗地图的相关信息进行操作。

左键点取本菜单，则出现如图 4.138 所示对话框，可在此对话框内进行如下操作：

图 4.137　其他应用菜单

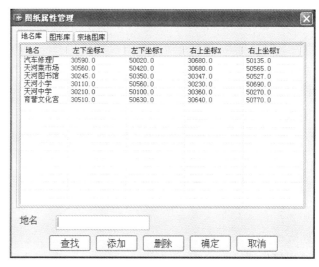

图 4.138　地名库管理

1. 地名库管理

（1）"添加"按钮：当想要输入新的地名时，用鼠标单击"添加"按钮，在记录里就增加一条与最后一条记录相同的记录。然后用鼠标右键点击该记录，修改要添加的地名及左下角的 X 值和 Y 值、右下角的 X 值和 Y 值。用鼠标单击"确定"按钮，输入的地名自动记录到地名库中，如果取消操作则按"取消"按钮。

（2）"删除"按钮：当想要删除已有地名时，用鼠标选中要删除的对象，点击删除按钮，则选中的对象就被删除掉。

（3）"查找"按钮：当地名比较多时，在地名文本框中输入要查找的地名后，单击"确定"按钮，则查找到的对象以高亮显示，否则系统提示未找到。

2. 图形库管理

左键点取图形库标签，可在如图 4.139 所示的对话框中进行下列操作。

（1）"添加"按钮，当想要增加新图幅信息时使用，具体操作参照地名库的操作。

（2）"删除"按钮，当想要删除已有图幅信息时使用，具体操作参照地名库的操作。

（3）"查找"按钮，当图幅信息比较多时使用，具体操作参照地名库操作。

图 4.139　图形库管理

3. 宗地图库管理

左键点取宗地图库标签，弹出如图 4.140 所示的对话框，可进行如下操作：

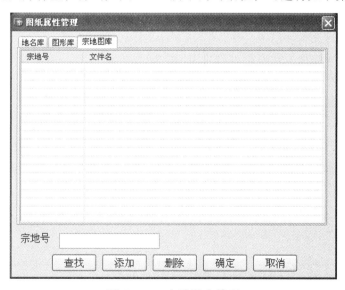

图 4.140　宗地图库管理

（1）"添加"按钮，当想要增加宗地信息时使用，具体操作参照地名库的操作。

（2）"删除"按钮，当想要删除宗地信息时使用，具体操作参照地名库的操作。

（3）"查找"按钮，当宗地信息比较多时使用，系统可根据用户输入的宗地号，搜索整个图库内的宗地图，具体操作参照地名库的操作。

4.14.2　图幅显示

功能：在图形库中选择一幅或几幅图在屏幕上显示，如图 4.141 所示。

1. 按地名选择图幅

在地名选取下拉框中选择你要调出的地名,则在已选图幅中就会显示调出的图幅和地名,点击调入图幅就可以将图在 CASS 8.0 中打开, 如图 4.142 所示。

图 4.141　图幅选择

图 4.142　按地名选取

2. 按点位选取的方式

在点位选取的文本框中输入用户需求范围的左下点及右下点 X、Y 坐标值，然后点击按范围选取图幅按钮，这时在已选图幅框中会显示需要的图幅。点击调入图幅按钮，系统就打开该图，如图 4.143 所示。

3. 手工选取图幅的方式

如果对图幅的连接情况比较熟悉则可采用这种方式。

操作：在图幅名框中选择所要的第一幅图的图幅名，用鼠标单击“加入”按钮，在已选取图幅框中就会出现该图的图幅名，表示第一幅图已经成功选取，然后，加入第二、第三幅图。如果图幅选取错误，则可以在已选取图幅框中选择该图幅名，然后用鼠标单击“删除”按钮即可。用鼠标单击“清除”按钮，则可以把已选取图幅框中所有的图幅名清除，如图 4.144 所示。

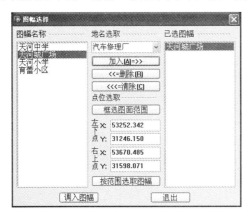

图 4.143　图幅显示对话框

图 4.144　手工选择

用鼠标单击“调入图幅”按钮，就可以把已选取图幅框中所有的图幅调入。用鼠标单击

"退出"按钮退出图纸显示对话框,取消所有操作。

4.14.3　图幅列表

功能:以树结构的形式在表中显示图名库和宗地图库。

操作:执行图幅列表,系统在界面左边打开表,点击十字就可以看到图名库或宗地图库下的所有图形列表,双击所需图幅系统就打开该图。

4.14.4　绘超链接索引图

功能:直接根据超链接绘制链接的图形。

操作:左键点击本菜单,图面显示如图 4.145 所示的界面。

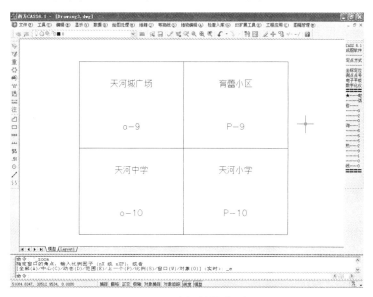

图 4.145　绘超链接索引图

按下"Ctrl"并左键点击要绘制图形的图名,在图面上会自动绘制出图形。

说明:将绘制出的图形放在:\CASS80\DEMO\DT 文件夹内即可通过此方法直接显示出图形。

4.14.5　市政监管信息

市政监管信息菜单如图 4.146 所示。

1. 设置市辖区码

功能:设置所绘图形区域内的市辖区码。

城市管理部件代码共有 16 位数字,分为四部分:市辖区代码;大类编码;小类编码;流水号。具体格式为:

市辖区代码为 6 位,按照现行国家标准《中华人民共和国行政区域代码》GB/T 2260 执行。大类编码为 2 位,表示城市

图 4.146　市政监管信息菜单

管理部件大类。具体划分如下:01～06 分别表示公用设施类、道路交通类、环卫环保类、园

林绿化类、房屋土地类及其他类。小类编码为 2 位，表示城市管理部件小类，具体编码方法如下：依照城市管理部件小类从 01～99 由小到大顺序编写。流水号为 6 位，表示城市管理部件流水号，具体编码方法如下：依照城市管理部件定位标图顺序从 000001～999999 由小到大编写。

2. 市政信息列表

功能：显示所选部件的详细信息。

3. 街道办事处

功能：绘制封闭街道办事处范围。

4. 社　　区

功能：绘制封闭的社区范围。

5. 单元格网

功能：绘制单元格网。

6. 市政要素属性修改

功能：修改单个城市部件的属性信息。

7. 单元格网叠盖检查

功能：检查当前图形范围内是否存在格网叠盖。

8. 各级市政要素编号检查

功能：检查部件要素编码的正确性。

9. 城市部件自动排序

功能：将全图范围内的部件按坐标位置自动排序。

10. 单元格网自动排序

功能：以地理坐标将单元格网自动排序。

11. 查找单元网格

功能：查找指定的单元格网。

12. 查找城市部件

功能：以一定的条件查找指定的部件。

13. 统计城市部件

功能：统计当前图形中所有的城市部件种类、数量。

4.14.6　屏幕菜单编辑

功能：编辑自定义符号在 CASS 2008 屏幕菜单中的位置，如图 4.147 所示。

图 4.147　屏幕菜单编辑器

4.14.7　添加新点状符号

功能：自定义点状符号。

操作：（1）首先新建图形文件，将比例尺设置为 1∶1000，按照图示要求用 line 绘制点状符号。再将符号定位点移到坐标原点（0，0），最后"居中"显示图形，如图 4.148 所示。

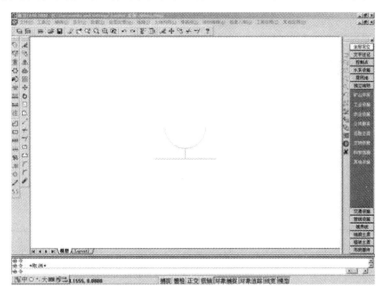

图 4.148　点状符号编辑

（2）左键选择本菜单，出现图 4.149 所示对话框。

（3）选择"是"，出现如图 4.150 所示对话框。设置符号的属性、隶属、定位基点和特性。设置完毕后，点击"确定"。

图 4.149　点状符号制作对话框

图 4.150　点状符号属性对话框

属性设置

编码：用户可自定义 6 位编码，不能与 CASS 原有编码重复。属性

名称：符号的名称。如"装饰地灯"。

文件名：符号的幻灯片名称。

图层：符号隶属的图层。

用户编码：用户自定义的编码。可为空。

基点：指定符号的基点。

参照图式标准；指定点状符号的定位点。一般是符号的几何中心。

特性：设置自定义点状符号在绘制时是否可旋转。

符号隶属：设置自定义点状符号隶属的图层和分类。如"装饰地灯"隶属于独立地物层的"其他设施"。

4.14.8 添加新线状符号

功能：自定义线状符号。所用线型必须是 CASS 已有的。

操作：（1）在命令行键入 linetype，出现如图 4.151 所示"线型管理器"，选择合适的线型，然后点击"当前"，将线型置为当前。

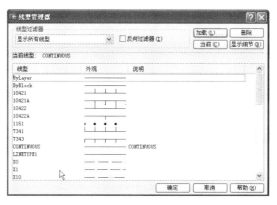

图 4.151 线型管理器

（2）绘制符号形状，如"安全岛"。并将图形"居中显示"便于制作幻灯片，如图 4.152 所示。

图 4.152 线状符号编辑

（3）选择本菜单，出现如图 4.153 所示提示。

（4）选择"是"，出现如图 4.154 所示对话框。设置线符号隶属、属性、是否拟合。

图 4.153　线状符号制作对话框　　　图 4.154　线状符号属性对话框

属性设置

编码：用户可自定义 6 位编码，不能与 CASS 原有编码重复。

名称：符号的名称，如"安全岛"。

图层：符号隶属的图层。

线型：设置符号的线型，如 x1。

线宽：设置符号的线宽，单位为米。

用户编码：用户自定义的编码。可为空。

提示拟合：设置线符号绘制完毕后，是否提示拟合。

隶属：设置自定义线符号隶属的图层和分类。如"安全岛"隶属于交通设施层的"城市道路"。

4.14.9　导出符号库

功能：将自定义的符号库导出，用于备份或者共享。

操作：选择本菜单，出现如图 4.155 所示对话框。键入文件名，即可导出 CASS 符号包（*.smb）。

图 4.155　线状符号属性对话框

4.14.10　导入符号库

功能：将制作好的 CASS 符号库导入本地计算机。

操作：选择本菜单，出现如图 4.156 所示对话框后，选择要导入的 CASS 符号库。点击"打开"即可将符号库导入。

图 4.156　线状符号属性对话框

4.15　CASS 8.0 右侧屏幕菜单

CASS 8.0 屏幕的右侧设置了"屏幕菜单"，这是一个地形图绘制专用菜单。CASS 系统将各类地形图符号分类存储在"控制点（KZD）""水系设施（SXSS）""居民地（JMD）"等 12个菜单项中。这些菜单名本身也是 CASS 系统所设图层名，选择这些菜单中的选项时，不仅选中了绘图工具，实际上也选择了所绘图形元素的属性。例如，当要绘制建筑物时，点击"居民地"菜单，在随即弹出的对话框中，可选择适当的建筑物类型（多点房屋、四点房屋、围墙等），然后即可按提示在屏幕上绘制建筑物，这时所绘建筑物已带有 CASS 系统所设属性信息。正是这些属性信息，不仅决定了绘制的建筑物的色彩、线性等特性，也决定了所绘图形元素所在图层。

图 4.157　坐标定位方式下的屏幕菜单

注意：若采用"工具"菜单下的绘图工具绘图，所绘图形元素则没有属性信息，并且位于当前层上。

进入 CASS 8.0 右侧屏幕菜单的交互编辑功能时，必须先选定定点方式。CASS 8.0 右侧屏幕菜单中定点方式包括"坐标定位""测点点号""电子平板""数字化仪"等方式。其各部分的功能将在下面分别介绍。

4.15.1　坐标定位

用鼠标单击屏幕右侧的"坐标定位"方式，将显示用 CASS 坐标进行地图编辑的条目内容，界面如图 4.157 所示。

4.15.1.1　文字注记

此菜单包括"分类注记""通用注记""变换字体""定义字型""坐标坪高""常用文字"

共 6 大项，点击其中一项一般会弹出一个对话框，可以根据对话框进行文字注记。

注意：注记内容均在 ZJ 图层。

1. 通用注记

功能：在指定的位置以指定的大小书写文字。

操作：同下拉菜单的"工具/文字"。

注意：文字字体为当前字体，CASS 8.0 系统默认字体为细等线体。

2. 变换字体

功能：同下拉菜单的"工具/文字/变换字体"。

3. 定义字型

功能：同下拉菜单的"工具/文字/定义字型"。

4. 坐标坪高

功能：在图形屏幕上注记任意点的测量坐标，如房角点、围墙角点、空白区域等，以及用于注记地坪高。

注意：在进行坐标注记时，应精确捕捉待注记的点。

系统提示：

指定注记点：用鼠标指定要注记的点。

注记位置：指定注记位置。

注记标高值：输入要注记的标高（高程）值。

系统将根据所设定的捕捉方式捕捉到合乎要求的点位，然后由注记点向注记位置点引线并在注记位置处注记点的坐标。

5. 常用文字

功能：实现常用字的直接选取（不需用拼音或其他方式输入）。

选定其中的某个汉字（词）后，命令栏提示文字定位点（中心点）。用鼠标指定定位点后，系统即在相应位置注记选定的汉字（词）。

在这里注记的汉字字高在 1∶1000 时恒为 3.0 mm，如果想改变已注记字体的大小，可以使用下拉菜单"地物编辑/批量缩放/文字"菜单操作。

4.15.1.2　控制点

功能：交互展绘各种测量控制点。（平面控制点、其他控制点）。用鼠标点取此菜单后，将弹出如图 4.158 所示的对话框。

图 4.158　控制点对话框

菜单中各个子项的操作方法基本上一样。仅以导线点为例说明其操作步骤。

操作：按命令栏提示反复输入导线点。

提示：**高程（m）：**输入控制点高程。

点名：输入控制点点名。

输入点：输入控制点点位，用鼠标指定或用键盘输入坐标。

系统将在相应位置上依图式展绘控制点的符号，并注记点名和高程值。

4.15.1.3　水系设施

功能：交互绘制坑、水系及附属设施符号（自然河流、人工河渠、湖泊池塘、水库、海洋要素、礁石岸滩、水系要素、水利设施）。

下面分别叙述不同水系设施的绘制方法。

1. 点状或特殊水系设施

（1）单点式。地下灌渠出水口、泉等都属于这种地物。绘制时只需用鼠标给定点位，若给定点位后地物符号随着鼠标的移动而旋转，待其旋转到合适的位置后按鼠标右键或回车键。有的点状地物需要输入高程，根据提示键入高程值即可。

（2）水闸。

操作：同交通设施的三点或四点定位。

（3）依比例水井。

操作：用三点画圆的方法来确定依比例水井的位置和形状，依提示输入圆上三点。

2. 线状水系设施的绘制

具体又可以分为以下几类：

（1）无陡坎或陡坎方向确定的单线水系设施。绘制这类水系时只需根据提示依次输入水系的拐点，然后进行拟合即可。

（2）陡坎方向不确定的单线水系设施。这类水系设施的绘制方法与第（1）种大致相同，只是需要确定陡坎方向。

请选择：（1）按右边画（2）按左边画<1>：当输入（1）时水沟的坎齿向左边生成；当输入（2）时水沟的坎齿向右边生成，以后操作同上。

（3）示向箭头、潮涨、潮落。

操作：输入相应符号的定位点接着移动鼠标器时，符号便动态地旋转，用鼠标使符号定位方向满足要求。

（4）有陡坎的双线水系设施。绘制这类水系设施时一般是先绘出其一边[绘制方法同第（2）种]，然后根据提示用不同的方法绘制另一边。提示：

请选择：（1）按右边画（2）按左边画<1>：选择1或2。

第一点：输入第一点。

曲线 Q/边长交会 B/<指定点>指定点：

曲线 Q/边长交会 B/隔一点 J/微导线 A/延伸 E/插点 I/回退 U/换向 H<指定点>

曲线 Q/边长交会 B/闭合 C/隔一闭合 G/隔一点 J/微导线 A/延伸 E/插点 I/回退 U/换向 H<指定点>依次输入各点，回车确认。

拟合线<N>?：选择 Y 或者 N。

1.边点式/2.边宽式/（按 Esc 键退出）：选 1 时需给出对边上一点；选 2 时根据提示输入

地物宽度；选 3 则不画另一边。

（5）各种防洪墙。

操作：先绘出墙的一边，然后根据提示输入宽度以确定墙的另一边。

（6）输水槽。如果输水槽两边平行，给出一边的两端点及对边上任一点；如果输水槽两边不平行，需给出每一个结点。

3. 面状水系设施

画出面状水系的边线，然后进行拟合即可，具体操作请注意命令栏提示。

4.15.1.4　居民地

功能：交互绘制居民地图式符号（一般房屋、普通房屋、特殊房屋、房屋附属、支柱墩、垣栅）。其对话框如图 4.159 所示。

下面分别介绍绘制不同房屋的具体步骤：

1. 多点房屋类

操作：根据命令栏提示操作。提示：

第一点：输入房屋的任意拐点。可用鼠标直接确定，也可以输入坐标确定点位。

指定点：输入房屋的第二、第三、…第 n 个拐点。

闭合 C/隔一闭合 G/隔一点 J/微导线 A/曲线 Q/边长交会 B/回退 U/<指定点>：这一步共有 8 个选项，可选其中某一项然后根据提示进行操作（具体操作与下拉菜单"工具"→"多功能复合线"的操作相同）。系统默认操作为输入下一点坐标。

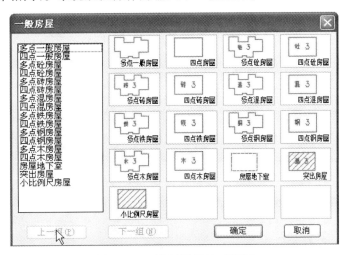

图 4.159　绘制居民地对话框

2. 四点房屋类

操作：根据命令栏提示操作。提示：

1.已知三点/2.已知两点及宽度/3.已知四点<1>：

选择 1（缺省为 1），则依次输入三个房角点（如果三点间不成直角将出现平行四边形）。

选择 2，则依次输入房屋两个房角点和宽度（单位米，向连线方向左边画时输正值，向连线方向右边画时输负值）。选择 3，则依次输入房屋的四个顶点。

3. 楼梯台阶类

当做这项操作时应注意，一定要去掉所有的捕捉方式。

（1）台阶、室外楼梯。

操作：根据命令栏提示：

第一点：输入楼梯第一边的始点。

第二点：输入楼梯第一边的终点。

对面一点：输入楼梯另一边上起点或任意一点。

对面另一点：（直接回车默认两边平行）

（2）不规则楼梯。

操作：根据命令栏提示提示：

请选择：（1）选择线（2）画线　<1>：选择 1 或者 2。如选择（1），根据提示用鼠标点取已画好的楼梯两边线（注意必须是复合线）后，系统将自动生成梯级。**选择一边**：选择一边。

选择另一边：选择另一边，至此系统自动绘制阶梯。

如选择（2），则出现以下提示：

开始画第一边，第一点：绘制第一点。

曲线 Q/边长交会 B/<指定点>：依次绘制第一边上各点后，回车确定。

拟合线<N>?：选择 Y 或者 N。

开始画另一边：操作方法同绘制第一边，不再赘述。

4. 依比例尺围墙

操作：根据命令栏提示操作。提示：

第一点：<跟踪 T/区间跟踪 N>：绘制第一点。

曲线 Q/边长交会 B/跟踪 T/区间跟踪 N/垂直距离 Z/平行线 X/两边距离 L/<指定点>：绘制第二点。

曲线 Q/边长交会 B/跟踪 T/区间跟踪 N/垂直距离 Z/平行线 X/两边距离 L/隔一点 J/微导线 A/延伸 E/插点 I/回退 U/换向 H<指定点>：依次绘制围墙上各结点，完成后回车确定。

拟合吗？<N>：选择 Y 或者 N。

以上具体操作与下拉菜单"工具"→"多功能复合线"的操作相同。待绘制完围墙骨架线后，根据提示输入围墙的宽度。

输入宽度（左＋右　米）：<0.500> 输入正值在骨架线前进方向的左侧绘围墙另一边线符号，输入负值则在骨架线前进方向的右侧绘围墙另一边线符号。

5. 不依比例尺围墙、栅栏（栏杆）、篱笆、活树篱笆、铁丝网类、门廊、檐廊

操作：根据命令栏提示操作：

第一点：<跟踪 T/区间跟踪 N>：绘制第一点。

曲线 Q/边长交会 B/跟踪 T/区间跟踪 N/垂直距离 Z/平行线 X/两边距离 L/<指定点>：绘制第二点。

曲线 Q/边长交会 B/跟踪 T/区间跟踪 N/垂直距离 Z/平行线 X/两边距离 L/隔一点 J/微导线 A/延伸 E/插点 I/回退 U/换向 H<指定点>：依次绘制围墙上各结点，完成后回车确定。

6. 阳　台

操作：根据命令栏提示操作。注意：画阳台前应先画出阳台所在房屋。

请选择：（1）已知外端两点（2）皮尺量算（3）多功能复合线<1>：作出选择。

如选（1），出现以下提示：

请选择阳台所在房屋的墙壁：用鼠标点取房屋边。

选取阳台外端第一点：定出第一点。

选取阳台外端第二点：定出第二点。定出两点后，系统自动从这两点向房屋引垂直线，绘出阳台。

如选（2），出现以下提示：

请输入阳台所在墙壁第一端点：用鼠标点取阳台所在房屋边上第一个端点。请输入第二端点：用鼠标点取阳台所在房屋边上第二个端点。

请输入阳台一端与墙壁第一端点间的距离：输入丈量值，系统根据此输入值确定阳台位置。

请输入阳台长度：输入丈量值。

请输入阳台宽度：输入丈量值。

阳台长度和宽度都既可以用键盘输入，又可以用鼠标指定。

说明：如能测到阳台两个外端点，可采用第一种方法，否则只能用皮尺量算。如果阳台不规则可选（3），选（3）后出现以下提示（具体操作与下拉菜单"工具"→"多功能复合线"的操作相同）：

第一点：定出第一点。

曲线 Q/边长交会 B/<指定点>pline 输入点：定出第二点。

闭合 C/隔一闭合 G/隔一点 J/微导线 A/曲线 Q/边长交会 B/回退 U/<指定点>：依次定出阳台各点。

4.15.1.5　独立地物

功能：交互绘制各类独立地物（矿山开采、工业设施、农业设施、公共服务、名胜古迹、文物宗教、科学观测及其他设施）。

具体操作方法可分如下几种情况：

（1）面状独立地物。面状独立地物的绘制与房屋绘制步骤相同。

（2）点状独立地物。选取点状地物的图式符号后，用鼠标给定点状符号定位点。地物符号有时会随鼠标的移动而旋转，此时按鼠标左键确定其方位即可。

4.15.1.6　交通设施

功能：交互绘制道路及附属设施符号。

下面分别介绍不同交通设施的绘制方法：

（1）两边平行的道路，如平行高速公路、平行等级公路、平行等外公路等。

操作：按命令栏提示操作。

第一点：<跟踪 T/区间跟踪 N>：定出第一点。

曲线 Q/边长交会 B/跟踪 T/区间跟踪 N/垂直距离 Z/平行线 X/两边距离 L/<指定点>：根据需要选择某一选项进行操作，定出第二点。

曲线 Q/边长交会 B/跟踪 T/区间跟踪 N/垂直距离 Z/平行线 X/两边距离 L/闭合 C/隔一闭合 G/隔一点 J/微导线 A/延伸 E/插点 I/回退 U/换向 H<指定点>：依次绘制道路边线上各结点，完成后回车确定。

拟合线<N>?：当确定道路的一条边后，将出现这一提示，如不需拟合，直接回车即可，如需要拟合，键入 Y 然后回车。

1.边点式/2.边宽式<1>：如选 1，用户需用鼠标点取道路另一边任一点；如选 2，用户需输入道路的宽度以确定道路的另一边。选 2 后出现以下提示：

请给出路的宽度（ m ）：＜＋/左， /右＞：输入道路的宽度。如未知边在已知边的左侧，则宽度值为正，反之为负。

（2）只画一条线的道路，如铁路、高速公路等，较窄的道路，或者绘图比例尺较小时，道路只需单线表示。

操作：按命令栏提示操作，方法与绘制双线道路一侧相同。

（3）只需输入一点的交通设施。各种点状交通设施如路灯、里程桩、水龙头等均属此类。

操作：按命令栏提示操作：

指定点：用鼠标点取点位即可。

注意：输入点后有些地物符号会随着鼠标的移动旋转，此时移动鼠标确定其方向后按鼠标右键或回车键即可。

（4）需输入两点的交通设施。有些地物需输入起点和端点以确定其位置和形状，如过河缆、电车轨道电杆等。

操作：按命令栏提示操作：

第一点：输入第一点。

第二点：输入第二点。

（5）面状交通设施。面状交通设施又可以分为以下几类：

① 圆形面状交通设施，如转车盘。

操作：按命令栏提示操作（三点画圆法）。

圆上第一点：输入第一点。

圆上第二点：输入第二点。

圆上第三点：输入第三点。

② 规则（如长方形、菱形）四边形面状交通设施，如站台雨棚。

按命令栏提示操作。具体步骤与"居民地"→"四点房屋"相同。

③ 不规则面状地物。

按命令栏提示操作。具体操作与"居民地"→"多点房屋"相同。

（6）需输入三点或四点的交通设施。如铁路桥、公路桥等。提示：

第一点：输入第一边一端点。

第二点：输入第一边另一端点。

对面一点：按顺时针或逆时针输入另一边一端点。

对面另一点：（直接回车默认两边平行）输入另一边另一端点，如直接回车则默认两边是平行的，此时输入的第三个点可以不在对边上。

4.15.1.7 管线设施

功能：交互绘制电力、电信、垣栅管线及附属设施等地物。

下面分别叙述不同管线设施的绘制方法。

（1）点状管线设施。在输入点状管线设施时用户只需用鼠标指定该地物的定位点即可。提示：

指定点：用鼠标指定点。

（2）线状管线设施。线状管线设施的绘制方法与多功能线的绘制相同，用户可参看下拉菜单"工具"→"多功能复合线"。有些线状管线设施只需两点（起点和端点）即可确定其位置；有些管线设施在输完点以后系统会提问"拟合线＜N＞？"，输入Y进行拟合，如不需拟合，按鼠标右键或直接回车。

操作：根据命令栏提示进行操作即可。

4.15.1.8　境界线

功能：交互绘制境界线符号，符号都绘制在 JJ 层。

绘制境界线符号时只需依次给定境界线的拐点即可。如果需要拟合，根据提示进行拟合。

4.15.1.9　地貌土质

功能：交互绘制陡坎、斜坡及土质的相应符号。

1. 点状元素

绘制时只需用鼠标给定点位，若给定点位后地物符号随着鼠标的移动而旋转，待其旋转到合适的位置后按鼠标右键或回车键。

2. 线状元素

（1）无高程信息的线状地物（自然斜坡除外）。绘制这类地物时只需根据提示依次输入地物的拐点，然后进行拟合。

（2）有高程信息的线状地物，包括等高线和陡坎，绘制时要先行输入高程信息。提示（以等高线为例）：

输入等值线高程：<0.0> 输入等高线的高程。

第一点：<跟踪 T/区间跟踪 N>：输入第一点。

曲线 Q/边长交会 B/跟踪 T/区间跟踪 N/垂直距离 Z/平行线 X/两边距离 L/<指定点>:输入第二点。

曲线 Q/边长交会 B/跟踪 T/区间跟踪 N/垂直距离 Z/平行线 X/两边距离 L/闭合 C/隔一闭合 G/隔一点 J/微导线 A/延伸 E/插点 I/回退 U/换向 H<指定点>：依次输入后面各点后，回车确定。

请选择拟合方式：（1）无（2）曲线（3）样条 <2> 选择等高线的拟合方式。

（3）自然斜坡。

取本菜单项后，系统提示：

请选择：（1）选择线（2）画线<1>：选择（1）时（缺省值），将要求依次选择屏幕上已绘制的坡底线和坡顶线。

选择坡底线：点击确定。

选择坡顶线：点击确定。

坡向正确吗 <Yes>？用户判断坡向是否正确，是则直接回车，否则录入 N 后回车。

选择（2）时，将要求依次给定坡底线定位点和坡顶线定位点（输完后回车），并分别提问坡底线和坡顶线是否要光滑，输完后由用户来判断坡向，最后系统将自动绘出斜坡。

3. 面状元素

包括盐碱地、沼泽地、草丘地、沙地、台田、龟裂地等地物。绘制这类地物时只要根据提示给出地块的各个拐点绘出边界线，然后根据需要进行拟合。

4.15.1.10　植被土质

功能：交互绘制植被和园林的相应符号。

植被园林符号分为点、线、面三类。点状符号包括各种独立树、散树，绘制时只需用鼠标给定点位即可。线状符号包括地类界、行树、防火带、狭长竹林等，绘制时用鼠标给定各个拐点，然后根据需要选择是否拟合。面状符号包括各种园林、地块、花圃等，绘制时用鼠标绘出其边线，然后根据需要选择是否拟合。

4.15.1.11　市政部件

功能：交互绘制市政设施符号，包括面状区域、公用设施、道路交通、市容环境、园林绿化、房屋土地和其他设施等。

4.15.2　点号定位

在右侧屏幕菜单用鼠标单击"测点点号"选项即可进入"测点点号"定点方式。

进入此定点方式时会显示一个对话框，根据对话框提示输入坐标数据文件名，命令栏将出现提示：**读点完成！共读入 n 个点**。

用户可以看到图上所示的界面与"坐标定位"方式的显示界面基本相同，只是多了一项"找指定点"。它的功能是在输入一个点的点号后，把该点所在图形平移到所指定的位置。其余菜单项的操作方法与"坐标定位"方式下相应菜单的操作基本相同，只是点的输入方法有所变化，命令栏提示如下：

点 P/<点号>：此时可直接输入点号，也可先输入 P 切换到坐标定点模式，然后用鼠标捕捉一点。

说明：用户在用"测点点号"方式作业时，最好将测点点号展绘出来，便于对照编辑。

4.15.3　电子平板

本菜单功能就是用一专用电缆线连接便携机与全站仪，将装有 CASS 软件的便携机显示屏当作测图平板，将全站仪当作照准仪而组成"电子平板"。电子平板可实现一机多镜作业。在进入"电子平板"作业模式以前，用户需做以下准备工作：

（1）在 Windows 的记事本或其他编辑软件中，按照 CASS 8.0 的系统文件格式将测区已知控制点坐标编辑为坐标数据文件。

（2）在测站点架好仪器，用电缆连接便携机与全站仪，开机后进入 CASS 8.0 系统。

准备工作完成后，用户可在右侧屏幕菜单用鼠标单击"电子平板"选项进入"电子平板"作业模式。此时将弹出一个对话框，如图 4.160 所示。

首先选择坐标数据文件，然后确定定向方式，其中方位角定向要求录入定向方位角度。设置测站点、定向点及检查点的坐标值，其中可以直接录入数据文件中的点号，也可以直接在图面上选取，当然手工录入也是可以的。做完之后点击检查按钮供用户检查测站设置是否正确，如图 4.161 所示。

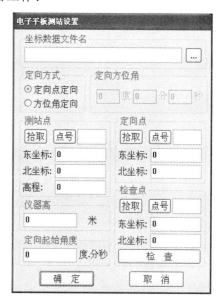

图 4.160　电子平板对话框

确定所属信息正确无误后按回车键即可进入电子平板测量模式。具体操作可参见 CASS 的有关说明书。

1. 特色功能说明

安置测站：用于重新安置测站，执行之后系统弹出如图 4.160 所示的对话框，操作同上述方法相同。

图 4.161　电子平板测站检查提示

找测站点：用于寻找当前测站点，执行之后系统会自动定位于测站点。

找当前点：用于寻找当前观测点，执行之后系统会自动定位于观测点。

方式转换：用于鼠标和全站仪方式之间的切换。

2. 多镜测量

功能：应用多镜之间的切换，实现同时测绘不同的地物。

操作过程：按命令栏提示：

选择要连接的复合线：<回车输入测尺名>：选择要继续观测的复合线地物，则系统自动连接该线；输入测尺名则系统自动切换到该测尺上次所测地物；直接回车则弹出如图 4.162 所示的对话框。

其中，操作类型包括：切换、新地物和赋尺名。

切换是镜与镜之间的切换，操作选中切换之后，在已有测尺名中选中要切换到的测尺，确定即可完成多镜切换工作。新地物是开始观测新的地物时应用的选项。选中新地物选项，开始测量新地物可以选中已有测尺或者是建立新测尺，建立新测尺需要在输入测尺名中录入新测尺的名字。赋尺名用于开始还没有观测时，首先给各个测尺命名，在输入测尺名文本框中录入测尺名后确定即可。执行新地物或者切换时，有以下提示：

切换 S/测尺 R<李强>/<鼠标定点，回车键连接，Esc 键退出>：其中鼠标定点直接在图面上点击；Esc 表示退出；回车表示与全站仪连接，弹出如图 4.163 所示的对话框。

图 4.162　测尺选择

图 4.163　全站仪连接

重测可实现多次观测。地物编码可手工录入也可点击点选在图上选择编码相同的地物，系统自动将编码录入。

切换 S 表示要切换到另外的测镜，在提示下选择要继续测的地物。

测尺 R 表示将目前在测的测镜更改名字，在弹出的对话框中键入新尺名；还可以用来切换测镜和开始测新地物。确定之后继续观测。

4.16　CASS 8.0 工具条

当启动 CASS 8.0 以后，可以看到在屏幕的上部和左侧各有一个工具条。其中上部的工具条属于 AutoCAD 标准工具条，上面有 AutoCAD 的许多常用功能快捷键，如图层的设置、打开老图、图形存盘、重画屏幕等。屏幕左侧的工具条则是 CASS 系统所特有的，上面有察看实体编码、加入实体编码、查询坐标、注记文字、绘陡坎、绘多点房屋、绘斜坡等众多快捷键按钮，均是 CASS 常用的功能。所有按钮均设置有在线提示功能，即当鼠标指针在某个按钮图标上停留一两秒钟时，鼠标的尾部将弹出该工具按钮的文字说明，鼠标移动则说明消失。若将鼠标置于任一工具条上击右键，此时会弹出更多工具条菜单选项，这些菜单都是 CAD 系统的绘图工具，可视编辑需要点选择。

虽然快捷键的使用比下拉菜单方便，但由于工具条上的快捷键功能绝大多数已经作为下拉菜单项介绍过了，因此本小节仅作选择性的介绍。

4.16.1　标准工具栏

标准工具栏显示如图 4.164 所示。

图　　5.164

1. 图标 "　"

功能：同菜单条 "编辑/图层控制/图层设定"，调用图层特性管理器。

2. 图标 "　"

功能：将当前所选定的对象所在的图层设为当前图层。

3. 图标 "　"

（1）"　"：可控制一个或多个图层是否显示。首先选择图层，然后单击 "　"，该图标将变成灰蓝色，这时所选择图层将消失。

（2）"　"：可控制一个或多个图层是否显示，还可控制一个或多个图层在出图时是否显示。

（3）"　"：控制一个或多个图层在出图时是否显示。

（4）"　"：控制一个或多个图层是否能被打印出来。

（5）"　"：显示图层的颜色。不能被编辑。

（6）"DLDW"：显示当前图层名。

4. 图标 "　"

功能：调用线型管理器。用户可以通过线型管理器加载线型和设置当前线型。

5. 图标 "　"

功能：同菜单条 "文件/打开已有图形"。

6. 图标 " 🖫 "

功能：同菜单条"文件/图形存盘"。

7. 图标 " 🖉 "

功能：同菜单条"显示/重画屏幕"。

8. 图标 " 🔃 "

功能：同菜单条"显示/平移"。

9. 图标 " 🔍 "

功能：缩小和放大图形。选取此项后，鼠标向上移动放大图形，鼠标向下移动则缩小图形。

10. 图标 " 🔍 "

功能：同菜单条"显示/显示缩放/窗口"。

11.图标 " 🔍 "

功能：同菜单条"显示/显示缩放/全图"。

12. 图标 " 🔍 "

功能：同菜单条"显示/显示缩放/前图"。

13. 图标 " ↶ "

功能：同菜单条"工具/操作回退"。

14. 图标 " ↷ "

功能：同菜单条"工具/取消回退"。

15. 图标 " 🖾 "

功能：同菜单条"编辑/对象特性"。

16. 图标 " 🖩 "

功能：打开或关闭 AutoCAD 设计中心。

17. 图标 " 🖉 "

功能：同菜单条"编辑/删除/单个目标选择"。

18. 图标 " ✛ "

功能：同菜单条"编辑/移动"。

19. 图标 " 🗇 "

功能：同菜单条"编辑/复制"。

20. 图标 " ⊹ "

功能：同菜单条"编辑/修剪"。

21. 图标 " ⊣ "

功能：同菜单条"编辑/延伸"。

22. 图标 " 🛈 "

功能：调出 CASS 8.0 的系统帮助。

4.16.2　CASS 实用工具栏

实用工具栏显示如图 4.165 所示。

图　　5.165

1. 图标 "🖋"

功能：同菜单条 "数据处理/察看实体编码"。

2. 图标 "🖋"

功能：同菜单条 "数据处理/加入实体编码"。

3. 图标 "重"

功能：同菜单条 "地物编辑/重新生成"。

4. 图标 "🔳"

功能：同菜单条 "编辑/批量选取目标"。

5. 图标 "🔳"

功能：同菜单条 "地物编辑/线型换向"。

6. 图标 "🔳"

功能：同菜单条 "地物编辑/坎高查询"。

7. 图标 "🔳"

功能：同菜单条 "工程应用/查询指定点坐标"。

8. 图标 "🔳"

功能：同菜单条 "工程应用/查询距离与方位角"。

9. 图标 "注"

功能：同右侧屏幕菜单 "文字注记"。

10. 图标 "🔳"

功能：根据提示 "画多点房屋"。

11. 图标 "□"

功能：根据提示 "画四点房屋"。

12. 图标 "🔳"

功能：根据提示 "画依比例围墙"。

13. 图标 "🔳"

功能：根据提示画各种类型的陡坎。

14. 图标 "🔳"

功能：根据提示画各种斜坡、等分楼梯。

15. 图标 ".91"

功能：通过键盘进行交互展点。

16. 图标 "⊙"

功能：展绘图根点。

17. 图标 "╱"

功能：根据提示绘制电力线。

18. 图标 "ჰ"

功能：根据提示绘制各种道路。

第 5 章　CASS 8.0 数字地形图编辑及工程应用

5.1　数字地形图编辑概述

5.1.1　CASS 8.0 使用的数据文件

1. 数字地图编辑采用的数据文件

全站仪测量碎部点的原始观测值为水平角、竖角和斜距，并在坐标测量模式选择下，通过全站仪内置的计算程序计算出测点坐标保存起来。虽然不同型号仪器的文件数据格式不尽相同，但文件内容基本相同。通过执行 CASS 8.0 系统的"数据处理"菜单下"读入全站仪数据"命令，将全站仪内存中的数据传入 CASS 8.0 中，并转化为统一格式的 CASS 8.0 坐标数据文件。

CASS 8.0 坐标数据文件是 CASS 最基础的数据文件，扩展名为".dat"，只要是从 CASS 8.0 支持的全站仪传输到计算机的数据，都会生成下列格式的坐标数据文件。

1 点点名，1 点编码，1 点 Y（东）坐标，1 点 X（北）坐标，1 点高程

　　⋮

N 点点名，N 点编码，N 点 Y（东）坐标，N 点 X（北）坐标，N 点高程

对于 CASS 8.0 坐标数据文件，说明如下：

（1）文件内每一行代表一个点，各行第一个逗号前的数字，是该测点的点号。点号作为点的识别符，在数字化地形图的编辑中非常重要，若没有准确清晰的点号及其相互关系的记录，所有测点将是相互没有联系的离散点，不可能编辑成图。

（2）每个点的坐标和高程的单位均是"m"，要特别注意的是 Y 坐标在前，X 坐标在后。

（3）无码作业时，文件中的编码位置为空或为自定义的代码，此时的文件称为无码坐标数据文件。但是即使编码为空，文件中第二个逗号也不能省略。

（4）有码作业时，各点编码有如下约定：若该点是地形点（离散地貌点）则为空；若该点是地物点则为测点的简码，此时的文件称为有码坐标数据文件。

（5）所有的逗号不能在全角方式下输入。

2. 地形图成果文件

CASS 8.0 软件是以 AutoCAD 为开发平台设计的数字化成图软件，其编辑完成的地形、地籍图都是扩展名为".dwg"的 AutoCAD 格式的图形文件。AutoCAD 在国内用户众多，DWG 格式的数字地形图成果，被广泛地应用于各种规划设计和图库管理，应用领域非常广泛。

3. CASS 数据交换文件（.cas）

CASS 8.0 除了提供数字地图的 AutoCAD 文件外，还提供 CASS 软件自定义的数据交换文件，扩展名为".cas"。CAS 文件包含了数字地图中的几何数据（坐标、高程）、属性数据（道路或房屋）和拓扑数据（点间连接关系），属于全息文件，它为用户的各种应用带来了极

大方便，经过一定的处理后，可将数字地图的所有信息毫无遗漏地导入 GIS。

CASS 8.0 数据交换文件的总体格式如下：

CASS 8.0

西南角坐标

东北角坐标

[层名]

实体类型

⋮

nil

实体类型

⋮

nil

⋮

[层名]

⋮

[层名]

⋮

END

文件的第一行和最后一行固定为 CASS 8.0 和 END，第二、三行规定了图形的范围，设想用一个矩形刚好把所有的实体包括进去，则该矩形左下角坐标是西南角坐标，右上角坐标是东北角坐标。

CASS 8.0 交换文件的坐标格式为"Y 坐标，X 坐标，[高程]"，单位为 m，其中 Y 和 X 坐标分别表示东方向和北方向坐标，高程可以省略，但在表示等高线、陡坎等时不要省略。CASS 8.0 交换文件中线状地物都有线型的定义，如在其他系统生成 CASS 8.0 交换文件，可在线型栏中以"N"代替，成图时系统会自动根据编码选择相应的线型，如无相应线型，则默认为 CONTINUOUS 型，即实线型。

文件正文从第四行开始，以图层为单位分成若干独立的部分，用中括号将层名括起来，作为该图层区的开始行，每个层内部又以实体类别划分开来。CASS 交换文件共有 POINT、LINE、ARC、CIRCLE、PLINE、SPLINE、TEXT、SPECIAL 等八种实体类型，文件中每个层的每种实体类型部分以实体类型名为开始行，以字符串"nil"为结束行，中间连续表示若干个该类型的实体。

5.1.2　地形图编辑成图方法概述

测量数据录入计算机后，即要运用 CASS 8.0 的各种图形编辑方法，将离散的定位点编辑成数字形式的地形图。地形图编辑大体上有两种方法，人机交互编辑成图和计算机自动成图。对于无码数据文件，主要采用人机交互编辑成图，当然也可以根据测点记录事后编辑出合乎 CASS 8.0 要求的绘图编码文件，再通过计算机自动成图。若是有码文件，理论上可以计算机自动成图，但是一般而言，野外地形十分复杂、数据采集及编码工作量巨大，错误不可避免，加之对于需要结合丈量数据的地貌、地物编辑，编码方法较难处理。因此，即使是编码法作业，人工编辑工作也是不可缺少的，而且地形图编辑基本完成后，还需进行图形整饰工作，如添文字注记、植被符号、河流走向示标、加图框等工作，这都是必须通过人机交互方式完成的。

工程实践中，无论是野外采集数据还是内业编辑成图，总是根据实际情况综合运用多种方法，以追求更高的工作效率。

5.1.3　本章的主要内容

在第 4 章一般性地介绍了 CASS 8.0 基本功能的基础上，本章按地貌、地物分类，系统全面地讲述数字地形图编辑的步骤、方法，侧重常用地形图图元编辑命令的使用技能。在学习本章后结合上机练习，就能熟练掌握 CASS 8.0 编辑数字地形图的方法。

5.2　测量数据的录入

作为数字地形图编辑成图工作的第一步，首先要将观测数据输入计算机。如前所述数据传输目前主要方式有数据线连接传输、USB 数据接口和储存卡三种。后两种与计算机、数码相机等常用的数码产品相同，RTK 手簿一般采用储存卡模式，因此本章只介绍全站仪数据线通讯方式。

5.2.1　数据通信的一些基本概念

所谓数据通信，是指计算机与计算机之间，或是计算机与数据终端之间经过通信线路而进行的信息交流与传送的通信方式。常见的数据通信方式分为两种：近距离传输和远距离传输。对于数字化测图来说：前者是指数据传输单元（全站仪等）与数据接受单元（计算机等）之间距离很短，可以用电缆把两者连接起来进行传输（即直接传输）；而后者是指数据传输与接受两个单元距离较远，要通过其他的媒介进行传输，如电话、网络、无线电等等。

1. 数据通信的方式

数据通信分为三种基本方式：单工，半双工和全双工。

（1）单工方式。在单工方式下，只允许在规定的方向上传输数据，而不允许向相反的方向传输数据，即数据通信是单方向的。在通信双方中，根据数据的流向，一方是发送单元，另一方是接受单元，接受单元是不允许发送数据的。

（2）半双工方式。在半双工方式下，通信双方每一方都具备发送和接受功能，但一方是发送单元时，另外一方必须是接受单元。同理，当一方由接受单元变为发送单元时，另一方必须由发送单元变为接受单元。即数据通信虽然是双向的，但并非同时进行，在任意时刻，只能在一个方向上传输数据。

（3）全双工方式。在全双工方式下，任何时刻都允许在两个方向上传输数据，即发送数据单元在发送数据的同时也可以接受，而接受单元在接受的同时也可以同时发送数据。而且两个同时发送的信息可以有关也可以无关。

2. 数据信息的表示

数据通信所要传输的信息是由一系列字母和数字表示的，而沿着传输线传送时，信号是以电讯号传送。因此，实际上要先把传送的字符信息转换为二进制形式，再把二进制信息转化为一系列离散的电子脉冲信号，用于表示二进制信息。

3. 数据信息的校验

数据通信中，数字信号难免会遇到各种干扰。因此，发送单元发出的信息到了接受单元可能会出错，尽管可能性很小，但是一旦出错，将产生巨大的影响。既然无法避免传输的差错，就得检查出这种差错，从而克服它们。

校验位，又称奇偶校验位，是指数据传输时接在每个七位二进制数据信息后面发送的第八位，它是一种检查传输数据是否正确的方法。即将一个二进制数加到发送的二进制信息串后面，让所有二进制（包含校验位）的总和保持是奇数或偶数，以便在接受单元检核传输的数据是否有误。通常校验位有 5 种校验方式：

（1）无校验：这种方式规定发送数据信息时，不使用校验位。这样就使得原来校验位所占用的第八位数成为可选用的位，这种方法通常用来传送由八位二进制组成的数据信息。这时，数据信息就占用了原来由校验位使用的位置。

（2）偶校验：这是一种最常用的方法，它规定校验位的值与前面所传输的二进制数据信息有关，并且应使校验位和七位二进制数据信息中"1"的总和总为偶数。换言之，如果二进制数据信息中"1"的总数为偶数，则校验位为"0"，如果二进制数据信息中"1"的总数为奇数，则校验位是"1"。

（3）奇校验：这种方法规定校验位的值与它所伴随的二进制数据信息有关，并且使校验位和七位二进制数据信息中"1"的总和数总为奇数。也就是说，如果数据信息中所有二进制数"1"的总数是偶数，则校验位为"1"，如果所有二进制数"1"的总数是奇数，则校验位是"0"。

（4）标记校验：这种方法规定校验位总是二进制数"1"，而与所传输的数据信息无关。因此这种方式下二进制数"1"仅仅是简单地填补了这个位置，并不能校验数据传输是否正确。它的存在并无实际意义

（5）空号校验：这种方法规定校验位总是二进制数"0"，它也仅仅是简单的填补位置，虽有校验位的存在，但并不用来作传送质量的检验，其存在也并无实际意义。

4. 数据信息的传送方式

数据传输有串行传输和并行传输两种传输方式。它们的概念与列队行进的一路纵队和几路纵队类似。

（1）串行传输。当采用串行方式通讯时，数据信息是按二进制位的顺序由低到高一位一位地在一条信号线上传送。

这种传输方式速度慢，但设备要求简单，价格低廉，同时由于是在一条线上传输，每一个二进制数无论传输快慢，最终均能组成完整而准确的信息，信号质量高，因此是常用的信息交换方法。与串行传输相对应，在各种输入、输出设备和计算机系统上常装有串行通信接口。所谓接口就是指输入输出设备与计算机主机的连接设备，如计算机主板上的 COM1 和 COM2 两个标准接口。串行接口用于对通讯速度要求不是很高的设备，如数字化仪、全站仪、鼠标等。在这些常用的输入输出设备上都有串行接口，可以很方便地用电缆直接与主机连接。

（2）并行传输。所谓并行传输，是指通过多条数据线将数据信息的各位二进制数同时并行传输，每位数要各占用一条数据线。

这种方式通讯速度快，但各位数据必须要求同时发送，并按同一速度传输，接受单位才能收到完整而准确的信息，若各条数据发送速度快慢不一致，可能会收到错误的信息。因而，必须使用专门技术和专门设备进行接受，制作成本较大。这种方式常用于计算机内部指令和数据的传输。

与并行传输相对应，在计算机主机上都配有适用于多种打印机、绘图仪的并行接口，如 LPT1，LPT2 等。使用通行的并行打印机连接电缆，各种型号的打印机就能与计算机连接使用。

5. 同步传输与异步传输

（1）同步传输。同步传输是指每一个数据位都是用相同的时间间隔发送，而接受时也必须以发送时的相同时间间隔收到每一位信息。也就是说，在同步方式下，接受单元与发送单元都必须在每一个二进制位上保持同步，而无论是否传输数据。

（2）异步传输。串行通信常用异步传输方式。在这种方式下，由于接受单元不能准确预计什么时候要收到下一个数据串，因此发送单元在发送任意数据之前首先发送一位二进制数进行报警，称为起始位，起始位之值为"0"。在发送起始位"0"后，马上就接着发送数据串。当发送数据信息完毕后，相应地在其后加上一位或两位二进制数，用来表示数据传送结束，叫作停止位，其值是"1"。

6. 有无应答的数据传输

数据发送单元可以要求接收单元在接收到数据后发出回答信号，也可以不要求发出回答信号。如果是前者，当收到承认信号后再传送下一组数据，如果收到不承认信号，发送单元将原数据再传送一次。如果是后者，发送单元将不考虑收到单元的反映，一个接一个地发送数据。

数据传输的速度也叫波特率，用 bps，Kbps 等表示。

5.2.2　全站仪数据传输到计算机

CASS 8.0 为几乎所有型号全站仪预设了通信接口，能使各种型号全站仪中的观测数据，以统一的坐标数据文件格式传送到计算机，供 CASS 8.0 打开、展绘及编辑成图。将全站仪数据传送到计算机，操作步骤如下：

（1）将全站仪通过串口通信电缆与微机连接好。

（2）点击"数据"菜单下的"读取全站仪数据"项，弹出如图 6.1 所示的对话框。

（3）点击图 5.1 中"仪器"选项右侧下拉箭头，在弹出的选项菜单中选择使用的仪器型号，并选中"联机"复选框。然后检查通讯参数是否设置正确（全站仪与 CASS 软件系统的通讯参数设置必须一致），在对话框最下面的"CASS 坐标文件："下的空栏中输入想要保存的文件名，如图 5.2 所示，然后点击"转换"按钮即弹出一个对话框，按对话框提示操作计算机和全站仪即可。

图 5.1　全站仪内存数据转换的对话框

图 5.2　全站仪内存数据转换设置

如果要将以前已由全站仪下载的数据进行数据转换，可先选好仪器类型，再将仪器型号后面的"联机"选项取消。这时通讯参数全部变灰。接下来，在"通讯临时文件"选项下面的空白区域填上已有的临时数据文件，再在"CASS 坐标文件"选项下面的空白区域填上转换后的 CASS 坐标数据文件的路径和文件名，点"转换"键即可。

5.3　CASS 8.0 编辑成图方式

5.3.1　"无码法"工作方式

"无码法"工作方式外业工作时，没有输入描述各定位点之间相互关系的编码，而是以"草图"的形式记录点位之间的关系以及所测地貌、地物的属性信息。由于没有输入编码，所以坐标文件中仅有碎部点点号及测量坐标值，对于这样的数据文件，系统不能自动处理编辑成地形图，只能对照"草图"在计算机上通过人机交互方法，一步步编辑成图。"无码法"编辑成图的基本过程如下：

5.3.1.1　定显示区

当测量范围较大时，计算机屏幕显示全图时局部不够清晰。为了编辑成图时方便，可设定显示区，使计算机显示所设定的区域。本选项具体操作见第 5 章相关部分，本节不再赘述。需要指出的是，对于大比例尺地形图编辑，图形分块编辑，图幅面积不大，此项步骤可以省略。作业时运用移动、局部放大等功能，也十分方便。

5.3.1.2　设定定点方式

人机交互成图方式有两种绘图定点方式，"点号定位"和"坐标定位"。选择这两种方法，只需点击屏幕右侧菜单区的"点号定位\坐标定位"选项即可。两者的差别在于，选择"坐标定位"时只能通过屏幕鼠标定点，而选择"点号定位"时，既可在图形编辑时以键盘输入点号定点，也可以切换到鼠标定点方式，所以一般选择"点号定位"模式。

选择"点号定位"模式时，系统会弹出"打开文件"对话框，提示输入观测数据文件，这时选中观测点坐标数据文件，确认即可。

5.3.1.3　地形图绘制

无码法绘制地形图的基本原理和手工绘图相同，所不同的是以计算机屏幕代替了绘图板，以计算机绘图工具代替了画笔。具体的步骤如下：

1. 展绘测点

本项工作是将测点展绘到计算机屏幕上以点号标注，作为屏幕绘图的定位依据。展绘测点的步骤如下：

（1）点击菜单"绘图处理"下"展野外测点点号"子菜单。

（2）在弹出文件打开对话框中，找到测量坐标文件名后点击确认。

说明：展绘测点时，也可以选择"展野外测点代码"。有经验的作业员，在测量地貌、地物时输入自定义的简码。例如凡是建筑物测点，就输入"F"；凡是电线杆测点，就输入"D"。此时若选择"野外测点代码"，则计算机屏幕上测点不显示点号，而是显示输入的代码。由于屏幕上显示的点大大减少，绘图时可以更快地找到定点位置，也可以利用代码检查编辑中是否出现错误，例如是否有漏绘的电杆等。

2．人机交互绘图

在计算机完成测点展绘后，即可根据野外作业时绘制的草图，有秩序、有步骤地编辑地形图。在屏幕上通过人机交互方法编辑地形图是一项烦琐而细致的工作，不仅需要作业人员有熟练的专业技能，还需要严谨、有序、精益求精的工作态度，才能完成高质量的测绘成果。

（1）注意事项

地形图编辑作业方法要综合考虑各种因素而定，并无固定的模式。具体的操作本章其他小节有专题阐述，但一般应注意以下事项：

•应按地貌、地物的分类，逐次编绘。首先应编绘方位作用明显的道路、建筑物等主要地物，以方便图形编辑时作为参照物寻找其他定位点。然后编绘相对次要的管线设施、植被、一般文字注记等内容。

•绘制地貌、地物时，应严格采用屏幕右侧地形图符号专业绘图工具绘制，这是保证所绘地貌、地物图形元素属性及正确分层的基本保障。若采用了"工具"菜单下的 CAD 绘图工具（绘直线、曲线、圆及椭圆等工具）绘制，则图形元素无属性，并且所绘图形元素均位于当前层上（系统默认为 0 层）。不仅如此，地形符号专业工具所绘线型是复合线，而"工具"菜单下绘图工具所绘线型是不连续的一般直线或曲线。一旦出现这种情况，再实施转换就相对麻烦。

•当地貌、地物不复杂，测点数不多时，可以选择鼠标屏幕定点方式（坐标定位）。做法是：首先根据绘制的地貌、地物类型在屏幕右侧菜单选择绘制工具，然后对照"草图"，以屏幕上测点为定位位置用鼠标定点，逐点、逐线地绘制地形图。

一般而言，直接在屏幕上通过鼠标按点位定点绘图速度较快，但是若测区地形复杂、测点众多时，在屏幕上寻找测点不太容易，这时可选择"点号定位"定点方式。这种方式绘图时，通过键盘输入测点点号作为绘图时的定位点，在选择了绘图工具后，同样对照"草图"，通过键入点号定点绘图。

•"点号定位"和"坐标定位"方式可以相互切换，方法是首先在屏幕右侧菜单选择"点号定位"方式，当要转入鼠标定点方式时，只要在绘图状态键入"P"，就实现了切换。若要再次切换到测点点号时，重复上述操作即可。

•当采用鼠标定点方式绘图时，为了准确地将点状地貌、地物符号定位于测点，或者要使地貌、地物符号线型边界准确通过定位点，就需要采用屏幕捕捉方式。CASS 8.0 基于 CAD 的捕捉功能设置多达十余种，选择不同的捕捉方式会出现不同形式的黄颜色光标，其中较常用的是"节点""中心"等，分别用于捕捉展绘"测点点号"和"高程点"时的定点位置。绘图时应根据定点对象不同选择适当的捕捉方式，不可同时选择过多的捕捉方式，并且不需要时应关闭该功能，以免绘图时出现混乱。

•在地形图绘制过程中，要结合"工具"菜单下或者快捷按钮中 CAD 功能强大的编辑命令，如放大显示、移动图纸、删除、复制、镜像、剪切、文字注记等，对采用屏幕右侧菜单工具绘制的图形元素进行编辑。

（2）操作实例

如图 5.3 所示外业作业草图，33、34、35 号点是一矩形房屋的 3 个角点，绘制过程如下：

•点击屏幕右侧菜单选择项"居民地"。

•在随后弹出的房屋类型选择对话框中，选择"普通房屋"，在弹出的图像菜单窗口中选择"四点普通房屋"图标。

• 若是第一次绘图，屏幕下命令显示区会提示：

绘图比例尺 1：?　设定为 1：1000 回车。

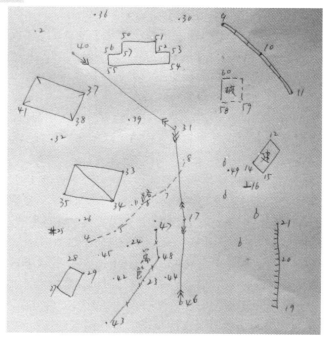

图 5.3　外业作业草图

出现本条提示是因为系统需要根据绘图输出时的比例尺确定点状符号的大小、文字注记的高度、齿状线型符号的短线间距和短齿线长度等，保证绘图输出时符合国家制图规范。绘图比例尺一经设定，系统将不再提示输入绘图比例尺，但是在编辑过程中，可以修改已经设定的比例尺。

• 命令显示区提示：

1.已知三点/2.已知两点及宽度/3.已知四点<1>：输入 1，回车（或直接回车默认选 1）。

说明：已知三点是指测矩形房子时测了三个角点；已知两点及宽度则是指测了二个相邻角点并丈量了房子的另一条边；已知四点则是测了房子的四个角点。

• 设采用"测点点号"定位方法，下面按命令区提示，依次输入 3 个角点点号：

点 P/<点号>输入 33，回车。

点 P/<点号>输入 34，回车。

点 P/<点号>输入 35，回车。

这样，系统就自动将 33、34、35 号点连成一间普通房屋。

若采用"坐标定位"方式，在命令行输入字母 P 后回车，则定点方式转换为鼠标定点。此时打开屏幕捕捉方式，选择"节点"为捕捉目标，用鼠标依次选择 33、34、35 号点，选中时出现以定位点为中心的黄色小圆圈，表示捕捉成功。当依次选中并单击结束时，系统自动绘制完成房屋。

• 重复上述操作，将 37、38、41 号点绘成四点棚房；60、58、59 号点绘成四点破坏房子；12、14、15 号点绘成四点在建房屋；50、52、51、53、54、55、56、57 号点绘成多点一般房屋；27、28、29 号点绘成四点房屋。

• 同样在"居民地/垣栅"层找到"依比例围墙"的图标，将 9、10、11 号点绘成依比例围墙的符号；在"居民地/垣栅"层找到"篱笆"的图标，将 47、48、23、43 号点绘成篱笆的符号。

• 再把草图中的 19、20、21 号点连成一段陡坎。其操作方法是：在右侧屏幕菜单中单击"地貌土质"项，并在随后弹出的地形符号中选择"坡坎"并单击。

• 命令区出现下列提示：

请输入坎高，单位：米<1.0>：输入坎高，回车（直接回车默认坎高 1 米）。

说明：在这里输入坎高，系统将坎顶点的高程减去坎高得到坎底点高程，这样在建立 DTM 时，坎底点便可参与组网的计算。

• 按陡坎通过顺序，依次输入点号：

点 P/<点号>：输入 19，回车。

点 P/<点号>：输入 20，回车。

点 P/<点号>：输入 21，回车。

点 P/<点号>：回车或按鼠标的右键，结束输入，这时系统提示：

拟合吗？ <N>回车或按鼠标的右键，默认输入 N 后，陡坎生成。

说明：拟合的作用是对复合线进行圆滑。由于拟合方法是以数学公式构建曲线方程，所以当陡坎上定位点不是很密时，拟合虽然使线性光滑，但可能使其位置偏离定位点而形状失真，所以定位点较少时一般不宜拟合。

陡坎上的短齿线是朝向绘图前进方向的左侧的，但绘制时不必按此规则绘图。若绘制完成后齿向不对，则只要选中"地物编辑"菜单下的"线型换向"工具后，点击要换向的线型，即可实现换向操作。对于普通的线段，此项操作仍然有效，虽然看起来没有变化，但是线段的绘制顺序已经反向。

对照草图绘制管线等地物符号，最后绘制工作结束后的图形如图 5.4 所示。

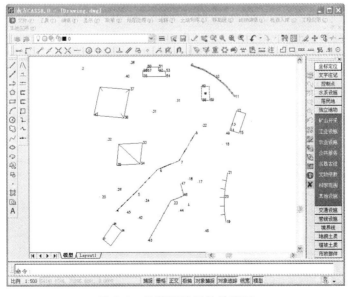

图 5.4　按草图绘制的地形图

5.3.2 "编码引导"工作方式

1. 概　述

此方式又称为"编码引导文件 + 无码坐标数据文件自动绘图方式"，这种方法根据草图编写一种称为"编码引导文件"的特殊文件，然后计算机根据"编码引导文件"和测点坐标文件自动编辑成图。这种作业方法实际上是将编码工作转移到内业来做，相对于外业编码作业，可以减少野外作业时间，由于外业工作相对较为艰苦，所以有一定实际意义。而对于无码作业法，这种方法对于编辑技巧不熟练的作业人员来说较为容易，同时对于计算机或绘图软件不足的情况，也不失为一种加快作业速度的解决方法。

CASS 8.0 系统中规定"编码引导文件"扩展名为".yd"，其数据格式为：

Code，N1，N2，…，Nn

说明：

① 文件的每一行描绘一个地物，其中：Code 为该地物的地物代码（即简码）；Nn 为构成该地物的第 n 点的点号。

② 必须要注意，N1，N2，…，Nn 的排列顺序要与测点实际连接顺序一致，同行的数据之间用逗号分隔。

③ 表示地物代码的字母要大写。

④ 三点房屋只需写三点的点号，第四点软件自动计算加入；封闭的多点地物（如多点房屋）第一点和最后一点的点号应相同。

编码引导文件是对无码坐标数据文件缺少编码的补充，二者结合即可完整地描述地图上的各个地物，起到与简码坐标数据文件相同的作用。但是其缺点是，当对一个地貌、地物的测量是不连贯的，绘制需要依靠部分丈量数据时，这种方法难以处理。

2. 编辑"编码引导文件"

点击"编辑"菜单下的"编辑文本文件"选项，屏幕上将弹出记事本（见图 5.5），然后根据野外作业草图，参考本章 6.9 节介绍的野外操作码中地物代码，按上述的文件格式编辑"编码引导文件"。

下面是一个编码引导文件的实例（D：\CASS 2008\DEMO\WMSJ.YD），如图 5.5 所示。

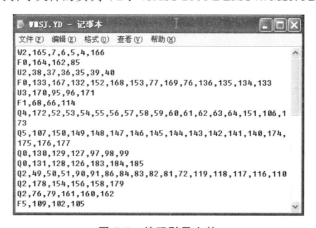

图 5.5　编码引导文件

说明：用户可根据自己的需要定制野外操作简码，通过更改 CASS 8.0 安装目录下 CASS

2008\ SYSTEM\JCODE.DEF 文件即可实现。

3. 编码引导

编码引导的作用是将"编码引导文件"与"无码的坐标数据文件"结合，自动生成一个带简编码格式的坐标数据文件。具体操作方法如下：

（1）选择"绘图处理"菜单下"编码引导"选项，点击左键。

（2）出现如图 5.6 所示"输入编码引导文件名"对话窗，选择编辑的"编码引导文件"名后用鼠标左键选择"确定"按钮（例如 CASS 2008\DEMO\WMSJ.YD），或者直接双击文件名。

（3）接着，屏幕出现图 5.7 所示对话窗，要求输入坐标数据文件名（例：输入 CASS 2008\DEMO\WMSJ.DAT），此时选中测点坐标文件名确认即可。

图 5.6　输入编码引导文件　　　　　　　图 5.7　输入坐标数据文件

（4）这时，屏幕就按照这两个文件自动生成图形，如图 5.8 所示。

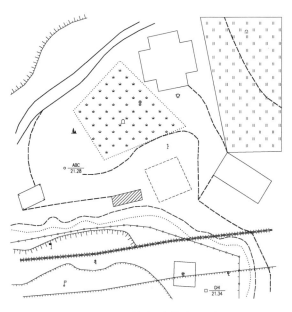

图 5.8　系统自动绘出图形

5.3.3　"简码法"工作方式

此种工作方式也称作"带简编码格式的坐标数据文件自动绘图方式"。与"草图法"野外测量时不输入任何属性值不同，每测一个地物点时都要在全站仪或者 RTK 手簿上输入地物点的简编码，简编码一般由一位字母和一或两位数字组成，如先前所述，用户也可根据自己的习惯通过 JCODE.DEF 文件自行定制野外操作简码。"简码法"计算机编辑成图的作业程序如下：

（1）定显示区。

（2）简码识别。

简码识别的作用是将带简编码格式的坐标数据文件转换成计算机能识别的程序内部码（又称绘图码）。

点击"绘图处理"菜单项下"简码识别"子菜单，随即出现下拉菜单，如图 5.9 所示。

图 5.9　选择简编码文件

图 5.9 显示的是系统示例数据所在目录，编辑者应上溯到自己的目录，选择自编简编码文件后点击。当选择好简编码文件并确认后，命令显示区提示"简码识别完毕！"时，屏幕上即显示出自动绘制的平面图形。

读者可以以示例数据（CASS 2008\DEMO\YMSJ.DAT）为例，熟悉上述命令，简编码文件 YMSJ.DAT 数据的一部分格式如下：

33，F6，54132.03，31169.17，492.20

34，+，54130.77，31156.85，491.90

35，+，54116.55，31156.22，491.20

36，A73，54124.77，31216.21，495.10

……

运行后自动生成的图形如图 5.10 所示。

5.3.4　"测图精灵"掌上平板成图方式

"测图精灵"是南方测绘开发的掌上电脑测图软件，如果用"测图精灵"在外业采集数据，内业将会非常轻松。使用这种作业模式，外业有"草图"法的便捷，内业有"简码"法的轻松。因为在野外作业时"测图精灵"通过点选"测图精灵"中的地物来给实体赋属性，如同

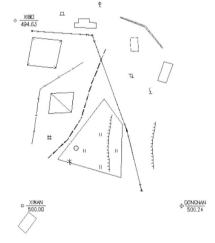

图 5.10　用 YMSJ.DAT 绘的平面图

在 CASS 8.0 中给实体赋属性一样方便、快捷，不仅将大部分地物的属性写进了图形文件，同时采集了坐标数据和原始测量数据（角度和距离）。

野外作业的过程中，若能熟练运用"测图精灵"作业模式，可在很大程度上缩短内业工作时间。"测图精灵"的具体用法请参考《测图精灵用户手册》。

在野外测量工作结束后进行保存时，"测图精灵"会提示输入文件名，点"确定"后在"测图精灵"的"My Documents"目录下会有扩展名为 SPD 的文件。

在"测图精灵"的"测量"菜单项下选择"坐标输出"，就可得到 CASS 8.0 的标准坐标数据文件（扩展名为 DAT），这个文件可直接在 CASS 8.0 中展点，也可以用来生成等高线，计算土方量等。这个文件和图形文件在同一个目录下，文件名相同，扩展名为 DAT。

测图精灵外业结束后，可将 SPD 文件复制到 PC 机上，利用 CASS 8.0 进行图形重构即可。具体操作为：

（1）点击菜单"数据处理"下子菜单"测图精灵数据格式读入（\转换）"。

（2）在弹出的文件打开对话框中，选择*.SPD 文件并确认，则 CASS 系统读入测图精灵生成的*.SPD 格式数据，自动进行图形重构并生成 DWG 格式图形，与此同时还生成原始测量数据文件*.HVS 和坐标数据文件*.DAT。

5.4　图形编辑处理基本方法

5.4.1　基本编辑工具介绍

在大比例尺数字测图的工作中，无论采用什么方法作业，人机交互编辑成图均是内业编辑成图的主要工作。即使采用编码作业，复杂地貌、地物的绘制以及图形元素的修改、增加文字注记、绘制等高线等内容也只能采取人机交互作业方法，所以人机交互方式编辑成图，在数字化测绘内业工作中起着不可替代的作用。

对于图形的编辑，CASS 8.0 提供"编辑"和"地物编辑"两种下拉菜单。其中，"编辑"菜单中的子菜单是 AutoCAD 系统的编辑功能，有图元编辑、删除、断开、延伸、修剪、移动、旋转、比例缩放、复制、偏移拷贝等图形功能。"地物编辑"是由南方 CASS 系统针对地形图图形元素开发的编辑功能，主要是线型换向、植被填充、坐标转换、土质填充、批量删剪、批量缩放、窗口内的图形存盘、多边形内图形存盘等。

CASS 8.0 "编辑"菜单主要通过调用 AutoCAD 命令，利用其强大、方便的编辑功能来编辑图形。由于"编辑"菜单中各子菜单的功能与使用方法在第 4 章中已有阐述，所以本章仅就地形图编辑中的方法做必要补充。

1. 删　除

根据下拉菜单的选项，删除选中的图形元素或者批量删除符合条件的图形元素。操作过程为：左键点取本菜单后，选择下拉菜单中内容，按提示操作完成删除，例如：

（1）删除上个选定目标。

功能：删除最后一个生成的目标。

操作过程：左键点取本菜单后，自动完成删除。

（2）删除实体所在图层。

功能：删除所有与选定实体在同一图层上的实体。

操作过程：左键点取本菜单后，选定想要删除的图层中的一个实体即可。

（3）删除实体所在编码。

功能：删除所有与选定实体属性编码相同的实体。

操作过程：左键点取本菜单后，选定想要删除的属性编码中的一个实体即可。

2. 移　动

功能：将一组对象移到另一位置（执行 MOVE 命令）。

操作过程：左键点取本菜单后，根据命令区显示，操作步骤如下：

Select objects：用鼠标选取要被移动的目标，可选择多个目标，回车后选择结束。

Specify base point or displacement：指定移动基点。

Specify second point of displacement or <use first point as displacement>：指定基点移动目标位置点。

说明：图形移动时不仅相应图元的坐标会发生变化，高程点的高程属性也会发生变化。下面就此加以说明：

（1）当移动图形的基点与目标点都是具有高程属性值的测点时，设其高程值分别为 h_1、h_2，则移动完成后基点高程被强制附合到目标点高程，h_1 加入高差 $\Delta h = h_2 - h_1$，并且移动图形的其他高程点也加入同样的高差 $\Delta h = h_2 - h_1$。

（2）若基点是没有高程值的点，目标点高程值为 h_2，则所有移动的测点高程值被加改正数 $\Delta h = h_2$。

（3）若基点是有高程属性的测点，目标没有高程属性，则基点高程值变为 0，其余所有移动点的高程值被加改正数 $\Delta h = -h_1$

综上所述，移动后所有测点的高程属性值均加入改正数 $\Delta h = h_2 - h_1$，但是要指出，改变的只是其属性值，图面上高程值的文字注记没有发生变化。

3. 复　制

本功能在地形图编辑中，用来复制相同的地貌、地物元素，可以有效地提高内外业工作效率。

对于电杆、上下水检修井、电力、电讯检修井等单点定位的地物符号，可以采用多重复制方式连续复制，绘图效率远较选择专用绘图工具逐点绘制高。具体操作步骤如下：

（1）当提示：Specify base point or displacement，or [Multiple]：时输入 M，

（2）系统再次提示：Specify base point >：时，用鼠标指定被复制符号的基点。

（3）打开捕捉方式开关，设定"节点"方式，采用鼠标定点，连续复制选择的地物符号。

对于形状大小完全相同的地貌、地物图形元素，例如外形完全相同的宿舍楼等，可以在外业测绘时，完整测绘 1 栋后，其余仅仅只需测两个定位点，内业编辑时，通过复制方法绘制。具体步骤如下：

（1）由于这类图形元素必须两点定位，所以绘制时可采用多重复制方法先复制在图形空白处。

（2）用测站改正功能（参见 6.4.2），将空白处的图形元素平移、旋转到位。

4. 镜　像

功能：根据镜像线以相反的方向将指定实体进行复制（执行 MIRROR 命令）。

对于具有对称性的地貌、地物，在外业测绘时，可以仅测绘对称轴一侧的部分，另一侧则可通过镜像功能复制完成，从而减轻测绘工作量。本命令的具体操作，详见第 5 章中的有关部分，在此不再赘述。

5. 偏移拷贝

功能：生成一个与指定实体相平行的新实体（执行 OFFSET 命令）。

此项功能常用来生成平行曲线的另一半，在测绘工作中道路、水渠等都是平行曲线，测绘时可以测绘一侧和另一侧的一点，或者量取宽度，然后运用此功能生成另一侧。

注意：对于一般的曲线通过复制功能是不能生成平行线的，只能通过偏移拷贝方法实现。偏移拷贝方法的有效对象包括直线、圆弧、圆、样条曲线和二维多义线。如果选择了其他类型的对象（如文字），将会出现错误信息。

5.4.2　地物编辑

此菜单中的内容是 CASS 8.0 专设的地貌、地物绘图工具，主要对地貌、地物复杂线性进行加工编辑。同"编辑"菜单一样，"地物编辑"菜单中的各个子菜单功能及使用方法已在第 5 章中做了简要介绍，本小节仅就地形图编辑中的应用问题做进一步阐述，一般的功能及使用方法不再赘述。

1. 重新生成

功能：CASS 设计了复杂线形骨架线的概念，重新生成功能将根据复杂线形骨架线重绘图形，使编辑修改已经绘制好的复杂线形，如围墙、斜坡、陡坎时，只需编辑修改其骨架线后，选择此功能使图形重新生成。

操作过程：执行此菜单后，见命令区提示。

提示：选择需重构的实体：<重构所有实体> 选择编辑修改过的实体骨架线后回车，则重新生成复杂线形符号。

例如，通过右侧屏幕菜单绘出一个围墙、一块菜地、一条电力线、一个自然斜坡，如图 5.11 所示。

CASS 系统中，复杂线形的主线是有独立编码的骨架线，局部修改围墙、电力线骨架线位置，并整体移动等分自然斜坡骨架线位置，结果如图 5.12 所示。

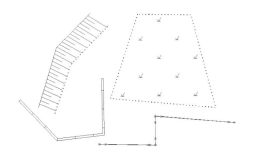

图 5.11　绘制的几种地物

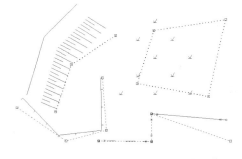

图 5.12　改变原图复杂线型骨架线

将鼠标移至"地物编辑"菜单项，按左键，选择"重新生成"功能（也可选择左侧工具条的"图形重构"按钮），命令区提示：

选择需重构的实体：<重构所有实体>选择需要重构的骨架线重新生成复杂线型，或者直接回车对所有实体进行重构。此时，原图转化为图 5.13。

2. 修改坎高

功能：查看或改变陡坎各点的坎高，在构建数字高程模型绘制等高线时，检查并更正坎高是非常必要的。点击本菜单后按命令行提示执行如

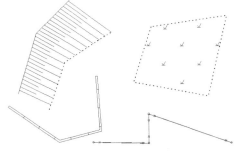

图 5.13　对改变骨架线的实体进行图形重构

下操作：

提示：**选择陡坎线**：用鼠标选择一条陡坎线，该条陡坎将会显示在屏幕中央，系统依次查询陡坎的每一个结点，正在处理的结点会有一个十字符号作标志。

提示**当前坎高=1.000米，输入新坎高<默认当前值>**：此时应输入该结点实际坎高。若直接回车，则默认为是整个陡坎的缺省坎高。修改一拐点后，系统自动跳至下一点，直至结束。

例如，通过右侧屏幕菜单的"地貌土质"项绘一条未加固陡坎，在命令区提示**输入坎高：（米）<1.000>**时，回车默认1米。

将鼠标移至"地物编辑"菜单项，点击左键，弹出下拉菜单，选择"修改坎高"，则在陡坎的第一个结点处出现一个十字丝，命令区提示：

选择陡坎线

请选择修改坎高方式：（1）逐个修改 （2）统一修改 <1>

当前坎高 = 1.000 米，输入新坎高<默认当前值>：输入新值后回车（或直接回车默认1米）。

十字丝跳至下一个结点，命令区提示：

当前坎高 = 1.000 米，输入新坎高<默认当前值>：输入新值后回车（或直接回车默认1米）。

如此重复，直至最后一个结点结束。这样便将坎上每个测量点的坎高进行了更改。

若在修改坎高方式中选择（2），则提示：

请输入修改后的统一坎高：<1.000> 输入要修改的目标坎高，则将该陡坎各结点高程改为同一个值。

3. 符号等分内插

功能：在两相同符号间按设置的数目进行等距内插。

此项功能用来实现点状地物符号的等距内插，在实践中可用于处理路灯、电杆等符号的绘制。测量时对此类沿直线分布的等距地物，可以只测量首尾两个，然后通过此方法绘制，以减轻外业工作量。

4. 图形属性转换

此项菜单中包含15项子菜单，均用于图形的属性转变，每种方式都有单个和批量两种处理方法。图形元素的属性不仅决定其线性、颜色等外观，还决定了其所在的图层。众所周知，将图层合并远较将图层分解容易，CASS 系统的图层设置较细，使其按用户要求分层相对容易，在测图工作完成后即可以此菜单内的功能实现图层的转换。

此菜单内各项命令及其功能第5章已有介绍，用户按操作提示进行即可。

5. 坐标转换

本命令利用公共点包含的坐标转换信息实现平面坐标转换，不仅可以转换图形也可以转换 CASS 8.0 坐标数据文件。若公共点数量多于必要数（2个），则采用最小二乘准则求得坐标转换参数，实现最小二乘坐标转换。

点击此命令后出现如图5.14所示的对话框，转换前若将欲转换的图形、公共点均展绘在屏幕上，则可以采用拾取（即屏幕点击）的方法输入公共点；否则就只能通过键盘输入公共点转换前后的坐标值。

成对输入公共点坐标后，点击"添加"使数据进入对话框上部的显示窗口，重复进行直到输入全部公共点坐标为止。

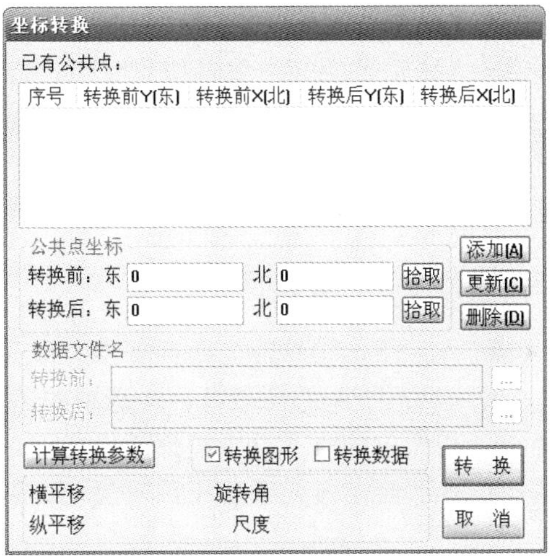

图 5.14　坐标转换对话框

当输入全部公共点坐标信息，并检查无误后，在对话框下方选择转换图形或数据。选择转换数据时，系统弹出对话框供用户确定转换前文件并设置转换后文件名；选择转换图形时，需要在平面上框选图形。此类选项属于多项选择，用户可以选择其中一项或者两项，然后依次点击"计算转换参数"和"转换"键，完成操作。

6. 测站改正

功能：如果用户在外业工作时测站设置、定向出错，或者采用任意设站测量碎部点，通过联测已知坐标点实现坐标及图形转换的作业方法时，主要利用此项功能实现图形纠正。通过屏幕捕捉输入一对公共点后，系统将自动对选中的图形实体作旋转平移，使其调整到正确位置，之后系统提示输入需要调整和调整后的数据文件名，自动改正坐标数据，用户若放弃改正，按"Esc"键即可。

由于野外测量工作量大、头绪繁多，仪器设置错误很难彻底避免，这种情况就会造成测量数据整体位移、旋转。另外，野外作业时，为了提高作业效率，常常采用任意设站，利用公共点实现坐标及图形转换的作业方法，所以本项功能在工程实践中应用机会较多。

"测站改正"功能的使用方法在第 4 章中已有介绍，操作相对简单，用户按命令屏幕下方区提示，一步步执行即可。

说明：测站改正和坐标转换均能实现图形和测点坐标的改正，但是坐标转换设置平移、旋转、缩放参数，可实现最小二乘坐标转换。测站改正只能通过屏幕捕捉输入公共点，其纠正方法也只是一点定位，一方向旋转的简单纠正，所以若公共点较多，要求精度较高时，应采用坐标转换来实现图形和数据的纠正。

测站设置错误或者独立坐标测量，虽然测点坐标整体发生位置和旋转，但是各测点相对位置是正确的，这是可以运用坐标转换或测站纠正方法处理的前提。若连续多站观测数据出现问题，则各测点相对关系不正确而不能整体纠正，只能分别就每一站的观测数据逐步纠正。所以为了将各测站所测点区分开来，可在每一测站记录下测点的起点号和终点号，这样在数据出现错误的情况下，会对数据纠正带来方便。

5.4.3　屏幕右侧菜单的编辑功能

CASS 8.0 屏幕的右侧设置了"屏幕菜单"，这是一个地形图专用的交互绘图菜单，集成了地形图编辑常用的功能。要进入该菜单的交互编辑功能时，必须先设置定点方式。CASS 8.0 右侧屏幕菜单中定点方式包括"坐标定位""点号定位""电子平板"等方式。

若不慎关闭了屏幕右侧菜单，则屏幕上找不到右侧菜单。这时可点击"文件\AutoCAD 系统配置\显示（display）"后，选中"显示屏幕菜单\display screen menu"确认即可。

1．设置图层

功能：设置当前图层，它对屏幕图形不产生任何影响。

说明：如果要直接用 AutoCAD 图形编辑命令绘制图形，应先使用本菜单项设置相应的图层，这样用 AutoCAD 命令或工具条绘制的图形将位于选择的图层上。

操作方法是，点击本菜单后在弹出的对话框中选择图层名确认。这里需要指出，设置完成后虽然使随后用 CAD 绘图工具所绘图形元素位于该图层上，但是这些图形元素没有相应的地貌、地物属性。

2．捕捉方式

功能：启动捕捉设置菜单，设置实体捕捉方式。

说明：在这里设置实体捕捉模式与在顶部"工具"菜单下设置物体捕捉模式有所不同。其区别是：在顶部菜单进行设置须在命令执行前，且设置后将在以后的操作中一直起作用；而这里是在命令进行当中设置，而且是一次性的。

3．量算定点

功能：根据输入的方向和距离确定点位。

操作：根据命令栏提示进行操作，操作可反复进行。

提示：**请指定第一点**：用鼠标确定一点。

请指定第二点：用鼠标确定第二点，这两点将确定一条基准线。

键盘输入角度（K）/<指定方向点（只能确定平行和垂直方向）>：如果直接用鼠标指定方向点，系统默认为与基准线垂直或平行。

如输入 K，出现以下提示：

请输入夹角：输入与基准线的夹角。

请输入长度：输入所求点与最新画的一点的距离。

本工具的作用是只定点不连线，所定点位不会因移动屏幕而消失。此功能用于在屏幕上绘制通过丈量距离确定的定位点。

4．图形复制

功能：在绘制与图上已有实体相同属性的实体时，通过选中图上已有的图形元素，来代替在菜单中选取相应的绘图工具，可以大大提高绘图效率。

操作过程：选取本命令，依提示先选中图上已有地物，再绘制相同属性的新地物。采用此命令绘图省去了点击菜单、寻找绘图工具的麻烦，可显著提高作业效率。

5．自由续接

功能：使绘出的新实体与已有的实体连成属性相同的一个整体。

操作过程：点击本命令菜单后，首先选中已有地物，然后接着绘制即可，所绘图形与原有图形成为一个整体，自然属性也相同。

5.4.4　图层管理

应用图层技术可以方便地对图上的有关实体进行分门别类的操作。图层可以理解为绘制在一个透明薄膜上的单一属性地形图，而全要素地形图则是各个透明薄膜图的叠加。通过有选择的叠加，可以实现突显重要信息，方便地形图使用与编辑的目的。"图层"划分是数字图的一大特色，也是其最重要的技术优势之一。AutoCAD 中图上的各种实体可以放在一个图层上，也可以根据需要放在不同的图层上，每个图层都具有特定的属性。图层属性主要包括图层名、颜色号、线型名、可见性及冻结和解冻状态等。

CASS 的图层分类及名称见图 5.15。

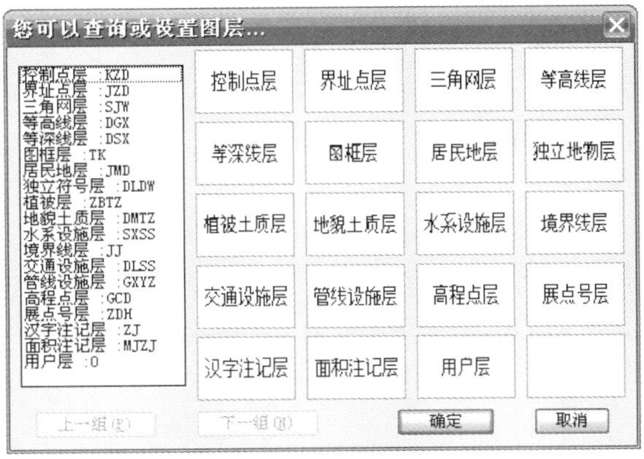

图 5.15　图层设置

在 CASS 编辑下拉菜单中有对图层进行管理的命令，其功能是控制层的创建和显示。

操作：左键点取"图层设定"菜单项后，会弹出图层特性管理器对话框，对话框中选项的基本功能已在第 4 章中有所阐述，在此仅就一些问题做出补充。

冻结 ASSIST 层：冻结 CASS 8.0 的 ASSIST（骨架线）层，该操作通常是在要进行绘图打印时用到。

打开 ASSIST 层：解冻 ASSIST（骨架线）层，是上一操作的逆操作。

实体层→目标实体层：将所选实体的图层转换到目标图层。左键点取本菜单后提示：

Select objects：用光标（此时变成一个小框）选择待转换的实体，直接回车结束选取。

Select object on destination layer or [Type-it] 用光标选择目标图层的实体，也可以手工键入目标图层名后回车确定，则选中的实体转换到目标图层。

实体层→当前层：与上一菜单操作过程相似，不同的是上一菜单中，所选实体转到所选目标层，而在本菜单中，所选实体转换到当前图层中。

仅留实体所在层：左键点取本菜单后，用光标选取实体后回车，则系统将关闭除所选实体所在图层外的其他图层。

冻结实体所在层：左键点取本菜单后，用光标选取实体，系统将马上将该实体所在图层冻结。但如果该实体层是当前层，则命令区会提示，要求确认是否冻结当前层。

关闭实体所在层：与冻结实体所在层操作过程完全一样。

锁定实体所在层：左键点取本菜单后，用光标选取实体，其所在层即被锁定。

解锁实体所在层：将被锁定的图层解锁，是上一操作的逆操作。

合并实体所在层：左键点取本菜单后，用光标选取实体，可重复选取。回车结束选取，然后再选取目标实体层，则前面所选实体所在层都被合并到目标实体层中。

删除实体所在层：将所选实体所在图层及该图层上所有实体删除掉。

打开所有图层：将所有图层打开。

解冻所有图层：将所有图层解冻。

5.4.5　图形的插入、拼接

AutoCAD 中的图形插入功能可以将保存在磁盘上的图形，插入正在编辑的图形之中。图形的插入是以"图块"插入的形式完成的，在没有图块"打散"之前，所插入的图形是一个整体。图块实际上是一组实体的集合，这些实体组成图块可以作为一个整体被引用。图块所包含的实体可以位于不同的层，每层中的实体有自己的颜色和线型等属性信息。当图块被插入时，块中的每个实体在原来的层上画出，并不改变原来的线型和颜色信息。

类似于图形移动操作，图块插入后，所有定位点的高程属性均要加一个常数值，这个"常数"="基点的目标点高程"－"基点高程"。但改正的仅仅是其属性值，图面注记的高程值文字不会改变。图块制作和插入不选择基点时，基点默认值是系统原点，图形插入时基点与基点目标点高程均为零，因而插入图块中的定位点高程不变。

图块的制作与插入是 CAD 一项重要的功能，尤其是在地形图编辑过程中特别常用，其主要用于：

（1）图形的拼接。在图形编辑过程中，往往是采用多人分工编辑，最后成果的合并、拼接就需要通过图形插入功能完成。

（2）由于数字图容量太大时使用不便，数字图也是按传统纸质图的划分规定分幅存档的，在计算机上查阅多张图的结合部位时，则需要将其拼接，这就要利用图形拼接功能。

（3）图形编辑时在不同的文件中插入已定义好的块文件，并通过块上的基准点来确定块在图幅中插入的位置，可以使不同图幅文件的编辑过程共享形状、属性相同的图块单元，提高作业效率。

在 CASS 顶部菜单的"工具"下拉菜单中有制作和插入图块的命令，具体操作请见第 5 章相关章节。这里仅做如下补充：

（1）制作图块时，对象区内快速选择（QuickSelect）图标按钮 是一个非常有用的控件，它能够通过共同属性特征，选中地形图中所有具有此属性的图形元素，在图形编辑及整饰工作中非常有用。

在对象区选择按钮下方，有 3 个单项选择项，分别是：

· 保留（Retain）单选按钮：选择此选项将在创建块后，仍在图形中保留构成块的对象，一般应选择此项。

· 转换为块（Convert to block）单选按钮：选择此选项后，将把所选的对象作为图形中的一个块。

· 删除（Delete）单选按钮：选择此选项将在创建块后，删除所选的原始对象。

（2）插入图块时，"插入"对话框"名称"栏中填写需插入的"块"或"图形文件"名，"浏览"键用来选择"图形文件"。"插入点"栏中输入插入点的坐标，"缩放比例"栏中输入 X、Y、Z 方向上的图形比例，"旋转"中输入图形旋转角度。如果在"在屏幕上指定"栏中打√，则插入点坐标、图形比例、旋转角等即在屏幕图形上依命令栏提示输入。若在"分解"栏中打√，则插入图块中的图形元素自动分离。参数设置完毕后，点击"确定"即可。

若不选择"分解"，块被插入图形中后，只能作为一个实体被选中，块中的图形将不能编辑。若在"分解"复选框中打√后，插入的块被分解为许多独立的实体，能够被单独选中和编辑，各独立实体将具有和在制作图块前的原图形相同的实体属性，即具有相同的图层、颜色、线型和实体名称及编码等。在用制作块和插入块拼接地形图时，应根据具体目的决定是否选中"分解"复选框。

（3）批量插入图块时，批量选择需要插入的图块，点击"打开"即将选中图块批量插入，该功能在插入多个块合并成图中很有用。批量插入图块的插入点是制作块时的基点，通常是默认值，即坐标系统原点。

（4）保存的图块文件扩展名和图形文件相同，若使用打开图形文件命令选择图块文件，结果和打开图形文件一样。而使用插入图块文件命令时选择图形文件，结果和插入图块文件一致。

5.5　数字地形图绘制技巧

有关 CASS 内业成图方法在前几节中已有较详尽的介绍，本节主要介绍地形图绘制中一些注意事项以及灵活利用 CASS 命令提高绘图效率的问题。

数字地形图虽然是采用计算机绘制，但数字地形图与传统的纸质地形图对地貌、地物的表示方法是相同的。所以在数字测图中无论采用何种方式绘图，均要熟悉现行国家标准《国家基本比例尺　第一部分：1∶500　1∶1000　1∶2000 地形图图式》（GB/T 20257.1）。

中地物符号和地貌符号的分类和表示方法，以及地形图上各要素配合表示的一般原则。这些内容已在《测量学》中有详细的介绍，读者可参考《测量学》相关章节内容和大比例尺《地形图图示》的规定，本节仅针对 CASS 绘制地形图时要注意的一些问题进行阐述。

5.5.1　地物绘制

CASS 8.0 的地貌、地物绘制工具众多、方法多样，绘制时应根据具体情况，灵活选择适合的方法，以追求高效率为目标，下面仅列举一些常用的绘图技巧或方法。

（1）绘制地形图之前，首先要展绘野外测点点号，当测点较多时，很难在屏幕上快速找到编辑地形图所需测点的位置，为此应采用以下方法：

① 首先运行编码文件，绘制部分可自动绘制的地形图。

② 编辑编码引导文件或者采用点号定位方式，绘制重要的，具有方位参照意义的地貌、地物，如标志性建筑物、道路、河流、桥梁等。

③ 将定点方式切换到"坐标定位"，设置 "物体捕捉模式"为"节点"。根据草图找到屏幕上测点位置放大显示，然后选择屏幕右侧菜单中要绘制的地物类型，对照草图依次捕捉定位点编绘地形图。在不需要进行频繁放大缩小，查看定位点位置的局部区域，人机交互地形图编辑绘图效率更高。

（2）在绘制地物时除可以利用定位点点位绘图以外，还要灵活利用已测点与待定点间的几何关系，例如两点边长交会、微导线、直线延伸等方法，结合野外丈量数据，运用 CASS 8.0

的绘图工具确定未直接测量的定位点。

非直接测量得到的点，若要展绘在屏幕上，则在选择"坐标定位"条件下，首先设置"展点号层"为当前层，再利用"工具"菜单下的交会定点功能展点，所计算出的点位即在屏幕中展出，并且位于 ZDH 层（展点号层）。

（3）外业测量能直接测量的地貌、地物特征点应尽量测量，只有测量不便的点，才应采用丈量方法或者交会定点方法定点。因为丈量或交会定点，在内业编辑成图时作业效率要低得多。

（4）CAD 中执行一个选择的命令后，再次执行同一命令，需要再次选择或者确认执行上一操作命令。若选择"文件\CAD 系统配置\用户系统配置\自定义右键单击"，在弹出的对话框（图 4.15）中选择"重复上一个命令"，则在绘制地形图时一个命令执行完成后，点击鼠标右键，或者在命令行中直接敲回车键，则可再次执行刚完成的命令。

例如，刚绘制完成了一个四点房的绘制，接下来又要绘制一个四点房屋，就可点击右键或者在命令行中回车，即可继续执行绘制四点房操作，从而可以避免在屏幕右侧菜单中重新选择的烦琐操作。

（5）利用屏幕右侧菜单的"图形复制"功能，绘制地形图元素时，就近选中已绘好的地形元素，就可绘制相同属性的地貌、地物，省去在屏幕菜单或快捷按钮中反复选择绘图工具的操作，可以极大地提高绘图效率。

（6）对一些形状相同的点状地物可以利用 CASS"编辑"菜单中的复制命令，根据屏幕提示选择要复制的图形，再指定基点和要复制到的定位点，则可在新的定位点绘制一个相同的地物符号。

（7）对一些对称的建筑物或者对称排列的建筑物群，可先绘制部分图形，再利用"编辑"菜单的镜像命令绘制。在利用"镜像"绘制对称图形时要注意对称线（镜像线）不要搞错，应先绘制一条直线作为对称轴，绘图时采用端点捕捉准确选中镜像对称轴。

（8）一些图形元素需要做批量的颜色、尺寸修改、删除、制作图块、转层等操作时，可以根据其共有的属性特征，点击"编辑／对象特性管理／快速选择"，然后选中其共性属性，将符合条件的图元选中，批量进行上述操作。

（9）点击"工具／文字／查找替换文字"选项，能够像文编软件一样，对图形上注记文字执行查找和替换操作。

5.5.2　地形符号的绘制

1. 线状地形符号

线状地形符号绘制时，首先选择相应的绘制工具（如未加固陡坎、加固斜坡等），然后按命令区提示一步步操作即可，编辑过程中注意事项如下：

（1）在绘制地形符号时应分清陡坎与陡坡、自然斜坡、法线斜坡、加固斜坡（陡坎）符号的定义，斜坡长齿线的位置等。绘制斜坡（陡坎）线是否应选择拟合要根据实际确定，如坡顶（坎顶）线是明显的折线，碎部点测在转折点则应不拟合，如坡顶（坎顶）线是曲线，而碎部点测量较为密集时，应选择拟合。

（2）在地貌土质符号中的陡坎、斜坡、陡岩等符号的齿线均是指向坡度降低的方向，CASS 绘图软件中默认齿线绘制是朝前进方向的左边。绘制过程中可按任意方向进行，若齿线与实际情况相反，以采用"地物编辑"下拉菜单中的"线型换向"可以很方便地实现线型换向。

（3）运用绘制陡坎工具绘制陡坎时，系统默认坎高为 1 米，虽然默认值可以修改，当不能逐点修改，因而绘制的陡坎在各个结点具有相同的坎高。CASS 8.0 地物编辑下拉菜单中的"修改坎高"命令，可以逐点修改各结点坎高。

2. 点状符号绘制

点状符号绘制时仅需一点定位，可以在右侧菜单中选定符号类型后，通过键盘输入点号绘制，也可以直接在屏幕定点绘制。对于不连线的点状地物符号，如城市中大量存在的地下管线检修井等，可以采用多次复制的方法鼠标定点复制。对于需要旋转的点状地物符号，绘制时只需用鼠标给定点位，然后使符号随着鼠标的移动而旋转，待其旋转到合适的位置后按鼠标右键或回车键。

3. 面状元素符号绘制

面状符号包括盐碱地、沼泽地、草丘地、沙地、台田、龟裂地等地物，绘制这类地物时一般是指符号填充问题。符号填充绘制有下列方法：

（1）选择绘制单个符号：对于较小的区域，可以采用此选项。对于单个符号，采用多次复制的方法，通过屏幕捕捉定点绘制，不仅是一种效率较高的方法，也可以将符号分布安排更美观。

（2）选择或划定闭合区域，系统按设定的密度自动填充，此时系统会提示是否保留边界，一般选择不保留。

5.5.3　文字注记

用鼠标单击屏幕右侧的"坐标定位"方式，将显示如图 5.16 所示的界面。

1. 注记文字

执行"通用注记"菜单后，会弹出一个对话框，如图 5.17 所示。

图 5.16　坐标定位方式下的屏幕菜单

图 5.17　文字注记对话框

功能：在指定的位置以指定的大小书写文字。

操作过程：同第 5 章所介绍的下拉菜单"工具"→"文字"。

注意：文字字体为当前字体，CASS 8.0 系统默认字体为细等线体。系统提示：

请输入注记内容：录入注记内容。

请输入图上注记大小（mm）：<3.0> 指定文字大小，默认值是 3.0。

请输入注记位置（中心点）：指定注记位置。

2. 坐标坪高

功能：在图形注记指定点的测量坐标及高程。

在对话框中选择坐标注记时，提示：

指定注记点：用鼠标指定要注记的点。

注记位置：指定注记位置。

注记标高值：输入要注记的标高值。

系统将根据所设定的捕捉方式捕捉到合乎要求的点位，然后由注记点向注记位置点引线，并在注记位置处注记点的坐标。

3. 变换字体

功能：同第 5 章介绍的下拉菜单"工具"→"文字"→"变换字体"。

变换字体操作会改变当前默认字体，字体改变后不仅影响到汉字，也影响到高程等数字注记。CASS 8.0 默认的细等线体汉字不太美观，若用户要改变为其他字体，可在注记完成后，用对象特性管理器选中汉字做批量改正。通过变换字体设置，只对此后注记的字体有效。

4. 定义字型

功能：同第 5 章介绍的下拉菜单"工具"→"文字"→"定义字型"。不同于变换字体只对随后的注记输入有效，定义字体操作会改变已经标注的字体。

5. 常用文字

功能：实现常用字的直接选取（不需用拼音或其他方式输入）。

选定其中的某个汉字（词）后，命令栏提示文字定位点（中心点）。用鼠标指定定位点后，系统即在相应位置注记选定的汉字（词）。

1∶1 000 地形图注记汉字高度默认值为 3.0 mm，如果想改变字体的大小，可以使用下拉菜单"地物编辑"→"批量缩放"→"文字"菜单操作。

对已注记的文字内容进行修改可以在屏幕上双击要修改的文字，这时系统会弹出"工具"菜单下"文字编辑"对话框，输入改变内容，确认即可。若除了修改内容外，还要对已有文字字体、颜色、高度、倾斜度等进行修改，可以先选择注记的文字，再点击 CASS "编辑"菜单下的"对象特性管理"子菜单，点击后弹出对象特性管理器，如图 5.18 所示。

在此可对对象进行修改。选择文字后点击鼠标右键确认，在弹出菜单中用鼠标左键点击特性也可进入对象特性管理器。

图 5.18　对象特性管理器对话框

5.5.4　等高线绘制

在地形图中，等高线是表示地貌起伏的一种重要手段。在数字化地形图编辑成图系统中，等高线是由计算机在三角形边上精确内插等值点通过位置，调用曲线绘制程序顺序连接等值点勾绘而成。

CASS 8.0 在绘制等高线时，充分考虑到了地性线和断裂线的处理，能自动切除通过地物、注记、陡坎的等高线。并且由于采用了轻量线，因而生成等高线后，文件大小比其他软件小了很多。

在绘等高线之前，必须先将野外测的高程点建立数字地面模型（DTM），然后在数字地面模型上生成等高线。

对于初学者来说，一定不要忘记在绘制等高线前，首先应展绘出图面的高程点。图形编辑一般是选择展绘点号，虽然展绘出的测点具有高程属性，当不能用于建立数字地面模型（DTM）的，因而不能绘制等高线。

绘制等高线的操作过程如下：

1. 建立数字地面模型（构建三角网）

建立数字地面模型之前，可以先“定显示区”及“展点”，展点时应该选择“展高程点”选项。在弹出的文件打开对话框中选择测量坐标文件名并确认后，系统提示：

注记高程点的距离（米）：要求输入高程点注记距离（即注记高程点的密度），默认值为展全部高程点。对于输出最后的成果图，高程注记的密度根据不同比例尺，有不同的规定，而对于等高线绘制，这时应选择默认值。展绘高程点后，即可绘制等高线，具体步骤如下：

（1）点击下拉菜单“等高线”，出现如图 5.19 所示的菜单。

（2）移动鼠标至“建立 DTM”项，该处以高亮度（深蓝）显示，按左键，出现如图 5.20 所示的对话窗。

图 5.19　“等高线”的下拉菜单　　　　图 5.20　选择建模高程数据文件

　　首先，选择建立 DTM 的方式分为两种，分别为由数据文件生成或由图面高程点生成。如果选择前者，则在坐标数据文件名选项中，选中坐标数据文件；如果选择后者，则在绘图区选择参加建立 DTM 的高程点。在绘图区选择高程点，可以用闭合的复合线来确定建立数字高程模型（DTM）的范围，这就需要在此之前先用闭合的复合线确定建模范围。如果选择建立 DTM 的高程点方便的话，也可以直接在屏幕上框选。

　　其次，对话框左下方有结果显示选择，分别是显示建三角网结果、显示建三角网过程、不显示三角网三项，可选择其中一项或者两项。右下方也有两项选项，分别为是否考虑陡坎和地性线，可根据情况选择其一或者两项均选。如果建模区域内绘有陡坎，并且选择建模过程中考虑陡坎，则在建立 DTM 前，系统会自动沿着陡坎的方向设置坎底的点（坎底的点的高程等于坎顶线上的已知点的高程减去坎高），这样新建的坎底点便会参与三角网组网的计算。

　　要使等高线符合实际地形，必须使每一个三角形构成的面与地表面贴近。如果地貌有明显的山脊、山谷或者变坡线，则应选中"建模过程中考虑地性线"选项，以避免三角网中一些三角形平面在山谷处"架空"或在山脊处"切入"地表。地性线要在建立 DTM 前根据所展绘的高程点用复合线绘出，这样构成三角网时三角形边就不能穿过地性线。绘制地性线时，注意必须打开圆心捕捉方式，使地性线准确通过高程点。

　　点击确定后生成三角网不重叠、不交叉，如图 5.21 所示的

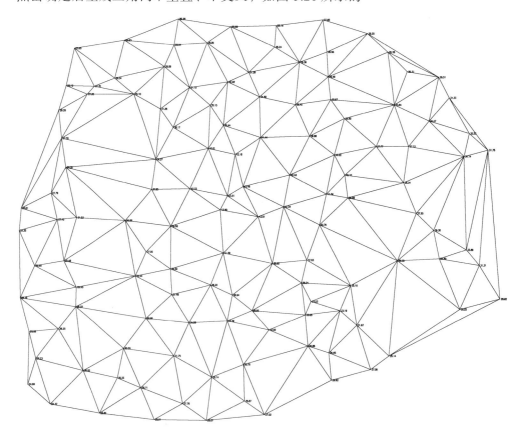

图 5.21　用 DGX.DAT 数据建立的三角网

2. 修改数字地面模型（修改三角网）

一般情况下，因现实地貌的多样性和复杂性，等高线绘制不会一次完成，数字地面模型局部可能与实际地貌不太符合，这时可以通过修改三角网来处理局部不合理的地方。

（1）删除三角形。如果在某局部区域内没有等高线通过，则可将该局部区域内相关的三角形删除。删除三角形的操作方法是：先将要删除三角形的地方局部放大，再选择"等高线"下拉菜单的"删除三角形"项，命令区提示选择对象：这时便可选择要删除的三角形完成删除，如果出现误删，还可用"U"命令将误删的三角形恢复。删除三角形后如图 5.22 所示。

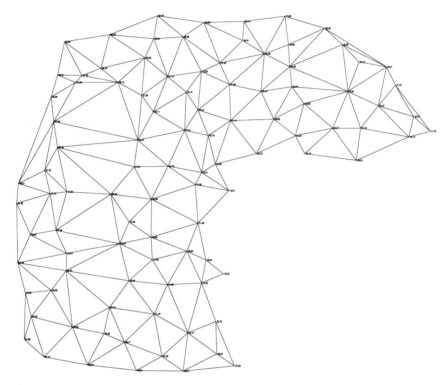

图 5.22　将右下角的三角形删除

（2）过滤三角形。如果出现 CASS 8.0 在建立三角网后无法绘制等高线，可根据用户需要输入三角形中最小角度，或三角形中最大边长与最小边长的比值等限制条件，过滤掉部分形状特殊的三角形，再运行绘制等高线命令。如果生成的等高线不光滑，也可以用此功能将不符合要求的三角形过滤掉，再重新生成等高线。

（3）增加三角形。如果要增加三角形时，可选择"等高线"菜单中的"增加三角形"项，然后依据屏幕的提示，在要增加三角形的地方用鼠标点取新三角形顶点。点取时必须选用圆心点捕捉模式，否则捕捉不到高程点的高程属性。如果点取的地方没有高程点，系统会提示输入高程。

（4）三角形内插点。选择此命令后，在三角形中指定插入点位置（可输入坐标或用鼠标直接点取），当出现提示高程（米）=时，输入插入点高程。通过此功能可将插入点与相邻的三角形顶点相连构成三角形，同时原三角形会自动被删除。

（5）删三角形顶点。用此功能可将所有由该点生成的三角形删除。因为一个点会与周围很多点构成三角形，如果手工删除三角形，不仅工作量较大而且容易出错。这个功能常用在发现某一点高程错误时，用于将它从三角网中剔除。

（6）重组三角形。指定两相邻三角形的公共边，系统自动将两三角形删除，并将原公共边两侧的顶点连接构成两个新的三角形，从而改变不合理的三角形连接。如果因两三角形的形状特殊无法重组时，系统会提示出错。

（7）删三角网。生成等高线后就不再需要三角网了，要用此功能将整个三角网删除。

（8）修改结果存盘。三角网修改处理后，必须选择"等高线"菜单中的"修改结果存盘"项，把修改后的数字地面模型存盘。当命令区显示：存盘结束！时，表明操作成功。

注意：修改了三角网后一定要进行此步操作，否则修改无效！

3. 绘制等高线

完成以上的准备操作后，便可点击"等高线"下拉菜单的"绘制等高线"项，弹出如图5.23所示的对话框。对话框中会显示参加生成DTM高程点的最小高程和最大高程。如果选择只生成单条等高线，那么就在下面的对话框中输入单条等高线的高程；如果生成多条等高线，则在等高距框输入框中输入等高距，然后选择等高线的拟合方式。

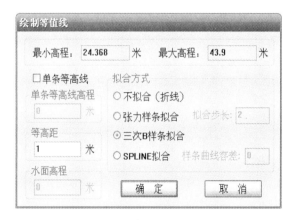

图 5.23　绘制等高线对话框

CASS8.0设置四种拟合方式：① 不拟合（折线）；② 张力样条拟合；③ 三次B样条拟合；④ SPLINE拟合。各选项差异在于：

（1）选项②生成的等高线数据量比较大，因而拟合步距不宜太小（≥2 m），否则速度会稍慢。

（2）选项③适合测点较密或等高线较密的情况。

（3）选项④的优点在于，即使等高线被断开后仍然是样条曲线，方便进行后续编辑修改；缺点是相对选项③，容易发生线条交义现象。选择该选项后，系统会提示请输入样条曲线容差：<0.0>，容差是曲线偏离理论点的允许差值，可直接回车选定默认值。

作为一般经验，等高线绘制需要反复修改，不会一次完成。因此初次绘制高线及在检查修改阶段，可输入较大等高距并选择不拟合，以节省时间、提高工作效率。

完成各项选择后点击确定键，等高线绘制工作即自动进行，绘制完成后系统在命令区显示：绘制完成!，所绘等高线如图5.24所示。

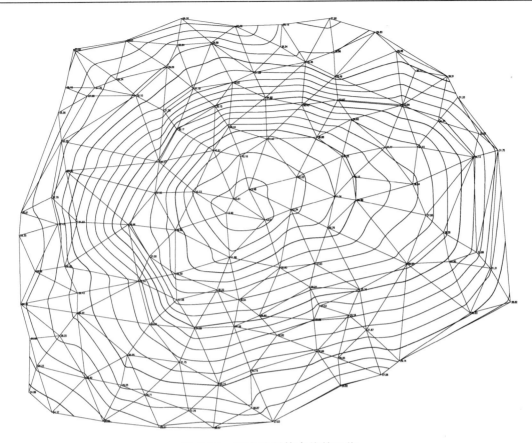

图 5.24　完成绘制等高线的工作

4. 等高线的修饰

（1）注记等高线。用"窗口缩放"工具得到局部放大图，再选择"等高线"下拉菜单之"等高线注记"下的"单个高程注记"项。命令区提示：

选择需注记的等高（深）线：移动光标选中等高线要注记高程的位置并按左键。

依法线方向指定相邻一条等高（深）线：垂直移动光标至相邻等高线位置按左键，等高线的高程值即自动注记在选择处，且字头朝向高处。

（2）等高线修剪。左键点击"等高线/等高线修剪/批量修剪等高线"，弹出如图 5.25 所示对话框。

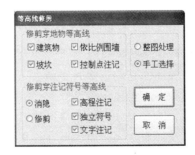

图 5.25　等高线修剪对话框

在对话框中需要确定是消隐还是修剪等高线、全图处理还是手工选择需要修剪部分等单项选择项，并还有建筑物、高程注记、独立符号、文字注记等多项选择项，系统将对穿过所选择地形符号的等高线进行修剪或者消隐操作。选定各项选项后确定，系统即会根据输入的条件完成等高线修剪。

（3）切除指定二线间等高线。命令区提示：

选择第一条线：用鼠标指定一条线，例如选择公路的一边。

选择第二条线：用鼠标指定第二条线，例如选择公路的另一边。

程序将自动切除此二线间的等高线。

（4）切除指定区域内等高线。选择一封闭复合线，系统将该复合线内所有等高线切除。

（5）等值线滤波。此功能可在很大程度上给绘制好等高线的图形文件减肥。一般的等高线都是用样条拟合的，这时虽然从图上看节点数很少，但事实却并非如此。以高程为 38 的等高线为例说明，如图 5.26 所示。

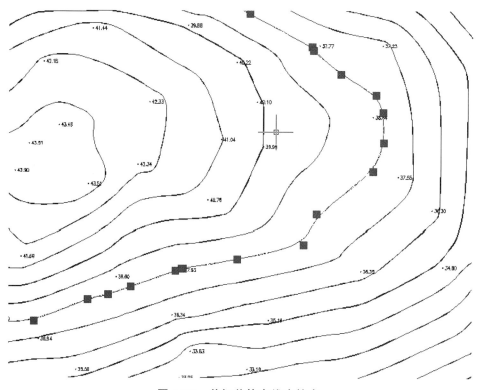

图 5.26　剪切前等高线夹持点

选中等高线，会发现图上出现了一些夹持点，千万不要认为这些点就是这条等高线上实际的点。这些只是样条的锚点。要还原它的真面目，请做下面的操作：

用"等高线"菜单下的"切除穿高程注记等高线"，然后看结果如图 5.27 所示。这时，在等高线上出现了密布的夹持点，这些点才是这条等高线真正的特征点。所以，如果看到一个很简单的图在生成了等高线后变得非常大，原因就在这里。如果想将这幅图的容量变小，用"等值线滤波"功能就可以了。执行此功能后，系统提示如下：

请输入滤波阈值：<0.5 米>这个值越大，精简的程度就越大，但是会导致等高线失真（即变形），因此，用户可根据实际需要选择合适的值。一般选系统默认的值就可以了。

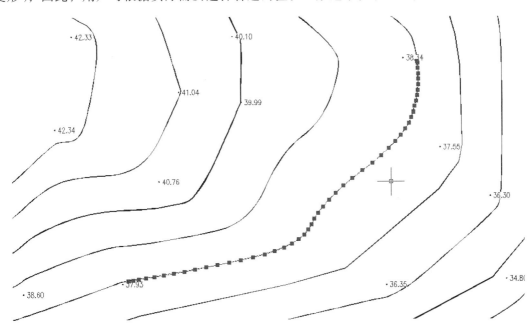

图 5.27 剪切后等高线夹持点

5. 绘制三维模型

建立了 DTM 之后，就可以生成三维模型，观察一下立体效果。

移动鼠标至"等高线"项，按左键，出现下拉菜单。然后移动鼠标至"绘制三维模型"项，按左键，命令区提示：

输入高程乘系数<1.0>：输入 5。

如果用默认值，建成的三维模型与实际情况一致。如果测区内的地势较为平坦，可以输入较大的值，将地形的起伏状态放大。因本图坡度变化不大，输入高程乘系数将其夸张显示。

是否拟合？（1）是（2）否 <1>回车，默认选（1），拟合。

这时将显示此数据文件的三维模型，如图 5.28 所示。

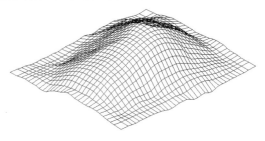

图 5.28 三维效果

另外，利用"低级着色方式""高级着色方式"功能还可对三维模型进行渲染等操作；利用"显示"菜单下的"三维静态显示"功能可以转换角度、视点、坐标轴，利用"显示"菜单下的"三维动态显示"功能可以绘出更高级的三维动态效果。

6. 其他"等高线"菜单命令

（1）图面 DTM 完善。

功能：利用"图面 DTM 完善"即可将各个独立的 DTM 模型自动重组在一起，而不必进行数据合并后再重新建立 DTM 模型。

操作过程：执行此菜单后，见命令区提示。

提示：**选择要处理的高程点、控制点及三角网**：选择需要建网的点或三角网。

（2）加入地性线。

加入地性线在建立 DTM 过程中是非常重要的步骤。很多情况下的等高线失真，都是因为没有考虑地性线的因素。计算机绘制等高线不是全智能化的，因为实地地貌非常复杂，高程点又是离散、无序的，所以，必须要借助专业人员的辅助工作（连接地性线等）才能更好地表达出真实的地貌形态。

功能：系统设置地性线使三角形的边不能穿越，防止三角形平面架空或切入地表的情况出现。

操作过程：执行此菜单后，见命令区提示。

提示：**第一点**：输入一地性线的起点。

曲线 Q/边长交会 B/<指定点>输入第二点。

曲线 Q/边长交会 B/隔一点 J/微导线 A/延伸 E/插点 I/回退 U/换向 H<指定点>继续输入点，回车结束。

（3）绘制等深线。

功能：计算并绘制等深线。

操作过程：同"绘制等高线"，但过程中系统会提问水面高程，高于此高程的等深线将用实线来画，否则用虚线画。

（4）等高线内插。

功能：当等高线过疏时，通过此功能在其中内插等高线。

操作过程：根据命令区提示选择两条边界等高线，然后命令区会有提示：

输入等高线上采样点距：（米）<3.0> 采样点距越小，内插等高线精度越高，当然计算时间也越长。系统默认值为 3 m。

请给出内插等高线数：<1> 输入需插入的等高线条数。

在做此项工作之前，要使内插等高线更准确，最好先将等高线进行拟合。但有时在边界等高线弯曲过大时，内插线可能变形稍大，需要手工进行局部处理。

（5）等值线过滤。

功能：当等高线或等深线过密时，通过此功能删除部分等高线或等深线。

（6）删全部等高线。

功能：删除屏幕上的全部等高线。

（7）查询指定点高程。

功能：查询图面上任一点的坐标及高程。如之前没有建立过 DTM，系统会提示输入数据文件名。

（8）等高线局部替换。

功能：以一段新绘等高线代替原等高线中的一段，用于等高线局部修改。点击此功能菜单，下拉菜单有两个选项：已有线／新画线。

① 选择已有线。首先绘制一段复合线，点击"等高线局部替换／已有线"，然后分别用鼠标点击等高线和复合线。执行此操作后，系统分别以直线将复合线两个端点和所选等高线上最近点连接起来。复合线成为等高线，属性与原等高线相同，并且为一个整体，对应段等高线自动删除。

② 选择新画线。点击"等高线局部替换／新画线",然后用鼠标点击替换线起点,这时系统会提示输入下一点。根据等高线走向依次确定各点,直到替换线的终点。回车或者点击右键确定,系统就按照选择"已有线"同样的方式,完成等高线的局部替换。

（9）坡度分析。CASS 8.0 中提供了实用的坡度分析技术,根据坡度值用相应的颜色填充三角网,配合三维模型功能,全面解析测区空间立体模型,可方便地检查 DTM 模型中存在的错误,如高程异常等。

5.6 数字地形图的分幅、整饰

5.6.1 绘制图框

打开要绘制图框的图形,例如打开系统示例文件"SOUTH1.DWG",如图 5.29 所示。

选中"绘图处理／标准图幅（50×50cm）"选项,系统弹出对话框如图 5.30 所示。在对话框中输入图幅的名字、四邻图幅名称、测量员、绘图员、检查员等信息。在左下角坐标的"东""北"输入框内,可以输入图幅左下角坐标,也可以点击右边的图标选择"拾取",即用鼠标在图面上点击确定图幅左下角坐标。若选择"拾取",则还应在下面四项单项选择中确定一项,其默认值为取整到图幅。默认值为 X、Y 坐标分别是图幅高度、宽度的倍数,例如 1∶1000 比例尺正方形标准分幅,坐标数值就是 500 m 的倍数。对话框左下

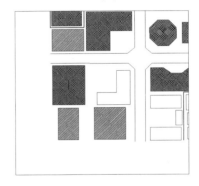

图 5.29 文件 SOUTH1.DWG 图形

角还有一个"删除图框外实体"选项,选中此选项,系统即在绘制图框时,自动删除图框外的图形元素。

对话框输入信息及选项完成后按"确定"键,系统即自动绘制图框如图 5.31 所示。

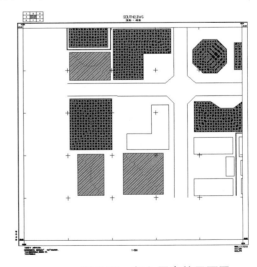

图 5.30 输入图幅信息对话框   图 5.31 加入图廓的平面图

5.6.2　图框和图角章用户化

图框和图角章用户化的目的是将图框外作业单位、坐标系统、测图时间等文字内容预设，避免每次绘制图框时都要进行同样的操作，其实质就是对系统中有关图形模块进行修改。

CASS 2008 的图框和角图章是一空图框 DWG 文件，储存在 CASS 2008 目录下的 BLOCKS 子目录中，每一种规格的图框，分别是一个文件，如 40 cm×50cm 规格图框，文件名是 AC50TK.DWG。下面以 50×50cm 规格图框修改为例，介绍编辑修改步骤。

（1）打开"...\CASS 2008\BLOCKS\AC50TK.DWG"文件。

（2）应用"工具 T"菜单的"文字"选项下"写文字""编辑文字"等功能，对图框外"单位名称""1998 年 3 月数字化测图"…"1996 年版图式""测量员："等标注文字进行编辑修改。

（3）以原文件名和地址保存修改后文件。

执行完上述操作后，以后对地形图绘 50 cm×50 cm 图框，图框外标注文字即为修改后内容。

5.6.3　批量分幅

当所测绘地形图面积较大时，需要将地形图进行分幅。系统设置了批量分幅功能，可以根据用户选择，将地形图进行批量裁剪分幅，并自动加绘图框。批量分幅操作步骤如下：

（1）选择"绘图处理／批量分幅/建方格网"，命令区提示：

请选择图幅尺寸：（1）50*50 （2）50*40 （3）自定义尺寸<1>按要求选择。

（2）直接回车默认选项（1）。

（3）提示：输入测区一角：在图形左下角点击左键。

（4）提示：输入测区另一角：在图形右上角点击左键。

执行上述操作后，系统即自动生成方格网，并且各图幅均以矩形方格左下角坐标命名，格式为"Y坐标 − X坐标"如："29.50-39.50""29.50-40.00"等。

生成方格网后，选择"绘图处理/批量分幅/批量输出到文件"，在弹出的对话框中确定输出图幅的存储目录名，然后"确定"即可批量裁剪输出分幅后图形到指定的目录。

任意分幅对图幅左下角坐标无特殊要求，可以在选择批量输出前，对方格网作移动调整，以选择分幅数最少的方案，系统将会按移动后的方格网裁剪分割图形，绘制图框后输出非空白图幅。

要特别指出的是，裁剪分幅前用户可以修改方格中系统自动生成的图名。这样裁剪分割后，不仅生成的图框会使用修改后的图名，还能自动完成图廓左上角接图表。

如果用户修改了图框文件，则对批量分幅同样有效。

5.7　数字地形图的工程应用

CASS 工程应用可进行坐标查询、面积计算、断面图绘制和土方量计算等，其菜单如图 5.32 所示。

图 5.32　工程应用菜单

5.7.1 基本几何要素的查询

可查询指定点坐标、两点距离及方位、曲线长度、实体面积等，查询操作较为简单，点击菜单后按屏幕提示操作即可完成。

对于不规则地貌，其表面积很难计算，常用的面积计算公式只是计算投影面积。CASS 8.0 可以通过建模的方法来，计算实际地表面积。系统通过 DTM 建模，在三维空间内将高程点构建成三角网，构网方法与等高线绘制构网相同。由于各三角形构成贴近地表空间平面，计算每个三角形面积并累加，就可得到整个范围内不规则地表的面积。如图 5.33 所示，计算矩形范围内地貌的表面积操作步骤为：

（1）点击"工程应用\计算表面积"命令，命令区提示：

请选择：（1）根据坐标数据文件（2）根据图上高程点：回车选（1）。

（2）选择计算区域边界线　用拾取框选择图上的复合线边界。

（3）请输入边界插值间隔（米）：<20>　输入在边界上插点的密度。要使三角网边界与计算区域边界线重合，必须要在边界线上插点，插值间隔应根测点密度而定，间隔密度对计算结果影响不明显。

（4）输出计算结果：表面积 = 15863.516 平方米，详见 surface.log 文件显示计算结果，surface.log 文件保存在\CASS2008\SYSTEM 目录下面。图 5.34 为建模计算表面积的结果。

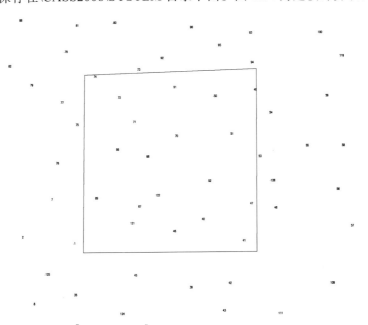

图 5.33　选定计算区域

计算表面积还可以根据图上高程点，操作的步骤相同，但计算的结果会有差异，因为由坐标文件计算时，边界上内插点的高程由全部的高程点参与计算得到，而由图上高程点来计算时，边界上内插点只与被选中的点有关，故边界上点的高程会影响到表面积的结果。应选择哪种方法计算更合理，与边界线周边的地形条件有关，地形变化越大，越趋向于由图面上来选择。

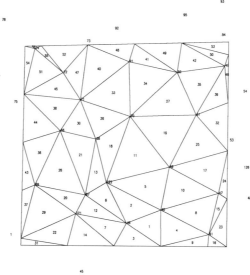

图 5.34　表面积计算结果

5.7.2　土方量的计算

土方计算方法有方格法、断面法、DTM 法、等高线法等，本节分别就这些方法的计算步骤作一简要介绍。

5.7.2.1　DTM 法土方计算

DTM（Digital Terrain Models 即数字地面模型）是地形起伏的数字表达，由对地形表面取样所得到的一组点的 X，Y，Z 坐标数据和一套对地面提供连续描述的算法组成。简单地说，数字地面模型是按一定结构组织在一起的数据组，它代表着地形特征的空间分布。DTM 是建立地形数据库的基本数据，可以用来制作等高线图、坡度图、专题图等多种图解产品。

三角网法是直接利用数据点构成邻接三角形，采用这些既不重叠又不交叉的空间三角形构成的表面，来模拟高低起伏的实际地表，是建立 DTM 的主要模型之一。因此，本节所谓的 DTM 法，也称为三角网法。

1. 现状与设计面间土方量计算

由三角网法计算土方量，是根据实地测定的地面点坐标（X，Y，Z）生成三角网，根据设计数据（也可能是另一期测量数据），计算每一个三角形内的填挖方量，最后累计各三角形数据，得到量算范围内总的填方和挖方量，并绘出填挖方分界线。

DTM 法土方计算共有三种方法：第一种是由坐标数据文件计算，第二种是依照图上高程点进行计算，第三种是依照图上的三角网进行计算。三种方法的差别在于，前两种算法包含建立三角网的过程，第三种方法直接采用图上已有的三角网。下面分述三种方法的操作过程。

（1）根据数据文件计算。

① 用复合线画出所要计算土方的封闭区域，复合线必须闭合但不要拟合，因为拟合过的曲线在进行土方计算时会用折线迭代，影响计算结果的精度。

② 用鼠标点取"工程应用\DTM 法土方计算\根据坐标文件"。

图 5.35　土方计算参数设置

系统提示：选择边界线　用鼠标点取所画的闭合复合线，弹出如图 5.35 所示的 DTM 土方计算参数设置对话框。对话框中显示的区域面积，是复合线围成的多边形水平投影面积。在对话框中输入下列设置参数：

A 平场标高：指设计目标高程。

B 边界采样间隔：边界插值间隔的设定，默认值为 20 m。

C 边坡设置：选中处理边坡复选框后，则坡度设置功能变为可选，选中放坡的方式（向上或向下：指平场高程相对于实际地面高程的高低，平场高程高于地面高程则设置为向下放坡），然后输入坡度值。

③ 设置好计算参数后点击确定，屏幕上显示计算结果提示框如图 5.36 所示，其中命令行显示：

挖方量 = ××××立方米，填方量 = ××××立方米

计算结果文件详见 CASS 2008\SYSTEM\dtmtf.log 文件，可用记事本打开查看，如图 5.37 所示。

④ 关闭对话框后系统提示：请指定表格左下角位置：<直接回车不绘表格> 用鼠标在图上适当位置点击，CASS 8.0 会在该处绘出一个表格，包含平场面积、最大高程、最小高程、平场标高、填方量、挖方量和图形，如图 5.38 所示。

图 5.36　填挖方提示框

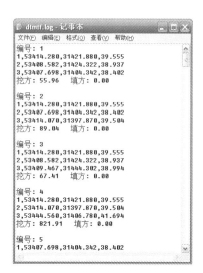

图 5.37　DTM 土方计算结果

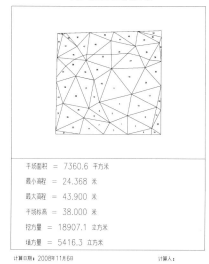

图 5.38　填挖方量计算结果表格

（2）根据图上高程点计算

① 首先要展绘高程点，然后用复合线画出所要计算土方的区域，要求同根据数据文件计算。

② 用鼠标点取"工程应用"菜单下"DTM 法土方计算"子菜单中的"根据图上高程点计算"，然后按命令区提示操作。

提示：选择边界线用鼠标点取所画的闭合复合线。

提示：选择高程点或控制点。

若采用选择高程点或控制点，则可逐个选取要参与计算的高程点或控制点，也可拖框选择。如果键入"ALL"回车，将选取图上所有已经绘出的高程点或控制点。选取高程点后，弹出土方计算参数设置对话框，设置操作与数据文件法一样。

（3）根据图上的三角网计算

① 对已经生成的三角网进行必要的修改，使结果更接近实际地形。

② 用鼠标点取"工程应用"菜单下"DTM 法土方计算"子菜单中的"依图上三角网计算"。

提示：平场标高（米）：输入平整的目标高程。

请在图上选取三角网：用鼠标在图上选取三角形，可以逐个选取也可拉框批量选取。

回车后屏幕上显示填挖方的提示框，同时图上绘出三角网、填挖方的分界线（白色线条）。

注意：用此方法不要求给定区域边界，因为系统会分析所有被选取的三角形自行确定边界。因此，在选择三角形时一定要注意不要漏选或多选，否则会影响计算结果，且很难检查出问题所在。

2．DTM 法两期土方计算

两期土方计算是指对同一区域进行了两次测量，利用两次观测得到的高程数据建模后，计算两次观测之间区域内土方的变化情况。两期土方计算可以处理两次观测时，该区域地形表面都不规则条件下的土方量计算问题。

（1）两期土方计算之前，要先对该区域分别进行建模生成 DTM 模型，并将生成的 DTM

模型保存起来，然后点取"**工程应用\DTM 法土方计算\计算两期土方量**"。命令区提示：

·**第一期三角网：（1）图面选择　（2）三角网文件 <2>** 图面选择表示在屏幕上选择显示的 DTM 模型，三角网文件指保存到文件中的 DTM 模型。

·**第二期三角网：（1）图面选择　（2）三角网文件 <1>** 同上，默认选（1）。则系统弹出计算结果，如图 5.39 所示。

（2）点击"确定"后，屏幕出现两期三角网叠加的效果，蓝色部分表示此处的高程已经发生变化，红色部分表示没有变化，如图 5.40 所示。

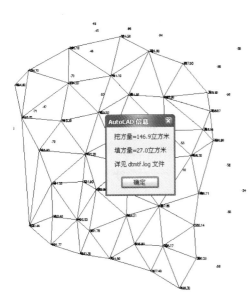

图 5.39　两期土方计算结果

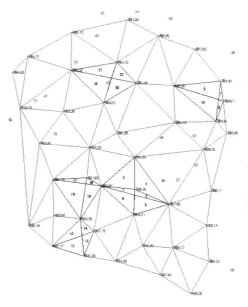

图 5.40　两期土方计算效果图

5.7.2.2　用断面法进行土方量计算

沿袭手工计算时形成的习惯，断面法较多地用于带状区域的土方计算，对于不规则的公路设计断面，可以用任意断面设计方法。此方法详见"6.8.3 公路填挖方量的计算"。

5.7.2.3　方格网法土方计算

根据实地测定的地面点坐标（X，Y，Z）和设计高程，通过生成方格网来计算每一个方格内的填挖方量，最后累计得到指定范围内填方和挖方的总量，并绘出填挖方分界线。

系统首先将方格四个角上的高程相加（四角高程点是通过周围高程点内插得出），取平均值与设计高程相减，然后乘以方格面积，得到每一个方格的土方填挖方量。方格网法简便直观，易于理解，因此这一方法在实际工作中应用非常广泛。

用方格网法算土方量，设计面可以是平面，也可以是斜面，还可以是三角网，如图 5.41 所示。

1. 设计面是平面时的操作步骤

（1）用复合线画出所要计算土方的区域。

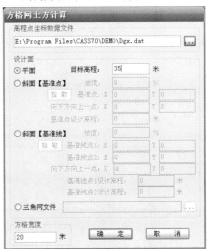

图 5.41　方格网土方计算对话框

（2）选择"工程应用\方格网法土方计算"命令项。

（3）命令行提示："选择计算区域边界线"时，点击土方计算区域的边界线（闭合复合线）。

（4）屏幕上将弹出如图5.41所示的方格网土方计算对话框，以下操作步骤为：

① 在对话框中选择所需的坐标文件；

② 在"设计面"栏选择"平面"，并输入目标高程；

③ 在"方格宽度"栏输入方格网的宽度，这是每个方格的边长，默认值为 20 m。由原理可知，方格的宽度越小，计算精度越高。但如果给的值太小，与野外采点密度不对应也是没有实际意义的。

（5）点击"确定"，命令行提示：

最小高程 = ××.×××，最大高程 = ××.×××

总填方 = ××××.×立方米，总挖方 = ××××.×立方米

同时图上绘出所分析的方格网、填挖方的分界线（绿色折线），并给出每个方格的填挖方，每行的挖方和每列的填方和，结果如图5.42所示。

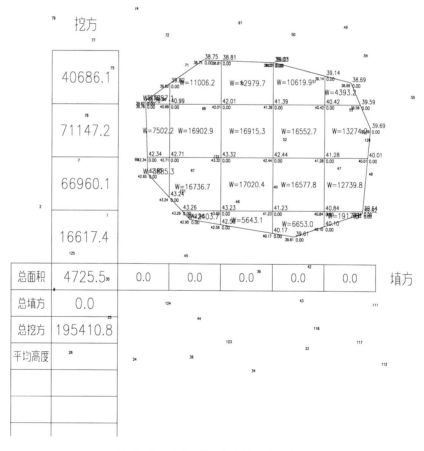

图 5.42 方格网法土方计算成果图

2. 设计面是斜面时的操作步骤

设计面是斜面时，前面操作步骤与平面相同，区别在于方格网土方计算对话框中"设计面"选择"斜面"。如图5.41所示，斜面由两种选项，分别为斜面【基准点】和斜面【基准线】。

（1）如果选择斜面【基准点】，需要输入设计坡度、基准点和向下方向上一点的坐标（即过基准点做直线，使直线的坡度等于设计坡度，取直线上高程低于基准点的任意一点），以及基准点的设计高程。基准点和向下方向上一点坐标，可以直接输入，也可以点击"拾取"命令后，在图面上捕捉确定。

输入确定设计斜面的参数后，后面的操作方法和设计面为平面时相同。

（2）如果选择斜面【基准线】，需要输入设计坡度，基准线上的两个点、基准线向下方向上的任意一点坐标，以及基准线上两个点的设计高程。

选择这一选项，要注意输入确定斜面的参数时，基准线上的两个点要选择两个高程相等的点，基准线向下方向上的一点，是斜面上高程低于基准线高程的任意一点。只有这样的选择方式，计算结果才与其他选项计算结果完全一致。

3. 设计面是三角网文件时的操作步骤：

设计面是三角网文件，实际上是另一期测量的地表面模型。选择设计面为三角网，可以处理"设计面"为不规则地表的情况。选择设计面为三角网，操作步骤与前两种方法的差别，只是在图 5.41 所示方格网土方计算对话框中选"方格网"选项，并打开扩展名为 *.sjw 的三角网文件，回车确定即可。在计算之前，需要根据设计数据文件或前期的测量数据文件建立三角网，并点击"三角网存取"菜单保存。

5.7.2.4　等高线法土方计算

在地形图上，可利用图上等高线计算体积，如山丘体积、水库库容等。图 5.43 所示为一土丘，欲计算 100 m 高程以上的土方量，首先量算各等高线围成的面积，各层的体积可分别按台体和锥体的公式计算。将各层体积相加，即得总的体积。

设 F_0，F_1，F_2 及 F_3 为各等高线围成的面积，h 为等高距，h_k 为最上一条等高线至山顶的高度。则

$$\left.\begin{aligned}
V_1 &= \frac{1}{2}(F_0 + F_1)h \\
V_2 &= \frac{1}{2}(F_1 + F_2)h \\
V_3 &= \frac{1}{2}(F_2 + F_3)h \\
V_4 &= \frac{1}{3}F_3 h_k \\
V &= \sum_{i=1}^{n} V_i
\end{aligned}\right\} \qquad (5\text{-}1)$$

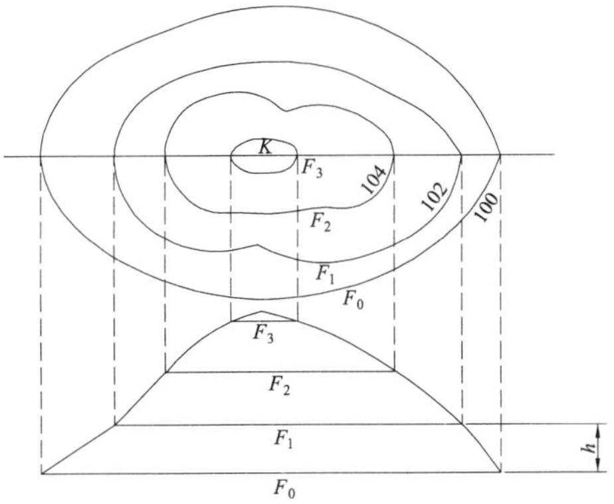

图 5.43　按等高线量算体积

由公式（5-1）计算时一般是把各层看成按台体和锥体，然而有些地形比较复杂，当相邻两段面的填方（或挖方）面积 F_1，F_2 相差较大时，则按棱台体公式计算更为接近。其计算公式如下：

$$V = \frac{1}{3}(F_1 + F_2)h\left(1 + \frac{\sqrt{m}}{1+m}\right) \qquad (5\text{-}2)$$

式中 $m = \dfrac{F_1}{F_2}$，其中 $F_2 > F_1$。将上式整理得：

$$V = \frac{1}{3}(F_1 + F_2 + \sqrt{F_1 F_2})h \tag{5-3}$$

CASS 里的等高线土方计算采用的公式就是式（5-3）。

用户将白纸图扫描矢量化后可以得到数字图形，但这样的图都没有高程数据文件，所以无法用前面的几种方法计算土方量。一般来说，这些图上都绘有等高线，所以，CASS 8.0 开发了由等高线计算土方量的功能，专为这类用户设计。

用此功能可计算任两条等高线之间的土方量，但所选等高线必须闭合。由于两条等高线所围面积可求，两条等高线之间的高差已知，因而可求出这两条等高线之间的土方量。

（1）点取"工程应用"下的"等高线法土方计算"，屏幕提示：**选择参与计算的封闭等高线**，可逐个点取参与计算的等高线，也可按住鼠标左键拖框选取。但是只有封闭的等高线才有效。

（2）回车后屏幕提示：**输入最高点高程：<直接回车不考虑最高点>**，回车后屏幕弹出总方量消息框。

（3）回车后屏幕提示：**请指定表格左上角位置：<直接回车不绘制表格>**，在图上空白区域点击鼠标右键，系统将在该点绘出计算成果表格，如图 5.44 所示。

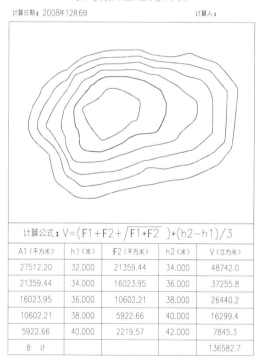

等高线法土石方计算

计算日期：2008年12月6日　　　　　　　　　　　　　　计算人：

计算公式：$V = (F_1 + F_2 + \sqrt{F_1 * F_2}) * (h_2 - h_1)/3$

A1〈平方米〉	h1〈米〉	F2〈平方米〉	h2〈米〉	V〈立方米〉
27512.20	32.000	21359.44	34.000	48742.0
21359.44	34.000	16023.95	36.000	37255.8
16023.95	36.000	10602.21	38.000	26440.2
10602.21	38.000	5922.66	40.000	16299.4
5922.66	40.000	2219.57	42.000	7845.3
合　计				136582.7

图 5.44　等高线法土方计算

可以从表格中看到每条等高线围成的面积和两条相邻等高线之间的土方量，另外，还有计算公式等。

5.7.2.5　区域土方量平衡

土方平衡的功能常在场地平整时使用。当一个场地的土方平衡时，挖方量刚好等于填方量。若以填挖方边界线为界，从较高处挖得的土石方直接填到区域内较低的地方，这样完成场地平整，可以大幅度减少土方运输费用。本功能操作步骤如下：

（1）在图上展出点，用复合线绘出需要进行土方平衡计算的区域边界。

（2）点取"工程应用\区域土方平衡\根据坐标数据文件（根据图上高程点）"。如果要分析整个坐标数据文件，可直接回车。如果没有坐标数据文件，而只有图上的高程点，则选"根据图上高程点"。

（3）命令行提示：选择边界线。点取第一步所画闭合复合线。输入边界插值间隔（米）：<20>，如图 5.46 所示，在计算区域边界上，三角形的边将与之平行，因此系统在计算区域边界线上，将按设定的插值间隔插点。

（4）如果前面选择"根据坐标数据文件"，这里将弹出对话框，要求输入高程点坐标数据文件名，如果前面选择的是"根据图上高程点"，此时命令行将提示：选择高程点或控制点：用鼠标选取参与计算的高程点或控制点。

（5）回车后弹出如图 5.45 所示的消息框，同时命令行出现提示：

平场面积 = ××××平方米

土方平衡高度 = ×××米，挖方量 = ×××立方米，填方量 = ×××立方米

（6）点击对话框的确定按钮，命令行提示：

请指定表格左下角位置：<直接回车不绘制表格>。在图上空白区域点击鼠标左键，系统即在图上绘出计算结果表格，如图 5.46 所示。

图 5.45　土方量平

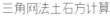
三角网法土石方计算

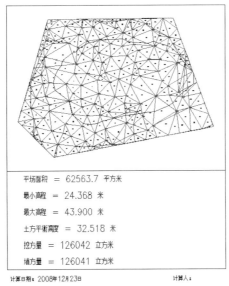

平场面积	= 62563.7 平方米
最小高程	= 24.368 米
最大高程	= 43.900 米
土方平衡高度	= 32.518 米
挖方量	= 126042 立方米
填方量	= 126041 立方米

计算日期：2008年12月23日　　　　　　　计算人：

图 5.46　区域土方量平衡

5.7.3　长度调整

通过选择复合线或直线，程序自动计算所选线段长度，并调整到指定的长度。具体操作如下：

（1）选择"工程应用\线条长度调整"命令。

（2）提示：请选择想要调整的线段。

（3）提示：起始线段长×××.××× 米，终止线段长×××.××× 米。线段可能是由几段组成的，调整长度只能处理第一段和最后一段，所以系统提示这两段的长度。

（4）提示：请输入要调整到的长度（米）；输入目标长度。

（5）提示：需调整（1）起点（2）终点<2>；默认为终点。

回车或右键"确定"，完成长度调整。

5.7.4 面积调整及量算

1、面积调整

CASS 8.0 设置了 3 种面积调整方法，如图 5.47 所示。

图 5.47 面积调整菜单

面积调整是通过调整封闭复合线的一点或一边，把该复合线所围成面积调整成所要求的目标面积，处理的复合线要求是未经拟合的。

（1）选择"调整一点"：复合线被调整顶点随鼠标移动，整个复合线形状也随之变化，同时屏幕左下角实时显示着复合线所围面积的变化。当面积值达到所要求数值时，即可点击鼠标左键确定被调整点的位置。如果面积数变化太快，可将图形局部放大再使用本功能。

（2）选择"调整一边"：复合线被调整边将会平行向内或向外移动，直至面积达到所要求的值。

（3）选择"在一边调整一点"，调整边一端点固定不动，随着调整另一端点，调整边会缩短或延长，直到面积达到目标值，原来连到此点的其他边会自动重新连接。

2. 计算指定范围的面积

（1）选择"工程应用\计算指定范围的面积"命令。

（2）提示：1、选目标/2、选图层/3、选指定图层的目标<1>。

输入 1：用鼠标指定需计算面积的地物，可用窗选、点选等方式，计算结果注记在地物重心上，且用青色阴影线标示。

输入 2：输入图层名，把该图层的所有封闭复合线地物面积计算出来注记在重心上。并且用青色阴影线标示。

输入 3：先选图层，再选择目标，特别采用窗选时系统自动过滤，只注记在指定图层中所选以复合线封闭的地物。

（3）提示：是否对统计区域加青色阴影线？<Y>，默认为"是"。

（4）提示：总面积 =×××××.××平方米。

3. 统计指定区域的面积

该功能用来将注记在图上的面积累加起来。

（1）用鼠标点取"工程应用\统计指定区域的面积"。

（2）提示：<mark>面积统计 ——可用：窗口（W.C）/多边形窗口（WP.CP）/...等多种方式选择</mark>已计算过面积的区域。

选择对象：选择面积文字注记：用鼠标拉一个窗口即可。

（3）提示：<mark>总面积 = ××××．××平方米</mark>。

4. 计算指定点所围成的面积

（1）用鼠标点取"工程应用\指定点所围成的面积"。

（2）<mark>输入点</mark>：用鼠标点击要计算区域的第一点，底部命令行将提示输入下一点，直到按鼠标的右键或回车键确认完毕（结束点和起始点不必是同一个点，系统将自动地连接结束点和起始点）。

（3）显示计算结果：<mark>总面积 = ××××．××平方米</mark>。

5.7.4　图形与数据转换

5.7.4.1　图面提取坐标数据文件

本功能用于提取非 CASS 制作的 CAD 数字地形图定位点，生成 CASS 标准格式数据文件，从而可以使高程点没有属性的数字图，用于 CASS 系统的土方计算等工程应用。

1. 指定点生成数据文件

（1）用鼠标点取"工程应用\指定点生成数据文件"。

（2）屏幕上弹出需要"输入数据文件名"的对话框来指定保存数据文件名，如图 5.48 所示。

图 5.48　输入数据文件名对话框

（3）根据提示执行下列操作：

指定点：用鼠标点取要生成数据的指定点。

地物代码：输入地物代码，如房屋为 F0 等。

高程：输入指定点的高程。

测量坐标系：X = 31.121m　Y = 53.211m　Z = 502.12 Code: F0　此提示为系统自动给出。

请输入点号：<9> 默认的点号是由系统自动追加，也可以自己输入。

是否删除点位注记？（Y/N）<N> 默认不删除点位注记。

至此，数据文件中的一个点已录入，重复上述过程，录入下一个点，…

2. 高程点生成数据文件

高程点生成数据文件菜单如图 5.49 所示。

图 5.49　高程点生成数据文件菜单

（1）用鼠标点取"工程应用\高程点生成数据文件\有编码高程点（无编码高程点、无编码水深点）"。屏幕上弹出"输入数据文件名"的对话框来指定保存数据文件名。

　　提示：**请选择：（1）选取区域边界（2）直接选取高程点或控制点<1>**。选择获得高程点的方法，系统的默认设置为选取区域边界。

（2）选择（1），系统提示：**请选取区域边界**：用鼠标点取区域的边界后回车。

（3）选择（2），系统提示：**选择对象**：（选择物体）：用鼠标点取要选取的点。

（4）如果选择无编码高程点生成数据文件，高程点和高程注记可能不在同一层，执行该命令后命令行提示：

　　请输入高程点所在层：输入高程点点位所在的层名。

　　请输入高程注记所在层：**<直接回车取高程点实体 Z 值>** 输入高程注记所在的层名。

　　共读入 X 个高程点 有此提示时表示成功生成了数据文件。

（5）如果选择无编码水深点生成数据文件，则首先要保证水深高程点和高程注记在同一层中，执行该命令后命令行提示：

　　请输入水深点所在图层：输入高程点所在的层名。

　　共读入 X 个水深点 有该提示时表示成功生成了数据文件。

3. 控制点生成数据文件

（1）用鼠标点取"工程应用"菜单下的"控制点生成数据文件"。

（2）屏幕上弹出"输入数据文件名"对话框来指定保存数据文件名。

（3）提示：**共读入×××个控制点**。

4. 等高线生成数据文件

（1）用鼠标点取"工程应用"菜单下的"等高线生成数据文件"。

（2）屏幕上弹出"输入数据文件名"对话框来保存数据文件。

　　提示：（1）处理全部等高线结点，（2）处理滤波后等高线结点<1>

等高线滤波后结点数会少很多，这样可以缩小生成数据文件的大小。执行完后，系统自动分析图上绘出的等高线，将所在结点的坐标记入用户给定的文件中。

5.7.4.2　交换文件

CASS 的数据交换文件作为一种格式公开的数据文件，不仅为数字图成果进入 GIS 提供了通道，也为用户的其他格式数字化测绘成果进入 CASS 系统提供了方便之门。由于 CASS 的数据交换文件与图形的转换是双向的，即既可以"生成交换文件"，也可以"读入交换文件"绘图。这就是说，不论用户的数字化测绘成果是以何种方法、何种软件、何种工具得到的，只要能转换（生成）为 CASS 系统的数据交换文件，就可以将它导入 CASS 系统，在 CASS 系统中编辑和应用。实际上 CASS 系统本身的"简码识别"功能，就是把从外业设备传过来的简码坐标数据文件转换成 CASS 交换文件，然后用"**绘平面图**"功能读出该文件而实现自动绘图的。

1. 生成交换文件

（1）用鼠标点取"数据处理"菜单下的"生成交换文件"，如图 5.50 所示。

（2）屏幕上弹出"输入数据文件名"对话框，来选择要保存的交换文件名。

（3）提示：**绘图比例尺 1：　　　**；输入比例尺，回车。

（4）交换文件是文本格式的，可用"编辑"下的"编辑文本"命令查看。

2. 读入交换文件

（1）用鼠标点取"数据处理"菜单下的"读入交换文件"。

（2）屏幕上弹出"输入 CASS 交换文件名"对话框，来选择交换文件名。如当前图形还没有设定比例尺，系统会提示用户输入比例尺。

图 5.50　数据处理菜单

（3）系统自动根据交换文件的坐标设定图形显示范围，因而交换文件中的所有内容自动以全图显示。

（4）系统逐行读出交换文件的各图层、各实体的空间或非空间信息绘制成图，同时各实体的属性代码也被加入。

注意：读入交换文件将在当前图形中插入交换文件中的实体，因此，如不想破坏当前图形，应在新图环境中读入交换文件。

5.8　CASS 在道路工程测量中的应用

5.8.1　公路平曲线设计

5.8.1.1　基本线形

道路是一个带状构造物，它的中线是一条空间曲线。一般所说的路线，就是指道路中线。道路中线的空间形状称为路线线形，道路中线在水平面上的投影称为路线的平曲线。

行驶中的汽车其导向轮旋转面与车身中纵轴之间有三种关系，即角度为零、角度为常数、角度为变数。与上述状态对应的行驶轨迹为：曲率为零的线形 —— 直线；曲率为常数的线形 —— 圆曲线；曲率为变数的线形 —— 缓和曲线。道路平面线形正是由上述三种线形，即直线、圆曲线和缓和曲线构成，称为"平面线形三要素"。

当道路的平面线形受到地貌、地物等障碍的影响而发生转折时，在转折处就需要设置曲线。曲线基本线形为圆曲线，为保证行车的舒适、安全，直线和圆曲线间常以缓和曲线连接，使直线与圆曲线之间连接自然流畅。对于设计车速低的道路，为简化设计，也可以只使用直线和圆曲线两种要素。

1. 直　线

直线是公路平曲线中的主要线形，它以最短的距离连接两目的地，具有里程最短、建设造价低、车辆运行费用低的优势，并且驾驶者视野开阔、方向明确，行车快速、操作简单。因此，直线是道路平曲线设计中的主要及首选线型。

2. 单圆曲线

在道路直伸路线受地貌、地物限制，需要改变方向时，各级公路无论转角大小均应设置圆曲线。通过直线与适当半径圆曲线的连接，获得圆滑流畅的路线平曲线。

对于未设置缓和曲线的单圆曲线，其曲线几何要素为（见图 5.51）：

$$T = R \times \tan\frac{\alpha}{2}　　　　　　　　　　　　　　（5-4）$$

$$L = \frac{\pi}{180} \times \alpha \times R \qquad\qquad (5\text{-}5)$$

$$E = R\left(\sec\frac{\alpha}{2} - 1\right) \qquad\qquad (5\text{-}6)$$

$$J = 2T - L \qquad\qquad (5\text{-}7)$$

式中，T 为切线长（m）；L 为曲线长（m）；E 为外距（m）；J 为切曲差（m）；R 为圆半径（m）；α 为转角（°）。

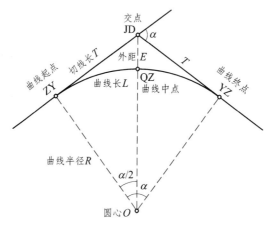

图 5.51　单圆曲线要素

如图 5.51 所示，圆曲线的半径 R 为定值，在整条曲线中曲率不发生变化，而转角 α 的大小由曲线长 L 决定，切线长 T 通过半径和转角就可以计算出来。所以对于圆曲线来说，只要知道起、终点坐标以及半径和曲线长，其余要素即已确定，通常设计单位给出的圆曲线设计值就是交点坐标、圆半径和曲线长。

3. 缓和曲线

缓和曲线是指在直线与圆曲线之间，或者半径相差较大的两个同向圆曲线之间设置的一种曲率连续变化的曲线。

在设计中缓和曲线参数 A 值是根据线形舒顺和美观要求确定的，缓和曲线参数 A 与圆曲线半径 R 和缓和曲线的长度 l 的关系为：

$$A^2 = R \times l \qquad\qquad (5\text{-}8)$$

5.8.1.2　常见平面组合线形

道路平面线形的组合主要有：单交点圆曲线、单交点基本型曲线、双交点曲线（切基线、虚交点复曲线、卵形曲线等）、多交点曲线、组合型曲线等。以下简要介绍常用的圆曲线和对称基本型曲线。

1. 单交点圆曲线

单交点圆曲线就是前面介绍过的单圆曲线，通过在路线改变方向的交点（JD）处，插入与两直线相切的圆曲线来实现两条不同方向直线的平顺连接。

2. 单交点基本型曲线

（1）对称基本型（两端缓和曲线等长）。

曲线要素计算如下（见图 5.52）：

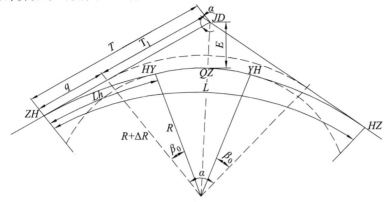

图 5.52　对称基本型曲线

$$T = (R + \Delta R)\tan\frac{\alpha}{2} + q = T_1 + q \tag{5-9}$$

$$L = \frac{\pi R}{180}(\alpha - 2\beta_0) + 2L_h \tag{5-10}$$

$$E = (R + \Delta R)\sec\frac{\alpha}{2} - R \tag{5-11}$$

$$L_y = L - 2L_h = R\frac{\pi}{180}(\alpha - 2\beta_0) \tag{5-12}$$

$$J = 2T - L \tag{5-13}$$

$$\beta_0 = \frac{90}{\pi R}L_h \tag{5-14}$$

$$q = \frac{L_h}{2} - \frac{L_h^3}{240R^2} \tag{5-15}$$

$$\Delta R = \frac{L_h}{24R} \tag{5-16}$$

式中，T 为切线长（m）；L_h 为缓和曲线长（m）；E 为外距（m）；J 为切曲差（m）；R 为圆曲线半径（m）；α 为切线转向角（°）；L 为曲线全长（包括缓和曲线）（m）；q 为切线增长值（m）；ΔR 为曲线内移值（m）；β_0 为缓和曲线角（°）。q，ΔR，β_0 称缓和曲线参数；L_y 为圆曲线长。

5.8.1.3　单交点基本型曲线**坐标计算**

1. 曲线在切线直角坐标系中的坐标计算

如图 5.53 所示，建立以直缓点 ZH 为原点，过 ZH 的缓和曲线切线为 x 轴。与 x 轴正交，由 ZH 点指向圆心的方向为 y 轴的直角坐标系。

设缓和曲线上任一点 P 坐标为 (x,y)，微分弧段 dl 作坐标轴上的投影为：

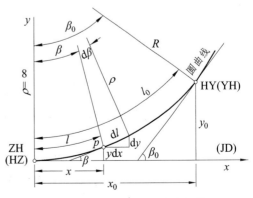

图 5.53　缓和曲线上点在切线
直角坐标系中的坐标

$$\left.\begin{array}{l} dx = dl\cos\beta \\ dy = dl\sin\beta \end{array}\right\}$$

将 $\sin\beta$ 和 $\cos\beta$ 按泰勒级数展开，并代入 $\beta = \dfrac{l^2}{2Rl_h}$ 后积分并略去高次项，就得到缓和曲线段上，以曲线长 l 为参数，任意一点的坐标计算公式：

$$x_i = l_i - \frac{l_i^5}{40R^2 l_h^2} + \cdots \tag{5-17}$$

$$y_i = \pm \frac{l_i^3}{6Rl_h} + \dots \tag{5-18}$$

式中，l_i 为缓和曲线上的任意一点到 ZH 点的曲线长，l_h 为缓和曲线长，R 为圆曲线半径。特别地当 $l_i = l_h$ 时，即为缓圆点（HY）的坐标：

$$\left.\begin{array}{l} x_0 = l_h - \dfrac{l_h^3}{40R^2} \\[3mm] y_0 = \pm \dfrac{l_h^2}{6R} \end{array}\right\} \tag{5-19}$$

测量坐标系统规定由 X 轴方向顺时针旋转 90 度为 Y 轴方向，所以当曲线在 X 轴右侧时，Y 坐标要取负值。

对于圆曲线段，如图 5.54 所示，仍用切线直角坐标系。设 i 是圆曲线上的任意一点，从图中可知，i 点的坐标 x_i，y_i 计算公式如下：

$$x_i = R\sin\alpha_i + q \tag{5-20}$$

$$y_i = R(1 - \cos\alpha_i) + \Delta R \tag{5-21}$$

$$\alpha = \frac{180°}{\pi R}(l_i - l_h) + \beta_0 \tag{5-22}$$

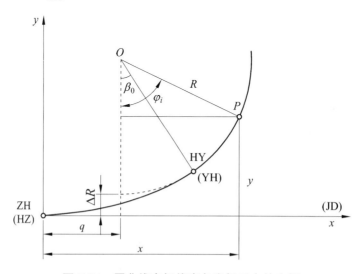

图 5.54　圆曲线在切线直角坐标系中的坐标

2. 切线直角坐标转换到测量坐标系坐标

为了在已知坐标的测量控制点上进行曲线放样，必须将切线直角坐标系中的曲线坐标转换到测量坐标系中去。根据 ZH 点切线所在直线段两端的交点测量坐标计算出该边的坐标方位角为 A，设曲线位于 x 轴右侧，ZH 点的测量坐标为 X_{ZH} 和 Y_{ZH}，则曲线上任意一点在测量坐标系中的坐标为：

$$X_i = X_{ZH} + x_i \cos A - y_i \sin A \qquad (5\text{-}23)$$

$$Y_i = Y_{ZH} + x_i \sin A + y_i \cos A \qquad (5\text{-}24)$$

如果曲线位于 x 轴的左侧，如图 5.53、5.54 所示，则由于 y 轴的方向与测量坐标系相反，按公式（5-18）（5-19）（5-21）计算出的 y 坐标，要以负值代入公式（5-23）（5-24）。

3. 积分法计算平曲线坐标

积分法是对于单个曲线利用已知数据，可完成曲线中任意点坐标及切线方位角的计算。积分法有很多优点，它计算简便，不用经过坐标转换等比较复杂的步骤，可以直接计算出结果，下面介绍积分法的数学模型。

如图 5.55 所示，AB 间为一曲线元，曲线元上任一点的曲率随着 A 点弧长作线性变化。设起点 A 的曲率为 K_A，终点 B 的曲率为 K_B，则当 $K_A = K_B = 0$ 时，该曲线元为直线；当 $K_A = K_B \neq 0$ 时，该曲线元为圆曲线；当 $K_A \neq K_B$ 时，该曲线元为缓和曲线。

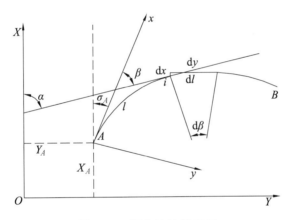

图 5.55　积分法计算坐标

设 A 点的坐标为（X_A，Y_A），切线方位角为 α_A，曲线元的长度为 L_S，测设中桩点 P 相对于 A 点的曲线长为 l，可得出 P 点的坐标及切线方位角为：

$$X_P = X_A + \int_0^l \cos\left[\alpha_A \pm \left(K_A l + \frac{l^2}{2L_S} K_{AB}\right)\right] \mathrm{d}l \qquad (5\text{-}25)$$

$$Y_P = Y_A + \int_0^l \sin\left[\alpha_A \pm \left(K_A l + \frac{l^2}{2L_S} K_{AB}\right)\right] \mathrm{d}l \qquad (5\text{-}26)$$

$$\alpha = \alpha_A \pm \left(K_A l + \frac{l^2}{2L_S} K_{AB}\right) \qquad (5\text{-}27)$$

式中，$K_{AB} = K_B - K_A$，$\pm$ 表示曲线元的偏向，当曲线元左偏时取负号，当曲线元右偏时取正号。积分方法可采用辛普生积分公式。

5.8.2 CASS 8.0 在公路施工放样中的应用

路线中线测量是指把设计道路中心线测设到实地上。一般路线中线是指平曲线，因此中线测设工作就是测设平曲线上各特征点和曲线（包括圆曲线和缓和曲线）上的里程桩（中桩），及相应的道路边线点位（边桩）。以下以一实例说明应用 CASS 8.0 计算道路测设数据。

已知一段道路的平曲线设计资料的数据如表 5.1 所示：

表 5.1 一段道路的平曲线设计资料的数据

交点号	交点坐标		交点桩号	转角值		曲线要素值			直线方向
	X	Y	L	左转 ° ′ ″	右转 ° ′ ″	半径 R	第一缓和曲线长度 L_1	第二缓和曲线长度 L_2	计算方位角 ° ′ ″
起点	67202.139	55062.150	K0＋000						253 08 03
JD1	66926.788	54754.234	K0＋321.755	48 25 30		255	30	30	204 42 34
JD2	66782.503	54687.842	K0＋466.637		3 50 51	866.245	0	0	208 33 25
JD3	66522.152	54546.148	K0＋763.027	13 26 21		300	40	40	195 07 03
终点	66328.647	54493.873	K0＋963.097						

根据表中的已知数据可以通过 CASS 8.0 绘制出设计平曲线，并计算出中边桩坐标。其计算步骤如下：

选择 CASS 8.0"工程应用"菜单下的"公路曲线设计"命令，如图 5.56 所示。

图 5.56 公路曲线设计命令

6.8.2.1 单交点的曲线设计

如果要设计的是单个交点，则用单个交点处理命令，如图 5.57 所示。

在起点坐标信息栏输入起点 X，Y 坐标，东为 Y 坐标，北为入 X 坐标；在交点信息栏里输入交点 X，Y 坐标。如起点和交点已展绘上图，也可选择在图上直接拾取。在已知里程中输入交点或起点的里程，偏角为交点的转角值，注意向左转为正，向右转为负，角度输入按照"度.分秒"的格式输入，如 48°25′30″就在偏角栏输入 48.2530，半径中输入圆曲线的半径值，如是带有缓和曲线的圆曲线则在选择曲线类型中单击缓和曲线，并在缓和曲线长中填入长度。其余采样间隔、绘图采样间隔和输出采样点坐标文件根据需要输入。

图 5.57　单个交点公路曲线计算

点击开始则提示选定平曲线要素表左上角点：在屏幕上点击选择要素表图左上角点显示位置，CASS8.0 自动绘制公路曲线，输出平曲线要素值及各里程桩的中桩坐标如图 5.58 所示。

设计绘制的平曲线如果存在不平滑的现象，或当图形无法进一步放大或缩小，以及图上有些线形没有显示出来时，则可以输入 Regen 重构模型。Regen 的作用是：重新生成一幅图，刷新显示以便反映图形数据库中的最新变化。

平曲线要素表

JD		偏角		R	Th	Lh	L	EH	ZH	HY	QZ	YH	HZ
		左偏	右偏										
1	K0+321.756	48°25′30.0″		255.000	129.733	30.000	245.520	24.757	K0+192.023	K0+222.023	K0+314.783	K0+407.543	K0+437.543

里　　程	X	Y
K0+000.000	67020.139	55062.150
K0+020.000	67014.336	55043.010
K0+040.000	67008.534	55023.871
K0+060.000	67002.731	55004.731
K0+080.000	66996.929	54985.591
K0+100.000	66991.126	54966.451
K0+120.000	66985.323	54947.312
K0+140.000	66979.521	54928.172
K0+160.000	66973.718	54909.032
K0+180.000	66967.916	54889.892
K0+192.023	66964.427	54878.387
K0+200.000	66962.102	54870.756
K0+220.000	66955.856	54851.758
K0+222.023	66955.164	54849.858
K0+240.000	66948.357	54833.223
K0+260.000	66939.428	54815.332
K0+280.000	66929.125	54798.196
K0+300.000	66917.511	54781.920
K0+314.783	66908.126	54770.502
K0+320.000	66904.658	54766.604

图 5.58　路线平曲线要素和各里程桩的坐标值

用记事本将保存的采样坐标文件打开，可看到如图 5.59 所示各中桩的坐标值。此文件为标准的 CASS 坐标数据格式，可以利用 CASS "数据"菜单中的"坐标数据发送"传入全站仪中，用全站仪"坐标放样"功能调取数据进行放样。

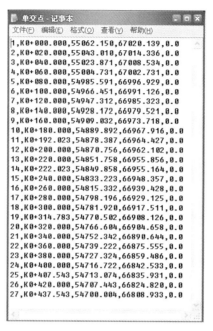

图 5.59　采样点数据坐标数据文件

5.8.2.2　多个交点的曲线设计

1. 偏角定位

点击"工程应用/公路曲线设计/要素文件录入"，将命令行中提示：（1）偏角定位（2）坐标定位：<1> 默认为偏角定位，选偏角定位就弹出要素输入框（见图5.60）。

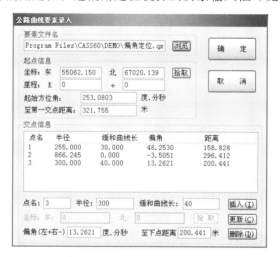

图 5.60　偏角定位要素输入

（1）起点需要输入的数据：① 起点坐标。② 起点里程。③ 起点到下一个交点的方位角。④ 起点到第一个交点的直线距离。

（2）各个交点所输入的数据：① 点名，输入交点号。② 偏角。③ 半径（若半径是0，则为小偏角，即只是折线，不设曲线）。④ 缓和曲线长（若缓和曲线长为0，则为圆曲线）。

⑤ 到下一个交点的距离（如果是最后一个交点，则输入到终点的距离）。

　　分析：通过起点的坐标及其到第一个交点的方位角和距离可以推算出第一个交点的坐标。

　　再根据起点到第一个交点的方位角和第一个交点的偏角可以推算出第一个交点到第二个交点的方位角，根据第一个交点到第二个交点的方位角和到第二个交点的距离及第一个交点的坐标可以推算出第二个交点的坐标。以此类推，直到终点。待整条路线的起点、交点信息输入完后按"确定"，计算曲线要素文件并保存在指定的目录下。

　　（3）选择"工程应用/公路曲线设计/要素文件处理"，将弹出对话框，如图 5.61 所示。选择刚存入的要素文件名，再填入要输出采样点坐标文件名，此文件用于保存设计曲线的各里程桩的点号、坐标和高程值。输入后如图 5.61 所示，"输出采样点坐标文件"为可选。点"确定"后，在屏幕上指定平曲线要素表位置后，绘出曲线及要素表，如图 5.62 所示。

图 5.61　要素文件公路曲线计算

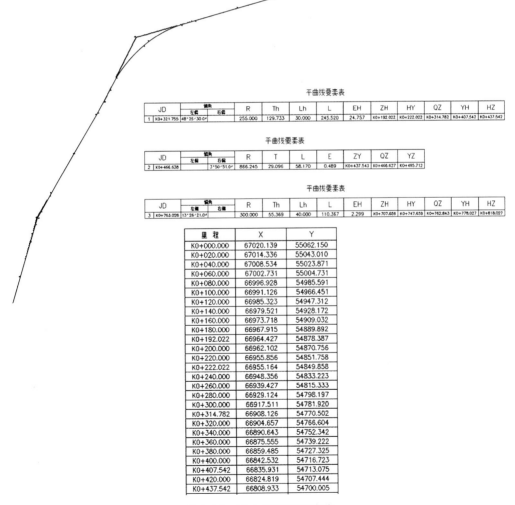

平曲线要素表

JD		偏角		R	Th	Lh	L	EH	ZH	HY	QZ	YH	HZ
		左偏	右偏										
1	K0+321.755		48°25′30.0″	255.000	129.733	30.000	245.520	24.757	K0+192.022	K0+222.022	K0+314.782	K0+407.542	K0+437.542

平曲线要素表

JD		偏角		R	T	L	E	ZY	QZ	YZ
		左偏	右偏							
2	K0+466.638		3°50′51.0″	866.245	29.096	58.170	0.489	K0+437.543	K0+466.627	K0+495.712

平曲线要素表

JD		偏角		R	Th	Lh	L	EH	ZH	HY	QZ	YH	HZ
		左偏	右偏										
3	K0+763.026		13°26′21.0″	300.000	55.369	40.000	110.367	2.299	K0+707.659	K0+747.659	K0+762.843	K0+778.027	K0+818.027

里　程	X	Y
K0+000.000	67020.139	55062.150
K0+020.000	67014.336	55043.010
K0+040.000	67008.534	55023.871
K0+060.000	67002.731	55004.731
K0+080.000	66996.928	54985.591
K0+100.000	66991.126	54966.451
K0+120.000	66985.323	54947.312
K0+140.000	66979.521	54928.172
K0+160.000	66973.718	54909.032
K0+180.000	66967.915	54889.892
K0+192.022	66964.427	54878.387
K0+200.000	66962.102	54870.756
K0+220.000	66955.856	54851.758
K0+222.022	66955.164	54849.858
K0+240.000	66948.356	54833.223
K0+260.000	66939.427	54815.333
K0+280.000	66929.124	54798.197
K0+300.000	66917.511	54781.920
K0+314.782	66908.126	54770.502
K0+320.000	66904.657	54766.604
K0+340.000	66890.643	54752.342
K0+360.000	66875.555	54739.222
K0+380.000	66859.485	54727.325
K0+400.000	66842.532	54716.723
K0+407.542	66835.931	54713.075
K0+420.000	66824.819	54707.444
K0+437.542	66808.933	54700.005

图 5.62　平曲线及其要素表

通过 CASS "编辑/编辑文本文件"，选择刚保存的输出采样点坐标文件进行查看，此文件为标准 CASS 坐标数据文件，可用 CASS 传入全站仪进行施工放样。曲线要素文件扩展名为.qx。可用记事本打开查看，也可编辑、修改、添加后保存，如图 5.63 所示。

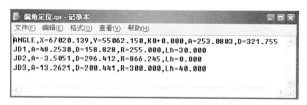

图 5.63　公路曲线要素文件

2. 坐标定位法

如果点击"工程应用/公路曲线设计/要素文件录入"，选坐标定位法则弹出要素输入框，如图 5.64 所示。

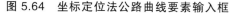

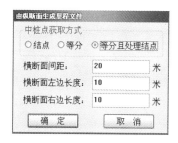

图 5.64　坐标定位法公路曲线要素输入框　　　　图 5.65　由纵断面生成里程文件

在此对话框中，输入起点坐标和里程信息及各交点坐标，系统自行计算出起点、交点及终点等各特征点之间的距离及坐标方位角，CASS8.0 计算输出与"偏角定位"相同的成果。

注意：CASS 8.0 只能处理圆曲线和带对称缓和曲线的圆曲线。

6.8.2.3　道路边桩坐标计算

在道路施工放样中，除了要测设出道路中线外，有时还需要测设路线边线。

在绘制出的公路曲线上，通过纵断面生成里程文件，可以计算出各边桩坐标值，操作步骤为：

（1）点击"工程应用/生成里程文件/由纵断面线生成/新建"，提示选择纵断面线，单击设计好的曲线，弹出一个由纵断面生成里程文件的对话框，如图 5.65 所示。中桩点获取方式：①结点：表示结点上要有断面通过；②等分：表示从起点开始用相同的间距；③等分且处理结点：表示用相同的间距，且要考虑不在整数间距上的结点。

　　在"中桩点获取方式"选择等分且处理结点，横
断面间距为要计算的各里程桩的间隔值，横断面左、
右边长度处输入道路的左右宽度值，点确定后会在屏幕生成横断面线。

　　（2）然后选择"工程应用/生成里程文件/由纵断面线
生成/生成"，在屏幕上点击绘制好的道路平曲线则出现如
图 5.66 所示对话框。

　　由于只计算边桩的平面坐标，不考虑高程信息，所
以高程点数据文件名可以任意选择一个数据文件。"生成
的里程文件名"处填入要生成的里程文件名和保存路径。
"里程文件对应的数据文件名"处填入将要输出的边桩坐
标文件名和保存的路径。"断面线插值间距"，此处填入

图 5.66　生成里程文件

道路宽度值。起始里程则填入起点实际里程值。单击确定后自动在横断面上生成里程，如图
5.67 所示。

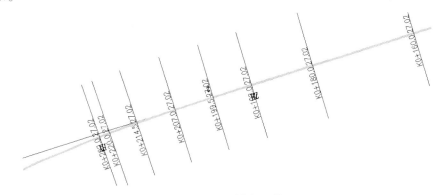

图 5.67　生成横断面线图

　　将里程对应的坐标数据文件各点展绘在图上，用 CASS 8.0 屏幕右侧菜单选"文字注记/
坐标坪高/注记坐标"可以将图中各横断面线端点的坐标标注在图中，如图 5.68 所示。

　　为使点位在屏幕中显示更清晰易找，可在命令行中输入 ddptype 命令，然后在弹出的点
式样管理器中改变点的式样。

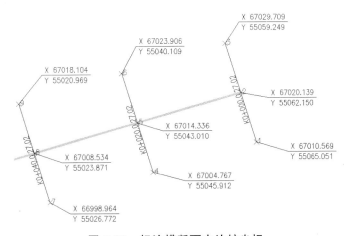

图 5.68　标注横断面中边桩坐标

用记事本打开刚生成的“里程文件对应的数据文件”，如图 5.69 所示。每行数据格式为：

点号，横断面号，点的 Y 坐标，点的 X 坐标，点的高程

……

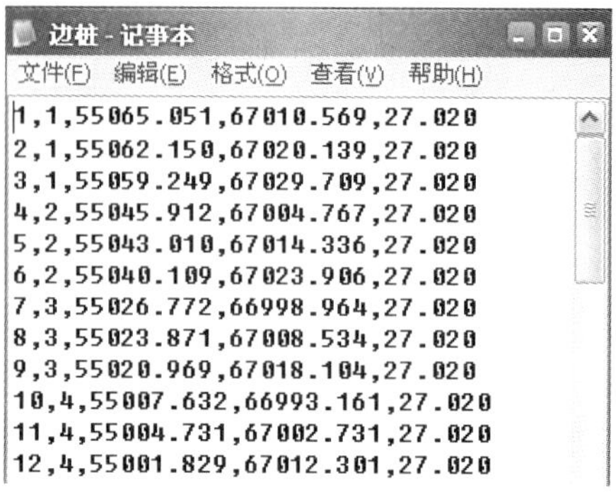

边桩 - 记事本

文件(F)　编辑(E)　格式(O)　查看(V)　帮助(H)

```
1,1,55065.051,67010.569,27.020
2,1,55062.150,67020.139,27.020
3,1,55059.249,67029.709,27.020
4,2,55045.912,67004.767,27.020
5,2,55043.010,67014.336,27.020
6,2,55040.109,67023.906,27.020
7,3,55026.772,66998.964,27.020
8,3,55023.871,67008.534,27.020
9,3,55020.969,67018.104,27.020
10,4,55007.632,66993.161,27.020
11,4,55004.731,67002.731,27.020
12,4,55001.829,67012.301,27.020
```

图 5.69　横断面坐标数据文件

如图 5.69 所示，断面号为 1 的横断面由点号为 1，2，3 的点组成，各横断面点由左向右排列，分别为横断面左边桩，横断面中桩坐标，横断面右边桩。此格式为 CASS 标准坐标数据格式，可以直接传入到全站仪中，或修改“点号”和“编码”保存后再传入全站仪中，外业放样时采用全站仪“坐标放样”方法调用出中、边桩坐标即可进行放样。

如道路左、右宽度不等，通过选择“工程应用/生成里程文件/由纵断面线生成/变长”，鼠标选择平曲线后，再选择需要调整的横断面线，修改左右宽度，其余的计算与上述第（2）步相同。

5.8.3　公路挖填方量的计算

断面法土方计算常用于公路、渠道等条状区域的施工土方计算，对于复杂的道路设计横断面，可以采用任意断面土方计算方法。

5.8.3.1　断面法计算原理

在地形图上求路基、渠道、堤坝等带状土工建筑物的开挖或填筑土（石）方，可采用断面法。根据纵断面线的起伏情况，按基本一致的坡度划分为若干同坡度路段，各段的长度为 d_i。过各分段点作横断面图，如图 5.70 所示，计算各横断面的面积为 S_i，则第 i 段的体积为

$$V_i = \frac{1}{2} d_i (S_{i-1} + S_i)$$

带状土工建筑物的总体积为

$$V = \sum_{i=1}^{n} V_i = \frac{1}{2} \sum_{i=1}^{n} d_i (S_{i-1} + S_i)$$

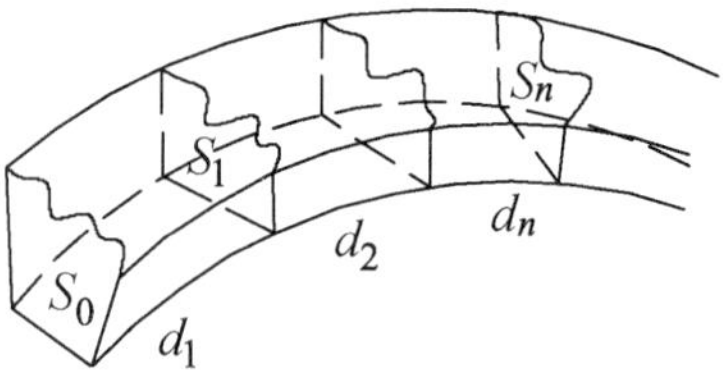

图 5.70　断面法计算体积

5.8.3.2　道路断面法土方计算

首先在数字地形图中根据设计资料绘制一条公路平曲线，如图 5.71 所示，各曲线要素以及中桩坐标都已计算出来。

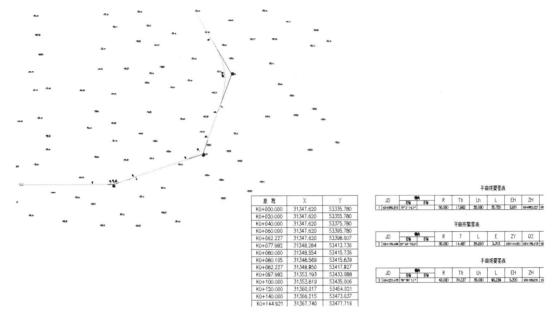

里程	X	Y
K0+000.000	31347.620	53335.780
K0+020.000	31347.620	53355.780
K0+040.000	31347.620	53375.780
K0+060.000	31347.620	53395.780
K0+062.227	31347.620	53398.007
K0+077.982	31348.284	53413.736
K0+080.000	31348.554	53415.736
K0+080.105	31348.569	53415.839
K0+082.227	31348.950	53417.927
K0+097.982	31353.193	53433.088
K0+100.000	31353.819	53435.006
K0+120.000	31360.017	53454.021
K0+140.000	31366.215	53473.037
K0+144.921	31367.740	53477.718

图 5.71　路线的曲线图

之后的土方量计算都是在生成的公路曲线基础上进行的。具体步骤如下：

1. 生成里程文件。

里程文件以中桩高程和沿纵断面线到起点的距离（里程）来描述纵断面方向的地形，以横断面上点的高程和距中桩的距离和来描述横断面方向的地形，是以离散的方式描述带状地形的文本文件。

CASS8.0 的断面里程文件扩展名是 ".HDM"，总体格式如下：

　　　BEGIN，断面里程：断面序号
　　　第一点里程，第一点高程
　　　第二点里程，第二点高程
　　　……

　　　NEXT
　　　另一期第一点里程，第一点高程
　　　另一期第二点里程，第二点高程
　　　……
　　　下一个断面
　　　……

说明：

① 每个横断面第一行以 "BEGIN" 开始；"断面里程" 表示当前横断面中桩在整条道路上的里程数，"断面序号" 参数是和道路设计参数文件的 "断面序号" 参数相对应，为了确定当前断面的设计参数。

② 各横断面应按纵断面上的顺序表示，中桩里程依次从小到大。

③ 每个横断面的 "NEXT" 以下部分表示同一断面另一个时期的断面数据，也可以是设计断面数据。绘断面图时可两条横断面线同时画出来，如没有可以省略。

④ 在一个横断面中，第 i 点里程，第 i 点高程分别是横断面上 i 点距中桩的距离和高程，朝里程增大方向，左边为负，右边为正。

⑤ 若没有横断面，"BEGIN"后"断面里程"和"断面序号"参数为空，第 i 点里程，第 i 点高程成为横断面中桩的里程和高程。

生成里程文件常用的有 4 种方法，点取菜单"工程应用"，在弹出的菜单里选"生成里程文件"，CASS 8.0 提供了 5 种生成里程文件的方法，如图 5.72 所示。

图 5.72　生成里程文件菜单

（1）由纵断面生成。

在 CASS 8.0 综合了由图面生成和由纵断面生成方法的优点，充分体现出灵活、直观、简捷的设计理念，将图纸设计的直观和计算机处理的快捷紧密结合在一起。

用鼠标点取"工程应用\生成里程文件\由纵断面生成\新建"。其余与 6.8.2.3 相同，选择其中的一种方式后则自动沿纵断面线生成横断面线。

其他编辑功能用法如图 5.73 所示。

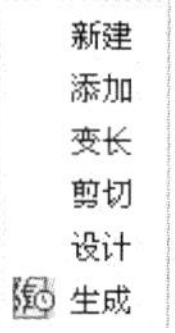

添加：在现有基础上添加横断面线。执行"添加"功能，命令行提示：

选择纵断面线用鼠标选择纵断面线。

图 5.73　横断面线编辑命令

输入横断面左边长度：（米）20

输入横断面右边长度：（米）20

选择获取中桩位置方式：（1）鼠标定点　（2）输入里程 <1>（1）表示直接用鼠标在纵断面线上定点。（2）表示输入线路加桩里程。

指定加桩位置：用鼠标定点或输入里程。

变长：可将图上横断面左右长度进行改变；执行"变长"功能，命令行提示：

选择纵断面线：

选择横断面线：

选择对象：找到一个

选择对象：

输入横断面左边长度：（米）21

输入横断面右边长度：（米）21，输入左右的目标长度后该断面变长。

剪切：指定纵断面线和剪切边后剪掉部分断面多余部分。

设计：直接给横断面指定设计高程。首先绘出横断面线的切割边界，选定横断面线后弹出设计高程输入框，输入设计高程。

生成：当横断面设计完成后，点击"生成"将设计结果生成里程文件。点击出现生成里程文件对话框，选择相应的数据文件；输入将要生成的里程文件即对应数据文件名。

（2）由复合线生成。

这种方法只有生成纵断面里程文件。它从断面线的起点开始，按间距依次记下每一交点在纵断面线上离起点的距离和交点高程。

（3）由等高线生成。

这种方法只能用来生成纵断面的里程文件。它从断面线的起点开始，处理断面线与等高线的所有交点，依次记下每一交点在纵断面线上离起点的距离和所在等高线的高程。

在图上绘出等高线，再用轻量复合线绘制纵断面线（可用 PL 命令绘制）。

用鼠标点取"工程应用\生成里程文件\由等高线生成"。

（4）由三角网生成。

这种方法只能用来生成纵断面的里程文件。它从断面线的起点开始，处理断面线与三角网的所有交点，依次记下每一个交点在纵断面线上离起点的距离和高程。

在图上生成三角网，再用轻量复合线绘制纵断面线（可用 PL 命令绘制）。

用鼠标点取"工程应用\生成里程文件\由三角网生成"。

（5）由坐标文件生成。

用鼠标点取"工程应用"菜单下的"生成里程文件"子菜单中的"由坐标文件生成"。屏幕上弹出"输入简码数据文件名"的对话框，来选择简码数据文件。这个文件的编码必须按以下方法定义，具体例子见"DEMO"子目录下的"ZHD.DAT"文件。

```
总点数
点号，M1，X 坐标，Y 坐标，高程        [其中，代码为 Mi 表示道路中心点，代码为 i 表示
点号，  1，X 坐标，Y 坐标，高程             该点是对应 Mi 的道路横断面上的点]
⋮
点号，M2，X 坐标，Y 坐标，高程
点号，  2，X 坐标，Y 坐标，高程
⋮
点号，Mi，X 坐标，Y 坐标，高程
点号，  i，X 坐标，Y 坐标，高程
⋮
```

注意：M1、M2、M3 各点应按实际的道路中线点顺序，而同一横断面的各点可不按顺序。

屏幕上弹出"输入断面里程数据文件名"对话框，来选择断面里程数据文件名及保存路径。这个文件将保存要生成的里程数据。

命令行出现提示：输入断面序号：<直接回车处理所有断面>，如果输入断面序号，则只转换坐标文件中该断面的数据；如果直接回车，则处理坐标文件中所有断面的数据。

严格来说，生成里程文件还可以用手工输入和编辑。手工输入就是直接在文本中编辑里程文件，在某些情况下这比由图面生成等方法还要方便、快捷。但此方法要求用户对里程文件的结构有较深的认识。

2. 选择土方计算类型

用鼠标点取"工程应用\断面法土方计算\道路断面"。如图 5.74 所示。

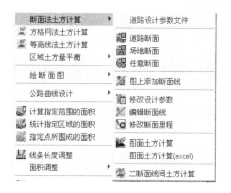

图 5.74　断面土方计算子菜单

点击后弹出对话框，道路断面的初始参数都可以在这个对话框中进行设置，如图 5.75 所示。

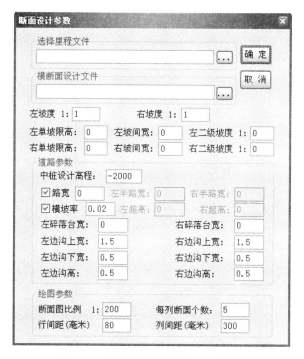

图 5.75　断面设计参数输入对话框

3. 给定计算参数。

（1）选择里程文件。点击确定左边的按钮（上面有三点的），出现"选择里程文件名"的对话框，选择已生成的里程文件。

（2）横断面设计文件：横断面的设计参数可以事先写入到一个文件中，点击："工程应用\断面法土方计算\道路设计参数文件"，弹出如图 5.76 所示的输入界面。

这里面的道路设计参数文件是指可以把这条路的每个断面的参数先输入到这个文件中，然后在计算土方的时候软件会自动调用这个文件里面的设计参数，就不用去一个个地改断面了。

图 5.76　道路设计参数输入

（3）如果不使用道路设计参数文件，则在图 5.75 中把实际设计参数填入各相应的位置。注意：单位均为米。

在图 5.75 所示对话框中输入道路参数设计值数据时应注意：

（1）输入设计参数对所有横断面有效，即所有横断面都照该设计参数生成设计线。断面生成后可根据实际情况修改其设计参数或实际地面线，修改后该断面自动进行重算。

（2）分别输入左坡度和右坡度。

（3）路宽：如果道路左宽和右宽相等，在路宽栏内输入路宽值（左宽和右宽之和），左宽和右宽栏内输入 0；如果道路左宽和右宽不相等，分别输入左宽和右宽，路宽栏内输入 0。

（4）横坡率：如果道路两边设计高程相等，在横坡率栏内输入路边相对于路中的横坡率，左超高和右超高栏内输入 0；如果道路两边设计高程不相等，分别输入左超高（路左高程 – 中桩高程）和右超高（路右高程 – 中桩高程），横坡率栏内输入 0。

点击"确定"按钮后，弹出对话框，如图 5.77 所示。

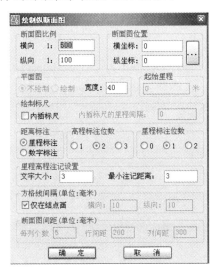

图 5.77　绘制纵断面图设置

系统根据上步给定的比例尺，在图上绘出道路的纵断面。至此，图上已绘出道路的纵断面图及每一个横断面图，结果如图 5.78 所示。

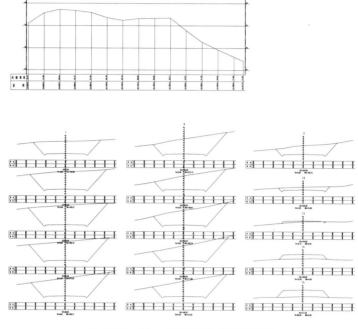

图 5.78　纵、横断面图成果示意图

如在图 5.75 中的中桩设计高程保留默认值（–2000），路宽为 0，则只绘制纵、横断面的地面线。

如果道路设计时该区段的中桩高程全部一样，就不需要下一步的编辑工作了。但实际上，有些断面的设计高程可能和其他的不一样，这样就需要手工编辑这些断面。

（4）如果生成的部分设计断面参数需要修改，用鼠标点取"工程应用\断面法土方计算\修改设计参数"。屏幕提示：

选择断面线，点取图上需要编辑的设计断面线。选中后弹出如图 5.79 所示的对话框，可以非常直观地修改相应参数。

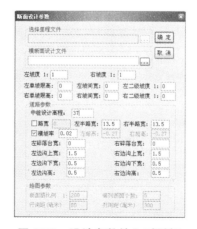

图 5.79　设计参数输入对话框

修改完毕后点击"确定"按钮，系统取得各个参数，自动对断面图进行重算。

（5）如果生成的部分实际断面线需要修改，用鼠标点取"工程应用\断面法土方计算\编辑断面线"功能。屏幕提示：

选择断面线，这时可用鼠标点取横断面图上需要编辑的实际断面线。选中后弹出如图 5.80 所示的对话框，可以直接对参数进行编辑。

（6）如果生成的部分断面线的里程需要修改，用鼠标点取"工程应用\断面法土方计算\修改断面里程"。屏幕提示：

选择断面线　这时可用鼠标点取图上需要修改的断面线，选设计线或地面线均可。

图 5.80　修改实际断面线高程

断面号：X，里程：××..×××，请输入该断面新里程：输入新的里程即可完成修改。将所有的断面编辑完后，就可进入第一步。

4. 计算工程量

（1）用鼠标点取"工程应用\断面法土方计算\图面土方计算"。

命令行提示：选择要计算土方的断面图：拖框选择所有参与计算的道路横断面图。

指定土石方计算表左上角位置：在屏幕适当位置点击鼠标定点。

（2）系统自动在图上绘出土石方计算表，如图 5.81 所示。并在命令行提示：

总挖方 = ××××立方米，总填方 = ××××立方米

土 石 方 数 量 计 算 表

里　程	中心高 (m)		横断面积 (m²)		平均面积 (m²)		距离 (m)	总数量 (m²)	
	填	挖	填	挖	填	挖		填	挖
K0+0.00	0.77		22.48	1.16					
					13.81	7.22	20.00	276.21	144.48
K0+20.00		0.11	5.14	13.29					
					16.33	7.17	20.00	326.56	143.33
K0+40.00	1.17		27.51	1.04					
					15.57	10.97	20.00	311.30	219.36
K0+60.00		0.43	3.62	20.90					
					6.85	22.18	40.00	274.11	887.32
K0+100.00		0.25	10.09	23.47					
					14.04	20.82	20.00	280.86	416.36
K0+120.00	0.16		18.00	18.17					
					13.62	25.63	20.00	272.41	512.61
K0+140.00		0.38	9.24	33.09					
					9.17	30.21	20.00	183.30	604.12
K0+160.00		0.18	9.09	27.32					
					8.57	21.68	20.00	171.41	433.57
K0+1B0.00	0.07		8.05	16.04					
					4.03	23.34	20.00	80.52	466.80
K0+200.00		0.85	0.00	30.64					
					0.00	32.46	20.00	0.00	649.14
K0+220.00		0.97	0.00	34.27					
					6.59	19.54	20.00	131.71	390.74
K0+240.00	0.49		13.17	4.80					
					27.60	2.62	20.00	551.93	52.38
K0+260.00	1.48		42.02	0.44					
					26.56	14.75	20.00	531.17	294.92
K0+2B0.00		0.54	11.10	29.06					
					18.00	22.58	13.17	236.94	297.24
K0+293.17	0.05		24.90	16.10					
合　计								3628.4	5512.4

图 5.81　土方计算表

（3）用鼠标点取"工程应用\断面法土方计算\图面土方计算（excel）"。

命令行提示：**选择要计算土方的断面图**：拖框选择所有参与计算的道路横断面图。系统自动计算土石方量并存为 excel 格式，如图 5.82 所示。

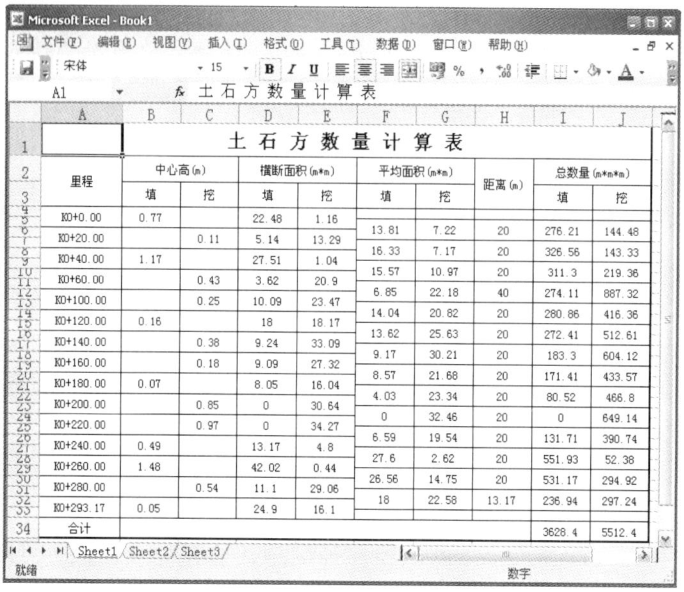

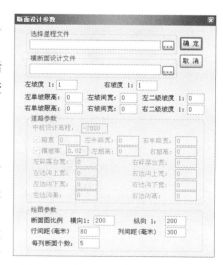

图 5.82　土石方计算 excel 表

通过以上的 excel 表格可对土石方计算的结果进行一些运算，还可以绘出一些数据图表。

至此，该区段的道路填挖方量已经计算完成，可以将道路纵、横断面图和土石方计算表打印出来，作为工程量的计算结果。

5.8.3.3　场地断面土方计算

1. 生成里程文件。

在场地的土方计算中，常用的里程文件生成方法同 5.8.3.2 由纵断面线生成里程文件的方法一样，不同是在生成里程文件之前利用"设计"功能加入断面线的设计高程。

2. 选择土方计算类型。

用鼠标点取"工程应用\断面法土方计算\场地断面"，点击后弹出如图 5.83 所示的对话框，看到这个对话框，可能用户会认为这个对话框和道路断面土方计算的对话框是一样的。实际上在这个对话框中，道路参数全部变灰，不能使用，只有坡度等参数才可用。

3. 给定计算参数

在图 5.83 弹出的对话框中输入各种参数。

（1）选择里程文件：点击确定左边的按钮（上面有三点的），出现"选择里程文件名"的对话框。选定已经生成的里程文件。

（2）在横断面设计文件框中选中编辑好的横断面设计文件，或者把横断面设计参数填入横断面设计参数输入对话框中各相应位置（图 5.83）。注意：单位均为米。

图 5.83　断面设计参数输入对话框

（3）点击"确定"按钮后，在弹出的绘制断面图对话框中进行设置后，点击"确定"在图上绘出场地的纵横断面图。

（4）如果生成的部分断面参数需要修改，用鼠标点取"工程应用\断面法土方计算\修改设计参数"，方法与 6.8.3.2 所述相同。将所有的断面编辑完后，就可进入第一步。

4. 计算工程量

用鼠标点取"工程应用"菜单下的"断面法土方计算"子菜单中的"图面土方计算"。该步计算工程量方法与 6.8.3.2 道路断面法土方计算中方法完全相同，在此不再赘述。

5.8.3.4　任意断面土方计算

1. 生成里程文件

生成里程文件有 4 种方法，根据情况选择合适的方法生成里程文件。

2. 选择土方计算类型

用鼠标点取"工程应用"菜单下的"断面法土方计算"子菜单中的"任意断面"。

3. 给定计算参数

点击后弹出图 5.84 所示对话框，在对话框中设置任意断面设计参数。

在"选择里程文件"对话框中选择已经生成的里程文件，下方左右两文本框显示对横断面的描述，描述是以中桩为起点，分别向左右两边，以距离、坡度等参数进行的。如图 5.85 所描述的是从中桩画 10 m 的平行线，0.5 m 宽坡度的 1∶1 向下斜坡，0.5 m 宽平行线，1∶1 坡度的向上的斜坡。编辑好道路横断面线后，点击"确定"按钮弹出绘制断面图对话框。

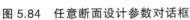

图 5.84　任意断面设计参数对话框　　　　　图 5.85　任意断面设计

（3）设置好绘制纵断面的参数，点击"确定"，图上已绘出道路的纵断面图及每一个横断面图。

4. 计算工程量

计算工程量方法与 5.8.3.2 道路断面法土方计算完全相同。

计算土方如上例所述。

5.8.3.5　二断面线间土方计算

二断面线间土方计算是指采用断面法计算两次测量之间土石方的变化量，或者按土石质分界面分别计算土方面和石方量。其步骤为：

1. 生成里程文件

分别用第一期工程、第二期工程（或是土质层石质层）的高程文件分别生成里程文件一和里程文件二。

2. 生成纵横断面图

使用其中一个里程文件生成纵、横断面图。

3. 添加断面线

用一个里程文件生成的横断面图，只有一条横断面线，生成另外一期的横断面线需要使用"工程应用"菜单下的"断面法土方计算"子菜单中的"图上添加断面线"命令。点击"图上添加断面线"菜单，系统弹出如图 5.86 所示对话框。

在选择里程文件中填入另一期的里程文件，点击"确定"按钮，命令行显示：

选择要添加断面的断面图：框选需要添加横断面线的断面图。回车确认，图上的断面图上就有两条横断面线了。

4. 计算两期工程间工程量

用鼠标点取"工程应用"菜单下的"断面法土方计算"子菜单中的"二断面线间土方计算"。

图 5.86　添加断面线对话框

点击菜单命令后，命令行显示：

输入第一期断面线编码（C）/<选择已有地物>：选择第一期的断面线。

输入第二期断面线编码（C）/<选择已有地物>：选择第二期的断面线。

选择要计算土方的断面图：框选需要计算的断面图。

回车确认，命令行显示：

指定土石方计算表左上角位置：点取插入土方计算表的左上角。土石方计算表格如图 5.87所示。

土 石 方 数 量 计 算 表

990300 - 990301

里程	中心高 (m)		横断面积 (m²)		平均面积 (m²)		距离 (m)	总数量 (m²)	
	填	挖	填	挖	填	挖		填	挖
K0+0.00	0.77		0.02	0.00					
					0.01	14.82	20.00	0.18	296.32
K0+20.00		0.11	0.00	29.63					
					0.00	42.40	20.00	0.00	848.00
K0+40.00	1.17		0.00	55.17					
					0.00	77.14	20.00	0.00	1542.78
K0+60.00		0.43	0.00	99.11					
					0.00	99.74	40.00	0.00	3989.55
K0+100.00		0.25	0.00	100.37					
					0.00	108.76	20.00	0.00	2175.20
K0+120.00		1.84	0.00	117.15					
					0.00	99.47	20.00	0.00	1989.48
K0+140.00		0.38	0.00	81.80					
					0.00	86.48	20.00	0.00	1729.67
K0+160.00		0.18	0.00	91.17					
					0.00	86.68	20.00	0.00	1733.56
K0+180.00	0.07		0.00	82.18					
					0.00	83.77	20.00	0.00	1675.33
K0+200.00		2.35	0.00	85.35					
					0.66	53.54	20.00	13.25	1070.83
K0+220.00		0.97	1.32	21.73					
					2.35	20.43	20.00	46.96	408.69
K0+240.00	0.49		3.37	19.14					
					9.54	12.24	20.00	190.81	244.88
K0+260.00	1.46		15.71	5.35					
					7.86	81.91	20.00	157.10	1638.30
K0+280.00		0.54	0.00	158.48					
					0.00	117.97	13.17	0.00	1553.21
K0+293.17	0.05		0.00	77.47					
合　计								408.3	20895.8

图 5.87　二断面线间土方计算表

至此，二断面线间土方计算已完成了，结果如图 5.88 所示。

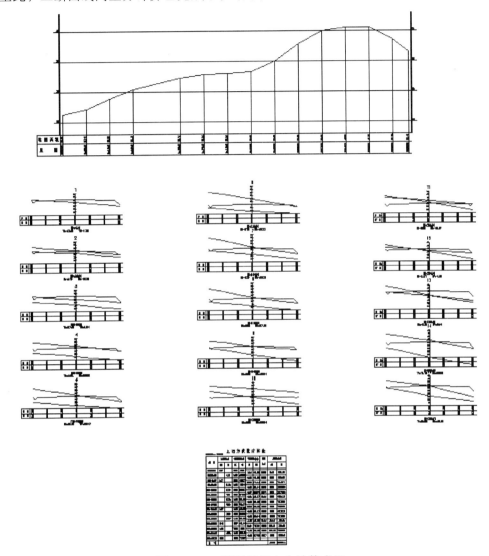

图 5.88　二断面线间土方计算成果

5.8.4　纵横断面图的绘制

5.8.4.1　路线断面图

断面图是根据断面外业测量资料绘制而成，非常直观地体现了地面现状的起伏状况，是工程设计和施工中的重要资料。

断面图采用直角坐标法绘制，其横坐标表示水平距离，纵坐标表示高程。在纵断面图上，为明显表示地形起伏状态，通常使高程比例尺为水平比例尺的 10 ~ 20 倍。在横断面图上，为便于计算面积，其水平距离和高程采用同一比例尺。

1. 纵断面图的绘制

纵断面图是以中桩的里程为横坐标，以其高程为纵坐标而绘制的。为了突出地形起伏，纵、横坐标通常采用不同的比例尺。常用的里程比例尺有 1 : 2000 和 1 : 1000。如里程比例尺 1：1000 时，则高程比例尺取 1：100 或 1：50。

　　在纵、断面图上表示原地面的高程线称为地面线，地面线上各点的高程称为地面高程。沿道路中线所作的纵坡设计线称为纵断面设计线，在纵断面设计线上的各点高程称为设计高程（又称为路基设计高程）。任一桩号的设计高程与地面高程之差，称为该桩号的施工高度（即填挖值）。纵断面图反映路线所经地区中线之地面起伏情况与设计高程之间的关系。

　　2. 横断面图的绘制

　　一般采用 1：100 或 1：200 的比例尺绘制横断面图。绘图时根据横断面测量中得到的各点间的平距和高差，绘出各中桩的横断面图，如图 5.89 所示。在断面图上应标定中桩位置和里程，并逐一将地面特征点画在图上，再连接相邻点即绘出断面图的地面线。

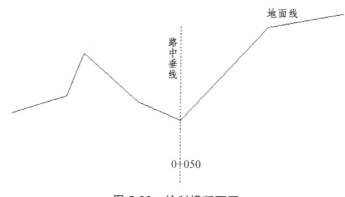

图 5.89　绘制横断面图

　　横断面图画好后，经路基设计，将路基断面设计线画在横断面图上，绘制成路基断面图。如图 5.90 所示，为半填半挖的路基断面图。根据横断面的填挖面积及相邻中桩的桩号（相减即得两断面间的水平距离），可以算出施工的土石方量（填挖的土石方体积）。

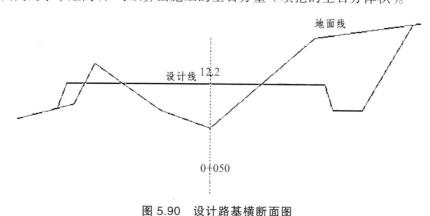

图 5.90　设计路基横断面图

5.8.4.2　CASS 8.0 绘制断面图

　　绘制断面图的方法有 4 种，① 由图面生成；② 根据里程文件；③ 根据等高线；④ 根据三角网。

　　1. 根据坐标文件绘制

　　坐标文件指野外观测所得包含高程的碎部点文件，绘制方法如下：

（1）先用复合线生成断面线。

（2）点取"工程应用\绘断面图\根据已知点坐标"项，系统提示：选择断面线。用鼠标点取上步所绘断面线。屏幕上弹出"断面线上取值"的对话框，如图 5.91 所示。如果"坐标获取方式"栏中选择"由数据文件生成"，则在"坐标数据文件名"栏中选择高程点数据文件。

图 5.91　根据已知坐标绘断面图

如果选"由图面高程点生成"，此步则为在图上选取高程点，前提是图面存在高程点，否则此方法无法生成断面图。

（3）输入采样点间距：输入采样点的间距，系统的默认值为 20 m。采样点间距的含义是复合线上两顶点之间若大于此间距，则每隔此间距内插一个点。

（4）输入起始里程<0.0> 系统默认起始里程为 0。

（5）点击"确定"之后，屏幕弹出绘制纵断面图对话框，选择参数设置。

（6）点击"确定"之后，在屏幕上出现所选断面线的断面图，如图 5.92 所示。

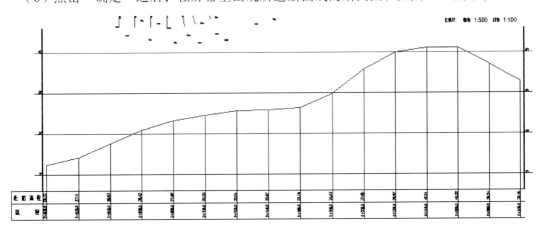

图 5.92　纵断面图

2. 根据里程文件绘制

一个里程文件可包含多个断面的信息，此时绘断面图就可一次绘出多个断面，并且同时绘出实际断面线和设计断面线。

3. 根据等高线绘制

如果图面存在等高线，则可以根据断面线与等高线的交点来绘制纵断面图。

4. 根据三角网绘制

如果图面存在三角网，则可以根据断面线与三角网的交点来绘制纵断面图。

5.9　CASS 8.0 栅格图矢量化

只有少量栅格图需矢量化时可直接采用 CASS 8.0 进行矢量化。利用 CASS 8.0 光栅图像工具可以直接对光栅图进行图形的纠正，并利用屏幕菜单进行图形数字化。操作步骤为

① 插入图像；② 图形纠正；③ 图形矢量化。

5.9.1　插入图像

点击"工具"菜单下的"光栅图像→插入图像"子菜单项，如图 5.93 所示，这时会弹出图像管理对话框，如图 5.94 所示。选择"附着（A）…（attach）"按钮，弹出选择图像文件对话框，如图 5.95 所示；选择要矢量化的光栅图，点击"打开（O）"按钮，进入图形管理对话框，如图 5.96 所示；选择好图形后，点击"确定"即可。命令行将提示：

图 5.93　插入一幅栅格图

Specify insertion point <0，0>：输入图像的插入点坐标或直接在屏幕上点取，系统默认为（0，0）。

Base image size：Width：1.000000，Height：0.828415，Millimeters 命令行显示图像的大小，直接回车。

Specify scale factor <1>：图形缩放比例，直接回车。

图 5.94　图形管理对话框

图 5.95　选择图形文件

图 5.96　图形插入设置

5.9.2　图形纠正

纸质原图扫描生成的光栅图存在旋转、位移和畸变等误差，必须通过对扫描图进行纠正才能让光栅图上的图形位置和形状与原图一致。

插入图形之后，用"工具"下拉菜单的"光栅图像→图形纠正"对图像进行纠正。命令区提示：选择要纠正的图像：时，点击扫描图像的最外框，这时会弹出图形纠正对话框，如图 5.97 所示。

选择纠正方法"线性变换"，点击"图面："一栏中的"拾取"按钮，返回到光栅图，局部放大后用鼠标点击角点或已知点（或坐标格网点），此时系统已捕捉到点击处的屏幕坐标，自动返回纠正对话框。

若正确点已经展绘在屏幕上，则在"实际："一栏中点击"拾取"，再次返回光栅图，选取图上的控制点实际位置。返回图像纠正对话框后，点击"添加"，使该点的实际坐标和屏幕坐标进入对话框中的显示窗口。

依次输入各点的实际坐标和屏幕坐标，最后进行纠正。此方法最少输入 5 个控制点，如图 5.97 所示。

图 5.97　图形纠正

下面对图 5.97 所示话框中的选项加以说明：

（1）拾取：用鼠标在屏幕上点击定点。

（2）图面：纠正前光栅图上定位点的坐标。

（3）实际：图面上待纠正点改正后的坐标。

（4）添加：将要纠正点的图面实际坐标添加到已采集控制点列表。

（5）更新：用来修改已采集控制点列表中的控制点坐标。

（6）删除：删除已采集控制点列表中的控制点。

（7）纠正方法：不同纠正方法需用不同个数的控制点。具体是赫尔默特（henmert）法（不少于 3 个控制点）、仿射变换（affine）法（不少于 4 个控制点）、线性变换（linear）法（不少于 5 个控制点）、quadratic 法（不少于 7 个控制点）、cubic 法（不少于 11 个控制点）。

（8）误差：可在纠正前给出图像纠正的精度，如图 5.98 所示。

（9）纠正：执行图形纠正。

（10）放弃：不执行纠正退出。

图 5.98　误差信息显示

　　为插入和纠正方便起见，可根据栅格图方格网坐标和比例尺先在屏幕上插入一个矢量图框，如用鼠标选取"绘图处理/标准图幅（50×50 cm）"菜单项，在弹出的"图幅整饰"对话框中输入相应的图框信息和图框左下角坐标，点击"确认"按钮。此时，在工作窗口中插入了一个矢量图框。再点击"工具"菜单下的"光栅图像→插入图像"子菜单项插入图像。插入图像的位置通过用鼠标在矢量图框左下角选取插入点，如图 5.99 所示。

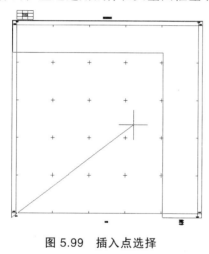

图 5.99　插入点选择

图 5.100　插入光栅图

　　拖动鼠标将插入的光栅图调整到与矢量图框基本相同的大小后，再点鼠标左键，此时光栅图就基本插入到图框中了，如图 5.100 所示。

　　在图 5.97 中的图像纠正对话框中，成对输入纠正前光栅图上定位点坐标（"图面"）和方格网图框对应点真实坐标（"实际"）。光栅图图面坐标可通过鼠标对栅格图上的方格点点取获得，实际坐标则通过对矢量图框对应方格交点捕捉获取。

5.9.3　图形矢量化

　　经过纠正后，栅格图像应该能达到数字化所需的精度。值得注意的是，纠正过程中将会对栅格图像进行重写并覆盖原图，自动保存为纠正后的图形，所以在纠正之前需备份原图。

　　在"工具→光栅图像"中，还可以对图像进行图像赋予、图形剪切、图像调整、图像质量、图像透明度、图像框架的操作。用户可以根据具体要求，对图像进行调整。

　　矢量化的图像纠正完毕后，将纠正好的图像作为底图，利用右侧的屏幕菜单，进行图形的矢量化工作，即用屏幕右侧菜单的地物地貌绘图功能沿底图重新描绘，如图 5.101 所示。

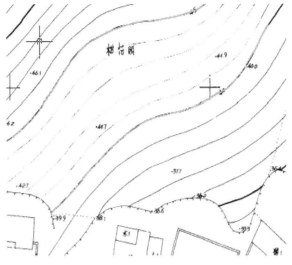

图 5.101　矢量化等高线

说明：应使用灰度级扫描仪扫描图像，或使用扫描软件将黑白图像转换为灰度级图像。将图输进 AutoCAD 之前应用作图软件或扫描软件对图像作修整，去掉不要的灰色或斑点。如果作图软件或扫描软件有去污点功能，使用这一功能整理图像，能达到压缩 AutoCAD 文件的大小、节省输入时间的目的。为减少光栅文件的容量，应以适当清晰度扫描图像。由于人手绘图的精度不大于千分之一英寸，所以选择 150 dpi 或 200 dpi 扫描精度即可。

5.9.3.1　点状地物的矢量化

1. 高程点的矢量化

用鼠标点选 CASS "文件"下拉菜单中的 "CASS 参数配置"项，系统会弹出一个对话框，如图 5.102 所示。该对话框内有 4 个选项卡："地物绘制""电子平板""高级设置""图框设置"。

点击"地物绘制"，弹出"地物绘制"对话框，在"高程注记位数"中选择"2 位"，将高程注记中小数点后需要注记的位数设定为两位，点击"确定"按钮回到工作视图。

用鼠标点选屏幕右侧菜单中的"地貌土质/高程点"菜单项，在弹出的图像菜单（见图 5.103），选择"一般高程点"，点击"确定"按钮，在光栅图上用鼠标点选高程点的中心，在命令行的提示下输入高程值，此时在工作区中出现红色的矢量高程点。

图 5.102　CASS 参数设置对话框

图 5.103　一般高程点菜单项

2. 独立地物符号的矢量化

在这里以路灯为例进行独立地物的矢量化。用鼠标点选屏幕右侧菜单中的"独立地物"菜单项，选择"其他设施"，弹出"其他设施"图像菜单。在该菜单中选择"路灯"菜单项，在光栅图中拾取独立地物的插入点（注意：不同地物的插入点的位置是不相同的，有的插入点在独立地物的几何中心，有的插入点在底部，插入点的选择可根据具体的地物而定），这样一个路灯的符号就被矢量化了（见图 5.104）。

图 5.104　路灯菜单项

图 5.105　等高线首曲线菜单项

5.9.3.2　线状地物的矢量化

1. 等高线的矢量化

用鼠标点选屏幕右侧菜单中的"地貌土质/等高线"菜单项，弹出"等高线"图像菜单，在该菜单中选取"等高线首曲线"菜单项（见图 5.105）。

在命令行提示下输入等高线的高程值，用鼠标点取光栅图上等高线第一点，移动鼠标依次点取光栅图上等高线下一点，此时屏幕上出现预跟踪的导线。完成后敲回车键，选择拟合方法完成一条等高线的矢量化。

2. 陡坎的矢量化

用鼠标点选屏幕菜单中的"地貌土质/人工地貌"菜单项，弹出"人工地貌"选取菜单。在该菜单中选取"未加固陡坎"菜单项（见图 5.106），用鼠标点取光栅图上陡坎主线第一点，移动鼠标依次点取光栅图上的陡坎主线下一点，此时屏幕上出现预跟踪的导线。完成后敲回车键，选拟合方法，则一条"未加固陡坎"就已矢量化了。

图 5.106　未加固陡坎菜单项

5.9.3.3　面状地物的矢量化

1. 有地类界的植被符号矢量化

以有地类界的稻田为例进行矢量化。用鼠标点选屏幕菜单中的"植被土质/耕地"菜单项，弹出"耕地"选择菜单，在该菜单中选取"稻田"菜单项（见图 5.107）。用鼠标依次点取光栅图上一块稻田的地类界的转折点，当地类界转折点被一一点取后，在命令行的提示下闭合该地类界回车。此时，在光栅图的地类界上绘制了矢量线，并在命令行有如下提示："请选择：（1）保留边界（2）不保留边界 <1>"，此时回车默认"（1）保留边界"，稻田的地类界及稻田的填充符号就自动生成了。

2. 房屋矢量化

以有多点一般房屋为例进行矢量化。用鼠标点选屏幕菜单中的"居民地/一般房屋"菜单项，弹出"一般房屋"图像菜单。在该菜单中选取"多点一般房屋"菜单项，用鼠标依次点取光栅图上一座房屋转折点，闭合房屋转折点后回车，一座房屋矢量化图即完成。若房屋形状应取点误差而不美观，还可应用"地物编辑"下的"直角纠正"将屋角改为直角。

如房屋均为直角，在矢量化时可将对象捕捉设置下的"垂足"捕捉方式和"启用对象捕捉追踪"（见图 5.108）选定，从房屋的长边开始绘制，这样矢量化时很容易得到完全为直角的房屋图形。

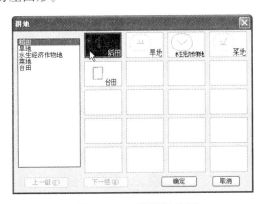

图 5.107　稻田菜单项

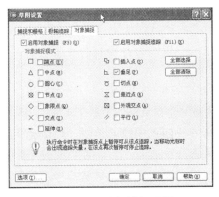

图 5.108　对象捕捉设置

5.10　CASS 8.0 的编码

5.10.1　CASS 8.0 的内部编码

CASS 8.0 绘图部分是围绕着符号定义文件 WORK.DEF 进行的，文件格式如下：

CASS 8.0 编码，符号所在图层，符号类别，第一参数，第二参数，符号说明

⋮

END

所有符号按绘制方式的不同分为 0 ~ 20 类别，各类别定义如下：

1 —— 不旋转的点状地物，如路灯，第一参数是图块名，第二参数不用。

2 —— 旋转的点状地物，如依比例门墩，第一参数是图块名，第二参数不用。

3 —— 线段（LINE），如围墙门，第一参数是线型名，第二参数不用。

4 ——圆（CIRCLE），如转车盘，第一参数是线型名，第二参数不用。

5 ——不拟合复合线，如栅栏，第一参数是线型名，第二参数是线宽。

6 ——拟合复合线，如公路，第一参数是线型名，第二参数是线宽，画完复合线后系统会提示是否拟合。

7 ——中间有文字或符号的圆，如蒙古包范围，第一参数是圆的线型名，第二参数是文字或代表符号的图块名，其中图块名需要以"gc"开头。

8 ——中间有文字或符号的不拟合复合线，如建筑房屋，第一参数是圆的线型名，第二参数是文字或代表符号的图块名。

9 ——中间有文字或符号的拟合复合线，如假石山范围，第一参数是圆的线型名，第二参数是文字或代表符号的图块名。

10 ——三点或四点定位的复杂地物，如桥梁，用三点定位时，输入一边两端点和另一边任一点，两边将被认为是平行的；用四点定位时，应按顺时针或逆时针顺序依次输入一边的两端点和另一边的两端点；绘制完成会自动在 ASSIST 层生成一个连接四点的封闭复合线作为骨架线；第一参数是绘制附属符号的函数名，第二参数若为 0，定三点后系统会提示输入第四个点，若为 1，则只能用三点定位。

11 ——两边平行的复杂地物，如依比例围墙，骨架线的一边是白色以便区分，第一参数是绘制附属符号的函数名，第二参数是缺省的两平行线间宽度，该值若为负数，运行时将不再提示用户确认默认宽度或输入新宽度。

12 ——以圆为骨架线的复杂地物，如堆式窑，第一参数是绘制附属符号的函数名，第二参数不用。

13 ——两点定位的复杂地物，如宣传橱窗，第一参数是绘制附属符号的函数名，第二参数如为 0，会在 ASSIST 层上生成一个连接两点的骨架线。

14 ——四点连成的地物，如依比例电线塔，第一参数是绘制附属符号的函数名，如不用绘制附属符号则为"0"，第二参数不用。

15 ——两边平行无附属符号的地物，如双线干沟，第一参数是右边线的线型名，第二参数是左边线的线型名。

16 ——向两边平行的地物，如有管堤的管线，第一参数是中间线的线型名，第二参数是两边线的距离。

17 ——填充类地物，如各种植被土质填充，第一参数是填充边界的线型，第二参数若以"gc"开头，则是填充的图块名，否则是按阴影方式填充的阴影名。如果同时填充两种图块，如改良草地，则第二参数有两种图块的名字，中间以"-"隔开。

18 ——每个顶点有附属符号的复合线，如电力线，第一参数是绘制附属符号的函数名，第二参数若为 1，复合线将放在 ASSIST 层上作为骨架线。

19 ——等高线及等深线，画前提示输入高程，画完立即拟合，第一参数是线型名，第二参数是线宽。

20 ——控制点，如三角点，第一参数为图块名，第二参数为小数点的位数。

0 ——不属于上述类别，由程序控制生成的特殊地物，包括高程点、水深点、自然斜坡、不规则楼梯、阳台，第一参数是调用的函数名，第二参数依第一参数的不同而不同。

CASS 8.0 的内部编码可在文件菜单下的"CASS 系统配置文件"中查看，如图 5.109 所示，也可用记事本打开 WORK.DEF 文件查看内部编码。

骨架线编码定义按如下形式：

1 + 中华人民共和国国家标准地形图图式序号 + 顺序号 + 0 或 1

说明："1"起始，必须加；"中华人民共和国国家标准地形图图式序号"，指中华人民共和国国家标准地形图图式 1995 年版中符号的序号（去除点）。如三角点序号为 3.1.1，编码用 311。

"顺序号"：此类符号的顺序号从零开始。"0或 1"必须加。

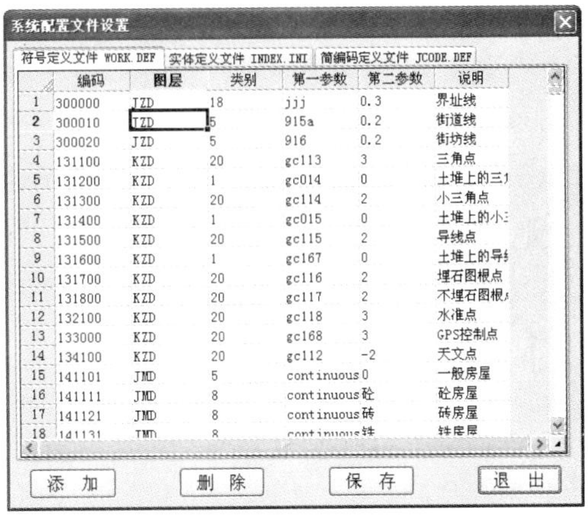

例如：三角点编码：1 + 311 + 0 + 0，即 131100。

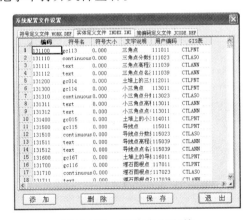

图 5.109　CASS 系统配置文件设置

一般房屋编码：1 + 411 + 0 + 1，即 141101。砼房屋编码：1 + 411 + 1 + 1，即 141111。

5.10.2　图元索引文件 INDEX.INI

该文件记录每个图元的信息，不管这个图元是不是主符号（骨架线），图元是最小的图形单位，一个复杂符号可以含有多个图元，INDEX.INI 的数据结构如下：

CASS 8.0 编码，主参数，附属参数，图元说明，用户编码，GIS 表名

图元只有点状和线状两种，如果是点状图元，主参数代表图块名，附属参数代表图块放大率；如果是线状图元，主参数代表线型名，附属参数代表线宽。

该文件每行代表一个符号，最后一行以"END"结束，用户可编辑这个文件，修改现有符号或加入新的符号，文件的具体内容可在文件菜单下的"CASS 系统配置文件"中查看，如图 5.110 所示，也可用记事本打开文件查看。

图 5.110　实体定义文件

第6章　土地调查与CASS数字化地籍图编辑

6.1　概　述

　　土地调查也称地籍调查，它是由国家监管，以土地权属为核心、以地块为基础，对土地及其附着物的权属、位置、数量、质量和利用现状进行的调查活动。土地调查成果是土地基本信息的集合，一般综合运用数据、表册和图形等多种形式表示。

　　地籍本是中国历代政府登记土地以征收田赋的册簿，后来随着社会和经济的发展，地籍调查工作被赋予新的内容，其成果也得到了更广泛的应用。地籍工作的内容，取决于国家经济、社会和科技发展水平，目前我国地籍调查工作已经由以课税为单一目的，扩展到为产权登记和土地利用规划服务，其内容可以概括为以下六点：

　　（1）地理性功能：能提供地块的空间位置，且能完整表达所有地块的空间相互关系。

　　（2）经济功能：为土地税费的征收提供准确可靠的基础资料。

　　（3）产权保护功能：为给以土地及其附着物为标的之产权活动提供法律性证明材料，保护土地所有者和使用者的合法权益。

　　（4）土地利用规划和管理功能。

　　（5）决策功能：国家利用地籍制定土地方针、政策，进行土地使用制度改革等方面的决策。

　　（6）管理功能：地籍所提供的有关土地的类型、数量、质量和权属等基本资料是调整土地关系、合理组织土地利用的基本根据。

　　地籍按照发展阶段可划分为税收地籍、产权地籍和多用途地籍，按地籍的特点和任务可划分为初始地籍和日常地籍。

　　多用途地籍也称现代地籍，是税收地籍和产权地籍的进一步发展，其目的不仅是为课税或产权登记服务，更重要的是为土地利用和保护，全面、科学地管理土地提供信息和基础资料。

　　初始地籍是指在一定的时期内，对某一行政辖区内所有土地进行全面调查后，建立的地籍图簿册。日常地籍是针对土地数量、质量、权属及其分划和利用使用情况的变化，以初始地籍为基础进行修正补充和更新的地籍。

6.2　土地调查

　　土地调查是指依照国家的相关法规，通过权属调查和地籍测量，查清每一宗土地的位置、界线、面积、权属、用途以及等级等基本情况，形成数据、图件、表册等调查成果，为土地登记、核发证书提供依据的一项集行政、技术于一体的工作。土地调查成果经登记后具有法律效力，是调查处理土地权属纠纷、查处违法占地、保护土地权利人合法权益的重要法律依据。

农村土地调查工作是以影像工作底图为基础，通过实地调绘、调查、测绘完成，具体讲就是野外对已有勘测定界资料（航空像片、卫星影像、线划地形图等）进行的实地判读和修补测工作。内容主要包括：对图上不清楚的地貌、地物实地判读、测量、绘图；对地类、植被、权属等属性做调查标注。

土地调查工作程序框图如图 6.1 所示。

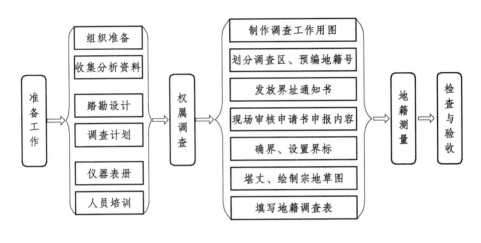

图 6.1

我国土地调查分为农村土地调查和城市土地调查，以下将分别对这两部分进行阐述。

6.2.1　农村土地调查

6.2.1.1　概述

农村土地调查作为土地调查的重要组成部分，目的是查清土地利用状况，为国土资源管理提供客观、真实的土地利用数据和基础图件。

农村土地调查工作是按照统一的土地调查技术标准，以 1∶1 万正射影像图为基本工作底图，对行政辖区内城市、建制镇以外的地域，逐地块实地调查土地的类型、面积和权属，查清各类用地的分布和利用状况，以及国有土地使用权和集体土地所有权状况，集政策与技术为一体的工作。对于城市近郊和经济较发达的区域，在完成 1∶1 万比例尺调查的基础上，还可根据需要采用 1∶2000 等较大比例尺开展调查。

6.2.1.2　调查范围及内容

农村土地调查分权属调查和地类调查两大部分，工作内容包括权属调查，地类调查，基本农田上图，数据库建设，统计汇总，文字报告编写等工作内容。

农村土地调查以行政管辖权属范围为完整调查单位，但其中建制镇、村庄、采矿（主要指露天采矿区域，不包括办公居住、生活区、加工厂等建筑用地）及风景名胜区等特殊用地，只按单一地类调查其外围界线，以地块（图斑）调绘（标绘）和表示，其内部地类不进行详细调查。

6.2.1.3　基本工作步骤

① 准备工作；② 正射影像图制作；③ 内业解译；④ 外业调查与核实；⑤ 外业调查成果检查验收；⑥ 建设或更新土地利用数据库；⑦ 数据库预检；⑧ 编写《土地调查报告》；⑨ 成果检查验收；⑩ 成果资料归档。

6.2.1.4　农村土地权属调查

土地权属也称地权，指的是土地产权的归属。土地所有权是土地所有制在法律上的表现，具体是指土地所有者在法律规定的范围内对土地拥有占有、使用、收益和处分的权利，包括对与土地相连的生产物、建筑物的占有、支配、使用的权利和相应的义务。

《中华人民共和国土地管理法》中规定：中华人民共和国实行土地的社会主义公有制，即全民所有制和劳动群众集体所有制，反映在所有权上是国家所有和农民集体所有两种形式。民事主体（国家机关、企事业单位、社会团体、农村集体经济组织和公民个人）对国有土地只能拥有使用权，而不能拥有所有权。所以土地权利分为土地所有权和使用权两种，根据所依附土地的所有权的不同，使用权又分为国有土地使用权和集体土地使用权。

在我国，农村土地权属调查的基本单位是宗地，它包括集体土地所有权宗地和国有土地使用权宗地两大类。

权属调查阶段的内容是按宗地开展集体土地所有权和国有土地所有权调查，将权属界线调绘或标绘在调查工作底图，或数据库中的土地利用现状图上；处理和调解土地权属争议，签订《土地权属界线协议书》或《土地权属界线争议原由书》。

在权属调查开始前，需要收集各类与权属有关的资料，如以往调查编绘的权属界线图，权属单位签订的《土地权属界线协议书》《土地权属界线争议原由书》；县级（含）以上人民政府确定的国有土地、集体土地登记资料；政府最新划定，调整、处理争议权属界线的图件、文档等确权资料；集体土地登记发证资料；土地的征用、划拨、出让、转让，建设用地审批文件等资料；城镇、村庄地籍调查资料；相关法律、法规、政策规章；与调查相关的其他权属调查资料和情况。

在农村土地调查中，权属调查主要包括下列内容：

（1）查清农村集体土地所有权的状况，对村或村民小组集体土地所有权的土地权属界线、土地权属归属等进行确认，并与相邻的权属单位（村或村民小组）签订《土地权属界线协议书》。

（2）查清国有农、林、牧、渔场（含部队、劳改农场及其使用的土地）国有土地使用状况，对其国有土地使用权进行确权，并与相邻的权属单位签订《土地权属界线协议书》。

（3）查清公路、铁路、河流等国有土地的使用权状况，对其进行确权划界。

农村土地权属调查必须由国土资源管理部门组织开展，对集体土地所有权和国有土地使用权土地的确权，是指对土地位置、界址（包括界址点、界址线、界标）、权属性质、权属主及其身份等的认定。该项工作应充分利用以往确权资料和调查结果，要遵循沿用性、完善性、重新确权三大原则。

常采用的确权方法有如下几种：

（1）权源确认方式。

权利人能够出示被现行法律法规所认可的权源文件的，可根据权源文件上记载土地的位置、界址、权属性质、土地用途等信息，将土地权属界线直接标绘在工作底图上，或到实地经过指界由调查人员将界线调绘在工作底图上，并与相邻权属单位签订《土地权属界线协议书》。

当权利人出示的权源文件不能够被现行法律法规所认可的，权源文件只能作为参考。

（2）指界确认方式：该方式是通过有关权属单位共同认定土地边界，来确认土地所有权或使用权界线和归属，常用于集体土地所有权界线的确认。确定权属界线后，由调查人员将界线调绘在调查底图上，当事方签订《土地权属界线协议书》。应用此法确权时应特别注意防止将国有土地错划到集体土地中。

（3）协商确认方式：这种方式基于双方均不能提供权源文件，或相邻权属单位双方对权属边界认识不一致时，本着互谅、互让、相互尊重的精神，通过协商确认土地所有权和使用权的界线。采用这种方法时，可由相邻权属单位双方自行协商确权，也可由上级主管部门人员在场主持协商确权。通过实地指界，将双方共同认定的土地权属界线由调查人员调绘在工作底图上，双方签订《土地权属界线协议书》。

（4）仲裁确认方式：对于双方权属有争议的土地，双方都能出示不一致的有关文件，且双方互不相让时，上级主管部门可充分听取双方对土地权属的申述，经综合分析，合理地进行裁决确权，并且当事方签订《土地权属界线协议书》。采用这种方法时，上级主管部门应约定时间、地点、应到场的人员，在充分听取双方申述后，依据相关法律、法规和相关政策，对争议的界线进行裁决。采用这种方式确权的基本原则是，一是尊重历史，实事求是；二是相邻权属单位认可，指界签字；三是不违背现行法律法规和政策，防止通过双方协商将国有土地划为集体土地。

6.2.1.4　农村土地地类调查

地类调查是在土地权属调查的基础上，按照《土地调查技术规程》及《全国土地利用分类（国标）》的要求，以接受勘测定界委托时间（或指定时间）为调查时点，利用 DOM 和已有土地调查成果等资料制作的工作底图，现场实地调查地类及其界线，并将各地类界线测绘或转绘在工作底图上。

调查按县级行政区域为基本调查单位，以国家统一的土地利用分类技术标准，对调查范围内每块土地的地类、位置、范围、面积、分类等利用状况进行调查。

地类调查的基础是土地分类，土地分类根据目的不同，形成了以下主要分类系统。

1. 土地自然分类系统

主要依据土地自然属性的相同性和差异性来对土地分类，一般以地貌、土壤、植被等为具体标志来进行。这种体系能很好地揭示土地类型的差异和演替规律，遵循土地构成要素的自然规律，有利于更好地挖掘土地生产力。

2. 土地评价分类系统

也称土地的经济特性分类，主要是依据一些评价指标的相同性和差异性对土地进行分类。如土地生产力水平、质量、升值潜力、适宜性等，考虑的主要是土地的自然属性和社会经济属性，目的是为开展土地条件调查、实现土地资源最佳配置服务。

3. 土地综合分类系统

依据土地的自然特性、社会经济特性、管理特性及其他要素，对土地进行综合分类。土地综合分类是土地利用分类的主要形式，一般按土地覆盖特征、土地利用方式、土地用途、土地经营特点、土地利用效果等具体标志进行分类，其目的是了解土地利用现状，反映国家各项管理措施的执行情况和效果，为国家和地区土地宏观管理和调控服务。

地类调查至《土地利用现状分类》的二级类，工作内容包括线状地物、图斑、零星地物和地物补测等。地类调查的主要对已有勘测定界资料（航空、航天影像，线划地形图等）进行的实地调查和绘图。主要内容包括：对图上不清楚或缺失的地貌、地物进行实地判读、测绘；对地类、植被、权属等属性做调查标注。

（1）线状地物调查。

线状地物是地类调查的重要内容，是图斑划分的主要依据。线状地物包括河流、铁路、公路、地下管道用地、农村道路、林带、沟渠和田坎等。若线状地物宽度大于或等于图上 2 mm 的，按图斑进行调查；宽度小于 2 mm 的，调绘中心线、量测其宽度，用单线符号表示，称为单线线状地物。

（2）图斑调查。

地类连续一致的地块称为一个图斑，地籍调查中图斑调查分为图斑的划分和图斑范围内的地类认定两方面。在实际调查中，工作人员对图斑的理解决定了他们对图斑的划分，为规范图斑分划，常采用以下原则：

① 城市、建制镇、村庄、采矿用地、风景名胜及特殊用地边界线分割围成的地块，称为图斑。

② 依比例尺表示的双线性地物边界线分割围成的地块，称为图斑。

（3）被行政区域界线、土地权属界线分割围成的地块，称为图斑。

（4）被单线半依比例尺表示的线状地物、地类界线、不同权属性质界线分割围成的地块，称为图斑。

（5）被不同耕地坡度分级界线（主要是田坎）分割形成的耕地地块，称为图斑。

（6）由耕地中梯田、坡耕地界线分割形成的梯田地块、坡耕地地块，称为图斑。

地籍调查工作就是根据图斑的定义，通过调绘和补测工作，对调查区域内的土地进行图斑划分。

图斑的最小上图面积应符合下列规定：在城镇村及工矿用地是图上 4.0 mm^2，耕地、园地为 6.0 mm^2，林地、草地等其他地类为 15.0 mm^2。

耕地中的零星非耕地及非耕地中的零星耕地，在实际面积大于 100 m^2 时，应调查并实地丈量面积。若零星图斑面积小于 100 m^2，但数量众多时，舍弃会影响到调查准确性，则可以归并处理。

调查工作可以室内外结合进行，首先通过室内对影像的判读，将调查底图上影像显示的信息标绘出来，对于影像没有显示或影像不够清晰的图斑，要通过实地调绘或实地测绘，补测到调查底图上。这些需要补测的内容可能是成像后出现的新增图斑，或是面积较小而无法在影像图上解译；也可能是被阴影、云影等遮盖而未成像的图斑。

常用的补测方法有简易补测法和仪器补测法两种。简易补测法又分为直接法和间接法。直接法一般不使用仪器，仅用钢尺或皮尺、圆规、笔、三角板等简单测量工具，将图斑补测到调查底图上。该方法适用于补测图斑较小或较规整，且四周有较多与影像符合的明显地物点为控制的区域。间接法指利用收集的与补测图班有关的图件资料（如设计图等），将图件资料上的有关调查内容，采用透绘或转绘等方法标绘到调查底图上，这种方法主要适用于已有相关资料的地区。仪器补测法是指利用仪器设备进行补测的方法，主要有平板仪法、全站仪法、GPS 法，该法适用于补测图斑范围大、不规整及用简易法无法补测的情况。对于大型新增线状图斑，如高速公路、铁路、工矿企业等，常采用此法。

6.2.2　城市土地调查

城市土地调查也称城市地籍调查，是指按照国家的规定，通过权属调查和地籍测量，查清宗地的权属、界址、面积、用途和位置等情况，形成数据、图件、表册等调查资料，为土地登记、核发证书提供依据的一项技术性工作。城市地籍测量是土地登记的法定程序，是土地登记的基本工作，其资料成果经土地登记后，具有法律效力。

6.2.2.1　地籍调查内容及范围

地籍调查内容可概括为土地权属调查和地籍调查。土地权属调查指通过对土地权属及其权利所及的边界线的调查，在现场标定土地权属界址点、线，绘制宗地草图，调查用途、地类，填写地籍调查表，为地籍测量提供工作草图和依据。

地籍调查的基本单位是宗地。凡被权属界址线封闭的地块都称为宗地。

地籍测量指在土地权属调查的基础上，测量宗地的权属界线、界址位置、形状等，计算面积、测绘地籍图和宗地图，为土地登记提供依据。地籍测量的内容包括地籍控制测量和地籍细部测量，而细部测量又分为测定界址点位置、测绘地籍图、宗地面积量算、绘制宗地图。

城市地籍调查是对城市和建制镇内部每宗土地的调查，与农村土地调查确定的范围相互连接。由于城镇土地利用率高，建筑物密集，土地价值高等因素，对城镇地籍测量的精度要求较高，城镇地籍图要求实地测量，测图比例尺一般为 1 : 500 或 1 : 1000。

城市地籍调查分为初始地籍调查、变更地籍调查。

6.2.2.2　初始地籍调查

1. 权属与地类调查

初始地籍调查是初始土地登记前区域性的普遍调查，其工作内容和步骤分为准备工作、实地调查（宗地权属状况调查、土地用途及土地坐落的调查、界址调查）、绘制宗地草图、权属调查文件资料的整理归档（图 6.2）。

外业实地调查包括权属调查和地类调查，主要对土地权利归属、土地位置、界址、用途等进行实地核定、调查、测量。其中权属调查包括宗地权属状况调查和界址调查，宗地权属调查主要是土地权属性质、权属来源情况、宗地使用权情况（含共同使用情况）、他项权利状况、土地使用权类型等的调查。

初始权属的调查一般是根据土地使用者的申请，对土地使用者、宗地位置、界址、用途等情况进行实地核定、调查和记录的过程。调查结果经土地使用者认定，可为地籍测量、权属审核和登记发证提供具有法律效力的文书凭证。其中界址调查是权属调查的关键，而权属调查是地籍调查的核心。

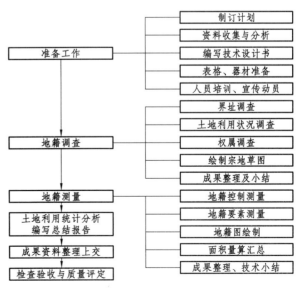

图 6.2　初始地籍调查程序

2. 初始地籍测量

初始地籍测量必须遵循"先整体后局部，先控制后细部"的原则，其主要内容包括地籍平面控制测量和地籍细部测量。

地籍平面控制测量是开展初始地籍细部测量，以及变更地籍测量而布设的平面测量网，它在精度上要满足测定界址点坐标的精度要求，在密度上要满足辖区内地籍细部测量的要求，在点位埋设上需顾及日常地籍管理的需要。

随着测绘技术的不断进步，GPS技术已广泛地应用在地籍平面控制测量中，该项技术有如下优势：

（1）不要求通视，避免了常规地籍控制测量要求点位相互通视的限制。

（2）没有常规控制网布设时对网形的严格要求。

地籍细部测量包括测定界址点，制作地籍图、宗地图，求宗地面积。所采用的方法一般为解析法，界址点测量精度应满足表6.1的要求。

表6.1 界址点测量精度要求

类别	界址点对邻近图根点点位误差/cm		界址点间距允许误差/cm	界址点与邻近地物点关系距离允许误差/cm	界址点与邻近地物点关系距离允许误差/cm
	中误差	允许误差			
一	±5	±10	±10	±10	街坊外围界址点及街坊内明显的地界点
二	±7.5	±15	±15	±15	街坊内部隐藏的界址点、村庄内部界址点

注：界址点对邻近图根点点位中误差，指用解析法勘丈界址点应满足的精度要求；界址点间距允许误差及界址点与邻近地物点关系距离允许误差，是指用各种方法勘丈界址点应满足的精度要求。

地籍图的内容主要是：地籍要素，数学要素，地物要素。在地籍图上的地籍要素包含行政界线、界址点、界址、地类号、地籍号、坐落、土地使用者或所有者、土地等级……要表达的数学要素包括：大地坐标系、内外图廓线、坐标格网线、坐标注记、控制点点位及其注记、地籍图比例尺、地籍图分幅索引图、本幅地籍图分幅编号、图名及图幅整饰等内容；要表示的地物要素包括：建筑物、道路、水系、地貌、土壤植被、注记等。

地籍图属于专题图，首先需要反映地籍要素和与地籍有密切关系的地物，然后在图面荷载允许的条件下，适当反映其他内容。由于我国幅员辽阔，各地地貌、地物、宗地的大小、界址和界标物的关系，以及社会经济条件等差别很大，所以在统一规定的原则下，各地应从本地具体条件出发，对地籍图内容做出补充规定。

宗地图是土地证书的附图，通过了具有法律效力的土地登记过程的认证，是土地所有者或使用者持有的具有法律效力的图件凭证，也是处理土地权属问题关键且具有法律效力的图件。它的主要内容是，图幅号、地籍号、本宗地号、地类号、门牌号、面积及单位名称；本宗地界址点、界址点号（含与邻宗地公用的界址点）、界址及界址边长；本宗地内建筑物、构筑物；邻宗地界址线；相邻宗地、道路、街巷及其名字；比例尺、指北方向、图廓线、制图单位、制图员、审核员及日期等。

求算宗地面积时以宗地为单位，利用测量的界址点计算面积。公用宗内各自使用的土地有明显范围的，先划分各自的使用界线，并计算其面积，剩下部分按建筑面积分摊。一宗地分割成数宗地的，其分割后宗地面积和应与原宗地面积相符，如存在不符值，其误差在限差范围内，按分割宗地面积比例配赋。

地籍平面控制测量的控制点网图、记录手簿、平差计算资料、控制点成果表及点之记或点位说明、初始地籍调查表原件、地籍图原图、地籍图分幅图、面积计算的原始资料、面积成果表、面积统计表等属于重要资料，均都要整理后归档，并加以妥善管理。

地籍测量与基础测量和专业测量有本质区别，具体表现在以下几点：

（1）地籍测量是一项基础性的具有政府行为的测量工作，是政府行使土地行政管理职能的，具有法律意义的行政性技术行为。

（2）地籍测量为土地管理提供了精确、可靠的地理参考系统。

（3）地籍测量在地籍调查的基础上进行。

（4）地籍测量具有勘验取证的法律特征。

（5）技术标准必须符合土地法律的要求。

（6）地籍测量具有很强的现势性。

（7）地籍测量技术和方法是当今测绘技术和方法应用的集成。

（8）从事地籍测量的技术人员应有丰富的土地管理知识，要了解不动产法律和地籍管理方面的知识。

6.2.2.3　变更地籍调查

变更地籍调查包括变更权属调查和变更地籍测量。

变更权属调查是指调查人员接收经土地登记人员初审的变更土地登记申请书后，对宗地权属状况及界址进行的调查，该项工作开展的基本单位仍是宗地。

变更权属调查的步骤是：① 查询变更土地登记或设定土地登记申请书；② 发送变更地籍调查通知书；③ 宗地权属状况调查；④ 界址变更调查及界址标志的设定；⑤ 填写变更地籍调查表；⑥ 勘丈修改宗地草图；⑦ 填写变更权属调查记事及调查员意见；⑧ 权属调查文件资料的移交。

变更地籍调查是根据土地使用者的申请而开展的，它是国土资源管理部门的日常性的工作，要求调查人员在较短的时间内及时调查。该项工作的特点是针对性、政策性强，调查范围小、频繁发生、任务急。

变更地籍测量是在接收变更权属调查移交的资料后，测量变更后的土地权属界线、位置、宗地内部地物地类变化，并计算面积、绘制宗地图、修编地籍图，为变更土地登记提供依据。变更地籍测量在变更权属调查的基础上进行，它的技术方法手段与初始地籍测量相同。

变更地籍测量的内容包括：界址未发生变化的宗地变更地籍测量，界址发生变化的宗地变更地籍测量，新增宗地的变更地籍测量三种。

前两种类型在程序上可分为两步：检查原界址点、线的位置，进行变更测量。

界址未发生变化的宗地地籍变更，一般不需要到实地进行变更地籍测量，可在室内依据变更土地登记申请书进行。不需要到实地进行变更地籍测量的地籍变更情况有：继承土地使用权、变换土地使用权、整宗地转让国有土地使用权、收回国有土地使用权、违法宗地经处理后的变更、土地权利人更名、土地利用类别和土地等级的变更、行政管理区（县、乡、镇）

和地籍管理区名称的改变、宗地编号和土地登记册上编号的改变、宗地所属地区的区划变动、宗地位置名称的改变等。另外，因为宗地内新建建筑物、拆迁建筑物等情况发生的地籍资料变更，也不需要实地仪器测量，可利用原数据或者结合丈量来重绘宗地草图。

对新增宗地的地籍变更应按《城镇地籍调查规程》的要求，用仪器进行准确变更地籍测量。若新增宗地已完成建设用地勘测定界，且成果符合《土地勘测定界规程》的要求，应充分利用这些成果，直接编绘宗地图和地籍图。

在变更地籍调查结束后，应该注意对有关地籍资料做相应的变更，变更应遵循精度高的资料取代精度低的资料，现势性好的资料取代陈旧的资料的原则，做到各种地籍资料之间的严密一致性。在地籍编号、界址点号、宗地草图、地籍调查表、地籍图、宗地图、宗地面积、面积汇总表中有变更的，要加盖"变更"字样。

6.3　数字化地籍图的绘制

6.3.1　地籍图

6.3.1.1　生成平面图

地籍部分的核心是带有宗地属性的权属线，生成权属线有两种方法：① 可以直接在屏幕上用坐标定点绘制；② 通过事先生成的权属信息数据文件，用"简码法"来绘制权属线。其操作过程如下：

（1）打开 CASS 8.0，选择"绘图处理"下拉菜单下的"展野外测点点号"，选择外业数据文件，将外业成果展到显示区域，如图 6.3 所示。

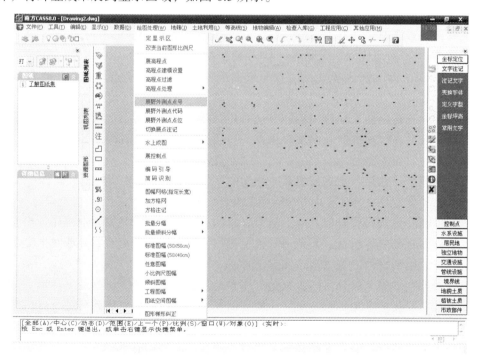

图 6.3　用 SOUTH.DAT 示例数据展点

（2）选择"绘图处理"下拉菜单下的"简码识别"，选择事先生成的权属信息数据文件，即可生成平面图，如图 6.4 所示。

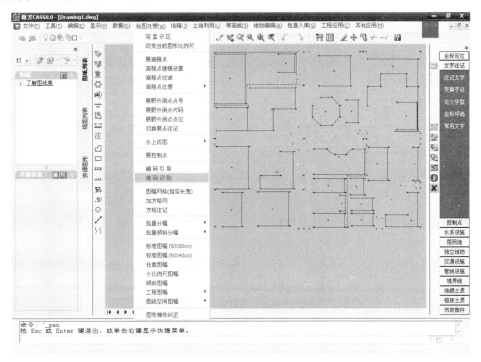

图 6.4　用 SOUTH.DAT 示例数据绘制的平面图

下面将介绍权属信息数据文件的生成方法。

6.3.1.2　生成权属信息数据文件

权属信息文件可以通过文本方式编辑得到，然后使用"绘图处理\依权属文件绘权属图"命令，即可利用权属信息文件绘出权属信息图。

可以通过以下 4 种方法得到权属信息文件，如图 6.5 所示。

图 6.5　权属生成的 4 种方法

1. 权属合并

权属合并需要用到两个文件：权属引导文件和界址点数据文件。权属引导文件的格式：

宗地号，权利人，土地类别，界址点号，……，界址点号，E（一宗地结束）

宗地号，权利人，土地类别，界址点号，……，界址点号，E（一宗地结束）

　　　　　　E（文件结束）

说明：

（1）每一宗地信息占一行，以 E 为一宗地的结束符，E 要大写。

（2）编宗地号方法：街道号（地籍区号)＋街坊号（地籍子区)＋宗地号（地块号），街道号和街坊号位数可在"参数设置"内设置。

（3）权利人按实际调查结果输入。

（4）土地类别按规范要求输入。

（5）权属引导文件的结束符为 E，E 要大写。

权属引导文件示例如图 6.6 所示。

图 6.6　权属引导文件格式

如果需要编辑权属文件，可用鼠标点取菜单中"编辑\编辑文本文件"命令，参考图 6.6 所示的文件格式和内容编辑好权属引导文件，存盘返回 CASS 8.0 屏幕。

选择"地籍\权属生成\权属合并"项，系统弹出对话框，提示输入权属引导文件名，如图 6.7 所示。

图 6.7　输入权属引导文件

选择上一步生成的权属引导文件，点击"打开"按钮。

系统弹出对话框，提示"输入坐标点（界址点）数据文件名"，类似上一步，选择文件，点"打开"按钮，如图 6.8 所示。

图 6.8　输入坐标点（界址点）数据文件

系统弹出对话框，提示"输入地籍权属信息数据文件名"后，输入要保存的地籍信息权属文件名，如图 6.9 所示。

图 6.9 输入地籍权属信息数据文件

当指令提示区显示"权属合并完毕！"时，表示权属信息数据文件"权属.QS"已自动生成。这时按 F2 键可以看到权属合并的过程，如图 6.10 所示。

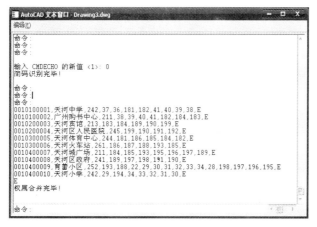

图 6.10 权属合并过程

2. 由图形生成权属

在外业完成地籍调查和测量后，得到界址点坐标数据文件和宗地的权属信息，可以用此功能完成权属信息文件的生成工作。

先用"绘图处理"下的"展野外测点点号"功能展绘外业数据的点号，再选择"地籍\生成权属\由图形生成"项，命令区提示：

请选择：（1）界址点号按序号累加（2）手工输入界址点号<1>按要求选择，默认选（1）。

下面弹出对话框，要求输入地籍权属信息数据文件名，并保存在指定的路径下，如果此文件已存在，则提示：文件已存在，请选择（1）追加该文件（2）覆盖该文件<1>按实际情况选择，如图 6.11 所示。

图 6.11 输入权属信息数据文件名提示框

输入宗地号：输入 0010100001。

输入权属主：输入"天河中学"。

输入地类号：输入 44。

输入点：打开系统的捕捉功能，用鼠标捕捉到第一个界址点 37。

接着，命令行继续提示：

输入点：等待输入下一点。

⋮

依次选择 39，40，41，182，181，36 点。

输入点：回车或按空格键，完成该宗地的编辑。

请选择：1、继续下一宗地　2、退出〈1〉：输入 2，回车。

说明：选 1 则重复以上步骤继续下一宗地，选 2 则退出。

界址点输入完毕选择退出时，权属信息数据文件已经自动生成。以上操作中采用的坐标定位，也可用点号定位。用点号定位时不需要依次用鼠标捕捉到相应点，只需直接输入点号就行了。

进入点号定位的方法是：在屏幕右侧菜单上找到"测点点号"，点击，系统弹出对话框，要求输入点号对应的坐标数据文件。输入相应文件即可。

3. 用复合线生成权属

这种方法在一个宗地就是一栋建筑物的情况下特别好用，不然的话就需要先手工沿着权属线画出封闭复合线。

选择"绘图处理"菜单之"用复合线生成权属"项，输入地籍权属信息数据文件名后，命令区提示：

选择复合线（回车结束）：用鼠标点取一栋封闭建筑物。

输入宗地号：输入"0010100001"，回车。

输入权属主：输入"天河中学"，回车。

输入地类号：输入"44"，回车。

该宗地已写入权属信息文件！

请选择：1、继续下一宗地　2、退出〈1〉：输入 2，回车。

说明：选 1 则重复以上步骤继续下一宗地，选 2 则退出。

4. 用界址线生成权属

如果图上没有界址线，可用"地籍成图"子菜单下"绘制权属线"生成，如图 6.12 所示。

注：在 CASS 8.0 中，"界址线"和"权属线"是同一个概念。

选择此选项时，系统会提示输入宗地边界的各个点。当宗地闭合时，系统将认为宗地已绘制完成，弹出对话框，要求输入宗地号，权属主，地类号等。输入完成后点"确定"按钮，系统会将对话框中的信息写入权属线。

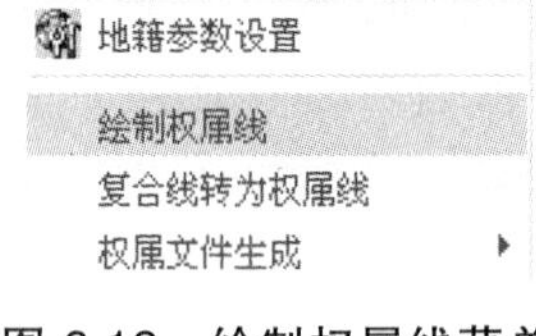

权属线里的信息可以被读出来，写入权属信息文件，这就是由权属线生成权属信息文件的原理。操作步骤如下：

图 6.12　绘制权属线菜单

执行"地籍\权属生成\由界址线生成"命令后，直接用鼠标在图上批量选取权属线，然后系统弹出对话框，要求输入权属信息文件名。这个文件将用来保存下一步要生成的权属信息。

输入文件名后点击"保存"，权属信息将被自动写入权属信息文件。

已有权属线再生成权属信息文件一般是用在统计地籍报表的时候。

得到带属性权属线后，可通过"绘图处理\依权属文件绘权属图"作权属图。

6.3.1.3　权属信息文件合并

将多个权属信息文件合并成一个文件，即将多宗地的信息合并到一个权属信息文件中。这个功能常在需要将多宗地信息汇总时使用。

6.3.1.4　绘权属地籍图

生成平面图之后，可以用手工绘制权属线的方法绘制权属地籍图，也可通过权属信息文件来自动绘制。

1. 手工绘制

使用"地籍"子菜单下"绘制权属线"功能生成，并选择不注记，可以手工绘出权属线。这种方法最直观，权属线出来后系统立即弹出对话框，要求输入属性。点击"确定"按钮后系统将宗地号、权利人、地类编号等信息加到权属线里，如图 6.13 所示。

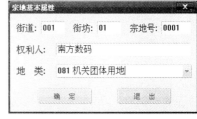

图 6.13　加入权属线属性

2. 通过权属信息数据文件绘制

首先可以利用"地籍\地籍参数设置"功能对成图参数进行设置。

根据实际情况选择适合的注记方式，绘权属线时要做哪些权属注记。如要将宗地号、地类、界址点间距离、权利人等全部注记，则在这些选项前的方格中打上钩，如图 6.14 所示。

"宗地内图形"中设置满幅显示，系统根据图框大小对所选宗地图进行缩放，所以有时会出现诸如 1：1215 这样的比例尺。有些单位在出地籍图时不希望这样的情况出现。他们需要整百或整五十的比例尺。这时，可将"宗地图内图形"选项设为"不满幅"，再将其上的"宗地图内比例尺分母的倍数"设为需要的值。比如：设为 50，成图时出现的比例尺只可能是 1：$(50 \times N)$，N 为自然数。

参数设置完成后，选择"地籍\依权属文件绘权属图"，如图 6.15 所示。

CASS 8.0 界面弹出要求输入权属信息数据文件名的对话框，这时输入权属信息数据文件，命令区提示：

输入范围（宗地号.街坊号或街道号）<全部>：根据绘图需要，输入要绘制地籍图的范围，默认值为全部。

说明：可通过输入"街道号×××"，或输入"街道号×××街坊号××"，或输入"街道号×××街坊号××宗地号×××××"，输入绘图范围后，此后程序即自动绘出指定范围的权属图。如输入 0010100001 只绘出该宗地的权属图，输入 00102 将绘出街道号为 001 街坊号为 02 的所有宗地权属图，输入 001 将绘出街道号为 001 的所有宗地权属图。

最后得到如图 6.16 所示的图形（存盘位置....\CASS

图 6.14　地籍参数设置

8.0\DEMO\权属.DWG ）。

图 6.15　"地籍"下拉菜单

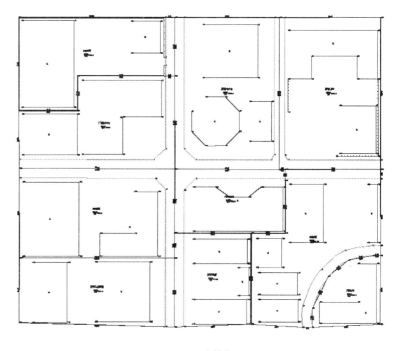

图 6.16　地籍权属图

6.3.1.5　图形编辑

1. 修改界址点点号

选取"地籍"菜单下"修改界址点号"功能。屏幕提示：

选择界址点圆圈：点取你要修改的界址点圆圈，也可按住鼠标左键，拖框批量选择。选取完毕后回车，出现如图 6.17 所示的对话框。对话框的左上角就是要修改点的位置，对话框中的数字是修改点的当前点号，将它修改成所需求的数值后回车。

系统会自动在当前宗地中寻找输入的点号，如果当前宗地中已有该点号，系统将弹出对话框，说明该点已存在，如图 6.18 所示。

图 6.17　修改界址点对话框　　　　图 6.18　提示已存在该点

如果新输入的点号不存在，系统就将其写入界址点圆圈的属性中。

当选择了多个界址点时，修改完毕第一个点点号后，在下一个点的位置将出现图 6.17 所示对话框，当然点号已经变成下一点的点号。

2. 重排界址点号

用此功能可批量修改界址点点号。

选取"地籍"菜单下"重排界址点号"功能。屏幕提示：

（1）手工选择按生成顺序重排　（2）区域内按生成顺序重排（3）区域内按从上到下，从左到右顺序重排<1>系统默认选项（1）。

如果选择（1）屏幕提示选择对象：手工逐个选择需要进行重排的界址点，然后屏幕提示输入界址点号起始值：<1>，系统会将选定的点数按生成的顺序重排。

如果选择（2）屏幕提示指定区域边界：手工选择封闭区域，然后屏幕提示输入界址点号起始值：<1>，系统会将封闭区域内的点按生成顺序重排。

如果选择（3）屏幕提示指定区域边界：手工选择封闭区域，然后屏幕提示输入界址点号起始值：<1>，系统会将封闭区域中的点按从上到下从左到右的顺序重排。

重排结束，屏幕提示排列结束，最大界址点号为 XX

3．界址点圆圈修饰（剪切\消隐）

用此功能可一次性将全部界址点圆圈内的权属线切断或消隐。

选取"地籍\界址点圆圈修饰\剪切"功能，在屏幕在闪烁片刻后，即可发现所有的界址点圆圈内的界址线都被剪切。由于执行本功能后所有权属线被打断，所以其他操作可能无法正常进行，因此建议此步操作在成图的最后一步进行。一般来说，应在出图前执行此功能，执行本操作后将图形另存为其他文件名或不要存盘。

选取"地籍\界址点圆圈修饰\消隐"功能。在屏幕在闪烁片刻后，即可发现所有的界址点圆圈内的界址线都被消隐。消隐后所有界址线仍然是一个整体，移屏时可以看到圆圈内的界址线。

4．界址点生成数据文件

用此功能可一次性将全部界址点的坐标读出来，写入坐标数据文件中。

选取"地籍成图"菜单下"界址点生成数据文件"功能，屏幕弹出对话框，提示输入生成的坐标数据文件名。输入文件名后点"确定"，系统提示：

（1）手工选择界址点（2）指定区域边界 <1>

如果选（1），回车后可以拖框选择所有要生成坐标文件的界址点。

如果只想生成一定区域内界址点的坐标数据文件，可先用复合线画出区域边界后选择（2），然后点取所画复合线，这时生成的坐标数据文件中只包含区域内的点。

5．查找指定宗地和界址点

选取"地籍"菜单下"查找宗地"功能，弹出如图 6.19 所示对话框。根据已知条件选择查找的内容后，查找到符合条件的宗地居中显示。

选取"地籍"菜单下"查找界址点"功能，弹出如图 6.20 所示对话框。根据已知条件选择查找的内容后，查找到符合条件的界址点居中显示。

图 6.19　查找宗地对话框

图 6.20　查找界址点对话框

6. 修改界址线属性

界址线属性中包含本宗地号、邻宗地号，本条界址线起止界址点编号，图上边长和勘丈边长，界线性质、类别、位置属性，还包括宗地指界人及指界日期等属性。

点取"地籍\修改界址线属性"，屏幕提示选择界址线所在宗地：选取宗地后屏幕提示指定界址线所在边<直接回车处理所有界址线>：选取界址线后弹出如图 6.21 所示对话框。除了可以查看该线当前的性质，还可以按调查的情况添加界址线信息。

图 6.21　修改界址线属性

7. 修改界址点属性

界址点圆圈中存放界址点号、界标类型和界址点类型等界址点属性。点取"地籍/修改界址点属性"屏幕提示请拉框选择要处理的界址点：选择界址点后弹出如图 6.22 所示对话框。

图 6.22　修改界址点属性

6.3.2　宗地属性处理

6.3.2.1　宗地属性

1. 宗地合并

宗地合并每次将两宗地合为一宗。

选取"地籍成图"菜单下"宗地合并"功能。屏幕提示：

选择第一宗地：点取第一宗地的权属线。

选择另一宗地：点取第二宗地的权属线。

完成后发现，两宗地的公共边被删除。宗地属性为第一宗地的属性。

2. 宗地分割

宗地分割每次将一宗地分割为两宗地。执行此项工作前必须先将分割线用复合线画出来。

选取"地籍成图"菜单下"宗地分割"功能。屏幕提示：

选择要分割的宗地：选择要分割宗地的权属线。

选择分割线：选择用复合线画出的分割线。

回车后原来的宗地自动分为两宗，但此时属性与原宗地相同，需要进一步修改其属性。

3. 修改宗地属性

选取"地籍成图"菜单下"修改宗地属性"功能。屏幕提示：

选择宗地：用鼠标点取宗地权属线或注记均可，点中后系统弹出如图 6.23 所示对话框供用户修改宗地属性。

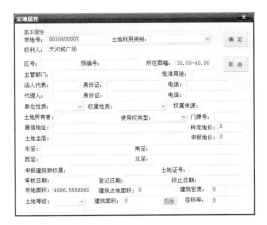

图 6.23　宗地属性对话框

4. 输出宗地属性

输出宗地属性功能可以将图 6.23 中填写的宗地信息输出到 ACCESS 数据库。选取"地籍成图"菜单下"输出宗地属性"功能。屏幕弹出对话框，提示输入 ACCESS 数据库文件名，输入文件名。请选择要输出的宗地：选取要输出的到 ACCESS 数据库的宗地。选完后回车，系统将宗地属性写入给定的 ACCESS 数据库文件中。

6.3.2.2　绘制宗地图

CASS8.0 绘制宗地图有"单块宗地"和"批量处理"两种选项，都是基于带属性的权属线。

1. 单块宗地

该方法可用鼠标划出切割范围，步骤及实例为：打开图形 D:\CASS 8.0\DEMO\权属.DWG，选择"地籍\绘制宗地图框\A4 竖\单块宗地"，如图 6.24 所示。

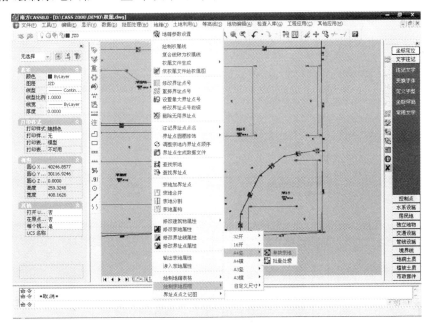

图 6.24　加宗地图框

用鼠标指定宗地图范围 -- 第一角：用鼠标指定要处理宗地的左下方。

另一角：用鼠标指定要处理宗地的右上方。弹出如图 6.25 所示对话框，根据需要选择宗地图的各种参数后点击"确定"，屏幕提示如下：

图 6.25　宗地图参数设置

用鼠标指定宗地图框的定位点：屏幕上任意指定一点。

一幅完整的宗地图就画好了，如图 6.26 所示。

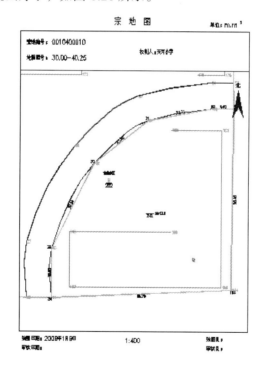

图 6.26　单块宗地图

2. 批量处理

该方法可批量绘出多宗宗地图,步骤及实例为:打开图形 D:\CASS.08\DEMO\权属.DWG,选择"地籍\绘制宗地图框\A4 竖\批量处理"。命令区提示:

用鼠标指定宗地图框的定位点：指定任一位置。

请选择宗地图比例尺：（1）自动确定（2）手工输入 <1> 直接回车默认选（1）。

是否将宗地图保存到文件?（1）否（2）是 <1> 回车默认选（1）。

选择对象：用鼠标选择若干条权属线后回车结束，也可开窗全选。

若干幅宗地图画好了,如图 6.27 所示,如果要将宗地图保存到文件,则在所设目录中生成若干个以宗地号命名的宗地图形文件,而且可以选择按实地坐标保存。

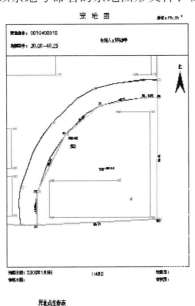
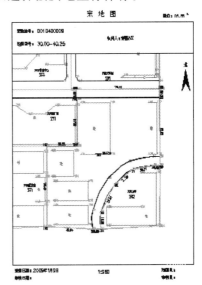

图 6.27　批量作宗地图

3. 定制宗地图框

首先需要新建一幅图,按自己的要求绘制一个宗地图框,并在 D:\CASS8.0\BLOCKS 目录下保存为自定义图名。然后在"地籍成图"下拉菜单下的"地籍参数设置"里(参见图 6.14),更改自定义宗地图框里的内容。将图框文件名改为所定义的文件名,设置文字大小和图幅尺寸,输入宗地号、权利人、图幅号等注记,以图框左下角为原点的相对坐标。将地籍权属的参数配置设置好后,就可以使用"地籍"下拉菜单中的"绘制宗地图框\自定义"功能,加入自定义的宗地图框。

定制宗地图框对“单块宗地”和“批量处理”两种宗地图绘制方法均有效。

6.3.3　绘制地籍表格

6.3.3.1　界址点成果表

选择“地籍\绘制地籍表格\界址点成果表”项，弹出对话框要求输入权属信息数据文件名，输入 D:\CASS 8.0\DEMO\权属.QS。命令区提示：

用鼠标指定界址点成果表定位点：用鼠标指定界址点成果表左下角。

（1）手工选择宗地（2）输入宗地号　<1> 回车默认选（1）。

选择对象：拉框选择需要出界址点表的宗地。

是否批量打印（Y/N）？<N> 回车默认不批量打印。

根据绘图需要，输入要绘制界址点成果表的宗地范围，可以输入“街道号×××”，或输入“街道号×××街坊号××”，或输入“街道号×××街坊号××宗地号×××××”，程序默认值为绘全部宗地的界址点成果表。例如输入 0010100001 只绘出该宗地的界址点成果表，输入 00102 将绘出街道号为 001 街坊号为 02 内所有宗地的界址点成果表，输入 001 将绘出街道号为 001 内所有宗地的界址点成果表。

用鼠标指定界址点成果表的定位位置，是移动鼠标到所需的位置（鼠标点取的位置即是界址点成果表表格的左下角位置）按下左键，符合范围宗地的界址点成果表随即自动生成，如图 6.28 所示，表格的大小正好为 A4 尺寸。

界 址 点 成 果 表　　第 1 页　共 1 页

宗 地 号 0010100001

宗 地 名 天河中学

宗 地 面 积（平方米） 7509.3

建 筑 占 地（平方米） 0.0

界 址 点 坐 标

序 号	点 号	坐标 X (m)	坐标 Y (m)	边 长
1	37	30299.733	40049.668	120.75
2	36	30299.733	40170.414	8.60
3	181	30299.747	40179.014	47.36
4	182	30252.386	40178.947	8.53
5	41	30252.358	40170.419	71.61
6	40	30252.379	40098.812	28.16
7	39	30224.219	40098.812	49.17
8	38	30224.210	40049.646	75.52
1	37	30299.733	40049.668	

制表：　　审校：　　年　月　日

图 6.28　0010100001 宗地的界址点成果表

6.3.3.2　界址点坐标表

选择"地籍\绘制地籍表格\界址点坐标表"命令，命令区提示：

请指定表格左上角点：用鼠标点取屏幕空白处一点。

请选择定点方法：（1）选取封闭复合线（2）逐点定位 <1> 回车默认选（1）。

选择复合线：用鼠标选取图形上封闭权属线。

表格如图 6.29 所示。

界址点坐标表

点 号	X	Y	边 长
181	30299.747	40179.014	
			86.38
186	30299.860	40265.398	
			122.89
185	30176.975	40265.402	
			86.17
184	30177.260	40179.228	
			75.13
182	30252.386	40178.947	
			47.36
181	30299.747	40179.014	
S=10594.4 平方米 合15.8916亩			

图 6.29　界址点坐标表

6.3.3.3　以街坊为单位界址点坐标表

选择"地籍\绘制地籍表格\以街坊为单位界址点坐标表"命令，则命令区提示：

（1）手工选择界址点　（2）指定街坊边界 <1> 回车默认选 1。

选择对象：鼠标拉框选择界址点。

请指定表格左上角点：屏幕上指定生成坐标表位置。

输入每页行数：（20）默认为 20 行/页。

表格如图 6.30 所示。

以街坊为单位界址点坐标表

序号	点名	X坐标	Y坐标
1	22	30169.696	40349.717
2	185	30176.975	40265.402
3	186	30299.860	40265.398
4	187	30299.874	40349.797
5	188	30177.383	40349.756
6	193	30177.215	40270.317
7	195	30168.152	40270.296

图 6.30　以街坊为单位界址点坐标表

6.3.3.4　以街道为单位宗地面积汇总表

选择"地籍\绘制地籍表格\以街道为单位宗地面积汇总表"项，弹出对话框要求输入权属信息数据文件名，输入 D:\CASS 8.0\DEMO\权属.QS，命令区提示：

输入街道号：输入 001，将该街道所有宗地全部列出。

输入面积汇总表左上角坐标：用鼠标点取要插入表格的左上角点。出现如图 6.31 的表格。

以街道为单位宗地面积汇总表

市＿＿＿＿区＿001＿街道

地籍项目地号	地 类 名 称（有二级类的列二级类）	地类代号	面 积（M²）	备 注
0010100001		242	7509.3	
0010100002		211	8299.2	
0010200003		213	9284.1	
0010200004		245	6946.3	
0010300005		244	10594.4	
0010300006		261	10342.9	
0010400007		211	4696.6	
0010400008		241	4716.9	
0010400009		252	9547.9	
0010400010		242	2613.8	

图 6.31　以街道为单位宗地面积汇总表

6.3.3.5　城镇土地分类面积统计表

选择"地籍\绘制地籍表格\城镇土地分类面积统计表"项，命令区提示：

请输入最小统计单位：（1）街道（2）街坊 <1> 输入（2）。

输入要统计的街道名：输入 001。

弹出对话框要求输入权属信息数据文件名，输入 D:\CASS8.0\DEMO\权属.QS，命令区提示：

输入分类面积统计表左上角坐标：用鼠标点取要插入表格的左上角点。

绘出表格如图 6.32 所示。

城镇土地分类面积统计表

行政单位	城镇土地总面积	商地	国地	特地	单地	商服用地	工矿仓储用地	住宅用地	公共管理与公共服务用地	特殊用地	交通运输用地	其他土地	其他土地	备注
		小计	小计	小计	小计	小计	小计	小计	小计	小计	小计	小计	小计	
		01	02	03	04	05	06	07	08	09	10	11	12	
0	74551.3	0.0	0.0	0.0	0.0	0.0	0.0	0.0	0.0	0.0	0.0	0.0	0.0	

图 6.32　城镇土地分类面积统计表

6.3.3.6　街道面积统计表

选择"地籍\绘制地籍表格\街道面积统计表"项，弹出对话框要求输入权属信息数据文件名，输入 D:\CASS 8.0\DEMO\权属.QS，命令区提示：

输入面积统计表左上角坐标：用鼠标点取要插入表格的左上角点。

如图 6.33 所示，由于本例使用的权属信息数据文件只有一个街道，故表中只有一行，街道名栏可手工添入。

街道面积统计表

街道号	街道名	总面积
001		74551.25

图 6.33　街道面积统计表

6.3.3.7　街坊面积统计表

选择"地籍\绘制地籍表格\街坊面积统计表"项，命令区提示：

输入街道号：输入 001。

弹出对话框要求输入权属信息数据文件名，输入 D:\CASS 8.0\DEMO\权属.QS，命令区提示：

输入面积统计表左上角坐标：用鼠标点取要插入表格的左上角点。

作出表格如图 6.34 所示。

001街道街坊面积统计表

街坊号	街坊名	总面积
00101		15808.53
00102		16230.33
00103		20937.25
00104		21575.14

图 6.34　街坊面积统计表

6.3.3.8　面积分类统计表

选择"地籍\绘制地籍表格\面积分类统计表"项，命令区提示：

输入街道号：输入 001。

弹出对话框要求输入权属信息数据文件名，输入 D:\CASS 8.0\DEMO\权属.QS，命令区提示：

输入面积分类表左上角坐标：用鼠标点取要插入表格的左上角点。

如图 6.35 所示，对权属信息数据文件"权属.qs"中所有的宗地都进行了统计。

面积分类统计表

土地类别		面积
代码	用途	
242		10123.06
211		12995.80
213		9284.08
245		6946.25
244		10594.39
261		10342.86
241		4716.92
252		9547.89

图 6.35　面积分类统计表

6.3.3.9　街道面积分类统计表

选择"地籍\绘制地籍表格\街道面积分类统计表"项，命令区提示：

输入街道号：输入 001。

弹出对话框要求输入权属信息数据文件名，输入 D:\CASS 8.0\DEMO\权属.QS，命令区提示：

输入面积统计表左上角坐标：用鼠标点取要插入表格的左上角点。

由于"权属.QS"中只有"001"一个街道，故生成的表格和图 6.35 一样，如图 6.36 所示。

001街道面积分类统计表

土地类别		面积
代码	用途	
242		10123.06
211		12995.80
213		9284.08
245		6946.25
244		10594.39
261		10342.86
241		4716.92
252		9547.89

图 6.36　街道面积分类统计表

6.3.3.10　街坊面积分类统计表

选择"地籍\绘制地籍表格\街坊面积分类统计表"项，命令区提示：

输入街道街坊号：输入 00101。

弹出对话框要求输入权属信息数据文件名，输入 D:\CASS 8.0\DEMO\权属.QS，命令区提示：

输入面积统计表左上角坐标：用鼠标点取要插入表格的左上角点。

绘出表格如图 6.37 所示。

001街道01街坊面积分类统计表

土地类别		面积
代码	用途	
242		7509.28
211		8299.25

图 6.37　街坊面积分类统计表

第 7 章　iData 数据工厂概述

7.1　iData 简介

iData 数据工厂是南方测绘公司推出的新一代测绘数据生产、处理平台。不同于在 AutoCAD 平台上二次开发的南方 CASS 系统，iData 直接从底层进行研发，因此具有完全的自主知识产权。iData 解决了因当前数字化测绘成图软件存在的数据格式、数据标准不统一导致的数据入库难、更新难、质量控制难等一系列问题，做到了在一个平台即可完成外业测绘、内业数据采编、数据质检、数据分发、数据入库等五个环节的作业，真正实现了一体化测绘生产。

iData 可读写 DB、DWG、DGN、DXF、GDB 等多种格式的数据文件，并以数据库形式组织和存储。由于空间信息及其属性信息存储脱离了图形的形式，能够在不同软件系统中操作和转换，因而 iData 不仅可接受和处理多种野外采集设备数据（GPS、全站仪、电子平板）和航测遥感软件生产的数据（VirtuoZo、JX-4 等），还能实现与现有主流 GIS 系统之间的无缝数据交换，真正实现了图库一体化、图属一体化。

鉴于 CASS 是国内拥有众多用户的数字化测绘成图系统，iData 延续了 CASS 软件的界面风格和操作习惯，熟悉 CASS 系统的测绘人员，可以快速掌握 iData 使用方法。

CASS 和 iData 的基本特点对比如表 7.1 所示。

表 7.1　CASS 与 iData 对比

序号	对比项	CASS	iData
1	软件平台	CASS 是依托 AutoCAD 平台的测绘数据采集和处理软件，只能在 Windows 系统下运行	iData 是由底层自主研发的 GIS 数据处理平台，不仅有 Windows 平台产品，还有安卓系统下的移动端产品 iDataMobile，可用于外业调绘测图、地理国情普查等作业
2	存储格式	CASS 采用 CAD 数据的格式：.dwg/.dxf	iData 以个人空间数据库 Personal Geodatabase（后缀为.mdb）为存储格式
3	航测及影像数据支持	CASS 不支持航测数据，只能通过 AutoCAD 的影像插入模块，实现小数据影像插入，加载速度较慢	iData 支持 VZ，MapMatrix，JX-4 等系统的数据格式。可直接读取.Tiff、GeoTIFF、IMG 等常见影像格式，具有影像金字塔自动创建、海量影像数据快速加载、实时影像纠正等功能
4	符号化	CASS 处理复杂的图形符号需要用多个实体表达	iData 采用骨架线符号化技术，通过多级嵌套和简单实体组合来实现复杂地物符号的绘制,任何复杂符号都能只用一个要素进行表达
5	数据入库质检	CASS 的 SME 只能处理 CAD 格式的数据	iData 的 SME 能处理 MDB、DWG、DGN…诸多格式的数据

序号	对比项	CASS	iData
6	多源数据处理	CASS 只能处理单一的 DWG 格式数据，其他格式数据必须转换后才能处理	iData 可直接读写编辑 DWG、DXF、DGN、SHP、MDB、GDB 等诸多格式的数据
7	大数据处理	CASS 受 AutoCAD 平台限制，大数据图形处理能力较弱	iData 能轻松处理大数据图形，导入、导出、编辑速度都很快
8	二次开发接口	CASS 支持基于 AutoCAD 二次开发，支持 ObjectArx、C#、C++、VB、AutoLisp、VBA 等开发语言	iData 提供广泛的二次开发接口，支持 C++（Qt）、C#、Python、LUA 等开发语言
9	功能模块	CASS 系统包含地籍、管线等工程应用等模块	iData 移植了 CASS 中地籍、管线等工程应用模块，并进行了优化和完善
10	操作习惯	CASS 使用 CAD 的操作模式	iData 操作模式和 CAD 相似，熟悉 CASS 的作业员可快速掌握
11	可定制化	CASS 只能执行一套标准，定制化程度较低	iData 可以执行多套标准，各标准都以模板定制的方式完成。作业人员可不修改程序，而是通过定制不同模板来适应不同的标准

7.2　iData 安装

安装 iData 数据工厂的步骤是：先安装 CodeMeter 授权软件，再安装 iData。

在安装文件中找到 CodeMeterRuntime.exe 文件并双击，系统即可自动识别计算机操作系统，安装对应版本的 CodeMeter。安装过程如图 7.1 与图 7.2 所示。

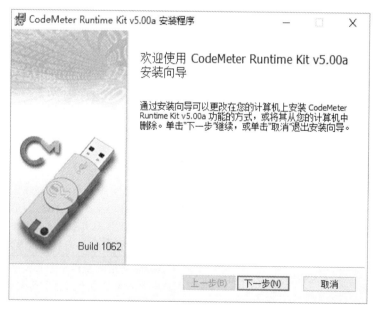

图 7.1　CodeMeterRuntime 安装界面

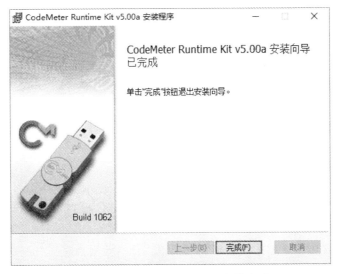

图 7.2　CodeMeterRutime 安装完成

　　软件安装完成后默认设置为开机自动启动。在未插入软件锁时，CodeMeter 图标在计算机任务栏的系统托盘区呈灰色，插入后呈蓝色，表示启用状态，如图 7.3 与图 7.4 所示。

图 7.3　未接入软件锁　　　　　　　　　　图 7.4　接入软件锁

单击启动状态的图标可打开 CodeMeter 面板（图 7.5）并对其进行管理：

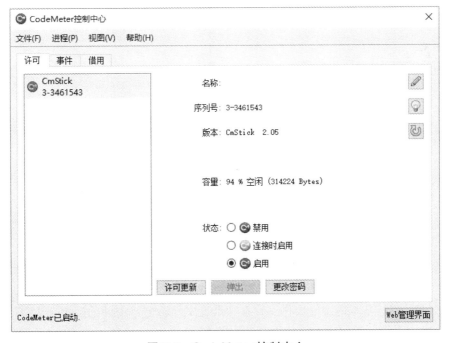

图 7.5　CodeMeter 控制中心

CodeMeter 安装完成后，在桌面上双击 iData 快捷方式即可运行 iData 安装程序。

7.3　iData 数据工厂主界面介绍

将软件狗插入电脑 USB 端口后，运行 iData 系统进入默认主界面。如图 7.6 所示，主界面包括系统菜单与快速访问工具栏、功能菜单面板、工具栏、视图窗口、编码表、绘图面板、实体属性面板、历史记录表、命令窗口、状态栏等栏目。

在功能菜单面板的右上角处，有功能菜单面板隐藏开关（ ♡ ）、选项和窗口三个功能项。点击 ♡，功能菜单面板隐藏，图标变为 △，点击 △ 则显示功能菜单面板；点击"选项"，可在其中的"风格"显示列表中选择系统界面风格；点击"窗口"，则以列表形式显示系统中已打开的所有数据库的文件名，点击文件名可在当前视图窗口中切换显示文件。

窗体大小和位置可以通过拖动调整，在菜单栏任意位置点击鼠标右键，还可控制部分窗口和工具栏的显示或隐藏。主操作界面各窗口及命令功能如下：

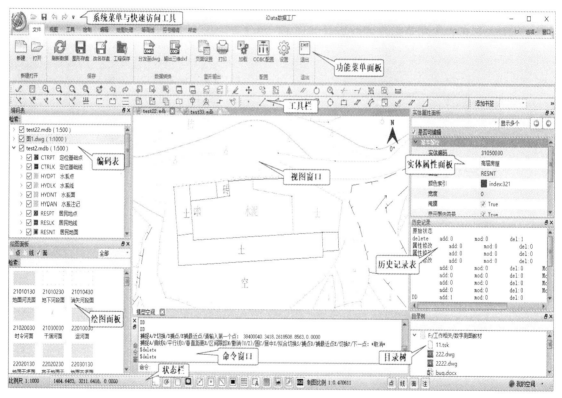

图 7.6　iData 主操作界面

7.3.1　系统菜单

功能：设有"新建""打开""图形存盘""改名存盘""打印""退出"等 6 个基本命令按钮，供操作人员进行基本的文件操作，并在"最近文件"窗口记录了操作人员最新访问过的9 个文件，操作人员可通过点击快速打开选中的文件。

操作：点击软件界面左上角的 iData 图标 ◉，展开系统菜单如图 7.7 所示。

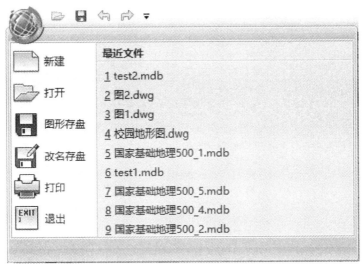

图 7.7　系统菜单

7.3.2　快速访问工具栏

功能：提供"打开""图形存盘""放弃""重做"等系统命令快捷命令按钮，以便操作人员快速访问。

操作：点击软件界面左上角 iData 图标右侧的 ⬚、 ⬚、 ⬚、 ⬚按钮，分别执行打开数据文件、图形存盘、放弃、重做等系统命令。

7.3.3　自定义快速访问工具

功能：显示快速访问工具选择菜单，勾选在工具栏中显示的快速访问工具按钮。

操作：点击软件界面左上角 iData 图标右侧的下拉箭头图标，即弹出图 7.8 所示对话框，在对话框中完成选择。

图 7.8　快速工具访问选择

7.3.4　编码表

功能：以列表形式显示数据源及其包含的图层和实体编码，可勾选前面的复选框控制其是否在视图窗口中显示，其中实体编码名称后方括号中显示的数字是该编码实体的个数（图7.9）。

编码表窗口位置是浮动的，操作人员可根据需要移动其位置。

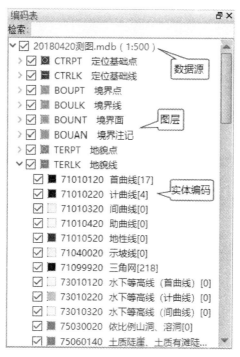

图 7.9　编码表

操作：

勾选数据源、图层或实体编码前的复选框，实现选择性显示。

1. 针对数据源的操作

右击编码表中一个数据源文件名，系统弹出数据源右键菜单项（图 7.10）。若右击的非当前活动数据源文件名，则弹出的右键菜单项较图 7.10 所示，增加了一个卸载数据源选项，用于将所选数据源关闭并在编码表视窗中去除。

数据源右键菜单中各选项设置功能如下：

（1）插入新数据源、插入影像数据：在当前视图中加载系统支持的文件及影像数据。

（2）激活图层：MDB 数据中包含的图层均处于激活状态，但有些数据做过删除空图层操作，利用激活图层命令可将模板中包含的图层加入 MDB 数据。点击"激活图层"，弹出如图 7.11 所示窗口，在窗口中显示了两个列表，"数据源图层"是当前 MDB 数据中已包含的图层列表，"未激活图层"是数据模板中已设置好，但 MDB 中并没有包含的图层列表。在未激活图层中勾选想要激活的图层，点击"激活"按钮，即完成激活操作。

（3）切换数据源：当前活动数据源名称标注为红色，表示处于编辑状态，其他数据源名称均为黑色。数据源切换是变换活动数据源，对选定非活动数据源名称点击右键，在图 7.10 所示弹出菜单中点击"切换数据源"即完成切换。

（4）新建参照图层：可为 MDB 数据源新建参照图层，参照图层为临时图层，一般用于作图时添加辅助元素，但最终不写入数据库。

（5）显示所有项、隐藏无数据项：前者在编码表窗口中显示所有图层和编码，后者只显示有实体数据的图层和编码。

（6）恢复默认色：在绘图过程中，若更改了图层或实体的系统默认颜色，可使用此功能恢复。

（7）显示线方向、隐藏线方向：前者对所选数据源（或者图层、编码）里的线实体按一定距离标注箭头，用于指示线实体的矢量方向，后者属于前者的逆操作。

（8）图层追加与卸载：对图层进行追加或卸载。"显示所有项"功能只对已加载图层有效，未加载的图层需执行"图层追加与卸载"命令加载后才能显示。

（9）参考图切换：设定所选数据源是否作为参考底图在视窗中显示。切换成参考底图之后，所选数据源所有实体将以灰色显示，以便于识别叠置其上的其他数据源实体。

（10）设置参考底图颜色：系统默认参考底图颜色为灰色，此功能可设置当前参考底图颜色，不同数据源的参考底图可以分别设置颜色。

（11）（取消）锁定数据源：控制所选数据源是否锁定。处于锁定状态的数据源，实体不可选中，不可编辑，但可以被捕捉功能识别。

（12）修改比例尺：修改数据源对应模板的比例尺，弹窗如图 7.12 所示。一般来说，数据源的比例尺和该比例尺的数据模板匹配，两者应同时修改，单独修改数据比例尺会导致图面符号大小不协调。

（13）缩放数据源：将所选数据源中图形以最大比例尺全图居中显示。

（14）全打开、反勾选、全关闭：① 显示所有图层和编码实体；② 显示当前未勾选的图层或编码实体，并关闭已显示的图层或编码实体；③ 关闭所有图层。

（15）全展开、全折叠：前者用于在编码表中展开指定数据源所有图层和实体编码，后者是前者的逆操作。

（16）系统程序打开：通过数据源默认的系统程序打开数据源，如用 AutoCAD 打开.dwg文件。

图 7.10　数据源右键菜单项

图 7.11　激活图层

图 7.12　修改比例尺

2. 针对图层中图形实体的操作

右击任意一个图层名，编码表窗口中弹出设置菜单（图 7.13），可对该图层内图形元素显示进行设置。

图 7.13　图层右键菜单

若选择非线性元素图层时，弹出菜单项中不显示"显示线方向"和"隐藏线方向"菜单项；图层中无附加属性时，不显示"查看属性表"菜单项。

在设置菜单点击右键弹出图层右键菜单，其各命令项功能如下：

（1）显示图例：弹出图例框，显示操作图层包含的所有实体图例（图 7.14）。

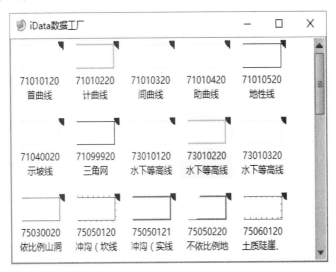

图 7.14　地貌实体图例

（2）选中实体：选中操作图层内的所有实体，但不能选中已被锁定，或通过筛选器排除的实体。

（3）个数统计：在命令窗中显示操作图层内处于显示状态的所有实体个数。

（4）图层标注设置：将图层内实体的属性值以非实体文字标注的形式，在图面上标识，并可设定标注字体的大小、颜色、方向、高度等。操作窗口如图 7.15 所示，其中各项功能如下：

① 实体属性字段窗口：显示操作图层内实体属性字段名及中文名称，双击要标注的内容，则自动添加到标注内容窗口中；

② 标注内容窗口：用于设置标注的内容及格式。

A. 用"<>"作标识符时表示需要解析，如为<Z.ZZ>，表示注记高程，小数点后 Z 的个数表示注记小数位数，如果是 Z.0 表示取整，0.ZZ 表示只取小数部分。

B. 当"<>"里面有大括号"{}"时表示有嵌套，如<{CODE}\n{KD}>表示解析属性字段 CODE 和 KD，将这两个字段的属性值标注出来，"\n"表示换行。

C. 可设置条件进行标注内容替换，如<{CODE(26100030=贮水池|23010231=有坎池塘)}>，表示当 CODE 的值为 26100030 时，用"贮水池"代替编码 26100030，同理用"有坎池塘"代替编码 23010231。

D. 如果"{}"内字段名称前面加上$符号，表示标注属性字段所对应的附加值。对应关系称为数据字典，保存在数据模板的 SYS_PROATTACH 表中，格式如下：

属性字段	属性值	附加值
CODE	26100030	贮水池
CODE	23010231	有坎池塘

比如标注内容窗口中填写"{$CODE}"，实体 CODE 的属性值为 26100030 时，标注的是"贮水池"，如果属性值为 23010231 时，注记的是"有坎池塘"。

③ 是否标注：选中时，按标注内容窗口设置进行标注。

④ 字体像素大小、颜色：设置标注字体大小和颜色。

⑤ 是否按屏幕比例：设置字体大小是否根据当前视图窗口调整，选中时，字体像素大小为百分比例（%）。

⑥ 最小长度、最小面积：小于最小长度或最小面积的实体不标注。

图 7.16 所示即根据图 7.15 设置标注实例。

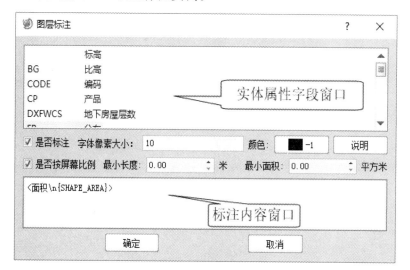

图 7.15　实体标注设置

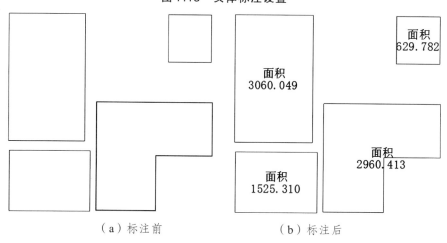

（a）标注前　　　　　　　　（b）标注后

图 7.16　实体标注实例

（5）恢复默认色：在绘图过程中，若更改了图层内实体的系统默认颜色，可使用此功能恢复。

（6）链接独立表：将指定图层与 MDB 数据中某个二维独立表通过图层的"连接字段"与独立表的"索引字段"进行关联，即使"连接字段"的值与对应"索引字段"的值相同。

图 7.17　链接独立表

（7）添加图层字段：给图层内实体添加属性字段。点击命令弹出的对话框（图 7.18），输入字段名及字段别名等设置内容后点击确定，则输入字段将被添加到图层内所有实体中。

图 7.18　添加实体属性字段

（8）删除图层：删除操作图层，包括图层内的所有数据。

（9）（取消）锁定图层：锁定操作图层或取消锁定，锁定图层中的数据将不能选中和编辑。

（10）查看属性表：弹出的属性表窗口（图 7.19），可查看所有实体的属性值。

（11）显示线方向、隐藏线方向：显示或隐藏线实体的方向，两者互为逆操作。

（12）全打开：打开并显示操作图层内所有实体。

（13）反勾选：关闭操作图层已打开实体，打开原关闭的实体。

（14）全关闭：不显示操作图层所有实体。

3. 针对图层中实体属性的操作

点击图层右键菜单中"查看属性表"命令，弹出属性表窗口（图 7.19），属性表窗口用二维表的形式表示数据库中的实体，用于数据浏览，属性查看及修改，筛选实体等操作。

属性表列出操作图层内所有实体的属性内容，每一行表示一个实体，行中每一列表示实体的一个属性字段。单击某一行记录前的序号，可在图面上选中并定位该实体。若使用 shift 键则可在图面上选中并定位多个实体。双击黄色单元格，可对该单元格属性进行编辑。单击各列的表头属性字段，可将表记录按属性值重新排序。首次单击呈顺序排列，再次单击呈逆序排列。

属性表窗口中有"表选项""选中高亮""显示所有""字段赋值""导出"等选项菜单，各自功能如下：

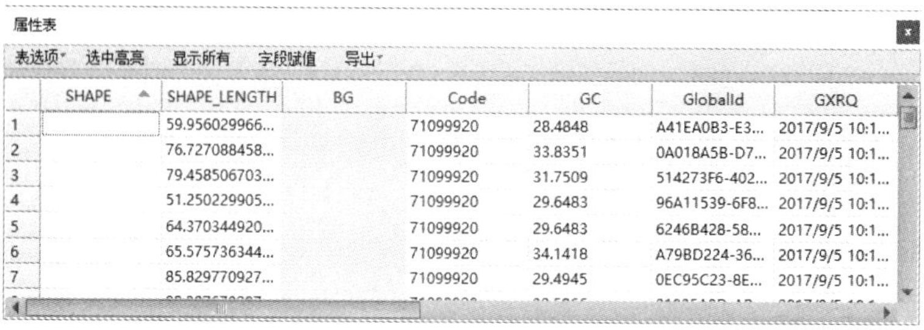

图 7.19　图层中实体属性表

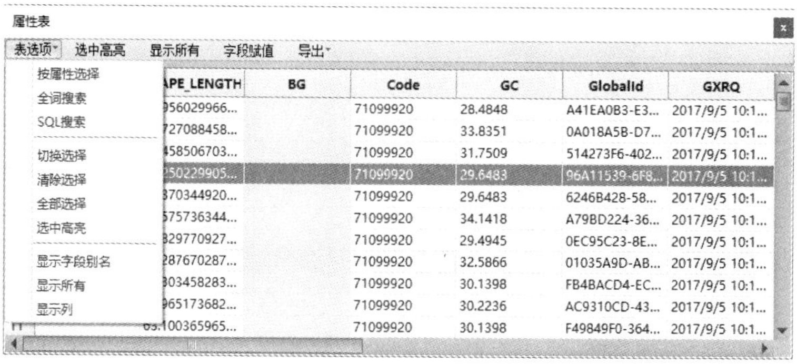

图 7.20　属性表选项

（1）表选项。

点击"表选项"命令，弹出菜单如图 7.20 所示，各选项功能及操作方法如下：

① 按属性选择：点击"按属性选择"弹出"SQL 数据查询"对话框，用 Where 语句设置筛选条件，根据属性值查找符合条件的实体。针对选择结果，"方法"下拉列表中提供 4 项设置（图 7.21）。

图 7.21　属性选择查询设置窗口

A. 创建新选择内容：清除原属性表显示，只显示符合查询条件的实体属性表。

B. 添加到当前选择内容：保留之前的查询实体属性表，并将新的查询实体属性加入其中。首次查询无需进行此项操作。

C. 从当前选择内容中移除：若当前属性表中存在与新查询属性值一致的实体时，将其从属性表中移除。

D. 从当前选择内容中选择：在当前属性表中按新查询条件筛选，只显示符合新查询条件的记录。

输入搜索条件时，可双击属性字段列表中的字段名称，则该字段名自动填入搜索设置框，然后点击"获取唯一值"按钮，列出该属性字段的所有值，双击所要的属性值，就可将该值填入搜索设置框。

输入字段名、属性值后，以字段名、运算符、属性值组成筛选条件，完成对符合条件实体的搜索。搜索设置框下面的六个命令按钮功能如下：

A. 清除：清空搜索条件设置框内容。

B. 验证：检查填入搜索设置框的筛选条件是否合乎语法。

C. 应用：按设定好的筛选条件执行搜索。

D. 加载：读入已经保存的筛选条件式文件。

E. 保存：将当前筛选条件式保存为文件。

F. 关闭：结束查询。

② 全词搜索：点击全词搜索选项，在属性表的底端弹出全词搜索框，输入关键词对属性表中的记录进行筛选，将任意字段值中包含这个关键词的记录筛选出来，并将结果更新在属性表中。

③ SQL 搜索：点击 SQL 搜索选项，在属性表的底端弹出 SQL 搜索框，如图 7.22 所示，输入查询条件语句后，可对属性表中的记录进行筛选，将符合查询语句的记录筛选出来，并将结果更新在属性表中。

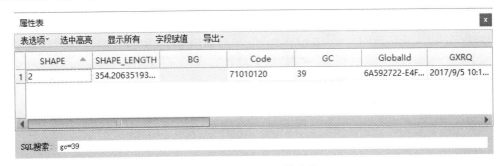

图 7.22　SQL 属性查询

④ 切换选择：选中属性表中未选中的记录，取消当前选中的记录。

⑤ 清除选择：清除属性表中当前选中记录。

⑥ 全部选择：选中属性表中的所有记录。

⑦ 选中高亮：选中则图面上高亮显示所选中记录对应的实体，选项变成"取消高亮"。再次点击则取消高亮状态。

⑧ 显示字段别名：显示属性表中各属性字段的别名。

⑨ 显示所有：在属性表中显示所有属性字段。

⑩ 显示列：在弹出的对话框中（图 7.23），勾选需要显示的属性字段，其他属性字段将被隐藏。

图 7.23　属性字段显示列选择

（2）选中高亮。

同 "（1）表选项" 下面第⑦条。

（3）显示所有。

同 "（1）表选项" 下面第⑨条。

（4）字段赋值。

点击字段赋值命令项，弹出如图 7.24 所示对话框。在字段名下拉列表中选择要赋值的字段，在字段值栏中填写要赋的值或选中 "赋空值"，点 "确定"，完成属性表中选择字段的赋值。

图 7.24　字段赋值

2. 导出

将属性表内容导出到电子表格文件（*.xls）。依次点击 "导出" → "导出 excel" 命令，在弹出的文件浏览对话框中选择保存路径和文件名，点击 "保存" 按钮。

7.3.5　绘图面板

功能：显示当前数据文档所配置模版的所有地物符号，并可通过点击地物符号，获得地物实体编码在视图窗口中绘制地物（图 7.25）。默认情况下，绘图面板固定于系统界面的左侧，但可拖动置于其他位置，并调整其大小，使之符合操作人员的工作习惯和需求。

操作：点击地物符号获得编码，根据提示绘制对应地物实体或对选中的无编码、编码不正确地物实体重新赋予编码。

图 7.25　绘图面板

说明：图例以地物符号的缩略图效果呈现，下方是对应的编码和名称。每个图例的右上角有带颜色的扇形，用来区分地物实体类型，蓝色表示点状地物符号和注记，红色表示线状地物符号，黄色表示面状地物符号。

为方便快速查询地物符号，绘图面板中提供了三种筛选方式：按地物类别查询、按图层区分查询、输入查询。

（1）按地物类别查询：绘图面板以点、线、面地物类型对地物符号进行划分，绘图面板左上角设置了相应的复选框，操作人员可通过勾选复选框来限定地物符号的查找范围。

（2）按图层区分查询：点击绘图面板右上角的下拉框，选择要查询的地物符号所属图层，绘图面板中将只显示该图层中的地物符号，从而可缩小查询范围。

（3）输入查询：在绘图面板上方的"检索"栏中输入要查询的地物符号的编码、拼音、拼音首字母或中文名称，可以直接调出需要绘制的地物符号。

这三种方式还可以组合使用，进一步缩小查询范围。

7.3.6　实体属性面板

功能：查看、修改选中实体的基本属性、几何图形和扩展属性信息（图 7.26）。

操作：在图面上选中某一实体，实体属性面板会显示该实体的属性信息，当勾选"是否可编辑"选项时，可编辑该属性值。

说明：

（1）基本属性信息：包括实体编码、实体名称、所在图层、颜色索引、宽度、掩膜、显示、操作人员编码和标注高度等信息，所有实体都具有这些基本属性信息。

（2）几何图形信息：不同类型实体几何信息内容不同，地物符号除都具有定位坐标、线型、颜色等基本信息外，点实体符号包括旋转角度信息，线实体和面实体符号包括线段索引、顶点和拟合方式等特有信息。

（3）扩展属性是指实体对象的地理信息属性，不同实体，扩展属性不同，通过符号化模版中的 SYS_ATTRIBUTEDEF 数据表，可确定不同实体的扩展属性种类。

改变几何图形中的数据信息，可调整选中实体的位置和形态；在扩展属性中输入正确的数据可更加精确地表达实体，如给建成房屋添加房屋类型，层数，高度等信息，并能在视图窗口中显示其类型。

图 7.26　实体属性面板

7.3.7　绘制属性面板

功能：绘制属性面板主要提供一些重要的辅助绘图功能，包括连续绘图、正交开关、极轴开关、相对极轴、三点闭合生成矩形、右键闭合、自动直角化、直角化限值角、绘制时移屏、点号定位、画流水线、流水线长度、流水线半径、流水线抽稀阈值和快速属性填写等设置选项。绘制属性设置面板如图 7.27 所示。

图 7.27　绘制属性设置面板

操作：默认情况下，系统界面是不显示绘制属性面板的，只有在绘制实体时，才会自动打开，绘制完毕后，又会自然关闭。绘制属性面板中，左边一列表示辅助绘图功能，右边一列表示对应功能的当前状态，其中各辅助绘图功能具体作用如下：

（1）连续绘图：勾选此选项时，若不选择实体编码，则系统默认上一次绘图选择的实体编码；关闭此功能后，一个图形元素绘制完成，选择的实体编码自动解除。

（2）正交开关：勾选后光标只能在水平和垂直方向上移动。

（3）极轴开关：勾选此选项后，绘制线状或面状地物时，光标可捕捉到以水平或竖直方向与上一节点连线的极轴方向，并在极轴方向上显示一个"×"符号。

（4）相对极轴：勾选此选项后，绘制线状或面状地物时，系统会以连接前两个节点的直线段为基准，捕捉与其水平或垂直的方向（相对极轴），并在该方向上显示一个"×"符号，但该功能必须在"极轴开关"和"相对极轴"都开启时才有效。

（5）三点闭合生成矩形：勾选此选项后，绘制三点后即可生成矩形。其中第一点和第二点连线成为矩形的第一条边，第三点确定矩形对边方向，并以第三点到第一条边（包括延长线）的垂线长为矩形邻边长度。该功能仅在"右键闭合"功能开启时有效。

（6）右键闭合：勾选后绘制面实体或闭合多边形时，点击鼠标右键即可以使图形自动闭合。

（7）自动直角化：勾选后若绘制实体中包含的夹角接近直角，且与 90°差值在设置限差范围内，系统可自动将该角度修正为直角。

（8）直角化限值角（0~15°）：设置可执行直角化操作的最大角度偏差值。

（9）绘制时移屏：勾选此选项后，当绘图定位点处于绘图窗口边缘时，绘制完成后系统将自动移动窗口，使绘图位置居于窗口中心。

（10）点号定位：设置通过点号来定位，勾选此选项后，鼠标定位将失效。

（11）画流水线：勾选此选项后，绘制图时随着光标移动，系统将自动在视图窗口中绘制流水线，即沿着光标移动绘制轨迹线。

（12）流水线长度：设置流水线相邻节点间长度，光标每移动一个流水线长度，系统将自动绘制一个节点。

（13）流水线半径：设置流水线上端点到前一段流水线之延长线的垂直距离。当流水线的拐角过大，端点流水线半径达到设定值时，流水线不再按设置长度绘制，该端点即成为节点。

（14）流水线抽稀阈值：设置抽稀阈值，当绘制的流水线节点过密时，自动按照设定的阈值抽稀。

（15）快速属性填写：勾选此选项后，系统将在绘制完实体后弹出"属性设置"对话框，方便操作人员快速录入属性。具体哪些地物实体支持快速属性填写，需要在数据模板里设置。一般需要在图面上标注属性值的地物实体，应设置支持快速属性填写，然后在"属性设置"对话框中填写要标注的属性。

（16）自动折线化：勾选此选项，则系统将绘制的曲线、弧线自动转换成折线。

（17）折线化阈值：控制自动折线化时节点的密度，阈值越小，节点越密集，折线形状越接近原本的曲线或弧段；阈值越大，节点越稀疏，折线形状失真越严重。

（18）点号定位坐标文件、点号定位前缀：采用点号定位时，设置坐标文件以及点号前缀。

（19）绘制时填写属性：设置是否自动弹出属性填写对话框。勾选后不论是否设置了快速属性填写，绘图时系统都会弹出"属性设置"对话框，并且可填写的属性包含了所有扩展属性。

（20）比高点绘制于第一点或第二点：用于在航测采编模块或者3D测图模块绘制比高点，勾选后比高点绘制于第二点；若没有勾选，比高点绘制于第一点。

（21）三线中心线编码、三线是否闭合、三线是否设置宽度、三线宽度值设置字段：参考本书 7.7.1.8"画三线地物"命令内容。

7.3.8　历史记录表

功能：历史记录窗口，记录对当前视图的所有数据操作过程，包括绘制、编辑、删除等（图 7.28）。

表中第一行表示当前视图的原始状态，从第二行依次往下，显示的是按时间顺序记录下来的操作命令。从第二行开始，每行记录的第一列表示操作命令，第二列表示添加的实体数目，第三列表示修改的实体数目，第四列表示删除的实体数目。

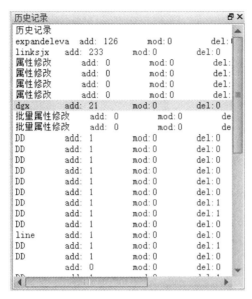

图 7.28　历史记录表

操作：单击任意一条记录，可以使得当前视图窗口中的图形回到对应的历史状态。此时若再执行其他操作，则原来该条记录之后的所有操作将被取消。例如图 7.28 中，单击历史记录窗口中 dgx 行，图形会恢复到执行完 dgx 命令后的状态，再执行其他命令，则 dgx 行后面的历史操作将被删除而不再保留。

7.3.9　目录树

功能：使用 iData 目录树窗口，可方便快捷地连接计算机文件夹，快速加载矢量数据和影像数据。

操作：在目录树窗口空白处点击右键，调出窗口右键菜单，如图 7.29（a）所示，各菜单项功能与操作如下：

（1）连接文件夹：弹出文件浏览操作界面，选择需要连接的文件夹，iData 即可快速访问该文件夹目录下的数据文件。

（2）显示所有文件：在目录树窗口里显示连接文件夹下所有文件。

（3）显示支持文件：在目录树窗口里仅显示连接文件夹下 iData 可加载的数据文件。

（4）全展开、全收起：展开或收起所有连接文件夹及其所包含的文件。

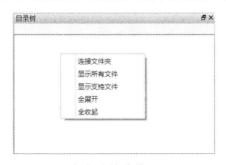

（a）右键菜单　　　　　　　　　　　　　　（b）连接文件夹

（c）文件夹右键　　　　　　　　　　　　　　（d）文件右键

图 7.29　目录树

对连接文件夹点击右键，可通过弹出右键菜单控制目录树窗口中的显示，如图 7.29（c）所示，具体操作与功能如下：

（1）刷新：若文件夹目录下的数据文件发生改变，如修改名称或删除文件，可通过"刷新"同步目录树窗口中的文件显示。

（2）从目录树中删除：在目录树窗口中删除该连接文件夹，即取消该文件夹的关联。

对 iData 支持的数据文件，通过右键点击弹出菜单[图 7.29（d）]，可进行如下操作：

（1）系统程序打开：通过操作系统默认程序打开指定文件。

（2）加载到新的绘图空间：将指定数据文件加载到 iData 新的绘图空间中。

（3）附加到当前绘图空间：将指定数据文件附加到 iData 当前绘图空间中。

7.3.10　命令窗口

功能：用于输入命令或显示命令、选项、信息和提示的人机交互窗口。默认情况下，命令窗口位于应用程序操作界面底部，但可使其移动到屏幕的任何位置，并调整其宽度和高度，以适合操作人员的工作方式。

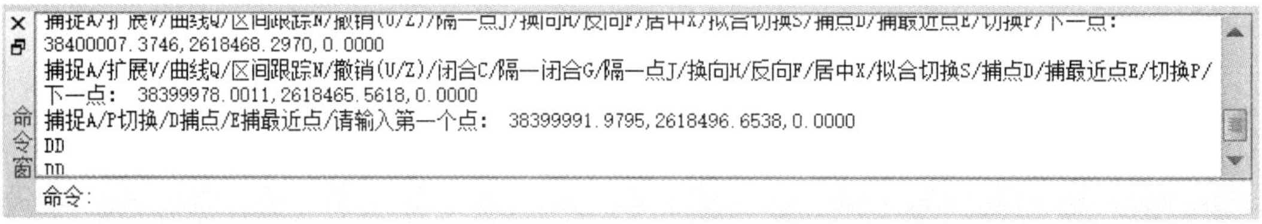

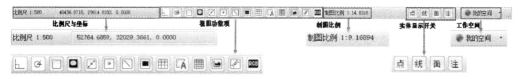

图 7.30　命令窗口

7.3.11　状态栏

功能：从左至右分别显示图形文件的比例尺、当前光标的三维坐标值、视图功能项、视图窗口的缩放比例、实体显示开关和工作空间（图 7.31）。

图 7.31　状态栏

操作：

1. 视图功能项

包含正交模式、极轴追踪、对象捕捉、遮盖、显示节点、点详绘、线详绘、面详绘、图幅格网、图幅号、辅助格网、影像显示开关、矢量数据显示开关、RGB 转 CMYK 等快捷命令按钮。

正交模式⌐：打开或关闭正交模式，当正交模式为开启状态时，图标高亮，只能按水平或竖直方向绘制线段。

极轴追踪 ⟳：打开或关闭极轴方向捕捉，其功能与绘制属性面板中"极轴开关"相同，还可对按 ⟳ 钮点击右键，通过右键菜单开启或者关闭相对极轴方向捕捉，其功能与绘制属性面板中"相对极轴"功能相同。

（3）对象捕捉▢：单击▢按钮或按功能键 F3，打开或关闭对象捕捉，也可在图标上点击右键，通过右键菜单来打开或关闭。在右键菜单中，还有一个"设置"命令。点击可打开"捕捉设置"对话框（图 7.32），进行对象捕捉方式、捕捉精度、捕捉标志颜色等设置。

说明：

① 对于复杂地物符号，普通捕捉方法只能捕捉到骨架线上，选择启用符号化捕捉，则可以直接捕捉到符号上。

② 一般情况下，捕捉是针对二维坐标，若启用三维捕捉（F2），则只执行三维捕捉，适用于航测立体采集时同时捕捉 x、y、z 坐标。

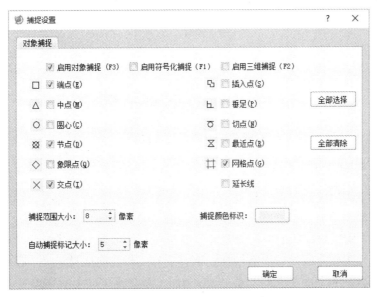

图 7.32　捕捉设置

（4）遮盖▦：iData 设置了掩膜功能，遮盖开关开启后，点、线、面和注记实体可以统一通过掩膜遮盖与之重叠的下层实体，方便操作人员按不同的需要显示图形。

说明：也可图面选中地物后，在实体属性面板中单独设定掩膜。

（5）节点显示▨：线实体或面实体边线上节点突出显示开关。

（6）点详绘▣：点实体按照模板设定符号显示开关，不打开则不显示点实体地物符号，仅显示地物轮廓或定位点。

（7）线详绘◻：显示复杂线实体符号开关。

（8）面详绘▣：显示复杂面实体符号开关。

（9）图幅格网▦：显示地图分幅格网开关。

（10）图幅号🄰：显示地图分幅图幅号开关。

（11）辅助格网▦：显示地图功能辅助格网开关。

（12）影像显示开关▨：视图窗口中影像显示开关。

（13）矢量数据显示开关🖉：视图窗口中矢量数据显示开关。

（14）RGB 转 CMYK🔳：控制视图窗口中所有实体 RGB 和 CMYK 颜色值之间的转换。

2. 制图比例

当前视图窗口制图比例显示开关。

3. 实体显示

点、线、面、注记等实体在视图窗口显示开关。

4. 工作空间

状态栏右端显示当前的工作空间，点击其右侧的三角符号，系统弹出如图 7.33 所示菜单。"我的空间"前的黄色旗帜表示该空间为当前空间，点击菜单中的非当前空间名称，即可将其切换为当前工作空间。

图 7.33　工作空间选择

7.3.12　工作空间

功能：工作空间是面向任务，针对性分组设置的菜单项集合，通过设定工作空间，可只显示与任务有关的菜单项。系统默认的工作空间有"我的空间""航测采编""地籍"和"管线"等四种。除采用系统默认的空间设置外，操作人员也可点击图 7.33 中"自定义菜单"选项，通过弹出的"工作空间设置"对话框，调整现有工作空间或自定义工作空间（图 7.34）。

"工作空间设置"对话框右侧的"菜单项"列出了系统定义的所有菜单名，分别是主菜单、地物编辑、绘图处理、等高线、符号精调、航测采编、地下管线、地籍、工具栏与帮助等九项。其中主菜单是"文件""编辑""视图"三个菜单的集合，地物编辑是"绘制"与"编辑"两个菜单的集合。操作人员确定了空间名后，通过勾选每个菜单名前面的方框，来设置空间包含的菜单项。

如图 7.34 所示，当前空间是"我的空间"，设置的菜单项包含主菜单、地物编辑、绘图处理、等高线、符号精调等五项。

图 7.34　工作空间设置

"工作空间设置"对话框左侧的"工作面板"中列出了当前所有工作空间，在"工作面板"窗口任意处右击鼠标，会弹出图 7.35 所示菜单，通过此菜单可进行设置当前空间、重命名工作空间、新增和删除工作空间等操作。

图 7.35　工作面板右键菜单

操作：

1. 打开"工作空间设置"对话框

可以通过以下三种方式打开"工作空间设置"对话框：

（1）点击状态栏工作空间按钮右侧的箭头，在小弹窗（图 7.33）中点击"自定义菜单"。

（2）在命令窗口中输入 LoadSpace 命令，按回车或空格键。

（3）点击"视图"窗口下的"工作空间"按钮。

2. 切换工作空间

可以通过以下两种方式切换工作空间：

（1）在图 7.33 所示小弹窗中点击空间名，该空间即切换为当前工作空间。

（2）打开"工作空间设置"对话框，在左侧"工作面板"中选择要设置为当前空间的空间名，然后在面板任意处右击鼠标，弹出工作面板右键菜单（图 7.35），点击"设置当前空间"即完成切换。

3. 重命名工作空间

① 在"工作面板"中选中要重命名的工作空间名，然后点出工作面板右键菜单；② 点击"重命名工作空间"命令，弹出"重命名"窗口；③输入新工作空间名后点击"确定"。

4. 新增工作空间

① 在工作面板右键菜单中点击"新增工作空间"，弹出"新增"窗口；② 输入新增的工作空间名后点击"确定"；③ 在工作空间设置窗口右侧菜单名窗口下，勾选所需菜单项后点

击"确定"。

5. 删除工作空间

① 在"工作面板"窗口中选中要删除的工作空间，然后点出工作面板右键菜单；② 点击"删除此工作空间"命令。

7.3.13　功能菜单面板

功能：功能菜单面板位于图 7.6 所示 iData 主界面的上方，以"选项卡/组"的形式组织 iData 中的操作命令按钮。

功能菜单中的选项卡可分为两个部分：常规应用和测绘专业应用菜单。常规应用菜单包括文件、视图、工具、绘制、编辑五个选项卡，每个选项卡所包含的操作按钮按照功能细分为若干组。

测绘专业应用菜单根据授权不同，可分为以下模块菜单的组合：绘图处理、等高线、符号精调、航测采编、地籍录入、地下管线等。

在功能菜单面板上，当鼠标悬停在命令按钮上时，会弹出标签提示命令按钮的操作功能信息。

操作：点击功能菜单选项，即进入按功能细分的菜单组。

7.3.14　工具栏

功能：将系统常用功能以命令按钮形式置于操作面板上，以方便快速执行。工具栏（图 7.36）包括绘图工具栏、视图工具栏、标准工具栏、编辑工具栏、书签栏，前四种工具栏分别集成绘制、视图、工具、编辑等菜单下的一些常用功能。书签工具栏用于保存图形编辑状态，通过跳转至指定书签，可回溯到书签记录的编辑状态。

图 7.36　工具栏

操作：点击工具栏上的命令按钮，即执行对应的命令。关于书签工具栏，操作说明如下：

（1）添加书签：点击"添加书签"按钮，弹出添加书签对话框，如图 7.37 所示。根据对话框设置书签名称、说明文字、是否保存视图窗口状态和图层状态，点"保存"即添加书签成功。

图 7.37　添加书签

（2）跳转书签：在"添加书签"按钮右侧书签框下拉列表中选择要回溯到的书签，然后点击"跳转至"按钮，即跳转到选择的书签。

（3）删除书签：点击"删除"命令，可将当前显示在书签框中的书签删除。

（4）若点击"上一个"或"下一个"，则可跳转至当前书签的前一或后一书签的状态。

（3）删除书签：点击"删除"命令，可将当前显示在书签框中的书签删除。

（4）书签管理：点击"书签管理"命令按钮，弹出书签管理对话框，如图 7.38 所示，在对话框里可进行书签的单个删除或批量删除操作。

图 7.38　书签管理

说明：

（1）在功能菜单面板或工具栏空白处点右键，可在右键菜单中选择要打开或关闭的工具栏。

（2）工具栏中每个工具按钮在系统菜单中都有对应的子菜单项。

7.4　文　件

文件菜单主要用于控制文件的输入、输出、数据的保存与交换，以及对系统和运行环境进行配置，其操作界面如图 7.39 所示。

图 7.39　文件菜单

7.4.1　新建\打开

新建或打开 MDB 数据库文件。

7.4.1.1　新建

功能：根据工程模版，新建一个 MDB 数据库文件。工程模板文件通过提供标准实体编码和符号化信息，来保证各操作人员所创建数据库的一致性。

操作：点击"新建"命令后，弹出如图 7.40 所示对话框，根据任务需求在模板列表中选择对应比例尺的模板，通过键入或浏览的形式设置储存路径，并命名文件后点击"确定"。

图 7.40　新建文件

说明：

（1）模板规范数据的分类编码、分层、颜色、线型、图例库、比例尺、坐标系统、属性数据结构、图幅分幅方案、数据输入输出及转换对照等内容，选择预设模板可保证作业规范化和所创建图形数据库的一致性。

（2）模板的定制规范标准，使得在此模板基础上完成的数据都符合同样的数据标准，定制不同的模板，即可以实现不同标准。新建数据源列表中"MDB 数据源（10.x）"和"MDB 数据源（9.x）"，指生成 MDB 格式的图形数据库文件，分别支持 ArcGIS 10.x 版本和 ArcGIS 9.X 版本。

若任务需要设置坐标系统，则在新建对话框中单击"坐标系设置"，依据任务要求选择地理坐标或投影坐标系统（图 7.41）。

（a）地理坐标系统设置

（b）投影设置

图 7.41　坐标系统设置

① 地理坐标系统设置。

如图 7.41（a）所示，地理坐标系统设置需要确定坐标系统名称、基准面、角度单位、本初子午线等信息。

A. 名称：在操作界面顶端"名称"栏中填写地理坐标系统名称。

B. 基准面：设置坐标系统基准面。设置基准面实际上就是设置参考椭球面，系统已内置常用椭球面，设置时可在基准面设置区"名称"栏下拉列表中选择。若要自定义参考椭球面，则需要在椭球体"名称"下拉列表中设置椭球体名称，并自定义椭球长半轴、短半轴和反扁率（短半轴和反扁率两项只需设置其中一项）。

C. 角度单位：系统内置了 Degree、Gon、Grad 等常用角度单位，操作人员根据需要在角度单位设置区"名称"栏下拉列表中选择。

D. 本初子午线（0 经度线）：在本初子午线设置区"名称"下拉列表中选择，当选择"自定义"时，可直接输入经度值设置该经度的经线为本初子午线。

② 投影设置。

如图 7.41（b）所示，投影设置需要确定投影名称、类型、线性单位、地理坐标系统等信息。

A. 名称：在操作界面顶端"名称"栏中填写地图投影名称。

B. 投影：在投影设置区"名称"下拉列表中选择投影类型。投影参数会自动产生并显示在"名称"栏下面的方框中，其中第 2 列的参数值还可根据需要修改。

C. 长度单位：在线性单位设置区"名称"下拉列表中选择长度单位，"每单位米数"显示当前长度单位与米之间的换算比例。可自定义新长度单位并输入与米之间的换算比例。

D. 地理坐标系统：若先设置了地理坐标统系，则默认该坐标系统；否则要通过"新建"进入地理坐标系统设置对话框建立地理坐标系统，或通过"选择"浏览，选择已保存为文档的地理坐标系统文件读入，还可点击"修改"命令对地理坐标系统参数进行调整。

7.4.1.2　打开

功能：打开一个已有的图形文件或工程数据库文件。系统可以打开多种文件类型，分别为".mdb"".dwg"".dxf"".dgn"".iData"".db"和".shp"文件。当操作人员在"选择过滤"下拉列表中选中其中一种类型后，对话框中将只显示该类型的文件。

操作：

（1）点击"打开"命令，弹出打开对话框，如图 7.42 所示。

（2）选择文件类型，在显示的文件列中双击目标文件。

图 7.42　打开文件

说明：

（1）打开文件时可选择模板文件，若选择"使用默认配置"，使用的符号化模版就与文件创建时相同；若选择其他的模板文件，则打开数据文件使用的符号化模版将改为选中的配置文件。

（2）如在打开文件时勾选"按需加载"，则在选中文件点击"打开"或双击文件名后将弹出"图层追加与卸载"窗口，操作人员可根据需要勾选本次打开文件所要加载的图层。若不勾选"按需加载"，则默认加载所有图层。

7.4.2　保存

保存当前数据文件。

7.4.2.1　刷新数据

功能：对图形完成编辑操作后进行刷新操作，可使在其他平台中打开的同一数据图形显示即时得到更新。例如在 iData 和 ArcGIS 中打开同一 mdb 数据，在 iData 中对数据进行编辑后刷新数据，ArcGIS 中将显示编辑后的新数据。

操作：点击"文件"菜单下的"刷新数据"按钮。

7.4.2.2　图形存盘

功能：对非实时保存数据文件进行保存操作。打开".mdb"等即时存储数据库文件时，无需对其进行图形存盘操作，此时执行本命令，系统将提示"即时存储数据库，无需保存"；若打开的是".dwg"等非实时存储数据，则可使用本功能对文件进行保存。

操作：点击"文件"菜单下的"图形存盘"命令。

7.4.2.3　改名存盘

功能：对数据文件进行备份操作。该数据文件既可以是实时保存的，也可以是非实时保存的。

操作：点击"文件"菜单下的"改名存盘"按钮，在弹出的"另存为数据库"对话框中输入备份文件的文件名，指定存储路径后点击"保存"。

7.4.2.4　工程保存

功能：将当前打开的所有数据和显示状态保存成格式为".iData"的工程文件。

操作：点击"文件"菜单下的"工程保存"按钮。在弹出的对话框中指定存储路径，输入工程文件名后点击"保存"。

7.4.3　数据转换

iData 工程文件以数据库形式储存，可转换输出为 DWG、DXF 等格式图形文件，这类转换无信息损失。

7.4.3.1　分发至 DWG（savetodwg）

功能：将数据库中的 MDB 数据转换输出为 DWG 格式。

操作：点击"分发至 DWG"命令，命令行提示：

请选择[1.上一次配置/2.自定义配置]<1>：

（1）直接回车或输入 1 则弹出文件保存对话框，设置保存路径与文件名，点击"保存"完成操作。

（2）输入 2 则弹出"输出 DWG 文件设置"对话框（图 7.43），在对话框中完成设置点击"确定"，弹出文件保存对话框，设置保存路径及文件名后点击"保存"完成操作。

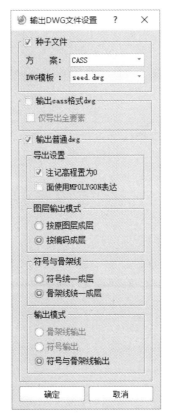

图 7.43　输出 DWG 文件设置

说明：关于输出 DWG 文件设置说明如下。

1. 种子文件

种子文件即 DWG 图形模板文件和数据转换方案，DWG 模板下拉列表框中显示出已存模板文件，选择预置 DWG 模板可使分发出的 DWG 数据，在 AutoCAD 平台软件环境中正常显示。方案是数据转换的过程与规则，默认方案"CASS"可使分发 DWG 数据符合 CASS 系统要求。除了使用已存方案，操作人员也可以用规则编辑器自定义方案。

2. 输出 CASS 格式 DWG

按 CASS 标准输出 DWG，若勾选"仅导出全要素"，则保留地物符号属性，将符号和骨架线打散输出。

3. 输出普通 DWG

以普通 AutoCAD 标准输出的 DWG 文件，对导出、图层、符号与骨架线及输出模式进行设置。

（1）导出设置：

① 注记高程置为 0：输出图形中高程注记都为 0。

② 面使用 MPOLYGON 表达：面实体以边界多边形输出。

（2）图层输出模式：

① 按原图层成层：DWG 数据的图层结构与数据库一致。

② 按编码成层：DWG 数据的图层以地物编码分层输出。

（3）符号与骨架线：

① 符号统一成层：将骨架线、点位等保存在各自图层中，而配置点、辅助线等符号统一保存在另一个图层中。

② 骨架线统一成层：将骨架线、点位等保存在一个图层中，而配置点、辅助线等符号保存在各自图层中。

（4）输出模式：

① 骨架线输出：仅将地物的骨架线和点位输出，而舍弃配置点、辅助线等符号。

② 符号输出：仅将地物的配置点、辅助线等符号输出，舍弃骨架线和点位。

③ 符号与骨架线输出：同时将两者输出。

当"图层输出模式"选择"按编码成层"时，上述选项中只能选择"符号与骨架线输出"模式。

7.4.3.2 输出三维 DXF（tor12dxf）

功能：将 MDB 格式的数据文件另存为 DXF 格式的绘图交换文件。

操作：点击"输出三维 DXF"命令，在保存文件对话框中设置保存路径及文件名点击"保存"。

7.4.4 系统文件配置

iData 系统文件可以根据需求自行配置，内容包括插件的加载、卸载，以及系统显示风格、备份及简命令设置等。

7.4.4.1 加载（appload）

功能：加载（卸载）应用程序，或设置系统启动时自动加载的 iData 各功能模块。

操作：执行"加载"命令，弹出加载插件对话窗口[图 7.44（a）]。窗口左上方有"已加载的应用程序"和"二次开发框架"两个选项，前者显示出已加载的应用程序（插件），后者加载二次开发框架，用于 iData 二次开发[图 7.44（b）]。

点击加载插件对话窗口[图 7.44（a）]右侧"加载"命令，弹出打开文件对话框，浏览选中加载文件后点击"打开"即完成所选文件的加载。对于不需要的应用程序（插件），则可选中后点击"卸载"按钮删除；若要使应用程序（插件）随 iData 启动自动加载，则点击右侧启动组里的"内容"按钮，在弹出对话框中将加载文件加入启动组。

（a）已加载应用程序

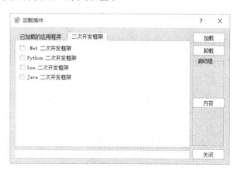

（b）加载二次开发框架

图 7.44 加载插件

7.4.4.2　ODBC 配置（dsnconfig）

功能：更改系统 ODBC 的连接方式，以便正确读取 MDB 格式数据。

操作：点击"ODBC 配置"命令按钮，命令行提示：

请输入 ODBC 的连接方式：[1.MS Access/2.MS AccessDatabase/3.自定义]<1>：按提示输入配置方式。若选择自定义配置，则命令行会提示：

请输入自定义连接字符串：输入连接字符串，按回车键。

7.4.4.3　设置（config）

功能：对视图窗口显示和绘图操作命令进行设置。

操作：点击"设置"命令，系统弹出"选项"窗口如图 7.45 所示。该对话框包括"显示""简命令""操作及选择集"及"系统配置"四个菜单选项，各个菜单项设置内容为：

图 7.45　显示设置窗口

1. 显示

点击"显示"菜单，"选项"窗口弹出显示设置面板（图 7.45），可对系统显示进行设置，具体内容及方法如下：

（1）视口背景色：在下拉列表中选择视图窗口的背景色，光标颜色自动为背景色之反色。默认情况下窗口为黑色，光标为白色。

（2）显示指北针：勾选后图面右上角始终显示指北针。

（3）粗绘透明度：在面详绘功能或符号化渲染关闭状态下，通过对粗绘透明度数值进行设置，可以改变面填充的透明度，数值越大透明度越小，最大值是 100，即不透明。

（4）符号化渲染：勾选后图形数据根据配置的 db 模板符号化显示。

（5）角度与长度标识：设置绘图时随光标移动实时显示绘制长度和角度。只有勾选了"总开关"选项，本设置才有效。"长度标识"值是光标到前一绘制节点间的距离；"角度标识"值与"角度与长度标识"下的"设置"有关，或以设定的坐标系的 X 轴，或以前两个节点间连线为参考方向，标识角度即为鼠标位置与前一节点连线与参考方向的夹角。

（6）十字光标：改变十字光标显示的大小、颜色及设置是否显示光标延长线。可通过拖动横线上的滚动条、点击大小数值右侧的上、下三角按钮、直接输入大小值等三种方法设置十字光标大小；点击"光标颜色"右侧下拉列表，选择光标颜色，默认为背景色之反色；若勾选"十字光标延长线"，则当在图面上按住鼠标左键时，以虚线显示光标延长线到视图窗口边界。

（7）格网设置：设置视图窗口中图幅格网和辅助格网的上下、左右间距，格网线宽以及格网颜色。

2. 简命令

简命令是键盘输入操作命令的简化形式，用于简化操作、提高绘图编辑效率。点击"简命令"菜单，"选项"窗口弹出简命令设置面板（图7.46），显示系统设置的常用简命令列表。简命令列表中"Name"列为简命令，"Aliases"列为对应的完整操作命令，Aliases(CN)列是操作命令中文说明。

"Aliases"列还可用于设置图层，例如在输入简命令 PL 时，系统执行 PLINE;DATA-02命令，绘制复合线并置于图层 IDATA_02 中。在简命令操作界面上方，有"简命令设置"和"屏幕常用命令设置"选项，勾选前者可以自定义简命令，点选后者可以通过增加相应的简命令，自定义右键菜单。

简命令的命名无限制，操作人员可根据自身习惯任意选择。

通过点击简命令列表右侧"增加""删除""导入""导出""清空"和"应用"按钮，实现简命令的增加、删除、简命令列表导入、导出、清空当前简命令列表及应用当前简命令等操作。

图 7.46　简命令设置窗口

3. 操作及选择集

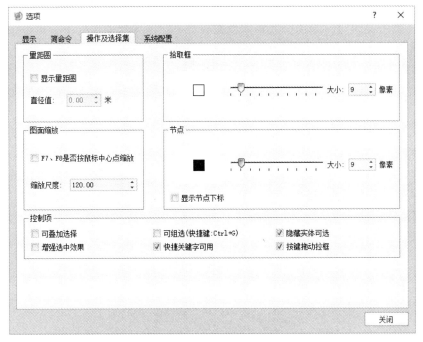

图 7.47　操作及选择集设置窗口

点击"操作及选择集"菜单,"选项"窗口弹出设置面板(图 7.47),可对地物的选择方式、显示和缩放操作进行设置。

(1)显示量距圆:勾选并输入"直径值",表示以十字光标中心点为圆心,输入值为直径,始终以光标为圆心显示一个圆圈,以便操作人员快速确定光标附近范围内的要素。

(2)图面缩放:勾选"F7、F8 是否按鼠标中心点缩放",设置缩放功能键 F7、F8 系统将当前鼠标位置固定为基点进行缩放,其中 F7 键缩小,F8 键放大。点击"缩放尺度"右侧上下三角按钮或直接输入数值,可设置 F7、F8 键缩放幅度的大小,缩放尺度数值越大,缩放幅度越小,反之则越大。

(3)拾取框:设置拾取框的大小,以适应操作人员不同的工作习惯。可通过拖动横线上的滚动条、点击大小数值右侧的上、下三角按钮、直接输入大小值等三种方法完成。

(4)节点大小:改变图形上节点符号显示的大小,操作方法与拾取框设置类似。

(5)显示节点下标:勾选此选项后,可根据实体的绘制顺序显示节点的编号,且只在选中单个实体时显示,如图 7.48 所示。

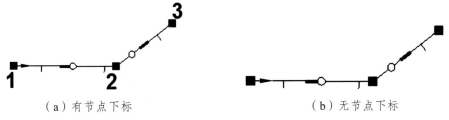

（a）有节点下标　　　　　　　　　　　（b）无节点下标

图 7.48　节点下标显示设置

（6）控制项：

① 可叠加选择：勾选此选项，可在图面上连续选择实体；否则只能每次选择一个或一组实体，当选择新的实体时，原选中的实体就被取消（在未勾选的情况下，也可按住"Shift"键进行多选）。

② 可组选：若勾选此选项，则允许操作人员进行组选操作，对应的快捷键为：Ctrl+G。

③ 隐藏实体可选：与CAD图层关闭与图层冻结功能类似，勾选后隐藏的实体也可选中并参与运算。

④ 增强选中效果：若勾选此项，线状实体选中时以虚线显示，面状实体内部会以当前图层颜色进行填充。

⑤ 快捷关键字可用：若勾选此选项，则在图面操作中，可以长按设置键代替点击菜单或命令输入，否则不能使用快捷关键字。

⑥ 按键拖动拉框：勾选此项，在图面上按住鼠标左键拖动拉框默认为框（交）选。

4. 系统配置

点击"系统配置"菜单，"选项"窗口弹出系统设置面板（图7.49），可进行数据备份、屏幕菜单、缓存等设置，具体内容及方法如下：

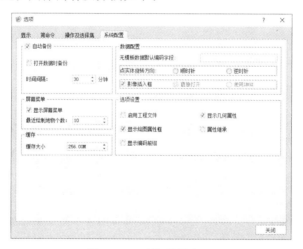

图 7.49　系统设置窗口

（1）自动备份及时间间隔：根据设置的时间间隔，自动保存非即时文件，防止计算机意外故障时数据丢失。

（2）打开数据时备份：为避免系统在打开数据时，读取错误导致数据意外修改或丢失，可勾选此选项。勾选后系统打开数据时，以压缩文件进行自动备份，保存在dbbackup文件夹中。

（3）屏幕菜单：勾选"显示屏幕菜单"选项，在视图窗口中右击鼠标时弹出右键菜单，显示最近绘制地物符号的实体编码及常用操作选项。

（4）最近绘制地物个数：设置右键屏幕菜单中显示最近绘制地物的数目。

（5）缓存大小：设置软件临时性储存的最大数据量，在进行大量数据入库或编辑时，需对缓存进行扩展（不可设置超过电脑缓存大小）。

（6）数据配置：设置系统打开数据库时的一些默认操作。

① 无模板数据默认编码字段：当系统读取无模板的数据库数据时，系统默认以该字段为读到数据的地物编码存储字段，将对应的字段值作为实体基本属性中的地物编码。

② 点实体旋转方向：设置点实体旋转方向，默认以逆时针为正向。

③ 影像插入选项：勾选"影像插入框"时，"直接打开"和"使用 IMGX"不可选，在打开影像数据时，会弹出对话框，选择影像打开方式；不勾选则选择默认"直接打开"和"使用 IMGX"打开影像数据。

（7）其他选项设置

① 启用工程文件：勾选此选项后，在关闭文档时系统会弹出"是否新建工程文件？"对话框。若操作人员建立了工程文件，则系统会将读取的所有数据源都放在该工程文件目录下，工程文件的后缀为".iData"。

② 显示几何属性：勾选此项，实体属性面板中显示几何属性，否则仅显示基本属性和扩展属性。

③ 显示绘图属性框：设置绘制实体时是否弹出属性面板。

④ 属性继承：设置使用 DD 命令（绘制地物的简命令）绘制地物时，是否继承上一次该编码地物的所有扩展属性值。

⑤ 显示编码前缀：设置在属性面板中显示地物编码的前缀（必须是 db 模板中定义了前缀的地物编码）。

7.4.5　退出

功能：关闭当前文档并退出系统。

操作：若当前仅打开一个文档，则关闭文档即退出系统；否则系统会连续提示"是否关闭该文档"，若连续选择"是"，则在关闭所有文档后退出系统。

7.5　视　图

视图菜单用于设置菜单、快捷工具显示及窗口风格，其操作界面如图 7.50 所示。

图 7.50　视图窗口

7.5.1　鹰眼

功能：将当前视图窗口中显示的图形在鹰眼窗口中缩小全图显示，并用一个绿色矩形框标记当前视图窗口显示范围。通过改变鹰眼窗口中绿色矩形框的大小和位置，可以控制当前视图窗口中的图形显示范围和比例。在处理大范围的图形时，使用鹰眼选择、放大、显示某个局部区域，比直接在视图窗口中进行缩放、移动处理，更加简单便捷。

当打开了多个数据源时，鹰眼窗口将自动显示当前视图，改变当前图形时，无须关闭鹰眼窗口，系统会自动更新鹰眼窗口内图形。

操作：点击"鹰眼"命令，在视图窗口右侧弹出如图 7.51 所示鹰眼小窗，在小窗中可进行以下操作：

（1）平移视图：单击鹰眼窗口中的任意位置，鼠标单击位置立即成为视图窗口中心。

（2）缩放视图：通过鼠标滚轮控制视图大小，向上滚动放大视图，向下缩小视图。

图 7.51　鹰眼视图及视图框窗口

7.5.2　视图窗口

视图窗口旋转、缩放等命令模块。

7.5.2.1　重置制图比例（Gscale）

功能：重置视图窗口中图形的缩放比例

操作：点击"重置制图比例"命令，系统会将视图窗口中的图形，按设置的制图比例尺缩放显示（即重置为 1∶1）。若在命令行输入执行"gscale"命令，命令行提示：

请输入缩放比例：输入缩放比例 N，将视图以 1∶N 进行显示。N > 1 时为缩小，N < 1 时为放大。

7.5.2.2　旋转视图窗口

功能：连同显示图形，旋转当前视图窗口，本命令仅对二维窗口有效。

操作：点击"旋转视图窗口"命令。命令行提示：

选择获取角度方式:[1.直接输入/2.两点量取]<1>：直接回车或输入 1 选择默认方式，命令行提示：

请输入屏幕旋转的角度：手动输入旋转角度值，以度为单位，回车即完成旋转；

若输入 2，选择两点量取方式，命令行提示：

捕捉 A/第一个点：在图上指定起点 A。

捕捉 A/第二个点：在图上指定终点 B，系统以 AB 连线顺时针旋转至 0°（横轴正向）的夹角为旋转角，顺时针旋转当前视图窗口。

说明：

（1）输入旋转角度值为正时逆时针旋转，反之顺时针旋转。

（2）除上述两种旋转方式，还可通过按住 Alt 键，滚动鼠标滚轮来动态旋转视口角度，往前滚动滚轮为逆时针旋转，反之顺时针旋转。

7.5.2.3　重置视图窗口

功能：重置当前视图窗口的旋转角度，使其回到未旋转的状态。

操作：点击"重置视口"命令即可。

7.5.2.4　多窗口视图同步（Tileview）

功能：将打开的多个视图窗口排列在系统主界面窗口中，并且每个视图窗口都可拖动及缩放。

操作：在命令行输入 Tileview 命令。命令行提示：

请选择是否联动:[1.是/2.否]<1>：直接回车或输入选择 2 后回车，选择是否联动。

说明：当同一数据以多个视图窗口读入时，选择窗口联动则图形显示范围同步，即无论在哪个视图窗口进行了缩放或平移，其他窗口图形将同时缩放或平移到同一坐标位置；否则仅当前窗口缩放或平移。

7.5.2.5　视口最小化（CacheView）

功能：将打开的多个视图窗口最小化叠放在系统主界面窗口左上角。

操作：点击"视口最小化"命令即可。

7.5.2.6　前视图（Vundo）

功能：撤销前一次平移、缩放操作，回到操作前的视图。

操作：点击"前视图"命令。

说明：前视图操作可连续进行，单击一次前视图按钮，进行一次回退操作。若使用命令行语句，在命令行输入"vundo"，命令行提示：

请输入要撤销的次数：输入撤销的次数 N，回车即回到 N 次视图操作之前的视图状态。

7.5.2.7　后视图（Vredo）

功能：作为前视图的逆操作，取消已执行的一次前视图操作。

操作：点击"后视图"命令。

说明：后视图操作可连续进行，单击一次后视图按钮进行一次前视图撤销。只有当上一次操作是前视图操作时，后视图操作才生效。命令可连续使用，直到上一次操作不是前视图为止。若在命令区输入"vredo"，命令行提示：

请输入要恢复的次数：输入恢复的次数 N，回车即回到 N 次前视图操作之前的视图状态。

7.5.2.8　全图（Zoom，E）

功能：对视图窗口中的图形进行缩放，以最大比例尺显示整个实体图形。

操作：点击"全图"命令即可。

7.5.2.9　窗口缩放（Zoom，W）

功能：在图面上拉矩形窗口，将窗口内图形满视图窗口显示。

操作：点击"窗口缩放"命令，命令行提示：

捕捉 A/请输入第一个点：在图面上单击左键确定矩形框第一个角点。

请输入第二个点：移动鼠标到另一矩形框角点，视图窗口即会按最大比例尺显示框选图形。

说明：选择 A，命令行提示：

端点 E/中点 Z/圆心 C/节点 D/象限点 Q/交点 X/插入点 S/垂足 P/切点 N/最近点 R/网格点 G/取消 A:设置要捕捉的点类型后，开启点捕捉选择矩形框角点。

7.5.2.10　平移到（Panto）

功能：不改变显示比例，只平移当前图形，使图面上点击的一点成为视图窗口中心。

操作：点击"平移到"命令，光标变为十字形，命令行提示：

捕捉 A/请输入屏幕移动的位置：点击图中某处将其置于显示窗口中心。命令可连续执行，直到点右键退出。

7.5.2.11　放大（Zoomin）

功能：在视图窗口中心点坐标不变情况下，每次点击均按固定比例放大当前视图窗口内图形。

操作：点击"放大"命令。

7.5.2.12　缩小（Zoomout）

功能：在视图窗口中心点坐标不变情况下，每次点击均按固定比例缩小当前视图窗口的图形。

操作：点击"缩小"命令。

7.5.3　数据处理引擎

数据处理引擎是系统接受操作人员指令，访问、操作数据库的专用程序。iData 集成了基于网型结构的方案式数据处理引擎，提供可视化的方案编辑界面和丰富的元规则。所谓元规则，是指单一功能的操作项，即一个元规则只能进行某一特定数据库操作。iData 数据处理引擎采用拖拉的方式，将所需元规则布设在图形界面上，然后以鼠标拖曳连线连接元规则，组成自定义数据处理任务。

元规则涵盖数据质检与加工处理等多种操作，通过对这些规则进行组合，可以对数据进行检索、质检、批量处理，以及数据格式转换等操作。

7.5.3.1　规则编辑器

功能：规则编辑器用于数据处理任务创建、查看、增添、修改等操作。

操作：在数据处理引擎菜单区单击"规则编辑器"命令，打开规则编辑器界面，如图 7.52 所示。

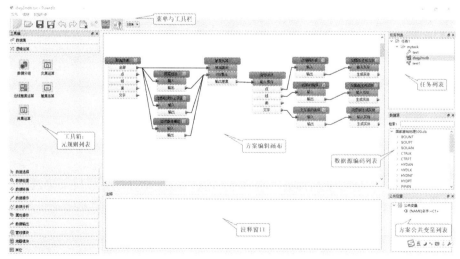

图 7.52　规则编辑器

在"规则编辑器"窗口，可进行以下操作：

1. 任务的新建、打开与保存

使用 iData 数据处理引擎制作的数据处理、质检任务是后缀名为".tsk"的文件，可以通过点击规则编辑器窗口中"文件"菜单下的"新建""打开""保存""另存为"等选项，分别进行任务新建、已有任务打开、当前任务保存以及改名存盘等操作。同样的操作，也可以点击相应的工具栏按钮完成。系统在文件下拉菜单的底部，列出了最近打开过的五个数据处理任务文件，方便操作人员点击打开。

此外，iData 数据处理引擎还支持任务的附加，即能将 B 任务文件中的操作项附加到当前 A 任务文件中。操作方法是：打开 A 任务文件后点击"文件"菜单下"附加"命令，在弹出选择对话框中选择需要附加进 A 的操作项，点击确定即完成附加操作。

2. 操作项的新建、删除与复制

一个任务文件中可包含多个数据操作项，这些操作项或者直接在任务文件根目录下，或者置于一些文件夹下。对任务文件名点击右键弹出菜单，可进行"添加操作项""添加文件夹"，任务文件"重命名"，操作项"粘贴"等操作。打开任务文件，选取操作项点击右键，可在右键菜单中对该操作项进行"删除""重命名""复制""移动""标志"等操作。其中"标志"命令是根据功能做操作项标识，内容可以是"检查项""处理项"，或者"检查以及处理项"等，使操作人员能直观地从图标上看出操作项功能。

选取任务文件下的文件夹点击右键，则在右键菜单中可以对该文件夹进行"删除""添加文件夹""添加操作项""重命名""复制""移动"等操作，其中"添加文件夹""添加操作项"，是指在该文件夹目录下，添加子文件夹和操作项。

图 7.53　操作项的新建、删除与复制

3. 操作项的编辑

在任务列表中点击相应操作项，当操作项前面出现一个红色的 ✓ 符号时，表明该操作项处于编辑状态下，此时在操作项编辑画布中会显示该操作项包含的元规则组合。

用数据处理引擎制作的数据处理、质检操作项由多个元规则组合而成，组合这些单一功能的元规则，就能构成复杂的数据处理过程。数据依照设计的流程在这些元规则中流转，最终完成数据处理工作。

4. 元规则的检索与安置

数据处理引擎提供的元规则按功能分类排列在规则编辑器窗口左侧工具箱中（图 7.54），点击所需数据处理类型名称，即弹出相关的元规则列表。在列表中选中所需元规则，点击操作项编辑画布空白处，就可将选中的元规则安置在画布上（图 7.52）；也可将鼠标放在画布空白处，直接输入元规则的中文名称拼音（或拼音缩写、英文名称），系统会弹出相关元规则列表，再在列表中选择需要的元规则（图 7.55）。

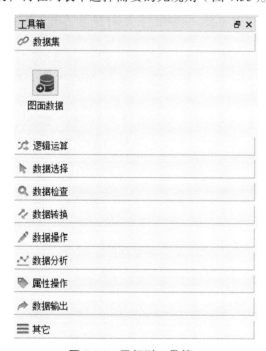

图 7.54　元规则工具箱　　　　　　　图 7.55　元规则列表

在元规则名称处点击右键，在弹出右键菜单上可以实现元规则设置别名、删除、复制等功能。另外将鼠标停在需要复制的元规则上方，按住 Ctrl 键并按住鼠标拖动，也可快速复制该元规则。

5. 元规则的排列与组合

安置在画布上的元规则图标可以用鼠标拖动到任意位置，图标左边的红色三角箭头是数据的入口，右边的紫色箭头是数据的出口（图 7.56）。用鼠标在一个元规则的出口按住左键移动到另一个元规则的入口，即可将两个元规则连接起来，表示将前一个元规则处理后的数据，输出到下一个元规则中继续处理。

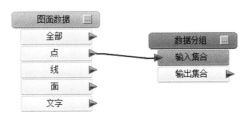

图 7.56　元规则的连接

元规则以网型结构组成操作项，一个元规则可以有多个父节点，也可以有多个子节点，即一个元规则可以从多个元规则处接收数据，也可以将数据输送到给多个元规则（图 7.57）。

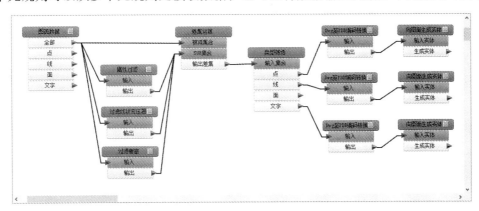

图 7.57　元规则的网形结构

6. 元规则的设置

点击元规则名称右侧的■按钮，系统会弹出元规则设置窗口。如图 7.58（b）（c）所示"图面数据"元规则设置窗口，可以设置输出实体编码和所在图层及数据选择方式。设置后执行方案时，图面数据元规则仅将符合条件的数据输出。

（a）元规则　　　　　　（b）基础设置　　　　　　（c）继承属性

图 7.58　元规则的设置

元规则设置还可添加或自定义继承属性，实现不同元规则之间的属性传递。如图 7.58（c）所示，定义一个继承属性为"BH"，将图上所有实体进行编号，所编序号只是用作后续元规则操作，并不需要存储到实体的扩展属性中，那么就可以将所编序号存放到一个队列中，这个队列名即为"BH"。

除了自定义继承属性，还可在下拉列表中选择实体的基本属性或几何属性字段作为继承属性。

7. 元规则权重

对于复杂的方案，特别是一个元规则有多个子节点的情况，可能需要通过设置子节点上元规则的权重，来确定元规则的执行顺序。当两个元规则位于同一层次时，权重大的元规则将先被执行。如图7.59所示方案，元规则2和3都是元规则1的子节点，两者位于同一层级。但由于 2 被加了一个权重，因此元规则 2 将被优先执行。此时方案的执行顺序为：1—2—4—1—3。

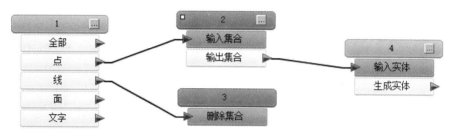

图7.59　元规则权重设置

为一个元规则添加权重的方法为：点击需要加权重的元规则图标，然后在键盘点击"+"号键，加了权重的元规则会在左上角出现一个黄色▣符号。可以多次使用"+"号键，添加更多的权重。使用" – "号键，则是给选中的元规则减去权重。

8. 公共变量的设置

若作为筛选条件或计算参数，可被一个数据处理任务中的任意元规则调用，则该参数称为公共变量。定义公共变量的方式为：在"规则编辑器"窗口右下侧的"公共变量"列表窗口空白处，右键调出右键菜单（图7.60）。点击"增加"，在弹出的"属性设置"对话框中输入公共变量的字段名、类型、提示和默认值。选项类型分为：字符、整型、浮点型、表格型和枚举型，其中表格型需要设置表格列数，枚举型需要设置枚举值范围。

图7.60　元规则公共变量设置

对已定义的公共变量，可在规则编辑器公共变量列表窗口双击其变量名，进入属性设置对话框修改其默认值，如图7.61所示。元规则设置中调用公共变量时，只需在公共变量字段名前加上"@"符号即可。

图 7.61　公共变量属性设置

9. 规则编辑实例

本小节以 DWG 图形文件转换为 MDB 数据库文件为例，说明数据处理方案设置过程。

（1）处理流程。

读取图面 DWG 数据，进行属性过滤，过滤掉空图层及不符合要求的实体，然后按点、线、面实体分别转换成数据库数据并显示在视图窗口。

（2）新建任务。

① 在数据处理引擎菜单区单击"规则编辑器"命令，打开规则编辑器。点击规则编辑器文件菜单，选择新建命令建立任务"CASS 转 MDB.TSK"，建立任务后系统弹出"任务列表"操作界面。

② 在操作界面上，对"CASS 转 MDB.TSK"点击右键，选择添加操作项命令，添加操作项 dwg/mdb。

（3）操作项编制。

① 单击操作项 dwg/mdb，使操作项处于编辑状态（操作项名称前出现标示）。

② 按照数据处理流程，在方案编辑器工具箱中选择图面数据、属性过滤、差集运算、类型筛选、DWG 至 PDB 编码转换Ⅱ、向图面生成实体等 6 个元规则，布置在画布上，如图 7.62 所示。

图 7.62　添加元规则

（4）元规则设置与组合。

① 图面数据：用于获取当前视图中的所有数据，并将其分类或全部输出。

② 属性过滤：数据设置了"图层""电线杆上的变压器"和"宣传橱窗"过滤，因而"属性过滤"元规则需按不同设置完成三项过滤。为了区分不同过滤功能，"属性过滤"元规则分

别设置别名为"图层过滤""电线杆上的变压器过滤"和"宣传橱窗过滤"，设置窗口如图 7.63 所示。

图 7.63　属性过滤设置

图层过滤按照筛选条件，输出 VEGP、VEGL、VEGA 等图层；电线杆上的变压器过滤按照筛选条件，输出 SOUTH 字段值等于 171600 的变压器实体；宣传橱窗过滤按照筛选条件，输出 SOUTH 字段值等于 154500、154500-1 的橱窗实体。

③ 差集运算：接受全部数据和过滤数据，输出删除过滤结果后的数据。

④ 类型筛选：将数据按类别筛选，分别输出点、线、文字实体。

⑤ DWG 至 PDB 编码转换：iData 系统的实体与 DWG 中实体有不同的编码，因而数据转换实际上就是转换编码。转换采用三个 DWG 至 PDB 编码转换元规则，分别将从 DWG 中获取的实体数据按点、线、文字注记进行编码转换。为了彰显不同的转换功能，三个编码转换元规则分别设置别名为：点编码转换、线编码转换、文字注记编码转换，并填写一一对应的编码转换表，如图 7.64 所示。

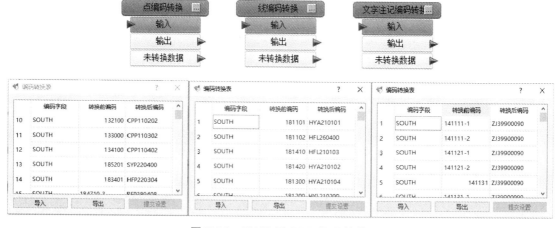

图 7.64　DWG 至 PDB 编码转换

⑥ 向图面生成实体：将编码转换完成的实体输出到数据库中并显示在图面上。画布上各元规则组合，如图 7.65 所示。

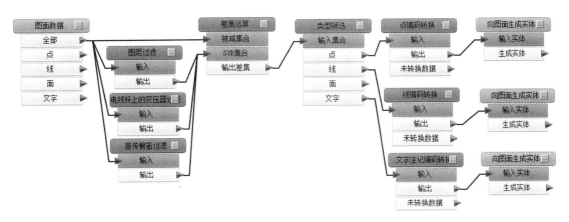

图 7.65　DWG 转 MDB 方案

（5）方案保存。

规则编辑完成后，点击规则编辑器面板"文件"菜单，选择"保存"命令保存转换任务文件。

说明：若"向图面生成实体"元规则输入端接收带有编码实体信息，可只用一个元规则完成向图面输出，否则因要设置输出实体编码信息（元规则仅能设置一个编码），需要使用多个元规则。

7.5.3.2　规则执行器

功能：运行已编写好的数据处理、质检任务文件。

操作：点击视图菜单面板上"规则执行器"命令，调出规则执行器如图 7.66 所示。

图 7.66　规则执行器

在规则执行器窗口的任务列表中，列出了所有任务文件。点击需要运行的文件，目录展开文件中的所有操作项。选择需要执行的操作项后点击执行按钮，系统即按从上至下的秩序依次执行选中的操作项。

说明：使用"＋""－"按钮可上移或下移选择的操作项。

7.5.3.3　数据浏览

功能：数据浏览窗口可以查看任务文件执行完毕后的输出结果，并能通过双击数据浏览窗口中的数据行，选中对应实体图形，选中实体以红色闪烁显示。

　　操作：任务执行完毕后，可在视图窗口的"数据处理引擎"菜单区中点击"数据浏览"命令；或在菜单栏空白处点右键，在弹出菜单中选择"数据浏览"，调出数据浏览窗口（图7.67）。

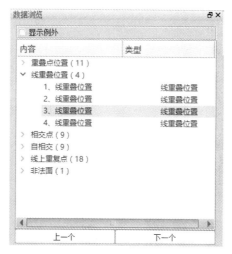

图 7.67　数据浏览

（a）空白处右键菜单　　（b）记录项右键菜单

图 7.68　数据浏览右键菜单

1. 数据浏览窗口空白处右键菜单

　　在数据浏览窗口空白处点击右键，弹出右键菜单如图 7.68（a）所示，其中各选项的作用如下：

　　（1）清空所有项：将浏览窗口有所有输出记录清除。

　　（2）生成报表：将输出记录以报表形式生成到指定文件夹下，其中，"1.xml"和"total.xml"为统计报表和质量分析报告，"checkitems.xsl"和"statistics.xsl"分别为这两个报表的样式定义文件。

　　（3）生成表格成果：将输出记录进行统计，并以表格的形式导出统计结果，成果表格文件名与当前数据源同名。

　　（4）清空图面：清除因双击数据记录，在图面上对应位置出现的红色闪烁。

　　（5）导出列表：将输出记录导出成".json"格式的文件。

（6）导入列表：导入".json"格式文件，并在数据浏览窗口显示输出记录。

（7）导出 DXF：将输出数据导出为 DXF 文件。

（8）高亮所有：将与输出记录对应的图形高亮显示。

（9）取消高亮：取消图形的高亮显示。

2. 数据浏览窗口记录项右键菜单

对数据浏览窗口记录项点击右键，弹出右键菜单如图 7.68（b）所示，其中大多数选项与空白处右键菜单相同，其独有的三个选项的作用如下：

（1）生成到图面：将输出数据生成指定编码的实体，同时可对生成实体的指定属性字段统一赋值。选择此项时系统会弹出对话框，用于设置实体编码和给属性字段赋值。

（2）已修改：将单个输出记录标记为已修改状态，此时该记录显示为桔黄色。

（3）例外：将单个输出记录标记为"例外"，下次执行相同方案时，这条记录将不再输出。但若勾选了数据浏览窗上方的"显示例外"，再次执行时，被标记为"例外"的记录也会输出。

7.5.4　窗口设置

用于编码表、绘图面板、命令窗口、属性窗口和历史表等操作面板或窗口的开启与关闭。各面板、窗口详细功能与操作在 7.3 节中已有介绍，在此不再赘述。

7.5.5　图层设置

功能：图层显示、锁定、符号化显示，以及图层或实体对象之间的叠置次序设置。

操作：点击"图层设置"命令，弹出操作界面如图 7.69 所示，在操作界面上完成各项设置。

图 7.69　图层显示设置

说明：

① 窗口左侧列出了所有图层，通过"开关""锁定""符号化显示"等选项，分别控制对应图层的数据显示、可否操作、是否符号化显示等。开关列的灯泡标识表示当前图层的显示状态，点击灯图标💡，图标变为 💡 即不显示该层；锁定列的锁标识表示当前图层的锁定状态，点击锁图标🔓，图标变成 🔒 即锁定该图层，图层内的对象不能被编辑和修改，再次点击返回未锁定状态；符号化显示列，点击"是"或"否"可实现是否进行符号化显示的开关。

② 窗口右侧的"置顶""置底""上移""下移"按钮用于控制图层之间的叠置次序。 点击相应的按钮，可将选定图层置于最顶层、最底层，或上移、下移一层。

③ 点击"层内编码叠置次序"命令，弹出设置编码叠置顺序对话框，如图 7.70 所示。选择对话框左侧实体对象的属性编码，通过"→"和"←"按钮，可将其在"上层""中层""下层"之间调整。

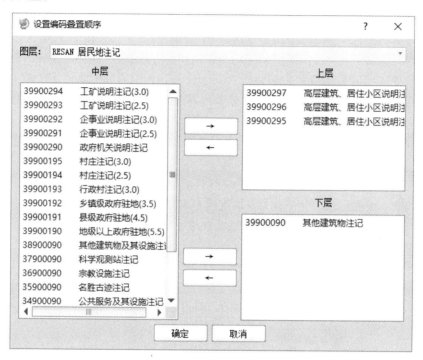

图 7.70　编码叠置顺序设置

7.5.6　菜单管理

功能：工作空间菜单项设置。

操作：点击"工作空间"命令图标，弹出"工作空间设置"对话框，选定工作空间后设置其包含的菜单项，具体内容和方法详见本章 7.3.12。

7.6　工　具

工具菜单包含实体编辑、显示等常用功能，并以快捷按钮图标形式置于标准工具栏。菜单及标准工具栏如图 7.71 所示，其中各项工具按钮功能如下：

图 7.71　工具菜单与标准工具栏

7.6.1　放弃\重做

撤销或重复操作命令模块。

7.6.1.1　放弃（undo）

功能：撤销上一步实体编辑操作，回到操作之前的状态。

操作：点击"放弃"命令。

说明：撤销操作可连续进行，单击一次"放弃"进行一次撤销。若使用命令行语句，则可以一次命令执行多次撤销。方法是在命令行输入"undo"，命令行提示：

请输入要撤销的次数：输入撤销的次数 N，回车即回到 N 次操作之前的状态。

7.6.1.2　重做（redo）

功能：撤销的逆操作，即恢复上一次或多次撤销的操作。

操作：点击"重做"命令。

说明：只有当上一次操作是撤销时，重做命令才是有效的。和放弃命令一样，重做操作可连续进行，直到上一次操作不是撤销为止。同样地，如使用命令行语句，可一次命令执行多次重做。方法是在命令行输入"redo"，命令行提示：

请输入要恢复的次数：输入恢复的次数 N，回车即回到 N 次撤销之前的状态。

7.6.2　查询筛选

查询、筛选、过滤等功能命令模块。

7.6.2.1　SQL

功能：对 iData 系统的图形数据库和符号库进行访问、查询和编辑。操作：点击"SQL"命令，系统弹出 SQL 查询窗口，如图 7.72 所示，在窗口中可以设置条件进行查询。

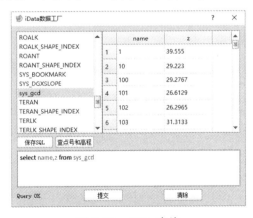

图 7.72　SQL 查询

说明：

① iData 数据库文件以数据表格形式显示，SQL 查询窗口由三个部分组成：数据表、数据表结构和查询栏。

② 窗口左侧矩形框列出 iData 中的图形数据库和符号配置数据库包含的所有数据表，双击数据表名称，窗口右侧数据表结构矩形框即显示出当前数据表结构与内容，选择其中的单元格双击可修改该数据。

③ 查询栏用于输入筛选命令进行 SQL 查询，例如 "select name,z from sys_gcd"，即表示从 sys_gcd 数据表中筛选出 "name" 和 "z" 属性字段的信息。设置好筛选条件后点击 "提交"，筛选结果即显示在数据表结构窗口里。"保存 SQL" 命令是将写好的 SQL 语句保存为命令，以方便以后再次使用该筛选条件，如将上面语句保存成 "查点号和高程" 命令。

7.6.2.2　筛选器（selfilter）

功能：根据实体的类型、分布范围、编辑时间、注记、基本及扩展属性等因素，设置多重条件对实体进行过滤，最终选中符合条件的对象。

操作：点击 "筛选器" 命令，弹出筛选器对话框如图 7.73 所示。在对话框中设置筛选条件后，点击 "全选" 命令，图面上所有满足筛选条件的实体都被选中。

说明：筛选条件说明如下。

（1）实体类型：包括点、线、面和注记四类，可通过勾选实体类型前的复选框来确定。

（2）选择范围：分为选内和选外，选内表示选择图面框选范围内的实体，选外表示选择图面框选范围外的实体。

（3）类型筛选：勾选弧线或拟合线，则表示筛选出图面上包含弧线或拟合线的实体。

（4）反选：表示进行筛选时，选择不符合限制条件的实体。

（5）时间选择：可设置时间段，选择该时间段内完成编辑的图形实体。

（6）基本属性：可以根据图层，实体的名称、编码、颜色、线宽等信息设置筛选条件。

（7）注记：可以根据注记类型、内容、是否多行文字、字体角度、字体大小、是否加粗、是否倾斜、是否有下划线、字体、对齐方式等信息设置筛选条件。

图 7.73 所示实例，是在 TERLK（地貌线）图层内，选择范围线以内，在时间段 2017 年 7 月 1 日 0:00—2017 年 9 月 16 日 14:12，编辑完成的拟合线实体。"注记" 和 "扩展属性" 未设置条件。

需要说明的是，实例在对话框实体类型一栏，勾选了点、线、面、注记等全部 4 个选项，而在下面类型筛选一栏选中了拟合线，因而实体类型选项 "点、面、注记" 无效，只勾选 "线" 过滤筛选效率会更高。

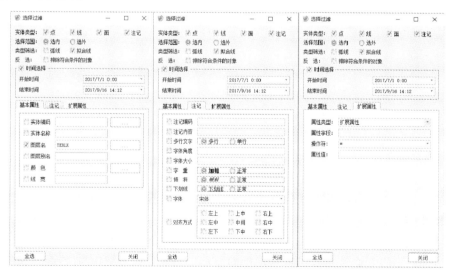

图 7.73　选择过滤窗口

7.6.2.3　选择（Select）

功能：在图面上选定实体对象。

操作：系统默认点选和矩形框（交）选方式，在图面上直接点击实体对象，可以选中单个实体；在视图窗口拉矩形框，则可以实现矩形框（交）选。框选时若矩形框用鼠标由左到右拉出，只选中完全包含在矩形框内部的实体对象；反之若是由右到左拉出，则矩形框内部和与边框相交的所有实体对象都被选中。

图面上选择地物实体，系统始终默认点选和矩形框选模式，若要采用默认以外的选择方法，则点击"选择"命令，命令行提示：

请选择实体：[全选（A）/多边形框选（K）/多边形交选（J）/点选（D）]：输入 A、k、J、D，分别选中全选、多边形框选、多边形交选、点选等选择方式。

7.6.2.4　高亮选中（Highlight）

功能：将选中的实体进行高亮度显示，以方便查看。

操作：点击"高亮选中"命令，命令行提示：

请选择需要高亮显示的实体[全选（A）/多边形框选（K）/多边形交选（J）/点选（D）]：确定选择方法，选中实体完成操作。

说明：若选中点实体，高亮显示插入点；选中线实体或面实体，则高亮显示线实体或面实体范围线。若在执行高亮命令前已经选中了实体，则命令区不再提示选择实体，直接高亮显示已选中实体。

7.6.2.5　取消高亮（Clearhighlight）

功能：取消所有实体的高亮显示效果，只有当有实体为高亮时此功能才有效。

操作：点击"取消高亮"命令即完成操作。

7.6.2.6　统计分类（StatisticEntity）

功能：对图面上实体的个数、平面长度总和、空间长度总和、面积总和及属性字段值等进行统计，输出统计结果。

操作：点击"统计分类"命令，弹出分类统计对话框，如图 7.74 所示，设置统计类型、实体选择方式、实体分类方式等内容，点击"统计"或"输出到文件"完成操作。

分类统计对话框各选项功能如下：

（1）统计实体类型：选择需要进行分类统计的实体类型。

（2）实体选择方式：选择参与分类统计操作的实体范围。

（3）实体分类方式：选择输出统计结果的分类方式，当选择按属性字段分类时，下边的文本框处于激活状态，需要输入属性字段的名称，可输入多个字段名，用半角英文逗号分隔。

（4）分类统计内容：指定需要统计的内容，可勾选多项选择中一项或多项。当勾选属性字段值时，下边的文本框处于激活状态，需要输入要分类统计的字段名。

图 7.74　分类统计

（5）统计与输出到文件：点"统计"按钮，弹出统计结果提示框，如图 7.75 所示；点"输出到文件"按钮，则弹出"保存文件"对话框，指定保存路径、名称和文件类型（EXCEL 文件或 TXT 文件）后，点"保存"即可。

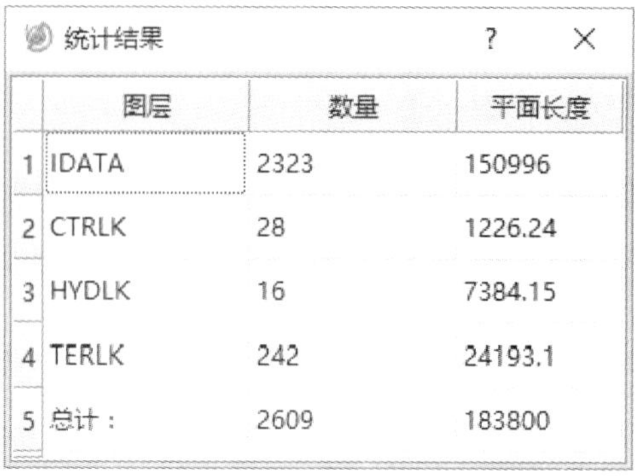

	图层	数量	平面长度
1	IDATA	2323	150996
2	CTRLK	28	1226.24
3	HYDLK	16	7384.15
4	TERLK	242	24193.1
5	总计：	2609	183800

图 7.75   统计结果

7.6.3 实体显示

过滤图面上实体，选择性予以显示或隐藏。

7.6.3.1 显示编码实体（Filtercode）

功能：将图面上所有实体通过编码筛选进行过滤，编码不符合筛选条件的实体不予显示。

操作：点击"显示编码实体"命令，命令行提示：

请选择实体：[全选 A/多边形框选 K/多边形交选 J/点选 D/过滤器 F]：确定选择方法，在图上选择要显示的实体，系统将以选中实体的编码为过滤条件，只显示与所选实体编码一致的实体。

说明：

（1）执行"显示编码实体"后，在编码表中可看到符合选择条件的实体编码处于选中状态。

（2）系统不设取消"显示编码实体"命令，取消方法是在编码表数据源窗口，选择当前文件点击右键，在弹出菜单中点击"全打开"命令。

7.6.3.2 隐藏编码实体（Hidecode）

功能：将图面上所有实体通过编码筛选进行过滤，编码符合筛选条件的实体不予显示。

操作：与显示编码实体操作类似，在图上选择要隐藏的实体，系统即以所选中实体的编码进行过滤，不显示与所选实体编码一致的实体。

说明：取消"隐藏编码实体"操作方法，与取消"显示编码实体"相同。

7.6.3.3 显示图层实体（Filterlayer）

功能：关闭不包含所选实体的图层。

操作：参照"显示编码实体"。

7.6.3.4 隐藏图层实体（Hidelayer）

功能：关闭包含所选实体的图层。

操作：参照"显示编码实体"。

7.6.4 量距

在图面点取两点，计算两点之间的距离。

7.6.4.1 实际距离（Dist）

功能：在图面上捕捉两点，根据两点平面坐标计算实地平面距离。

操作：点击"实际距离"命令，命令行提示：

捕捉 A/第一点：点取第一个点。

捕捉 A/第二点：移动鼠标时，光标旁边会实时显示当前点距第一点实际距离，点取第二点后，命令显示区显示：距离是：****米。

7.6.4.2　图上距离（Getmapdistance）

功能：图面捕捉两点，根据绘图比例尺计算两点图上距离。

操作：点击"图上距离"命令，命令行提示：

捕捉 A/请选择第一点：点取第一个点。

捕捉 A/请选择第二点：移动鼠标时，光标旁边实时显示当前点距第一点图上距离，点取第二点后，命令显示区显示：距离是：****毫米。

7.6.4.3　量距赋值（Addlength）

功能：将图面量取的两点间实际距离，赋值于指定实体扩展属性字段。

操作：点击"量距赋值"命令，命令行提示：

捕捉 A/请选择第一点：点取第一个点。

捕捉 A/请选择第二点：点取第二个点。

请选择要附加距离的实体：点取要附加距离属性的实体对象。

说明：在命令执行过程中，可以在绘制属性面板上设定量距精度和实体扩展属性字段名，量距精度默认为 0.001，即精确至小数点后第三位。

7.6.4.4　量距注记（Measurenote）

功能：量取图面上多点连成的路径实际长度，将数值注记在图面上。

操作：点击"量距注记"命令，命令行提示：

捕捉 A/请指定第一点：点取第一点

捕捉 A/请指定下一点：依次点取路径节点。输入完毕点击右键或回车退出，命令行提示：

捕捉 A/请指定注记的插入点位置：点取注记位置。

说明：在命令执行过程中可以在绘制属性面板上修改注记编码，默认为 IDATA_04，即普通文字。

7.6.4.5　显示坐标（Printposition）

功能：在命令栏中显示图面指定位置的直角坐标。

操作：点击"打印坐标"命令，命令行提示：

捕捉 A/选择打印位置：点击要查询坐标的点位。命令行提示：

E: 53238.9692, N: 31551.5999, H: 0.0000

7.6.5　实体编辑

实体对象编辑的常用操作命令模块。

7.6.5.1　删除（Delete）

功能：删除选中的实体对象。

操作：点击"删除"命令，命令行提示：

请选择要删除的实体：[全选 A/多边形框选 K/多边形交选 J/点选 D/过滤器 F]：选中欲删除的对象，回车或点击鼠标右键删除所选实体。

系统默认点选和矩形框选方式，可直接用鼠标拉框选中实体。

7.6.5.2　移动（Move）

功能：移动选中的实体对象到新的位置。

操作：点击"移动"命令，命令行提示：

请选择需要移动的实体：[全选 A/多边形框选 K/多边形交选 J/点选 D/过滤器 F]：选中对象点击鼠标右键或回车，命令行提示：

捕捉 A/请选择基点：在选中实体上点取一点，作为实体对象移动的基点。

捕捉 A/请选择目标点：点取要移动到的目标位置，实体即平行移动到位，并且基点与目标点重合。

7.6.5.3　复制（Copy）

功能：复制选中的实体对象，并将复制后的实体粘贴于指定的位置。

操作：点击"复制"命令，命令行提示：

请选择需要复制的实体：[全选 A/多边形框选 K/多边形交选 J/点选 D/过滤器 F]：选择实体对象后点击鼠标右键或回车，命令行提示：

捕捉 A/请选择基点：在选中实体上点取一点，作为实体对象复制移动的基点。

捕捉 A/请选择目标点：点取要粘贴到的目标位置，实体复制到位。系统再次提示：

捕捉 A/请选择目标点：可按照上述操作，连续进行实体复制，直至点击鼠标右键或回车退出复制功能。

7.6.5.4　删除实体（Eraseent）

功能：删除指定的单个实体。

操作：点击"删除实体"命令，命令行提示：

请选择要删除的实体：单击要删除的实体，选中的实体立即被删除。

说明：可连续执行，直到右键或回车退出。当指定位置存在多个实体叠盖在一起时，可使用用右键对其进行上下切换。

7.6.5.5　移动实体（Moveent）

功能：移动指定的单个实体。

操作：点击"移动实体"命令，命令行提示：

请选择要移动的实体：单击要移动的实体。

捕捉 A/请选择目标点：点取要移动到的目标位置，实体移动到位。

说明："移动实体"与"移动"的差别是不专门设置移动基点，点取实体时的光标位置即移动基点。一个移动实体执行完成后，命令自动重复执行，直至点击鼠标右键或回车退出。

7.6.5.6　复制实体（Copyent）

功能：复制选中的单个实体，并将复制后的实体粘贴到指定的位置。

操作：点击"复制实体"命令，命令行提示：

请选择要拷贝的实体：单击要复制移动的实体。

捕捉 A/请选择目标点：点取要移动到的目标位置，实体复制移动到位。

7.6.5.7　原地拷贝（0copy）

功能：将选中实体对象复制在原处，即在原位置有两个完全重叠的实体。

操作：点击"原地拷贝"命令，命令行提示：

请选择需要复制的实体：[全选 A/多边形框选 K/多边形交选 J/点选 D/过滤器 F]： 选择实体对象后点击鼠标右键或回车，原地拷贝操作成功。

7.6.5.8　镜像（Mirror）

功能：以镜像复制的方式创建实体对象。镜像时设置一条直线（镜像线）作为对称轴，选中的实体即以镜像线为对称轴复制。

操作：点击"镜像"命令，命令行提示：

请选择实体：[全选 A/多边形框选 K/多边形交选 J/点选 D/过滤器 F]： 选择要镜像复制的实体。

捕捉 A/请选择第一点： 点取对称轴的第一端点。

捕捉 A/请选择第二点： 点取对称轴的第二端点。

是否删除源对象：[是 Y/否 N]<N>： 输入 Y 删除源对象，输入 N 保留源对象。

7.6.5.9　旋转（Rotate）

功能：通过指定基点和旋转角度的方式，对选中实体对象进行旋转操作。

操作：点击"旋转"命令，命令行提示：

请选择实体：[全选 A/多边形框选 K/多边形交选 J/点选 D/过滤器 F]： 选择要旋转的实体。

捕捉 A/请输入基点： 点取旋转基点。

参照 R/输入旋转角度： 直接输入旋转角后回车，则实体根据输入旋转角的正负值，以 X 轴方向为基准，逆时针（正）或顺时针（负）旋转。

若选择输入 R，命令行提示：

图面指定 C/输入参照角度： X 轴方向旋转到参照方向的角度值为参照角度（顺时针为正，逆时针为负），确定参照方向后，再根据系统提示输入旋转角，实体即以参考方向为基准旋转。

若输入 C，命令行提示：

捕捉 A/指定第一点： 点取参考方向起点 A。

捕捉 A/指定第二点： 点取参考方向第二点 B，系统即以 AB 连线为参照方向，根据系统提示，输入旋转角后实现旋转。

7.6.5.10　比例缩放（Scale）

功能：对选择的实体按比例缩放。

操作：点击"比例缩放"命令，命令行提示：

选择对象：[全选 A/多边形框选 K/多边形交选 J/点选 D/过滤器 F]： 选择要进行缩放的实体对象。

捕捉 A/指定基点： 点取缩放基点。

捕捉 A/指定比例因子或[参照(R)]： 比例因子即放大倍数值，大于 1 为放大；0 到 1 之间为缩小。

若输入 R，则以参照基准进行缩放，命令行提示：

指定参照长度<1>： 默认值为 1，也可输入其他数字。

捕捉 A/指定新长度： 输入新的长度，缩放倍数即新长度除以参照长度。

说明：

（1）指定缩放基点后，实体会根据光标移动实时放大或缩小。

（2）参照长度若采用默认值 1，指定新长度实际上等同于输入比例因子。

7.6.5.11　合并（Merge）

功能：将编码相同的多个对象合并为一个对象。

操作：点击"合并"命令，命令行提示：

请选择需要合并的实体<数目大于 1>：[全选 A/多边形框选 K/多边形交选 J/点选 D/过滤器 F]：选择要合并的多个实体对象，然后点击鼠标右键或回车确定。

说明：合并不改变实体的外观，只是点选时成为一个对象。

7.6.5.12　拆解（Break）

功能：合并操作之逆操作，将合并过的实体，重新拆散为多个实体。

操作：点击"拆解"命令，命令行提示：

请选择需要拆解的实体：[全选 A/多边形框选 K/多边形交选 J/点选 D/过滤器 F]：　选择要拆解的实体对象，点击鼠标右键或回车确定。

7.6.5.13　跨文件拷贝（Vcopy）

功能：将实体对象及其几何属性信息进行复制，保存在剪切板中。

操作：先在图面上选中要拷贝的实体，然后点击"跨文件拷贝"命令，命令行提示：

有 N 个实体拷贝到剪切板。

说明：与 WINDOWS 系统的复制功能类似，快捷键为 Ctrl+C。

7.6.5.14　跨文件粘贴（Vpaste）

功能：将跨文件拷贝的内容粘贴到另一数据文件中，可进行多次粘贴。

操作：在打开的另一视图窗口中，点击"跨文件粘贴"命令，命令行提示：

共有 N 个实体粘贴成功。

说明：首先有跨文件拷贝操作才能执行跨文件粘贴命令。粘贴后的实体坐标与拷贝前一致。命令快捷键为 Ctrl+V。

7.6.5.15　图形输出（Wblock）

功能：将选择的一个或者多个实体的图形及其属性信息，输出到一个新的".mdb"数据文件中。

操作：点击"图形输出"命令，命令行提示：

请选择实体：[全选 A/多边形框选 K/多边形交选 J/点选 D/过滤器 F]：选择要输出的实体后，系统弹出"选择输出文件"对话框，指定输出路径和文件名，点"保存"完成操作。

7.6.5.16　编组（Group）

功能：将多个实体对象编为一组。

操作：点击"编组"命令，命令行提示：

选择编组对象：[全选 A/多边形框选 K/多边形交选 J/点选 D/过滤器 F]：选取多个实体对象，点击鼠标右键或回车确定。

说明：与"合并"不同之处在于，编组各实体可以有不同的属性编码，编组后仍然是单独的实体，只是在选择编组中一个实体对象时，同组内的其他实体也会被选中。进行移动、复制等编辑时，同组对象将会被当成一个实体对待。

7.6.5.17　取消编组（Cancelgroup）

功能：拆解已编组的对象，使其分离成为可单独选择的实体对象。

操作：点击"取消编组"命令，命令行提示：

选择编组的对象：[全选 A/多边形框选 K/多边形交选 J/点选 D/过滤器 F]：选择要拆散的编组对象。命令行提示：

请选择：[1.取消编组/2.移除部分实体]<1>：直接回车或输入 1，命令行提示：

编组已取消！

如果输入 2，命令行提示：

选择要移除的对象：点取编组中要移除的实体；

所选实体从编组中移除成功！此时剩余实体仍是编组状态。

7.6.5.18　遍历实体（Findentity）

功能：对图面上选中的多个实体进行逐个定位查看。

操作：点击"遍历实体"命令，命令行提示：

请选择实体：[全选 A/多边形框选 K/多边形交选 J/点选 D/过滤器 F]：选取要查看的对象，点击鼠标右键或回车确认，弹出遍历实体对话框，如图 7.76 所示。

点"上一个"或"下一个"逐个查看选中实体的编码和名称，同时图面上也定位于选中实体，并将其在视图窗口满屏显示。

图 7.76　遍历实体

7.6.5.19　面积统计（Areacalculate）

功能：计算图面闭合区域的实际面积。

操作：点击"面积统计"命令，命令行提示：

请选择操作方式:[1.绘制闭合区域边界/2.已有闭合区域/3.内部一点构面量算/4.选择图层计算面积]<1>：输入 1、2、3、4 选择不同方式。

① 输入 1 或者直接回车：选择绘制闭合区域边界。命令行提示：

捕捉 A/输入第一点：点取第一个边界点。

捕捉 A/输入下一点：点取第二个边界点。

捕捉 A/输入下一点：继续点取边界点，直到点击鼠标右键或回车结束当前区域绘制。

命令行提示：

区域边界绘制完成。

再次点击鼠标右键或回车，命令行显示：

计算所绘制区域总面积是：****平方米。

一个区域计算完成后，可继续绘制新的闭合区域，最后连续回车或点击右键，则计算结束。

② 输入 2：选择计算已有闭合区域面积，命令行提示：

请选择实体:[全选 A/多边形框选 K/多边形交选 J/点选 D/过滤器 F]:可选单个闭合多边实

体，也可选择多个闭合多边形实体。点击鼠标右键或回车确认，则系统显示各实体面积及其总面积，再次点击鼠标右键或回车退出。

③ 输入3：选择内部一点构面量算，命令行提示：

捕捉 A/确定计算区域：在面实体上或闭合多边形内点击，命令行显示：

计算所选区域总面积是：****平方米。

统计可连续进行，直至点击鼠标右键或回车退出。

7.6.5.20　实体信息（List）

功能：在命令窗口显示被选中实体的图层、编码、名称、节点个数、节点坐标、线宽、面积、长度等信息，根据选中实体类型不同，显示的信息不同。

操作：点击"实体信息"命令，命令行提示：

请选择实体：[全选 A/多边形框选 K/多边形交选 J/点选 D/过滤器 F]：选中要查看信息的实体，命令窗口依次显示选中实体的所有属性信息。

7.6.5.21　颜色批量修改器（Symbology）

功能：根据设置的编码、图层或属性字段等条件筛选出要修改颜色的实体，批量改变其颜色。

操作：点击"颜色批量修改器"命令，弹出"实体颜色批量修改器"窗口（图 7.77），即可进行颜色修改设置。

图 7.77　颜色批量修改

实体颜色批量修改器设置：

（1）筛选编码：填写要改变颜色的实体编码，多个编码间用英文半角分号";"隔开。也可以点击输入框右侧浏览按钮 … ，在弹出的对话框中输入或导入实体编码。

（2）筛选图层：填写要改变颜色的实体所在图层，对该图层内所有实体修改颜色，多个图层间用英文半角分号";"隔开。

（3）筛选字段：填写属性字段名，具有该属性的实体将进行颜色修改，多个属性字段名之间用英文半角分号";"隔开。

（4）值域设置：值域设置中表格为符合筛选条件的实体颜色修改配置列表。双击"颜色"

列的色块可弹出颜色选择对话框，选择目标颜色；"值/值域"列显示"筛选字段"输入的字段属性值，未进行字段筛选的此列的值显示为空；"个数统计"显示成功修改该颜色的实体个数，当"值/值域"列显示的属性值相同时，以该属性值实体序号最小的颜色修改配置为准批量修改。

（5）获取所有值：获取所有符合筛选条件的实体，并显示在值域设置实体列表,默认每行一个实体，颜色列默认为红色，个数统计列为空。

（6）增加、删除：增加或删除一行颜色修改配置。

（7）删除所有：删除所有颜色修改配置。

（8）随机生成颜色：随机生成"颜色"列每一行的颜色。

（9）导出、导入设置：将当前颜色修改设置导出为文本文件或将已有颜色设置文件导入。

（10）应用：以当前颜色修改设置进行实体颜色修改。

（11）全部恢复默认色：恢复所有实体颜色为图层默认颜色。

说明：三种筛选条件可组合使用。

7.7　绘　　制

绘制菜单用于点、线、面等基本图形元素绘制及添加文字注记等操作，对应工具栏为绘图工具栏，操作界面如图 7.78 所示。

图 7.78　绘制菜单和绘图工具栏

7.7.1　图形绘制

图形元素绘制模块功能与 AutoCAD 基本相同，所绘图形元素无地物编码，被置于 iData（普通图层）层，需要赋予地物编码才能进入标准地形图分层。

7.7.1.1　画点（Point）

功能：在图面上绘制点或点状地物符号。

操作：点击"画点"命令，命令行提示：

捕捉 A/切换 P/输入插入点：输入 P 是在图面定位和点号定位模式间切换，输入插入点是在点号定位模式下，输入定位点点号。

7.7.1.2　画直线（Line）

功能：绘制直线。

操作：点击"画直线"命令，命令行提示：

捕捉 A/请输入第一点：点取画线的第一个端点。

捕捉 A/请输入第二点：点取画线的第二个端点。

7.7.1.3　画复合线（Pline）

功能：绘制复合线。

操作：点击"画复合线"命令，命令行依次提示：

捕捉 A/切换 P/捕点 D/捕最近点 E/请输入第一个点：给出复合线起点，可通过图面捕捉或点号定位方式输入。

捕捉 A/曲线 Q/平行线 O/垂直距离 R/区间跟踪 N/撤销(U/Z)/圆 C/居中 X/拟合切换 S/捕点 D/捕最近点 E/切换 P/下一点：选取复合线下一点。

捕捉 A/扩展 V/曲线 Q/区间跟踪 N/撤销(U/Z)/隔一点 J/换向 H/反向 F/居中 X/拟合切换 S/捕点 D/捕最近点 E/切换 P/下一点：选取复合线下一点。

捕捉 A/扩展 V/曲线 Q/区间跟踪 N/撤销(U/Z)/闭合 C/隔一闭合 G/隔一点 J/换向 H/反向 F/居中 X/拟合切换 S/捕点 D/捕最近点 E/切换 P/下一点：选取复合线下一点。直至点击鼠标右键结束。

说明：复合线由多条不同线型线实体组成，具有统一的编辑功能，如拟合、闭合等。复合线绘制过程中各选项功能与操作如下：

（1）捕捉 A：开启捕捉点类型设置功能。

（2）曲线 Q：以前一节点作起为点，依次点取曲线通过点和终点绘制曲线。

（3）平行线 O：绘制与参考线平行的直线段，命令行提示：

捕捉 A/参考线[请选择线]：选择直线、曲线或复合线的一段为参考线，若选择曲线或复合线上的曲线部分，参考线是该曲线段起终点连线为参考线，命令行提示：

捕捉 A/平行线方向：在复合线绘制方向上点取一点，用于系统确定平行线绘制方向。

捕捉 A/采用参考线的长度 D/距离：输入绘制平行线长度，也可以用鼠标在图上指定终点（前一节点是起点）；若输入 D，则以参考线长度作为平行线长度。

（4）垂直距离 R：与平行线绘制类似，绘制垂直于参考直线的线段。

（5）区间跟踪 N：沿已有的线段绘制复合线，命令行提示：

请选择跟踪线起点：点取跟踪起点；

捕捉 A/结束点：点取跟踪终点。

（6）撤销(U/Z)：撤销上一步绘图操作。

（7）圆 C：转为画圆操作，以前一节点为圆心，指定圆周上任一点画圆。此选项仅在复合线指定第二个点时有效。

（8）居中 X：平移视图，使当前光标位置处于视图中心。

（9）拟合切换 S：开启或关闭复合线拟合，但设置只对后续画线有效。

（10）捕点 D：系统捕捉当前光标位置绘制节点，无需点击鼠标确定。

（11）捕最近点 E：捕捉离光标最近的点绘制节点，最近点可以是所有类型的点，与是否开启该类点捕捉功能无关。

（12）切换 P：切换点定位方式。

（13）扩展 V：使用扩展功能选项，命令行提示：

捕捉 A/换线 V/前方交会 B/内部一点闭合 L/平行线 O/垂直距离 R/隔点直角连接/延伸 E/插点 I/切换 P/下一点：输入不同功能选项代码，进入扩展功能，部分功能操作方法如下：

①　换线 V：结束当前复合线的绘制，绘制另一条复合线。

② 前方交会 B：以距离交会法确定下一节点位置，命令行提示：

捕捉 A/第一点圆心：点取距离交会的起点 1。

捕捉 A/输入交会半径 1：输入交会距离（半径）1。

捕捉 A/第二点圆心：点取距离交会的起点 2。

捕捉 A/输入交会半径 2：输入交会距离（半径）2。

捕捉 A/选择交会点方向：两圆弧交会生成两个交点，需要通过选择方向确定。

③ 内部一点闭合 L：当绘制闭合复合线有一部分与另一实体边界重合时，可只绘制非重合部分，然后用"内部一点闭合"命令完成重合部分的绘制。

④ 隔点直角连接 D：以鼠标点击生成新节点 4，前两节点连线自动（正向或反向）延伸到节点 3，并且节点 4、3 连线垂直于 2、3 连线。

⑤ 延伸 E：沿着前两点连线方向直线延伸。

⑥ 插点 I：在已绘复合线上插入一个节点，命令行提示：

捕捉 A/在复合线上指定要插入节点的线段：点取复合线上要插入节点的线段；

捕捉 A/在选定线段上点击插入节点的位置：在选定选段上点击插入节点位置。

（14）闭合 C：以直线连接复合线首尾节点。

（15）隔一闭合 G：将复合线首尾节点用直角折线（⌐形）连接闭合，折线一边与尾节点所在线段（曲线则为最后两点间弦线）平行或垂直，另一边与首节点相连。

（16）隔一点 J：指定新节点后，用直角折线（⌐形）连接新节点与前一节点。⌐型线段一边垂直于前一节点所在线段方向，另一边与新节点相连。

（17）改变绘制方向：转换复合线当前节点连接位置，即由新节点与上一节点相连，改变为与尾节点相连。

（18）反向 F：转换复合线矢量方向。

7.7.1.4　画圆弧（Arc）

功能：通过指定三点绘制圆弧。

操作：点击"画圆弧"命令，命令行提示：

捕捉 A/请输入曲线第一点：点取圆弧第一个端点。

捕捉 A/请输入曲线第二点：点取圆弧命令行一点。

捕捉 A/输入曲线第三点：点取圆弧终止端点，圆弧即绘制完成。一段圆弧绘制完成后，可继续绘制下一段圆弧，直至点击鼠标右键或回车完成绘制。

7.7.1.5　画曲线（Spline）

功能：绘制多段拟合曲线，从曲线第 3 点起，每确定一节点立即对已绘多段线重新拟合。

操作：点击"画曲线"命令，命令行提示：

捕捉 A/请输入第一个点：点取曲线起点。

捕捉 A/曲线 Q/平行线 O/垂直距离 R/区间跟踪 N/撤销(U/Z)/圆 C/居中 X/拟合切换 S/捕点 D/捕最近点 E/下一点：点取曲线第二点。

捕捉 A/扩展 V/曲线 Q/区间跟踪 N/撤销(U/Z)/换向 H/反向 F/居中 X/拟合切换 S/捕点 D/捕最近点 E/下一点：点取曲线第三点，并且自动拟合。

捕捉 A/扩展 V/曲线 Q/区间跟踪 N/撤销(U/Z)/闭合 C/隔一闭合 G/隔一点 J/换向 H/反向 F/居中 X/拟合切换 S/捕点 D/捕最近点 E/下一点：继续点取曲线后续点，直至点击鼠标右键或回车完成绘制。

说明：也可以通过先绘制多段折线，然后再拟合的方式获得曲线。

7.7.1.6　画双线地物（Dbpline）

功能：以双线地物符号中的一条线为定位线，快速绘制出两条平行线。道路、河流等边缘平行的地物符号，可以使用此功能快速绘制。

操作：点击"画双线地物"命令，命令行提示：

捕捉 A/切换 P/捕点 D/捕最近点 E/请输入第一个点：点取第一点。

捕捉 A/曲线 Q/撤销(U/Z)/区间跟踪 N/居中 X/量宽度 W/换线 T/拟合切换 S/捕点 D/捕最近点 E/下一点：点取第 2 点。

捕捉 A/曲线 Q/区间跟踪 N/撤销(U/Z)/换向 H/反向 F/居中 X/量宽度 W/换线 T/拟合切换 S/捕点 D/捕最近点 E/切换 P/下一点：连续点取下一点，直至点击鼠标右键或回车完成绘制。

说明：双线宽度默认上次绘制时的设置。绘制命令区提示与操作参考复合线绘制，其中增加的选项功能如下：

① 量宽度 W：改变双线宽度。命令行提示：

捕捉 A/请输入距离：输入双线宽度，命令行提示：

指定双线宽度为：***米。

宽度设置还可以通过 Ctrl 键+鼠标滚轮来进行设置。改变宽度设置后，新节点与前一节点之间线段作为宽度过渡段，该段双线不平行，使双线由原宽度逐渐过渡到新宽度。

② 换线 T：将平行线在定位线两侧变换。

7.7.1.7　画拟合双线地物（Dbspline）

功能：绘制相互平行的拟合曲线，其拟合方式默认采取张力样条曲线。

操作：点击"画拟合双线地物"命令，随后的操作与画双线地物相同。

7.7.1.8　画三线地物（Threepline）

功能：绘制一条中心线，根据设置宽度，在两侧绘平行线段。

操作：点击"画三线地物"命令，弹出属性设置面板（图 7.78），同时命令行提示：

捕捉 A/切换 P/捕点 D/捕最近点 E/请输入第一个点：首先完成属性设置，然点取第一点。命令行提示：

捕捉 A/撤销(U/Z)/拟合切换 S/换向 H/反向 F/捕点 D/捕最近点 E/切换 P/下一点：连续点取下一点，直至点击鼠标右键或回车完成绘制。

绘制属性面板设置：

① 三线中心线编码：设置三线的线型，在绘制第一点前输入，默认值为普通线。只有输入中心线编码，后面的选项才有效。

② 三线是否闭合：设置边线是否围成闭合面。

③ 三线是否设置宽度：勾选设置宽度，系统将三线宽度值作为属性值写入"三线宽度值设置字段"中字段名下。

④ 三线宽度值设置字段：设置宽度值存贮字段，仅在前一项勾选，且中心线具有对应扩展属性字段时有效（图 7.79）。

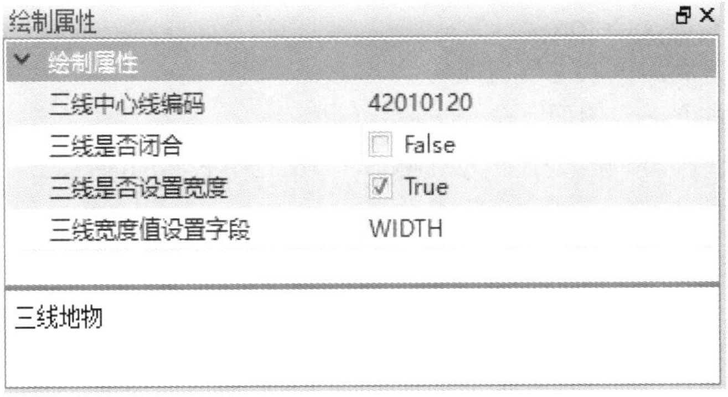

图 7.79　三线地物属性设置

说明：三线宽度默认为上次绘制双线或三线时宽度，可通过 Ctrl 键+鼠标滚轮动态设置，多用于影像矢量化采集。

7.7.1.9　画拟合三线地物（Threespline）

功能：通过绘制中心线，得到三条平行拟合曲线。

操作：点击"画拟合三线地物"命令，弹出属性设置面板设置属性，命令行提示：

捕捉 A/请输入第一个点：点取第一点。

捕捉 A/撤销(U/Z)/拟合切换 S/换向 H/反向 F/捕点 D/捕最近点 E/下一点：连续点取曲线通过点，点取三个点后曲线自动开始拟合。

说明：操作方法与画三线地物相同，只是绘制结果为三条光滑平行曲线。

7.7.1.10　两点画圆（Circle;1）

功能：通过指定圆心和半径的方式绘制圆。

操作：点击"两点画圆"命令，命令行提示：

捕捉 A/请选择圆心：点取圆心。

捕捉 A/指定圆的半径：输入半径或点取圆周上一点完成绘制。

7.7.1.11　三点画圆（Circle;2）

功能：通过设置圆周上的三点来绘制圆。

操作：点击"三点画圆"命令，命令行提示：

捕捉 A/圆上第一个点：点取圆周上第一点。

捕捉 A/圆上第二个点：点取圆周上第二点。

捕捉 A/圆上第三个点：点取圆周上第三点，圆绘制立即完成。

7.7.1.12　画矩形（Rectang）

功能：通过指定三点绘制矩形。两点确定底边，第三点确定对边一点。

操作：点击"矩形"命令，命令行提示：

捕捉 A/获取第一个点：点取矩形一角点。

捕捉 A/指定下一个点：点取矩形与第一点相邻的另一角点。

捕捉 A/指定下一个点：点取矩形对边上一点，矩形绘制完成。

7.7.2　功能绘制

编辑已绘制图形元素，添加新元素或赋予属性，是图形绘制功能的扩展。

7.7.2.1　内部一点构面（Getbd）

功能：对边线封闭的区域进行构面。

操作：点击"内部一点构面"命令，命令行提示：

捕捉 A/框选预构面 K/确定内部一点<默认>：在封闭区域内部任意点击，或输入 K 选择框选。若选择内部点击构面，则命令行提示：

完成构面，产生新实体！

如选择输入 K，则命令行提示：

请选择参与预构面的实体：[全选 A/多边形框选 K/多边形交选 J/点选 D/过滤器 F]：

选择要构面的所有封闭实体并点击鼠标右键确认，命令行提示：

完成构面 N 个。

7.7.2.2　等分内插（Neicha）

功能：通过等分或者等距的方式，批量绘制沿直线或曲线均匀分布的点状符号。命令能执行的前提是，直线或曲线上已有欲内插之点状地物符号。

操作：点击"等分内插"命令，命令行提示：

请选择内插方式:[1.等分/2.等距]<1>：选择内插方式，默认为等分。

（1）等分方式：命令行提示：

请输入内插符号个数<默认 5>：输入内插符号数量 N。

请选择一端独立符号：点击图上内插线段一端（起点）之点状符号。

捕捉 A/曲线 Q/输入另一端点：点取内插线段终点，系统在终点绘制点状地物符号，并且在起终点之间等距内插 N 个点状地物符号。

2. 等距方式：命令行提示：

请输入距离<默认 5.0 米>：输入相邻两点状符号之间的距离 N。

请选择一端独立符号：点击图上内插线段一端（起点）之点状符号。

捕捉 A/曲线 Q/输入另一端点：点取内插线段终点。

3. 曲线内插：当命令行提示：

捕捉 A/曲线 Q/输入另一端点：输入 Q；

捕捉 A/请输入曲线第一点： 点取内插曲线上任意一点。

捕捉 A/请输入另一端点：点取内插曲线段终点。

说明：

（1）选择按距离内插，当两端点间距离不是内插距离的整倍数时，最后一个内插符号与终点间距离不足一个内插距离。

（2）内插在起点和终点之间，沿着直线或曲线方向进行，并不要求直线或曲线实体已经存在。

7.7.2.3　拷贝绘制（Fuzhi）

功能：绘制实体时在图面上选取已有地物符号，获取其地物编码后绘制同类地物符号。较之从绘图面板中选择地物类别，这种操作更加方便、快捷。

操作：点击"拷贝绘制"命令，命令行提示：

选择已有实体：点选图上已有实体，提取其实体编码。

捕捉 A/切换 P/请输入插入点：开始连续绘制新实体，直至点击鼠标右键完成绘制。

7.7.2.4　生成中心线（Mid2pline）

功能：选定两条复合线，生成其中心线，用于提取出道路或者河流等双线地物符号的中心线。

操作：点击"生成中心线"命令，命令行提示：

选择第一条复合线：点选第一条复合线。

选择第二条复合线：点选第二条复合线，中心线绘制完成。

说明：绘制过程中可在绘制属性面板里设置中心线编码和滤波阈值，中心线编码默认为普通线。

7.7.2.5　道路中心线（Midlineset;CreateRoad）

功能：通过绘制道路中心线，生成平行的道路边线。

操作：点击"道路中心线"命令，弹出设置窗口如图 7.80 所示。

图 7.80　道路中心线

1. 单条道路绘制

① 在中心线编码添加文本框内输入道路中心线编码后点击"添加",或点"拾取"按钮后，在图面上点取道路中心线，系统自动添加中心线编码到中心线列表中；

② 点击"绘制道路中心线"命令，命令行提示：

捕捉 A/切换 P/捕点 D/捕最近点 E/请输入第一个点：指定起点。

捕捉 A/曲线 Q/平行线 O/垂直距离 R/区间跟踪 N/撤销(U/Z)/圆 C/居中 X/拟合切换 S/捕点 D/捕最近点 E/切换 P/下一点：指定下一点。

捕捉 A/扩展 V/曲线 Q/区间跟踪 N/撤销(U/Z)/隔一点 J/换向 H/反向 F/居中 X/拟合切换 S/捕点 D/捕最近点 E/切换 P/下一点：依次指定中心线经过点，直到结束。

③ 在边线窗口空白处点击右键，右键菜单点击"添加"命令，弹出"道路边线设置"对话框，如图 7.81 所示。输入道路边线地物编码、道路边线相对于中心线的偏移距离，并设置是否反向。中心线两侧可以分别设置距离，左偏为正、右偏为负。反向是指边线绘制方向与中心线反向，"0"表示不反向，"1"表示反向。若道路属性值输入错误，可以通过右键"添加""删除"命令重新录入，也可在边线编码、偏移距离和是否反向对应值处双击进行修改。

④ 点击"生成道路边线"命令，命令行提示：

请选择道路中心线：在图面上点击已绘制道路中心线，则平行于道路中线的道路边线自动生成。命令可连续执行，直到完成退出。

图 7.81　道路边线设置

2. 批量生成道路边线

（1）点击中心线编码下拉列表（图 7.80），选择要绘制道路中心线的编码，或点击"拾取"命令，在绘图面板中选择对应道路中心线图标获取编码，然后连续绘制多条道路中心线。绘制各道路中心线时，可变换道路中心线编码。

（2）点击"批量生成道路边线"命令，系统即批量绘制当前显示道路中心线编码对应的道路边线。若道路中心线具有多种的编码，则需在下拉列表重新选择中心线编码后，再次点击"批量生成道路边线"命令。

3. 添加道路属性

（1）在图面上点击选中道路实体。

（2）在实体属性面板进行属性的扩展添加，包括编号、等级、路面、名称等，如图 7.82所示：

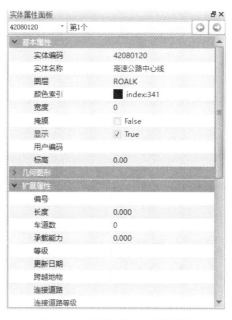

图 7.82　扩展道路实体属性

7.7.3　文字注记

文字注记添加及编辑命令模块。各类地物绘制完成后，需对图面中部分地形符号进行文字标注，以提高图形的可读性。例如道路名称、重要的建筑物名、植被类型、水系名称以及其他需要说明的地物。

7.7.3.1　通用文字注记（Tyzj）

功能：在图面上对地物进行通用文字注记，保存在普通图层中。

操作：点击"通用文字注记"命令后，弹出通用注记对话框，如图 7.83 所示。添加注记文字内容、设置注记编码、注记方式、排列格式和字头方向，确定后在图上指定注记位置。

图 7.83　通用文字注记

说明：注记编码可直接输入，也可通过点"选择"按钮，在弹出的对话框里选择所需编码。

7.7.3.2　对象注记设置（AnnotateSetting）

功能：对实体注记内容、格式等进行设置，并将设置保存成方案，以供批量注记时调用。

操作：点击"对象注记设置"命令，弹出对象注记设置对话框（图 7.84）。在对话框中设置注记方案名称、注记项、返注记规则、注记内容等项目，并保存注记方案。各项具体设置内容如下：

图 7.84　对象注记设置

（1）方案：对象注记设置内容以方案形式保存，可在下拉列表中选择现存方案，也可以点击"新增方案"命令创建。对于不需保留的方案，则可选中后点击"删除方案"命令删除。

（2）注记项：每个方案可以包含若干注记项，每个注记项下有返注记规则、注记内容、属性字段等项目。注记项窗口下面" + "" − ""↑""↓"四个按钮，分别用于添加、删除注记项及注记项排序调整。

（3）返注记规则：包含图层、编码和二维表内容返注记等三种选项，可根据需要选择设置其一：

① 按图层返注记：勾选该选项后，弹出窗口显示当前图形的所有图层，从中选择要注记的图层，只有选中图层上的实体可被注记。

② 按编码返注记：勾选该选项后，弹出窗口显示当前图形所有实体地物编码，从中选择要注记实体的编码，只有地物编码与之相同的实体可被注记。

③ 按二维表内容返注记：勾选该选项后，弹出窗口显示当前图形所有实体的二维表，从中选择要注记的二维表，图面上就只对属于该二维表的实体进行注记。

（4）属性字段：设置了返注记规则后，属性字段窗口显示与注记项设置图层、地物编码或二维表相关的所有属性字段。

（5）注记内容：可直接输入要注记的内容，也可双击属性字段窗口中的属性字段名，将该字段名显示在"注记内容"窗口中，系统将会根据属性字段名称解析其属性值并注记在图面上。

（6）最小注记长度和最小注记面积：设定注记线实体的最小长度和注记面实体的最小面积，只有超过设置值的线实体或面实体才被注记。

（7）注记编码：在下拉列表中选择该注记的编码类型，注记编码应与注记实体类型对应。

（8）对齐点：指定注记字符针对定位点的对齐方式，对齐方式有左上、中上、右上、左中、中、右中、左下、中下、右下。

（9）X、Y偏移：指定注记实体定位点在X、Y轴方向上的偏移量，单位为m，允许手动输入和使用递增、递减按钮。

（10）设置：当注记设置工作完成后，点"设置"保存注记方案。

7.7.3.3　对象注记（AnnotateObjct）

功能：调出预设的注记方案，选择注记项及注记实体范围，设置注记文字排列方式、字头朝向和大小，实现图面实体的批量注记。

操作：点击"对象注记"命令，弹出对象注记对话框如图7.85所示。在对话框里，选择注记方案、注记实体范围，设置注记字体、大小及排列方式后点击"确定"。

图 7.85　对象注记

对象注记对话框中各项内容设置：

（1）注记方案：在下拉列表中显示的预设注记方案中选择所需方案。

（2）注记项：一个注记方案中可包含多个注记项，若勾选此选项，在下拉列表中选择一个注记项，则仅符合该注记项设置的实体可生成注记；若不勾选此选项，则与注记方案中任一注记项设置符合的实体都会生成注记。

（3）点注记容差：注记对象为点实体时，若任意两注记间距离小于设置的容差值，则自动进行避让。

（4）线状实体注记排列：

① 注记文字定位方式设置：

A. 多段线中心：注记定位点在线段的中点；

B. 多段线起点：注记定位点在线段的起点；

C. 多段线终点：注记定位点在线段的终点。

说明：上述三选项下都有"水平方向"选项，勾选则注记文字以定位点为中心，水平对称排列。

② 注记文字排列设置：设置文字注记定位方式确定后的排列方式。

A. 水平字列：注记文字水平排列。

B. 垂直字列：注记文字垂直排列。

C. 屈曲字列：注记文字沿着线实体均匀分布和排列。

（5）注记实体范围："全部"指图面上所有符合注记项设置条件的实体；"手动选择实体"指手动选择要注记的实体。若选择"手动选择实体"，则按命令行提示，图面选择需要注记的实体。

（6）字体设置：设置字头方向、文字是否为散列文字和字高。

（7）其他：设置字段继承注记，用于管线功能模块。

7.7.3.4　生僻字查询（Rarelyword）

功能：通过系统提供的偏旁部首，查询生僻的汉字，并双击复制所需的生僻字。

操作：点击"生僻字查询"命令，弹出生僻字查询对话框（图 7.86）。在顶部下拉列表中选择偏旁，文本框中即显示该偏旁对应的所有的生僻字，双击选中文字即可复制到系统剪切板。

图 7.86　生僻字查询

7.7.3.5　排列散列文字（Sorthashtext）

功能：重新排列文字注记，并指定排列线和字头方向。字头方向包括：排列线切线方向、排列线法线方向、随排列线改变、正北方向与初始注记方向（图 7.87）。

操作：点击"排列散列文字"命令，命令行提示：

选择字头朝向：[1.排列线切线方向/2.排列线法线方向/3.随排列线改变/4.正北方向/5.方向不变]<1>：输入选择数字，按回车键或者点击鼠标右键确认，命令行提示：

请选择文字：在图面上指定要操作的注记文字。

捕捉 A/请输入起始点：指定排列线的起点。

捕捉 A/圆弧 Q/请输入结束点：指定排列线终点，若排列线是曲线，则输入"Q"，根据提示绘制曲线。

输入排列线终点后，文字重新排列完成，命令提示又返回选择文字，可连续进行注记文重新排列操作。

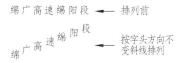

图 7.87　排列散列文字

7.7.3.6　旋转散列文字（Rotatehashtext）

功能：对单个文字进行旋转。

操作：点击"旋转散列文字"命令后，命令行提示：

请选择要旋转的散列文字：指定要旋转的散列文字

捕捉 A/请输入旋转结束点：以点选文字时的光标点击处为基点，移动鼠标指定另一点，两点连线即旋转后散列文字排列方向。

7.7.3.7　替换注记（Replace）

功能：与文字编辑软件中的文字查找和替换功能类似，可以对图上所有散列注记文字进行查询或替换。

操作：点击"替换注记"命令后，弹出"查找替换注记内容"对话框，如图 7.88 所示。

输入查找和替换内容，设置是否区分大小写、匹配方式以及数据源，即可以进行查询或替换。

图 7.88　查找替换注记内容

说明：

（1）"数据源"下拉列表中显示了当前打开所有文件名，在其中指定要进行替换注记操作的文件。可选择其中一个，也可选择全部数据源。

（2）勾选"区分大小写"，对查找文字注记内容中英文字母区分大小写。

（3）"局部匹配"只要求找到的文字注记部分包含"查找内容"，否则要求查找到的文字注记内容与"查找内容"完全相同。

7.7.3.8　注记赋值（Addtext）

功能：将注记文字内容复制到指定实体的属性字段中。

操作：点击"注记赋值"命令，命令行提示：

请输入字段名<MC>：输入要赋值的字段名，默认值为上一次赋值字段名。

请选择注记：在图面上点选一个注记。

请选择要附加注记的实体：在图面上选择要赋属性的实体（可多选）。

7.8　地物实体编辑

编辑菜单包括针对点、线、面实体的编辑修改功能，对应的快捷工具栏为编辑工具栏，操作界面如图 7.89 所示。

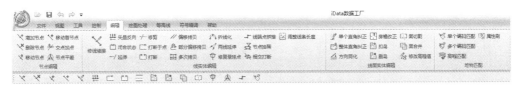

图 7.89　编辑菜单与编辑工具栏

7.8.1　节点编辑

线实体及面实体边线节点的编辑命令模块。

7.8.1.1　增加节点（Addnode）

功能：线实体或面实体的边线增加节点。

操作：点击"增加节点"命令，命令行提示：

请输入插入区间点：在要增加节点的线实体或面实体边线上点击。

捕捉 A/请输入插入点位置：在要添加新节点的位置点击，即完成新节点插入，如图 7.90 所示。

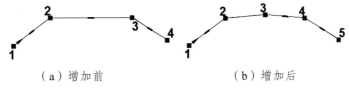

（a）增加前　　　　　　　　　　（b）增加后

图 7.90　增加节点

7.8.1.2　删除节点（Erasenode）

功能：删除图面上线实体或面实体边线上的节点，该节点后续节点编号，按自然数顺序依次续接。

操作：点击"删除节点"命令，命令行提示：

请选择删除点：在要删除的节点附近单击，节点立即被删除。

7.8.1.3 移动节点（Movenode）

功能：移动实体上节点位置。

操作：点击"移动节点"命令，命令行提示：

请选择需要移动的节点：在要移动的节点附近点击，系统自动选中最近节点。

指定拉伸点：指定移动目标位置，节点即移动到该位置。

说明：也可以在选中节点后，直接拖到新位置完成移动。

7.8.1.4 移动首节点（Movefirstnode）

功能：更改封闭线实体或者面实体边界线的首节点位置。

操作：点击"移动首节点"命令，命令行提示：

请选择需要移动首节点的实体：选择实体，命令行提示：

选中成功！

捕捉 A/请选择首节点新位置：选择新的首节点位置，移动即自动完成。

图 7.91 所示实例为将首节点从左上移动至右上，节点上带箭头的为首节点，箭头指向为绘图方向。由图可见，改变首节点位置，可改变填充线方向。

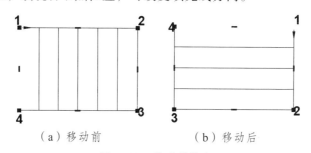

（a）移动前　　　　　（b）移动后

图 7.91　移动首结点

7.8.1.5 交点加点（Pladdpt）

功能：在两直线相交处添加节点。

操作：点击"交点加点"命令，命令行提示：

请选择要加点的线：选择要加节点的线段。

请选择与该线段相交的线段：选择与之相交的另一条线段，系统即在交点处生成节点。

7.8.1.6 节点平差（LineNodeAdjustment）

功能：将相距在一定范围内的线段端点相交于同一点。

操作：点击"节点平差"命令，命令行提示：

捕捉 A/请选择圆心：指定圆心；

捕捉 A/输入圆的半径：输入半径或通过拖动鼠标指定半径，把将要交于一点的线段端点包括进来，系统即在圆心处生成节点，圆内所有线段端点均相交于圆心。

（a）未相交　　　（b）绘相交范围圆　　（c）交于一点

图 7.92　节点平差

7.8.2　线实体编辑

线实体编辑修改命令模块。

7.8.2.1　修线续接（Join）

功能：绘制一线段，两端连接两线实体（修线），或一端连接一线实体（续接）。

操作：点击"修线续接"命令，弹出"绘制属性"窗口（图 7.93），可根据需要勾选以下选项。

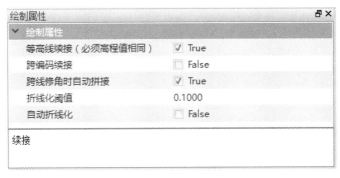

图 7.93　绘制属性窗口

（1）等高线续接：勾选后可绘制一条线段，续接等高线或连接高程相等的两条等高线。

（2）跨编码续接：勾选后可绘制一条线段，连接两条不同编码的线实体，连接后线实体编码取首先选中之线实体编码。

（3）跨线修角时自动拼接：修角是将线实体尖角修改为需要的角度或圆角，跨线修角是将两条相交或延伸相交的直线，以圆角或折线连接起来。勾选这一选项后，可将两条直线连接成一条线，并自动裁剪延伸到直线以外的线段。当两条需要跨线修角拼接的直线编码不同时，需同时勾选"跨编码续接"。

（4）折线化阈值：折线化是将指定线实体弧线段转换为折线。折线化阈值是弧线距弦线的最大距离，其值设置越小则节点越多、弦线越短，折线越接近于弧线。该选项仅在勾选"自动折线化"选项后有效。

（5）自动折线化：勾选这一选项，系统将对选定的曲线自动进行折线化操作，但设置仅在曲线续接操作时有效。

设置完毕后进行续接操作，命令行提示：

请选择需要修线或续接的实体：点击要修线或续接的线实体，在选择第一个线实体的点击处生成节点，作为绘制修线或续接连线的起点。

捕捉 A/曲线 Q/平行线 O/垂直距离 R/区间跟踪 N/撤销(U/Z)/圆 C/居中 X/拟合切换 S/捕点 D/捕最近点 E/切换 P/下一点：在图面上输入一点，若是续接，系统自动连接第一点绘制续接直线；若是修线，直线或与后选线实体相交，或者延伸与后选线实体线相交，并自动裁剪延伸出交点的线段。

若连接或续接线是曲线，则选择选项 Q，根据提示绘制复合线完成修线或续接。

7.8.2.2　矢量反向（Reverseline）

功能：改变线状实体的绘制方向。

操作：点击"矢量反向"命令，命令行提示：

请选择需要转换的线：[全选 A/多边形框选 K/多边形交选 J/点选 D/过滤器 F]：选择要反向的线实体，点击鼠标右键或回车确定，所选线实体即完成反向操作。

说明：简单线实体改变绘制方向在图面上看不出任何变化，仅在选中时看出节点顺序变化，但复杂线实体如如陡坎、斜坡线等，会改变短齿线的方向。

（a）反向前　　　　　　　　　　　（b）反向后

图 7.94　简单实体矢量反向

7.8.2.3　闭合（Closepl）

功能：连接线状地物的首尾节点使其构成闭合区域。

操作：点击"闭合状态"命令，命令行提示：

请选择对象：[全选 A/多边形框选 K/多边形交选 J/点选 D/过滤器 F]：选择要闭合的线实体，闭合即自动完成。

7.8.2.4　延伸（Extend）

功能：将线实体端点延伸到指定的边界线上。

操作：点击"延伸"命令，命令行提示：

选择延伸边界线：[全选 A/多边形框选 K/多边形交选 J/点选 D/过滤器 F]：选择延伸边界线，点击鼠标右键确认。

请选择需要延伸的对象：选择要延伸的线实体，线实体端点即延伸至与边界线相交。

（a）延伸前　　　　　　　　　　　（b）延伸后

图 7.95　直线延伸

7.8.2.5　修剪（Trim）

功能：对两条或两条以上相交线段进行修剪，截掉相交线延伸出交点的部分。

操作：点击"修剪"命令，命令行提示：

选择边界的边：[全选 A/多边形框选 K/多边形交选 J/点选 D/过滤器 F]：选择修剪边界线，点击鼠标右键确认。命令行提示：

请选择需要修剪的对象：点击要修剪的线实体要修剪掉的一侧，超出修剪边界线部分的线段即被删除。

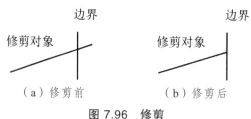

（a）修剪前　　　　　　　　　　　（b）修剪后

图 7.96　修剪

7.8.2.6　打断于点（BreakP）

功能：将线实体或面实体边界线在指定位置打断。

操作：点击"打断于点"命令，命令行提示：

选择要打断的点：在线实体或面实体边界线上点击，线实体即在点击处断开。封闭线实体被打断后，原闭合首尾节点自动断开，闭合线实体变为两个分离的线实体。

例如：简易房屋边界线实体[图 7.97（a）]在 1、2 节点之间打断后，断开处生成新的 1 号节点[图 7.97（b）]，原封闭线实体分解为线实体 1→2→3→4→5 段和节点 5 和 1 之间的一段，图 7.97（b）中后者节点号没有显示。

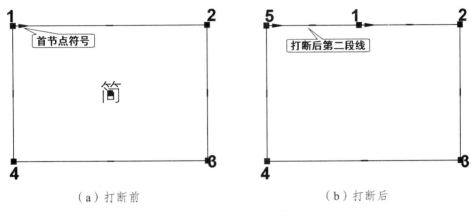

（a）打断前　　　　　　　　（b）打断后

图 7.97　打断于点

7.8.2.7　打断（BreakL）

功能：在线实体或面实体边界线上指定两点进行打断，并删除两断点间的线段。

操作：点击"打断"命令，命令行提示：

选择要打断的实体：选择线实体或面实体边界线，系统将线实体上距点击处最近的点作为第一个打断点。

捕捉 A/指定第二个点：指定第二个打断点，打断操作立即完成。

说明：闭合线实体或面实体边界线采用两点打断，系统将删除不包含首节点的线段，并不总是删除较短的一段。

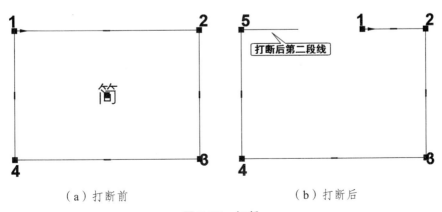

（a）打断前　　　　　　　　（b）打断后

图 7.98　打断

7.8.2.8　偏移拷贝（Offset）

功能：指定偏移的距离和方向，对线实体或者面实体边界线进行平移复制。

操作：点击"偏移拷贝"命令，命令行提示：

捕捉 A/通过 T/指定偏移距离<默认>：

1. 直接回车，选择"指定偏移距离"，并输入距离值回车。命令行提示：

选择要偏移的对象或<退出>：选择要偏移拷贝的实体,若不选择直接回车则退出。

指定点以确定偏移方向：在偏移方向任意处单击，偏移拷贝操作完成。

2. 输入 T，选择平移拷贝的通过点，命令行提示：

选择要偏移的对象或<退出>：选择要偏移的实体。

捕捉 A/选择通过点：拷贝对象跟随光标移动，点取偏移通过点，偏移操作立即完成。

7.8.2.9　部分偏移拷贝（Partcopypl）

功能：对部分线实体或者面实体边界线进行偏移拷贝。

操作：点击"部分偏移拷贝"命令，命令行提示：

捕捉 A/第一点：指定偏移拷贝线实体上第一点。

捕捉 A/第二点：指定偏移拷贝线实体上第二点，两点间的线段即是要偏移的对象。

捕捉 A/选择通过点：偏移拷贝对象跟随光标移动，指定偏移对象通过点，偏移拷贝操作完成。

7.8.2.10　多次拷贝（Plmulcopy）

功能：拷贝多个与选择线实体或面实体边界线平行的线实体。偏移拷贝可向一侧复制，也可向两侧同时复制。

操作：点击"多次拷贝"命令，命令行提示：

请选择：[1.由中心向两侧绘制/2.向一侧绘制]<1>：选择偏移拷贝方式。

请输入拷贝个数(不含所选线)<默认 2>：输入偏移拷贝数量，若选择两侧绘制，拷贝数量 2，是指一边拷贝一个。

请选择一个线或面实体：选择要复制的实体。

捕捉 A/请选择拷贝实体通过点：鼠标指定线实体偏移拷贝通过点。若拷贝多条线实体，则指定最外侧线实体通过点，系统自动计算其他线实体线偏移距离，在指定一侧（或两侧）生成设置数目的线实体，原线实体与拷贝线实体相互平行、间距相等。

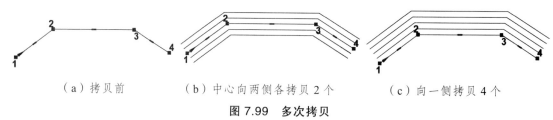

（a）拷贝前　　　　　（b）中心向两侧各拷贝 2 个　　　　（c）向一侧拷贝 4 个

图 7.99　多次拷贝

7.8.2.11　折线化（Zhexianhua）

功能：将指定曲线转换为折线。

操作：点击"折线化"命令，命令行提示：

请输入折线化弦高值<0.01 米>：输入曲线折线化弦高值。

请选择对象：[全选 A/多边形框选 K/多边形交选 J/点选 D/过滤器 F]：选择要折线化的曲

线或包含曲线的复合线，完成折线化操作。

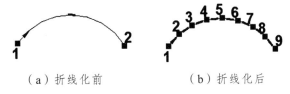

（a）折线化前　　　　　　（b）折线化后

图 7.100　折线化

7.8.2.12　两线延伸（Plextentpl）

功能：将两条不平行、不相交的直线段延长至交于一点。

操作：点击"两线延伸"命令，命令行提示：

请选择要延伸的第一条边：选择第一条直线。

请选择要延伸的第二条边：选择第二条直线，延伸相交于一点操作完成。

7.8.2.13　修复悬挂点（Xfxgd）

功能：自动延伸或剪切一条直线，使其端点与另一线实体连接。

操作：点击"修复悬挂点"命令，命令行提示：

捕捉 A/请在悬挂点附近选取一点：在悬挂点附近点击（范围圆圆心）。

捕捉 A/选择圆周上的一点：选择范围圆边线上一点，系统将自动将圆内悬挂点延伸或修剪，使直线端点与最近的线实体连接。

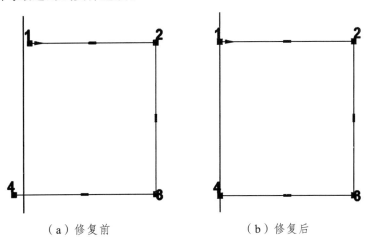

（a）修复前　　　　　　　　（b）修复后

图 7.101　修复悬挂点

7.8.2.14　线端点拼接（Con2lines）

功能：将指定的多条线实体拼接为一体，拼接后的线实体编码、拟合方式和扩展属性等，与最先选择的那条线实体相同。

操作：点击"线端点拼接"命令，命令行提示：

请选择第一条线：选择第一条线。

请选择下一条线/回退 U：连续选择欲连接线实体，可输入 U 撤销刚选择的线实体，直至点击鼠标右键退出。

说明：连接时各线实体端点不作移动，而是加入一线段将两端点相连。

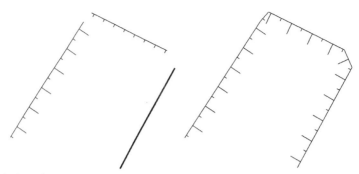

（a）分离且编码不同的三条线　　（b）以左边线为第一条线拼接结果

图 7.102　线端点拼接

7.8.2.15　节点抽稀（Extr）

功能：对节点过于密集的线实体，通过设置阈值进行抽稀，以减少节点数目。

操作：点击"节点抽稀"命令，命令行提示：

请选择要抽稀的实体：[全选 A/多边形框选 K/多边形交选 J/点选 D/过滤器 F]：选择要抽稀节点的线实体，点击鼠标右键确认。

请输入阈值<0.5>：输入阈值后回车或点击鼠标右键，命令行提示：

节点抽稀完成，共减少 N 个节点。

7.8.2.16　相交打断（Breakpolyintersect）

功能：将相交线实体在交点处打断。

操作：点击"相交打断"命令，命令行提示：

请选择需要打断的线实体：[全选 A/多边形框选 K/多边形交选 J/点选 D/过滤器 F]：选择要打断的实体，则该线实体在与其他线实体相交处断开。

说明：所有选中且相交实体都在交点处被打断。

7.8.2.17　调整线条长度（Linefy）

功能：使线状实体延长或裁短为指定长度。

操作：点击"调整线条长度"命令，命令行提示：

请选择想要调整的线：[全选 A/多边形框选 K/多边形交选 J/点选 D/过滤器 F]：选择要调整长度的线实体。

请输入要调整到的长度(米)：输入线实体新长度。

请选择调整位置:[1.起点/2.终点]<2>：选择调整起点或终点位置使线实体改变为新长度。

7.8.3　线面实体编辑

面实体及个别线实体编辑命令模块。

7.8.3.1　单个直角纠正（Singleangle）

功能：将多边形面实体边线一个内角纠正为直角。

操作：点击"单个直角纠正"命令，命令行提示：

请输入欲纠正角度偏离直角的最大允许值（度）<15.0>：输入最大允许值（阈值）。

请选择基准边：在要修改折角的一边（基线边）点击，直角纠正完成。

说明：修改原则是基线边方向不动，只作延伸或缩短，非基线边绕另一节点转动，同时可以延伸或缩短。原角度值与直角差值超出允许值时，命令窗会提示"角度超限！"而放弃修改操作。

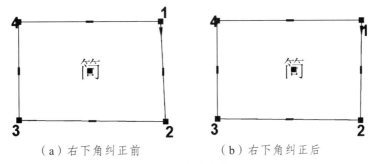

（a）右下角纠正前　　　　　　　　（b）右下角纠正后

图 7.103　单个直角纠正

7.8.3.2　整体直角纠正（Rightangle）

功能：将选定的矩形面实体边线内角全部纠正为直角。

操作：点击"整体直角纠正"命令，命令行提示：

请输入纠正角偏离直角的最大允许角度（度）<15.0>：输入欲纠正角度偏离直角的最大值。

请选择：[1.手动选择/2.批量选择]<2>：设置选择矩形面实体边线方式。

（1）选择手动选择，命令行提示：

请选择面实体：点击要纠正的实体，系统自动进行直角纠正，并且节点顺序会改变。

（2）选择批量选择，命令行提示：

请选择实体：[全选(A)/多边形框选(K)/多边形交选(J)/点选(D)]：批量选择要纠正的实体，系统批量完成修正。

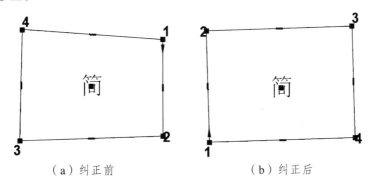

（a）纠正前　　　　　　　　（b）纠正后

图 7.104　整体直角纠正

7.8.3.3　方向调整（Adjustdirection）

功能：对直线的方向进行调整，将其旋转为与指定参考线平行或者垂直。

操作：点击"方向调整"命令，命令行提示：

请选择调整方式：[1.平行/2.垂直]<1>：选择调整方式。

（1）选择平行调整，命令行提示：

请选择参考线：选择旋转调整参考线。

请选择需要调整的直线<直接回车退出>：选择要调整的直线。

请选择基点：选择旋转中心，方向调整操作完成。

（2）选择垂直调整：命令行提示：

请选择参考线：选择旋转调整参考线。

请选择需要调整的直线<直接回车退出>：选择要调整的直线。

请选择基点：在调整直线上点击选择旋转中心，方向调整操作完成。

若旋转后两直线相交，命令行提示：

两垂直线段相交，是否截断：**[截断 Y/不截断 N]<N>**：输入选项 Y 或 N。选择 Y 则在交点处截断修正直线，并删除不包含旋转中心的一段。

两垂直线段不相交，是否延伸:**[延伸 Y/不延伸 N]<N>**：输入选项 Y 或 N。选择调整直线是否延伸与参考线相交。

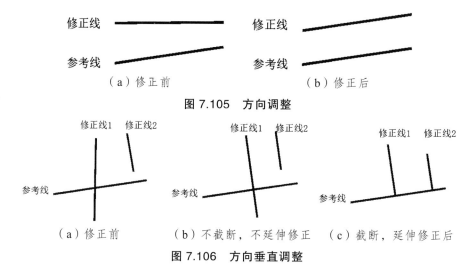

修正线　　　　　　　　　　修正线

参考线　　　　　　　　　　参考线

（a）修正前　　　　　　　　（b）修正后

图 7.105　　方向调整

修正线1　修正线2　　　　　修正线1　修正线2　　　　　修正线1　修正线2

参考线　　　　　　　　参考线　　　　　　　　参考线

（a）修正前　　　　　（b）不截断，不延伸修正　　（c）截断，延伸修正后

图 7.106　　方向垂直调整

7.8.3.4　房檐改正（Changeeaves）

功能：对建筑物边界线进行修改。测量房屋应以墙角为准，若是测量的房檐投影，需要将房檐线修正为墙角线。

操作：点击"房檐纠正"命令，命令行提示：

请选择：**[1.修改单个房屋/2.批量修改多个房屋]<1>**：选择房屋图形修正方式。

（1）修改单个房屋。图形命令行提示：

请选择需要修改的房屋：选择欲修改的房屋图形。

请选择：**[1.逐条边修改/2.批量修改所有边/3.单边修改]<2>**：选择修改方式。

① 逐条边修改。

捕捉 A/请输入距离：依次输入房檐线移动距离，或鼠标点击确定移动后边线通过位置，完成单个房屋各边改正。

② 批量修改所有边线。

捕捉 A/请输入距离：确定房檐线移动距离，系统即自动完成对所选房屋图形边线的批量修改。

③ 单边修改。

选择需要修改的边：选择要修改的房屋图形边线。

捕捉 A/请输入距离：确定房檐线移动距离，完成所选房屋单一边线的修改。

（2）批量修改多个房屋图形。命令行提示：

请选择需要修改的房屋：[全选 A/多边形框选 K/多边形交选 J/点选 D/过滤器 F]：选择多个要修改的房屋图形。

请输入距离：输入房檐移动距离，批量修改完成。

说明：屋檐纠正移动方向应该是向内，但本命令也支持向外移动，此时输入移动距离采用负值。

7.8.3.5　扣岛（Appendisland）

功能：将包含与被包含的面实体进行分割，防止实体重叠部分有两种属性。

操作：点击"扣岛"命令，命令行提示：

请选择构建的大面：[全选 A/多边形框选 K/多边形交选 J/点选 D/过滤器 F]：选择外围面实体，右键或回车确定。命令行提示：

请选择构建的岛：[全选 A/多边形框选 K/多边形交选 J/点选 D/过滤器 F]：选择被包含的实体，右键或回车完成操作。

说明：

（1）当被包含的是面实体时，扣岛后形成一个环状面实体和一个被包含的面实体。两者有一重叠边界线，但各自的属性编码不同。

（2）当被包含的是封闭线实体时，扣岛后形成一个环状面实体和一个闭合区域。闭合区域内无属性编码，边界与环状面实体内边界的重叠。

7.8.3.6　删岛（Removeisland）

功能：扣岛的逆操作，但只有当被包围实体是面实体时，操作才能完成。

操作：点击"删岛"命令，命令行提示：

请选择外围面实体：[全选 A/多边形框选 K/多边形交选 J/点选 D/过滤器 F]：选择外围面实体，右键或回车确定，命令行提示：

捕捉 A/删除所有岛 T<默认>/点击选择要删除掉的岛：直接鼠标右键或回车删除所有岛，或者以鼠标在岛内点击删除所选岛。

7.8.3.7　面切割（Splitreg）

功能：根据穿过面实体的分割线，将面实体切割成两个或者多个编码相同的面实体。

操作：点击"面切割"命令，命令行提示：

请选择被切割的面实体：[全选 A/多边形框选 K/多边形交选 J/点选 D/过滤器 F]：选择要切割的面实体。

请选择切割线/D 绘制切割线：选择或输入 D 绘制切割线，点击鼠标右键或回车完成操作。

说明：分割线可以选择一条，也可选择多条。操作可连续进行，直到按回车键或点击鼠标右键结束命令。

7.8.3.8　面合并（Merger）

功能：合并相交或重合的两个或者多个面实体。

操作：点击"面合并"命令，命令行提示：

请选择需要合并的面：[全选 A/多边形框选 K/多边形交选 J/点选 D/过滤器 F]：选择要合并的面实体完成操作。

说明：合并面实体属性相同，合并立即完成；若属性不同，命令区列出所有面实体编码，在命令栏中输入合并后面实体要保留的编码序号。

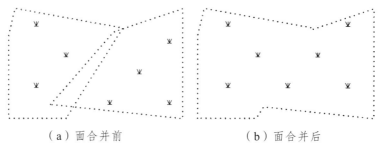

（a）面合并前　　　　　　　　　（b）面合并后

图 7.107　面合并

7.8.3.9　修改高程值（Modifyz）

功能：添加或者修改线状或面状实体上的测点高程值。

操作：点击"修改高程值"命令，命令行提示：

请选择一个线或面实体：鼠标点击选择线实体或面实体，弹出修改高程对话框（图 7.108），在对话框中对选中实体高程进行修改。

图 7.108　修改高程

说明：

（1）单个修改：选择线实体或面实体时，修改距鼠标点击处最近单个测点的高程。

（2）批量修改：对选定线实体或面实体上所有测点高程做统一修改。

（3）该功能主要是用于航测模式和 3D 倾斜影像测图模式。

7.8.4　地物匹配

实体对象编码和属性命令模块。

7.8.4.1　单个编码匹配（Singlebrush）

功能：将一个实体的编码和属性，赋予其他同类实体。

操作：点击"单个编码匹配"命令，命令行提示：

请选择源对象：选择要复制编码和属性的实体。

请选择要修改的实体：选择要赋予编码与属性的同类实体。

说明：赋值对象可以多选，选择源对象后，依次点击要赋编码和属性的同类实体完成赋值，直至点击鼠标右键退出。

7.8.4.2　多个编码匹配（Batchbrush）

功能：将一个实体的编码和属性赋给多个同类实体。

操作：点击"多个编码匹配"命令，命令行提示：

请选择源对象：选择要复制编码与属性的实体。

请选择要修改的目标对象：[全选 A/多边形框选 K/多边形交选 J/点选 D/过滤器 F]：批量选择要赋予编码和属性的多个实体后，点击右键或回车，批量赋编码和属性赋值立即完成。

7.8.4.3　高程匹配（Singlebrushz）

功能：从一个实体获取高程值赋予其他实体对象。

操作：点击"高程匹配"命令，命令行提示：

请选择源对象：选择要复制高程属性的实体。

请选择要赋值的实体：选择要赋高程的实体，高程匹配立即完成。操作可连续进行，直到点击鼠标右键退出。

7.8.4.4　属性刷（AttributeBrush）

功能：将指定的源对象实体扩展属性字段复制到要修改的实体中。

操作：点击"属性刷"命令，命令行提示：

请选择源对象：选择要复制属性的实体，然后在弹出的属性刷窗口中选择扩展属性字段名（图 7.109）。

请选择目标对象：[全选 A/多边形框选 K/多边形交选 J/点选 D/过滤器 F]：选择要修改属性的多个实体，扩展属性赋值立即完成。操作可连续进行，直到点击鼠标右键退出。

图 7.109　属性刷

7.8.5　快捷关键字

功能：线实体节点快捷操作命令关键字（表 7.1）。

操作：图面上选中要进行操作的实体对象，将光标置于操作节点附近，按快捷关键字。

表 7.1　线实体节点快捷操作命令关键字

关键字	功能
B	设置线形交错特征点
C	闭合开关
E	增加节点
F	矢量反向
G	高亮显示编码
J	设置拐点
K	设置特征点
S	设置拟合特征点
W	删除节点

7.9　地形图绘制

绘图处理菜单包括地形图绘制及测量坐标系统设置等功能，其操作界面如图 7.110 所示。

图 7.110　绘图处理菜单

7.9.1　坐标系设置

功能：用于设置当前数据源的坐标系统。

操作：点击"坐标系设置"按钮，弹出设置窗口（图 7.111），在此窗口中设置坐标系方法如下：

图 7.111　坐标系设置

（1）调用已保存的坐标系统：点击"选择"命令，在弹出文件选择窗口中，选择坐标系统文件".prj"。

（2）新建坐标系统：点击"新建"按钮，选择建立地理坐标系统或者投影坐标系统：

① 新建地理坐标系统：弹出如图 7.41（a）所示地理坐标系设置对话框，设置包括坐标系统命名、基准面、角度单位及本初子午线的选择，详细操作参考 7.4.1.1。

② 新建投影坐标系统：弹出如图 7.41（b）所示投影设置对话框，设置包括坐标系统命名、选择投影方式、设置长度单位和地理坐标系选择等，详细参考 7.4.1.1。

（3）修改坐标系统：点击"修改"按钮，弹出如图 7.41（b）所示投影设置对话框，可修改投影坐标系统参数或地理坐标系统参数。

（4）清空坐标系统设置：点击"清空"按钮，将当前坐标系设置清空。

（5）保存坐标系统设置：点击"另存为文件"按钮，将当前坐标系设置保存为".prj"文件，以便再次使用时点击"选择"命令调用。

7.9.2　电子平板设置

电子平板测图设置命令模块。

7.9.2.1　电子平板通讯设置（Dzpb）

功能：完成安装 iData 软件之便携或平板电脑与测量仪器的连接设置。

操作：点击"电子平板设置"命令后，弹出电子平板设置对话框（图 7.112）。

图 7.112　电子平板连接设置

对话框中的仪器类型、通讯串口、波特率等参数按测量仪器通讯参数设置。选择"展点号"，测点在平板屏幕上显示测点编号，选择"展高程点"，则显示测点高程值。

说明：仪器类型选择框用于选择使用的仪器类型，其中有一选项"手工输入观测值"，表示平板电脑不与测量设备进行数据通信。

7.9.2.2　电子平板测量设置（Setdzpb）

功能：在 iData 系统中完成测量仪器（全站仪）的测站设置。

操作：点击"电子平板测量设置"命令，弹出电子平板测量设置对话框，如图 7.113 所示。在对话框中设置步骤如下：

（1）选择已知坐标数据文件：点击对话框右上方"浏览"命令，在弹出文件对话框中选择坐标数据文件，也可直接输入文件名及路径。

（2）设置测站点：测站平面坐标、高程可输入点号后，单击"点号"按钮调入；或者点击"拾取"命令后，在图上捕捉已展绘的控制点获取，也可以手工输入坐标数据。

（3）定向设置：定向方式选择"方位角定向"，需录入定向方向的坐标方位角；若选择"定向点定向"，则需要给出定向点名（号）。为防止出现设置错误，还

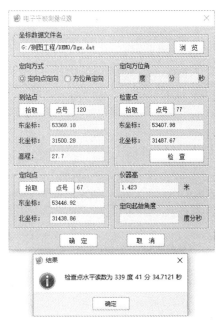

图 7.113　电子平板测量设置

应设置检查点用于校核。定向点、检查点设置方法和测站点设置相同，只是若手工输入不需要高程值。

（4）仪器高和定向起始角设置：输入仪器高和定向起始角值。定向起始角是仪器照准定向方向的水平角读数，一般设置为零。

（5）若已设置检查点，点击"检查"按钮，系统弹出"结果"提示框，显示检查点水平角读数，若此读数与仪器实际照准检查点时读数一致，则表明各项设置正确。

设置完成后点击"确定"，iData 系统即进入电子平板测量模式。

7.9.2.3　切换坐标定位（Setzbdw）

功能：将平板电脑定位模式切换为计算机的定位方式。

操作：点击"绘图处理"菜单中的"切换坐标定位"按钮，命令行提示：

已经切换为坐标定位模式!

说明：触摸屏平板计算机和普通计算机定位模式不同，所以当使用不同定位模式的计算机时，必须选择相应的定位模式。

7.9.3　坐标数据处理

坐标数据处理命令模块。

7.9.3.1　批量修改坐标数据（Chdata）

功能：对坐标数据文件进行批量修改，包括坐标数据加常数、乘常数、交换 X、Y 坐标等工作。

操作：点击"批量修改坐标数据"命令，在弹出操作界面（图 7.114）上完成坐标数据批量修改操作。

（a）加固定常数　　　　　　　　　（b）乘固定常数

图 7.114　批量修改坐标数据

说明：

（1）"原数据文件名"与"更改后数据文件名"：点击"…"按钮，进入文件存储目录，设置更改前后数据文件名与路径。

（2）需要处理的数据类型：有"处理所有数据"和"处理高程为 0 的数据"两个选项。

（3）"改正值"与"修改类型"：改正值输入 X、Y 坐标和高程 H 的改正数，修改类型分"加固定常数""乘固定常数""XY 交换"。选择前两项，是对所有点坐标，对应加以或乘以输入的改正值，若勾选"XY 交换"，则只是将坐标中的 X、Y 值交换。

7.9.3.2　坐标数据分幅（Sjff）

功能：提取指定图面范围内的坐标数据，生成一个分幅坐标数据文件。

操作：点击"绘图处理"菜单下的"坐标数据分幅"命令，系统弹出"输入原始坐标数据文件名"对话框。选择原始坐标数据文件点击"打开"命令，弹出"输入分幅坐标数据文件名"对话框。输入分幅坐标数据文件名，点击"保存"，命令行提示：

选择分幅方式：[1.根据矩形区域/2.根据封闭复合线]<1>：选择分幅方式。

选择 1，命令行提示：

捕捉 A/输入分幅西南角坐标：输入或在图上按下鼠标右键指定分幅西南角坐标，回车确定。命令行提示：

输入分幅东北角坐标：输入或在图上按着鼠标左键拖动指定分幅东北角坐标，数据分幅完成。

若选择 2，命令行提示：

选择闭合边界线或面：在图上选择闭合边界线或面实体，数据分幅完成。

7.9.3.3　坐标显示与打印（Show）

功能：调阅坐标文件并提供数据编辑和打印功能。

操作：点击"坐标显示与打印"命令，弹出"编辑坐标数据"窗口（图 7.115），其命令功能及操作内容如下：

（1）窗口下方各项命令：

① 打开：打开所要查看的坐标数据文件。

② 保存：保存编辑后的坐标数据文件。

③ 增加：增加一行数据。

④ 删除：删除当前行数据。

⑤ 打印：打印"数据内容"表格中的数据。

⑥ 退出：退出"编辑坐标数据"窗口。

（2）数据内容表格中各列内容：

① 点名：每个测点的点名或者点号。

② 编码：测量点的绘图信息编码，用于系统识别自动绘图。

③ 参加建模："是"表示此点参加三角网建模，"否"表示不参与。

④ 展高程："是"表示展绘高程点，"否"表示不展绘。

⑤ 东坐标：测量坐标系 Y 坐标。

⑥ 北坐标：测量坐标系 X 坐标。

⑦ 高程：测点的高程。

⑧ 附属信息：操作人员自定义信息。

说明：图 7.115"数据格式"下栏目，用于设置坐标文件格式。iData 支持对读入数据格式作自定义设置，所以对非标准文件格式的数据，可以通过双击修改表示列位的数字，实现不修改数据格式而正确读入。

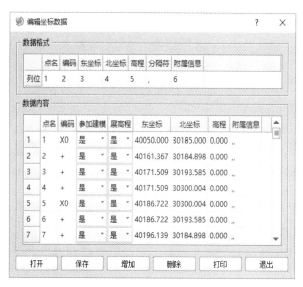

图 7.115　坐标数据编辑

7.9.3.4　坐标数据检查（Checkdat）

功能：iData 使用数据库存储，点名是测量坐标关系表中的主键，不能出现重复的点号，否则数据无法导入数据库。"坐标数据检查"命令用于对数据文件中点号、坐标是否重复进行检查和提示，并可删除重复数据，避免出现数据冗余。

操作：

（1）点号查重与处理：

① 点击"坐标数据检查"命令，弹出数据检查窗口，如图 7.116 所示。

② 点击"读取文件"命令，读取查重的".dat"数据文件；

③ 勾选"点号重复检查"，设置点号所在列，点击"检查重复"命令，弹出"共找到 N 条重复数据"提示框[图 7.116（a）]，并且重复点号的数据被加底色突出显示。如果有多组重复，各组重复数据会被加以不同底色。

④ 可选中重复数据中一行，点"删除"按钮删除该行数据，也可点击"保留前一个"或"保留最后一个"命令，批量删除重复数据组中的其余点。若选择不删除，可点"批量加后缀"给重复点号添加后缀,添加规则是:重复编组中的第一个数据点号不变,后面给点号加以 N_1、N_2……后缀。

（a）点号查重　　　　　　　　　（b）坐标查重

图 7.116　坐标数据检查

（2）坐标查重与处理。

坐标查重处理操作与点号查重类似，查询结果如图 7.117（b）所示，只是批量添后缀命令对坐标重复处理无效。

（3）双击重复数据对应列，可以修改该列数据。

说明：

（1）较大的测区都是多台设备同时作业，测量数据之间点号相同的情况较为普遍。无论将各设备测量数据分别导入数据库，还是把数据文件合并后再导入，都会因为文件内有相同点号而无法导入。一种可行的处理方法是，对不同设备所采集测量数据中的点号添加不同的前缀，使其不再有同号测量点。

（2）实际作业时还可能存在一点重复测量的情况，iData 可以通过坐标查重找到重测点，并着色显示供作业人员处理。

7.9.4　测量点处理

测量点处理及相关设置命令模块。

7.9.4.1　读取测量坐标数据（Adddat）

功能：读取坐标数据，在图形上显示测点及编号。

操作：点击"读取测量坐标数据"命令，弹出"读入坐标数据"对话框（图 7.117），在对话框中可进行以下操作：

（1）选择坐标集：坐标集是指数据库中存贮点坐标数据的表，"选择坐标集"下拉列表中列出了已有坐标集，选择一坐标集文件，则新读入坐标文件会加入所选坐标集，不做选择则以读入坐标文件名建立新坐标集。

（2）读取文件：弹出打开文件对话框，选择坐标文件打开，文件名会显示在"选择坐标集"右边下拉列表框中，并且文件内容显示在"数据文件内容"列表中。

（3）查看重复点：查看读取数据文件中的点号重复记录。

（4）说明：调阅对话框各功能的详细说明。

（5）清空列表：清空数据文件内容列表中的显示数据。

（6）清空导入数据：将导入的所有坐标数据从数据库删除。

图 7.117　读取测量坐标数据

（7）导入：将数据文件内容列表中显示的坐标数据导入指定数据库，并且展绘在图形窗口中。

（8）关闭：关闭该对话框。

（9）读入数据格式：双击"列数"行的数字或分隔符，设置读入文件数据格式。默认数据顺序为：点号 编码 Y 坐标 X 坐标 Z 坐标 附加属性 分隔符号。

（10）点号前缀、点号后缀：若勾选并设置测量点号前后缀，则可批量处理要导入的测量坐标文件。

说明：

（1）点击"导入"命令，命令行将显示"成功导入 N 个坐标点数据"，并且将坐标点标注点号显示出来，但在图面上不可选择与编辑。

（2）读取数据文件时，系统会检查有无相同点号，有则弹出提示"有重复点号，请修改后读入或选择忽略并读入"。选择"忽略并读入"，将读入有重复点号的数据；若选择"取消"，则取消读入操作。

（3）数据格式符合要求时，数据文件内容窗口才可以查看到数据文件内容。

（4）导入数据到数据库时，系统会检查读入坐标数据与数据库已有数据中有无重复点号，有则提示"第 N 行点号 M 与数据库数据存在的点号重复，数据导入失败！"。

7.9.4.2 编辑测量点（Bjkzd）

功能：数据库里的测量点数据不能在图面上修改，必须在数据库中进行。"编辑测量点"命令可用于：

（1）测量点的增加、删除。

（2）修改测量点编码。

（3）对测量点显示、展高程、建模等设置进行修改。

操作：点击"编辑测量点"命令，弹出对话框（图7.118）。对话框右侧各命令功能如下：

图 7.118 编辑测量点

（1）清空列表：将窗口中的坐标数据表格显示清空。

（2）说明：详细说明各项操作命令。

（3）输入：在坐标数据表格里新增一行数据。

（4）增加：将新增坐标数据行保存到 MDB 数据库中。

（5）删除输入行：将还没保存到 MDB 中的新增坐标数据行删除。

（6）显示全部：在表格中显示图面上所有测量坐标数据。

（7）选择点集：在图面上选择要显示的测量坐标数据。

（8）确认修改：提交对坐标表格中的数据内容的修改。

7.9.4.3 最近点连线（CONNECTPOINT）

功能：对图面选择区域内的所有点按最近距离进行快速连接，形成一条折线（图 7.120）。

操作：点击"最近点连线"命令，命令行提示：

请输入点的最大连线距离（米）<100.0>：设置相邻两点间最大连线距离。

捕捉 A/请指定第一点：在图上绘制范围线起点

捕捉 A/请指定下一个点：依次指定范围线边界点，绘制完毕点击右键或回车确认，范围线内的测点立即按最近距离连接成一条折线。

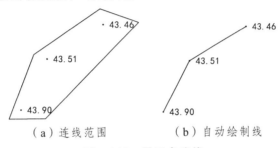

（a）连线范围　　　（b）自动绘制线

图 7.119　最近点连线

7.9.5　展点

展绘控制点与高程点命令模块。

7.9.5.1 展点样式（Ddptype）

功能：设置展绘测点的样式，包括点符号类型、大小，注记文字大小、颜色、对齐方式等内容。

操作：点击"展点样式"命令，在弹出对话窗口（图 7.120）中进行设置。

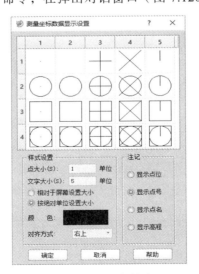

图 7.120　展点样式

说明：

（1）样式选择：在对话框上方表格中显示展点图式，用鼠标点击图标选择。

（2）样式设置：可设置点符号大小、注记文字大小、大小设置参照、颜色、对齐方式等，其中点大小设置对第一行、第一、二列两个图式无效。

（3）注记：设置展点时注记类型，有显示点位、点号、点名或高程等选项。

7.9.5.2　展控制点（DRAWKZD）

功能：在图上指定测量点，根据设置绘制控制点实体符号。

操作：点击"展控制点"命令，弹出对话框（图7.121），选择源数据点及控制点类型，点"确定"完成控制点展绘。

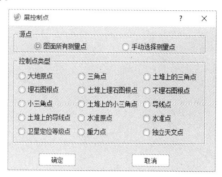

图 7.121　展控制点

说明：选择"手动选择测量点"，是在图上绘制封闭多边形，将多边形内的测点展绘为控制点实体符号。

7.9.5.3　展高程点（Expandeleva）

功能：读取已打开数据库文件中的测点数据，按高程点符号展绘在图面上。

操作：点击"展高程点"命令，命令行提示：

请选择获取坐标点的方式:[1.图面全部测量点/2.手动选择范围/3.选择坐标集]<1>：

选择获取测点的方式，分别输入选项1、2、3后，操作方式如下：

（1）系统立即将已打开数据库中的测点，全部按高程点符号展绘出来。

（2）在图面上绘制一个封闭区域（也可选择已有闭合区域），只将区域内的测点展绘为高程点。

（3）弹出坐标集选择对话框（图7.122），勾选要展高程的坐标集后点击"确定"。命令行提示：

是否过滤高程为0的测量点：[是Y/否N]<N>： 输入选项后回车或点击右键完成操作。

图 7.122　选择坐标集

说明：7.9.4.1 小节介绍的"读取测量坐标数据"，图上显示的测点不可选中和编辑，而展点命令展会的测量点可以在图面上选中、查看、编辑属性。

7.9.6　快速成图

系统自动绘图功能命令模块。

7.9.6.1　简码识别（Jmsb）

功能：读入带有绘图信息编码的测量数据文件，使系统自动识别完成地形图绘制，并保存到当前 mdb 数据文件中。

操作：点击"简码识别"命令，在弹出的文件浏览对话框中，选中并读入带有简码的坐标文件。

说明：

（1）"简码法"成图是在测量地形特征点时，附加描述测点连接信息的简单编码，数据读入系统后自动绘制地形图的作业方式。简码一般由字母和数字组成，可以根据各自作业习惯自行设置与地物实体编码对应的简码，简码的定义在符号化模板 db 文件的 SYS_JCODE 数据表中。

（2）简码识别方法只用于绘图，不同时展绘测量点，因此图面上不显示测点点位、点号、高程等。若需要这些测量点信息，还需对坐标文件进行"读取测量坐标数据"和"展高程点"操作。

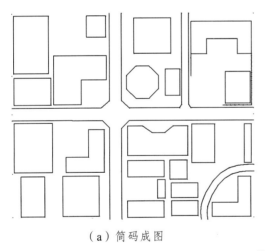

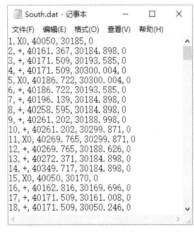

（a）简码成图　　　　　　　　　　　　（b）带简码的坐标文件

图 7.123　简码识别

7.9.6.2　编码引导（Jmyd）

功能：将在室内完成的编码引导文件，和不带编码的测量坐标数据文件一起读入系统，使系统像使用带绘图编码的测量文件一样，实现地形图自动绘制。

操作：点击"编码引导"命令，在弹出对话框中选择编码引导及测量数据文件，点击"确认"。

说明：

（1）简码法作业需要在测量现场输入描述测点间关系的简码，若使用全站仪作业，在仪器上输入简码操作不方便，并且在测站上远距离观察，也难以弄清测点之间的关系，所以复杂地形测区作业较困难。

（2）外业测量时不输入简码，而是由司镜人员绘制描述测点间关系的草图，事后对照草图人机交互绘图的作业方式称为草图法。草图法也可事后编辑"编码引导文件"（*.YD）实现自动绘图，编码引导文件以测量数据中的点号为纽带，描述测量点之间的连接关系，从而系统可以结合两个文件，完成地形图自动绘制。

（3）编码引导文件的数据文件后缀为".YD"，文件的每一行描绘一个地物，数据格式为：

Jcode，N1，N2，……，Nn，E，其中：Jcode 为该地物的简编码；Nn 为构成该地物的第 n 点的点号。需要注意的是：N1、N2、……、Nn 的排列顺序必须与实际连接顺序一致。每行描述一地物，行尾的字母 E 为地物结束标志。

最后一行只有一个字母 E，表明编码引导文件结束。

一个编码引导文件实例如图 7.124 所示：

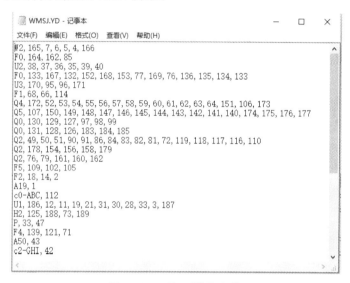

图 7.124　编码引导文件

7.9.7　地形图人机交互绘制

功能：将测量点展绘在计算机屏幕上读取测量坐标数据即可，绘图操作时可捕捉到。

操作：选取欲绘制地物符号的工具获得地物编码，然后鼠标图上点取测点，或者在命令行输入点号，依次连接测点完成地形图绘制。

说明：

（1）许多地物、地貌特征点测绘时，由于通视条件限制等原因，不仅无法按绘图顺序连续测量，可能还要结合丈量数据才能完成。这种地物、地貌图形绘制，均难以采用编码或者编码引导法完成绘图，而只能采用人机交互编辑完成。

（2）地形图基本元素包括点、线、面三类，人机交互绘制这些图形元素，首先在绘图面板中选中要绘实体类型（如电杆、陡坎、道路等），以确定实体地物编码。只有确定了地物编码，地形元素才能实现正确分层。

（3）人机交互绘图有两种定位方式，一种是"图面定位"，另一种方式是"点号定位"。选择"图面定位"，是在图面上捕捉定位点绘图。选择"点号定位"，是在命令行中按照提示，输入绘图元素地物编码和点号，系统自动定位连接绘图。在绘图过程中，可随时在命令区输入快捷字符 P，进行两种定位方式的切换。

（4）人机交互编辑绘图是地形图测绘内业最重要的工作，测量人员需要做大量的绘制、检查、调整、修改、美化等图形编辑工作，才能完成准确、合理描述地物、地貌的地形图。

（5）图形编辑工具众多，熟练利用这些编辑工具可显著提高图形编辑效率。例如：对于多个同样的地形符号，完成一个后使用复制功能绘制其余的；对于形状对称的地物实体，可以绘制一部分，另一部分通过镜像功能生成；通过工具菜单中的筛选功能，将满足条件的实体选中进行批量更改等。

（6）地形复杂的地方，由于地物密集、繁杂，会使得图面杂乱而主次不清。可以使用图层隐藏功能，不显示部分图层，更方便地形图的编辑。

（7）为使图形元素精确定位，绘图时需要打开点位捕捉功能。但是捕捉点类型打开过多可能会导致捕捉错误，所以要根据编辑绘图的实际需要随时变换。

7.9.8　地图分幅

对地形图分幅参数设置与操作命令模块。

7.9.8.1　图幅格网设置（Mapsheetsetting）

功能：设置地形图分幅相关参数，内容包括分幅方式、图幅规格、比例尺、椭球参数、图幅编号、格网精度和投影参数等。

操作：点击"图幅网格设置"命令，弹出对话框如图 7.125 所示，对话框中设置内容如下：

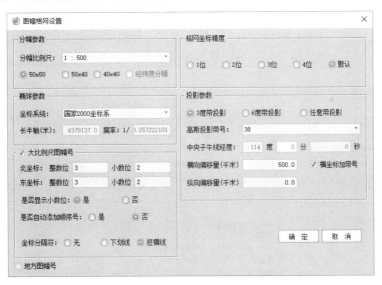

图 7.125　图幅风格设置

（1）分幅参数：设置分幅比例尺和分幅方式，比例尺范围从 1：500 到 1：1 000 000，方式设矩形分幅和经纬度分幅。矩形分幅有 50 cm × 50 cm、50 cm × 40 cm、40 cm × 40 cm 三种标准格网。经纬度分幅属于梯形分幅，以经线、纬线为图幅分界线。比例尺为 1：5000 时，既可采用矩形分幅也可采用经纬度分幅；大于此比例尺选择矩形分幅，反之只能选择经纬度分幅。

（2）椭球参数：选择经纬度分幅时，需要设置地理坐标系。采用已有坐标系统，可从"坐标系统"下拉框中选择，若是自定义坐标系统，则在"坐标系统"选项框中选择"自定义椭球"，输入参考椭球的长半轴和扁率倒数。

（3）大比例尺图幅号：大比例尺地形图图幅号的完整格式为："图幅左下角北坐标"+"坐标分隔符"+"图幅左下角东坐标"。系统设置了图幅号中的坐标小数位默认值，操作人员也可自行设置图幅号中坐标显示格式，以及顺序号、坐标分隔符样式。若勾选"地方图幅号"，大比例尺图幅号参数将无效，数据分幅后自行设置图幅号。

（4）格网坐标精度：当分幅方式为经纬度分幅时，设置图幅各角点坐标的小数位数。

（5）投影参数：使用梯形分幅时，需要设定投影带号、横向偏移量和纵向偏移量等参数。选择了高斯投影带号，中央子午线经度会自动确定。若要在横坐标前冠以带号，需勾选"横坐标加带号"。

7.9.8.2　数据分幅（Mapdivision）

功能：根据地形图分幅格网设置，对视窗显示的当前图形数据进行分幅，并保存分幅结果。

操作：点击"数据分幅"命令，弹出对话框如图 7.126 所示，对话框中设置内容如下：

（1）图幅设置：按列表显示分幅后的图幅编号。

（2）分幅方式：分"矩形分幅""经纬度分幅"和"面域分幅"三种分幅方式。"矩形分幅""经纬度分幅"是主要的分幅方式，分别适用于大比例尺和小比例尺地形图分幅。面域分幅是按照指定的面实体编码进行。勾选面域分幅后，可通过"选择"按钮，选择面实体编码[图 7.125（c）]，也可直接在"面域编码"输入框中录入面实体编码。

（3）分幅范围：可选择全库分幅，或选择图幅（面域）分幅。全库分幅表示对当前图面上的所有数据进行分幅处理；选择图幅（面域）表示选择当前图面上分幅范围。若选择后者，只有通过"选择范围"命令指定分幅范围或面域后，图幅设置框中才会刷新显示分幅后的图幅编号。

（a）分幅设置

（b）面域分幅

图 7.126　数据分幅

（4）输出方式：选择"同一个数据库文件"，表示各分幅数据保存在同一个数据库文件中。选择"多个数据库文件"，表示以"图幅列表"中显示的图幅编号为文件名，将分幅后的成果数据分别保存到多个数据库文件中。

（5）输出路径：输入或点击"浏览"命令设置分幅后的 MDB 文件存储。选择"同一个数据库文件"需设置文件名及路径，选择"多个数据库文件"，则只需设置保存路径。

（6）按面域分幅命名规则："图幅设置"下窗口内若没有出现分幅图名，则系统默认以"面域实体名称—序列号"作为图幅名称；否则按照规则说明进行命名。例如命名规则中输入"<MC>—辖区图"，"MC"表示面域编码实体的名称属性字段，则"图幅列表"框中以"<名称属性字段值>—辖区图—序列号"依次输出。

（7）是否进行图幅整饰：勾选此选项，在"图幅方案"下拉选择框中选择整饰方案文件，系统将自动完成图廓整饰工作。

（8）分幅完成后加载：勾选表示分幅完成后，系统自动打开分幅后的数据文件，显示在新视图窗口。

说明：iData 图库一体，数据分幅等同于图形分幅。

7.9.8.3　多边形裁剪（Polygontrim）

功能：通过设置裁剪边界、裁剪区域，裁剪对象及裁剪后输出方式，对图形(数据)进行裁剪。

操作：点击"多边形裁剪"命令，弹出设置对话框如图 7.127 所示，设置内容如下：

（1）设置边界：

方法分"手绘边界""图形闭合区域"和"图形外接矩形"三种，根据需要勾选其中之一，然后点击相应的命令完成设置。

（2）设置区域：

① 设置区域下"裁剪区域"内有"边界内"和"边界外"两个选项，若勾选"包含在边界上的实体"，并选择"边界内"，即裁剪与边界线相交线（面）实体落在边界线内和与边界线重合的部分，以及边界线上的点实体；若裁剪区域设置为"边界外"，则裁剪相交线（面）

实体落在边界线以外的部分。

② 若不裁剪与边界线相交实体，可勾选"不裁剪与边界相交的实体"，但必须在"相交要素保留位置"下设置，勾选不裁剪的相线交实体是归于裁剪边界线内，还是裁剪边界线外。

（3）设置对象：

① "全部实体"所有实体都参与裁剪运算。

② "要裁剪的编码"：编码与设置值一致的实体，才参与裁剪运算。

③ "不裁剪的编码"：编码与设置值一致的实体，不参与裁剪运算。

（4）输出方式：

① 只进行裁剪：只裁剪不做其他操作。但若选择了"不裁剪与边界相交的实体"，则此选项无效。选择"只进行裁剪"后，可设置"将裁剪后的实体进行编组"。

② 删除裁剪实体：将裁剪对象删除。

③ 输出到文件：将裁剪后实体输出到新文件中，需要设置输出文件名与路径，及输出完成后是否要打开。

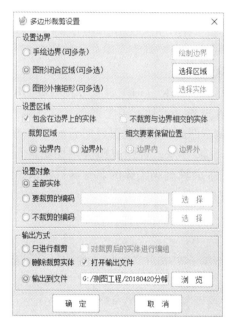

图 7.127　多边形裁剪设置

7.9.8.4　图幅接边（Joinmap）

功能：将满足设定条件的实体在边界线处拼接或断开，也可选择只对实体做接边检查，不做拼接处理。

操作：点击"图幅接边"命令，弹出接边设置对话框（图 7.128），完成设置后点击"确定"。

对话框各项设置内容如下：

（1）设置边界：设定实体拼接或断开的分界线。

① 选择边界：选择图上已有线实体或面实体边界作为分界线。

② 手绘边界：绘制一条分界线。

③ 多幅检测：指定一个或多个图幅，将图幅边界作为分界线。

（2）拼接方式：选择边界处实体的两种处理方式：①在边界处拼接；②在边界处断开。

（3）匹配模式：勾选处理的线实体应满足的条件。

（4）拼接范围：在"边界扩宽距离（米）"输入框中设置阈值，与边界线距离在阈值以内的实体，才参与拼接或断开运算。若勾选"将范围内的面实体节点移至边界上"，表示把拼接面实体（边线）拼接节点置于边界上。

（5）选项：勾选"只检查"，将只对边界两边可以拼接的线实体进行检查，并输出到"数据浏览"窗口（图 7.67），而不做拼接处理。

图 7.128　接边设置

7.9.9　坐标转换

坐标转换及测站改正操作命令模块。

7.9.9.1　坐标转换（Transform）

功能：坐标转换及平面图形转换，可处理 DAT、DWG、MDB 等多种格式数据文件。

操作：点击"坐标转换"命令，弹出如图 7.129 所示对话框，其中各命令功能如下：

图 7.129　坐标转换

（1）打开转换方案：打开已保存的转换方案。

（2）保存转换方案：保存当前转换方案。

（3）添加转换方式：包括四参数转换、七参数转换、高斯正反算、大地坐标与空间坐标相互转换。点击相应的命令，弹出参数设置窗口，设置完后点确定，"坐标转换"对话框将显示对应的转换方式及参数。

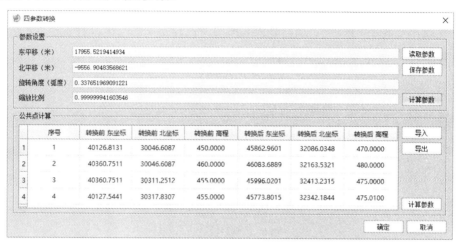

图 7.130　四参数转换设置

① 四参数转换设置。

点击"四参数转换"命令，弹出操作界面如图 7.130 所示，其中"参数设置"下的输入框中显示已选取的四参数值。四参数转换适用于平面坐标及图形的转换，可选择手动输入四参数，点击"读取参数"命令调取四参数，或点击"计算参数"命令，读入公共点数据文件计算四参数等方式，完成转换设置。

当选择"计算参数"时，操作面板（图 7.130）下方展开"公共点计算"窗口，点击"导入"命令，读取".dat"格式的公共点坐标文件（显示在公共点计算窗口中），然后点击右下角"计算参数"命令，即计算获得坐标转换四参数。

四参数转换文件数据格式为：四个参数成一行排列，以英文半角逗号分隔，排列顺序为：

Y（东）平移　X（北）平移　旋转角（弧度）　缩放比例

公共点文件数据格式为：一个公共点数据占一行，以英文半角逗号分隔 X、Y 坐标与高程，以冒号分隔两对坐标，数据排列顺序为：

转换前 Y 坐标　转换前 X 坐标　转换前高程：转换后 Y 坐标　转换后 X 坐标　转换后高程

② 七参数转换设置。

七参数用于空间直角坐标相互转换，设置方法和四参数平面转换类似，由于工程实践中鲜有应用，在此就不再赘述。

③ 高斯正算与反算设置。

高斯投影正反算用于大地坐标与高斯平面坐标之间的相互转换。点击"高斯正算"或"高斯反算"命令，系统弹出高斯正反算设置对话框如图 7.131 所示，在对话框中设置椭球参数、中央子午线、坐标加常数等参数后，点击"确定"即完成高斯投影设置。

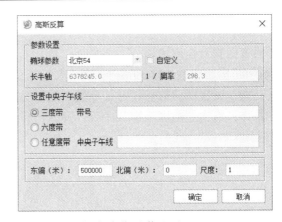

（a）高斯正算设置　　　　　　　　　（b）高斯反算设置

图 7.131　高斯投影设置

④ 大地坐标与空间坐标相互转换。

大地坐标与空间坐标相互转换设置较简单，只需在弹出对话框中，选择椭球参数后点击"确定"即可完成转换设置。

（4）图形转换：点击坐标转换下方"图形转换"命令，在弹出的对话框中（图 7.132）选择转换方式。

图 7.132　图形转换

① 全图转换：选择此选项，系统将对当前视窗中的整个图形进行转换。

② 范围转换：根据鼠标拉出的矩形确定转换范围，将范围内的图形进行转换。

③ 高程不变：勾选表示转换前后，实体的高程值不变；反之则改变。

（5）文件转换：坐标转换对话框下方还有 DAT 文件转换、MDB 文件转换、DWG 图形文件转换、批量转换等命令，选择后读入转换文件和保存转换目标文件即操作完成，因而不再逐一赘述。

7.9.9.2　测站改正（Modizhan）

功能：通过指定两对公共点，对选中的图形进行移动与旋转。

操作：点击"测站改正"命令，命令行提示：

请选择要纠正的图形实体：[全选 A/多边形框选 K/多边形交选 J/点选 D/过滤器 F]：选择要改正的图形实体。命令行提示

捕捉 A/请指定纠正前一点：指定第一个公共点纠正前位置。

捕捉 A/请输入纠正前第二点：指定第二个公共点纠正前位置。

捕捉 A/请指定纠正后第一点：指定第一个公共点纠正后位置。

捕捉 A/请指定纠正后第二点：指定第二个公共点纠正后位置，图形即自动完成转换。

7.9.10 图廓整饰

设置图廓命令模块。

7.9.10.1 图廓整饰（Mapborder）

功能：设置图廓信息，为已分幅的地形图添加图廓。

操作：点击"图廓整饰"命令，弹出图廓绘制对话框（图 7.133），其中设置内容如下：

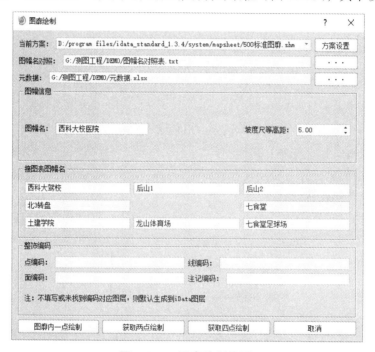

图 7.133 图廓绘制设置

（1）当前方案：在下拉列表中选择图廓要素绘制规则方案文件。若不选择已有方案，可点击"方案设置"按钮，在弹出的图廓信息设置窗口（图 7.134）中完成图廓绘制方案的新建、修改、另存等操作。图廓信息设置内容包括：

① 图例设置：点击"图例设置"命令，弹出的图例设置对话框中（图 7.135），可设置图例的排列方式、间距、偏移及注记字体性质等。

② 图签设置：点击"图签设置"命令，弹出图签设置对话框（图 7.136）。图签设置通过定义".xls"表格完成，点击"表格内容"中单元格第 1 到 8 列分别设置：内容、字体、字号、字体对齐方式、单元格对齐方式、X 偏移、Y 偏移、宽高比等项目，表格设置完成后插入图面，即作为图廓的标签显示。其中，"内容"项若没添加大括号，则输入的值即为表格内容，若是以"{XX}"这种形式填写内容，则"XX"为索引号，通过"索引表"中设置的对应关系，填写索引文件中的对应字符串。"字体对齐方式"和"单元格对齐方式"分别用数字 0 ~ 9 表示左上、中上、右上、左中、中间、右中、左下、中下、右下。

③ 图廓信息设置：图廓信息设置窗口中间九个按钮，分别对应图廓范围内九个区域的信息显示。单击其中一个按钮，可打开对应的"信息设置"对话框，选择要显示的信息内容、显示方式、设置线与注记大小等。图 7.137 为点击中间"图廓内部"弹出的信息设置对话框，其他八个区域的信息设置与之类似。

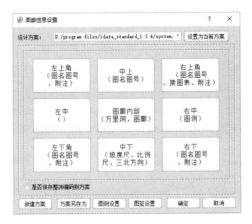

图 7.134　图廓信息设置

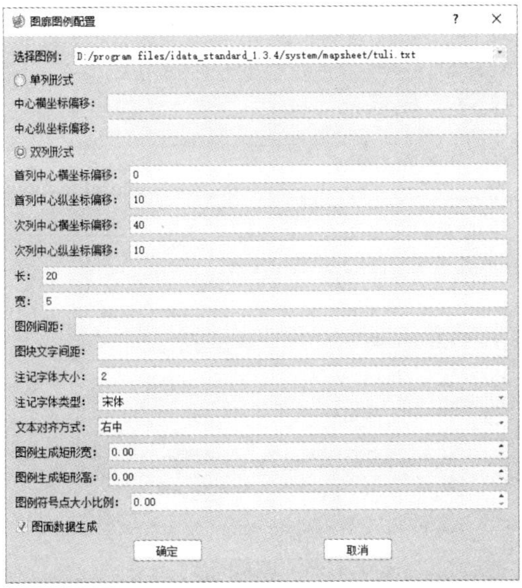

图 7.135　图例设置

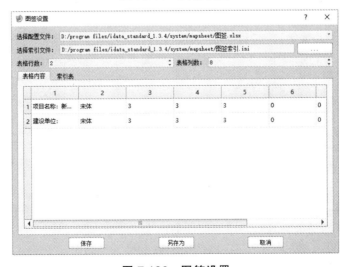

图 7.136　图签设置

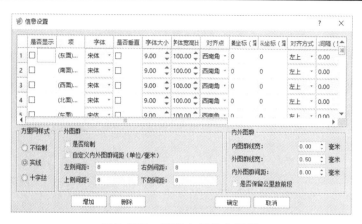

图 7.137　图廓内部信息设置

（2）图幅名对照表：设置各图幅号对应的图幅名。点击图 7.133 所示弹窗中"图幅名对照"后的按钮，弹出"图幅名对照表"对话框（图 7.138），逐一输入各项对照，或通过导入已保存图幅对照表".txt"文件完成填写。

图 7.138　图幅名对照表

（3）元数据：元数据是操作人员自定义的图廓信息文件，格式为 EXCEL 表格（.xls）或（.xlsx）。元数据表格第一行为表头，表头各列分别是"图号""图名""套图廓图名（用于接图表中填写图名）""关键字""高程基准"和"图式"。图廓设置时若以图号为匹配信息，可通过"@XXX"（XXX 表示其中一列表头信息），来调用对应元数据中的内容显示为图廓信息。

	A	B	C	D	E	F
	图号	图名	套图廓图名	关键字	高程基准	图式
	621.00-401.00	力霸机械公司（南）	力霸机械/公司（南）	杨矩河	1985国家高程基准，等高距0.5米。	2007年版国家图式

图 7.139　元数据格式

（4）图幅信息：

① 图幅名：输入当前所要绘制图廓的图名。

② 坡度尺\等高距：设置小比例次图例中的坡度尺、等高距。

（5）接图表图幅名：输入接图表图幅名，若没有输入则调取图幅名对照表中信息。

（6）整饰编码：设置图廓整饰信息中各点、线、面、注记的实体编码。

（7）绘制方式：

① 图廓内一点绘制：在已分幅的图形内点击，系统自动计算图廓位置并进行绘制。

② 获取两点绘制：指定内图廓线两个对角点，确定图廓位置并绘制，用于非标准图幅。

③ 获取四点绘制：手动指定内图廓线的四个角点，确定图廓位置并绘制，用于非标准图幅。

说明：方案、图签、图例文件要放在软件安装目录\system\mapsheet 下。

7.9.10.2　图例设置（Tuliconfig）

功能：为地形图图廓添加图例信息。

操作：点击"图例设置"命令，弹出如图 7.140 所示对话框。在对话框"图例"下拉列表中，可以调取保存的图例文件，也可点击右上角"新建"命令，创建新图例文件。在打开图例文件或点击"新建"命令后，可以完成以下设置：

（1）增加一行：新增一行空白记录，在名称和地物编码列分别输入实体编码和名称，系统会自动在图例窗口中显示相应图例符号。

（2）删除一行：删除选择的图例符号。

（3）自定义图例：点击"自定义图例命令"，窗口隐藏且命令行提示：

请选择组成图例的实体：[全选 A/多边形框选 K/多边形交选 J/点选 D/过滤器 F]： 在图面上选择自定义的图例符号回车确认。

输入编码：输入自己定义图例的名称和编码（不能与已定义编码重复），回车确认。

点击"自定义图例另存为"命令，将自定义图例保存为文件，文件后缀为.ini。

图 7.140　图例

说明：在新建图例文件时，iData 自动建立两个同名文件，如上图目录中 tuli.txt 和该目录下的 tuli.ini，其中 tuli.ini 存贮每个图例的图形信息和索引，tuli.txt 存贮图例的编码和名称，两个文件以编码为索引联系在一起。

7.9.10.3　图幅结合表（Grid）

功能：绘制矩形框交选范围内图形的标准图幅结合表。

操作：点击"绘图处理"菜单中的"图幅结合表"命令，命令行提示：

捕捉 A/选择第一点： 指定交选矩形第一点。

选择第二点： 指定交选矩形第二点，系统自动绘制出标准图幅分幅网格。

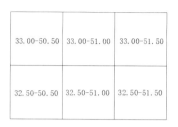

图 7.141　图幅结合表

7.10　等高线绘制与编辑

等高线菜单包括高程点建模设置、构建三角网、建立地表模型及绘制等高线等功能，其操作界面如图 7.142 所示。

图 7.142　等高线处理

7.10.1　高程点编辑

高程点编辑修改等命令模块。

7.10.1.1　修改高程点（Modelevation）

功能：选取图面上的高程点，在弹出的对话框中修改高程值并保存。

操作：点击"修改高程点"命令，根据提示在图面上捕捉选取高程点，弹出"修改高程点"对话框，在对话框中修改高程值后点击"确定"。

7.10.1.2　高程点过滤（Gcdguolv）

功能：设置间距或者高程阈值，对图面上高程点进行过滤，删除不符合条件的点。

操作：点击"高程点过滤"命令，弹出如图 7.143 所示对话框。在对话框中设置过滤方式后点击"确定"，即完成高程点过滤操作。对话框中两种过滤方式功能如下：

（1）依距离过滤：设置相邻两高程点间距离最小值，逐一检测各高程点与周边高程点的距离，当检测到与某一周边点距离小于设定值时，即将该周边点筛选过滤掉。

（2）依高程值过滤：设置高程值范围，只保留设置高程值域内的点。

图 7.143　高程点过滤

7.10.1.3　高程点建模设置（Gcddtm）

功能：设置图面上高程点是否参与建模。

操作：点击"高程点建模设置"命令，命令行提示：

请选择修改方式:[1.单个依次修改/2.批量修改]<1>:选择修改方式,若选第 1 种修改方式,命令行提示:

选择单个高程点:选择要修改的高程点，回车或点击右键确定。

选择是否参加建模:[1 参与/2.不参与]<1>:输入选项后回车确认。

若选择第二种模式，命令行提示:

选择高程点:[全选 A/多边形框选 K/多边形交选 J/点选 D/过滤器 F]:选择要修改的多个高程点,点击右键或回车确定。

选择是否参加建模:[1 参与/2.不参与]<1>:输入选项后回车确认，所选高程点设置完成。

7.10.2　三角网构建

建立 DTM 功能命令模块。

7.10.2.1　建立 DTM（Linksjx）

功能：根据图面上测量点或高程点生成三角网 DTM 模型。

操作：点击"建立 DTM"命令，弹出如图 7.144 所示对话框，在对话框中做如下设置：

图 7.144　构建三角网

（1）点类型："测量点"是执行了"读取测量坐标数据"命令，未执行"展高程点"命令显示点号的点；"高程点"是执行了"展高程点"命令带高程值注记的点。

（2）选点方式：选择"图面全部点"，则图面上所有测量（高程）点都参与构建三角网；而选择"手动选择点"，则只有封闭边界范围内设置为参与建模的点，才参与构建三角网。

（3）地性线：选择"考虑陡坎"，必须先绘制陡坎地形符号，并使用"生成坎底地性线"工具生成了坎底地性线，该项选择才有效。而选择"考虑地性线"，同样要先使用"绘制地性线"工具，绘制通过测量点（高程点）的地性线（否则地性线无效），该项选择才有效。

由于考虑陡坎实际上涉及地性线，当勾选"考虑陡坎"时，系统自动勾选"考虑地性线"。

设置完成点击"确定"命令完成三角网组成。图 7.145 是选择图面全部高程点建立的三角网。

说明：

（1）三角网构建的基本算法是，测量点（高程点）连接最近两点组成三角形，各三角形不重叠、不相交地连接成三角网。地性线的作用是，不允许三角形边穿过。因此在陡坎（陡坡）上下，或沿山脊、山谷设置地性线，可以避免三角形平面架空或切入地表。只有各三角形平面贴近地表，才能逼真地模拟地势的高低起伏，所以地性线作为描绘地貌形态的骨架线，在地形建模中具有非常重要的作用。

（2）地性线可以使用"绘制地性线"功能绘制，也可以读取文件导入保存的地性线。若已绘制或导入地性线，则在生成 DTM 三角网前，要设置"考虑地性线"；若没有绘制或导入地性线，也可在生成三角网后，通过"加入地性线"命令加入，此时已生成三角网会自动调整。

（3）三角网构建时，陡坎线与坎底线作用与地性线相同。调用"生成坎底地性线"命令，逐点输入坎高，系统即可自动生成坎底线。

（4）测量点中可能存在高程错误（如棱镜高输入不正确），或者不能代表地貌的情况（如房顶上的测点），这种情况下可选择"编辑测量点"或"高程点建模设置"功能，修改有问题点或将其设置为不参与建模。

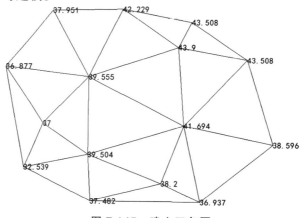

图 7.145　建立三角网

7.10.2.2　重组三角网（Re_sjw）

功能：对图面上多个分离的三角网进行重组，生成一个连为一体的三角网。

操作：点击"重组三角网"命令，系统将图面上分离的三角网自动重组为一体三角网。重组实例如图 7.146 所示。

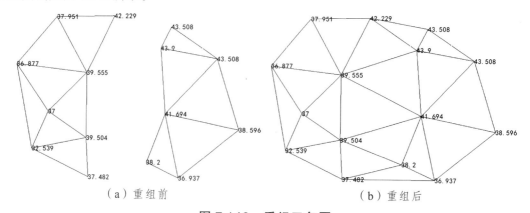

（a）重组前　　　　　　　　　　　　（b）重组后

图 7.146　重组三角网

7.10.2.3　重组三角形（Re_sjx）

功能：删除两个三角形的公共边，改变公共边顶点，以新的公共边重组三角形。

操作：点击"重组三角形"命令，命令行提示：

捕捉 A/请点取公共边：选择要删除的公共边，系统将重新选择顶点构成新的三角形，图 7.147 所示即三角形重组前后之状态。

说明：构建三角网地面高程模型，要求各三角形平面应与地表贴合，不能架空或者切入地面。若三角网构建完成后，局部存在三角形平面不贴合地表的情况，可点此命令修改。

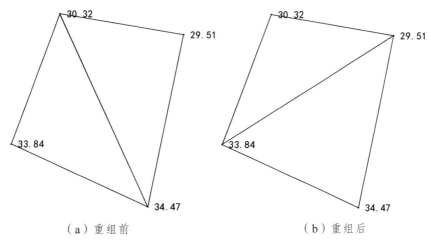

（a）重组前　　　　　　　　　　（b）重组后

图 7.147　三角形重组

7.10.2.4　删除三角形（Erasesjx）

功能：删除非构网区域生成、或错误组成的三角形。

操作：点击"删除三角形"命令，命令行提示：

请选择三角形：[全选 A/多边形框选 K/多边形交选 J/点选 D/过滤器 F]：单选或者框选要删除的三角形，点击右键或回车。

7.10.2.5　增加三角形（Jsjw）

功能：在图面上选择三个顶点组成单一三角形。

操作：点击"增加三角形"命令，命令行提示：

捕捉 A/选择第一个顶点：在图上点取第一个顶点。

捕捉 A/选择第二个顶点：点取第二个顶点。

捕捉 A/选择第三个顶点：点取第三个顶点，选中的三个顶点即构成三角形。

说明：若选取的顶点没有高程值，指定点后系统会在命令行提示输入高程值。

7.10.2.6　过滤三角形（Filter_sjx）

功能：通过设定三角形内角和边长的限制条件，将不符合要求的三角形过滤掉。

操作：点击"过滤三角形"命令，命令行提示：

请输入最小夹角的阈值(0-30)<10 度>：输入三角形中最小角度值，默认值为 10 度。

请输入三角形最大边长与最小边长的比值阈值(1-100)<10 倍>：输入比值阈值，默认 10 倍。确认后命令行提示：

共删除 N 个形状不符合条件的三角形。

图 7.148 就是图 7.145 所示三角网以最小角阈值 15 度，边长比阈值 10 为条件过滤后的结果（最下方一个三角形被过滤。）

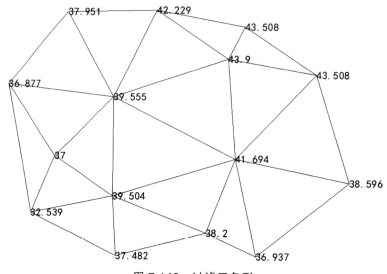

图 7.148　过滤三角形

7.10.2.7　三角形内插点（Insert_sjx）

功能：在已有的三角形中内插一个高程点，对该三角形进行加密，重新构成三角网。

操作：点击"三角形内插点"命令，命令行提示：

捕捉 A/在三角形里选择一点：在三角形内部点取一点；

请输入插入点的高程值<默认 0.0 米>：输入高程值，完成插点重构三角网（图 7.149）。

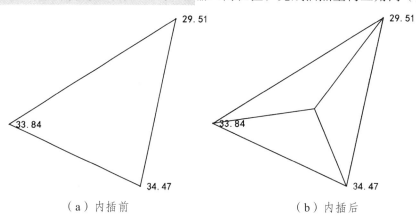

（a）内插前　　　　　　　　　　（b）内插后

图 7.149　三角形内插点

7.10.2.8　删三角形顶点（Erase_sjx）

功能：删除三角网中的某一顶点，以此为顶点的所有三角形将被删除，并重新构建周围的三角网。

操作：点击"删三角形顶点"命令，命令行提示：

捕捉 A/选择三角形顶点：选取要删除的三角形顶点，与该顶点有关的三角形被删除，并重组三角网（图 7.150）。

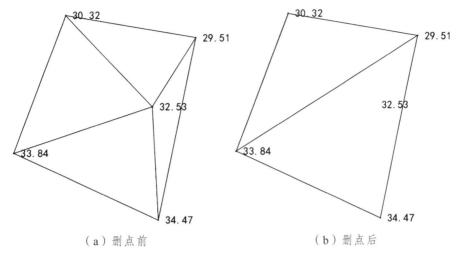

（a）删点前　　　　　　　　（b）删点后

图 7.150　删三角形顶点

7.10.2.9　删三角网（Delsjx）

功能：删除整个三角网。

操作：点击"删三角网"命令，系统即删除整个三角网。

7.10.2.10　加入地性线（Valley）

功能：在构建三角网后新加入地性线，使系统自动重组地性线穿过的三角形。

操作：点击"加入地性线"命令，命令行提示：

选择地性线：[全选 A/多边形框选 K/多边形交选 J/点选 D/过滤器 F]：选择地性线，右键或回车确认，系统即根据新添地性线完成三角形重组。

7.10.2.11　生成坎底地性线（Dxxfromkan）

功能：在陡坎线上指定偏移距离，在坎下生成坎底地性线。

操作：点击"生成坎底地性线"命令，命令行提示：

请选择陡坎线：选择陡坎符号线。

请输入偏移距离<0.25>　输入坎底偏移距离，偏移距离为正，绘制在陡坎线左侧，反之绘制在右侧。

请输入坎底地性线高程：输入坎底高程。

说明：本功能只能添加同一高程的坎底地性线。若想修改各坎底点高程，使用"修改高程值"功能。

7.10.2.12　绘制地性线（Drawdxx）

功能：根据图面测量（高程）点绘制地性线。

操作：点击"绘制地性线"命令，命令行提示：

捕捉 A/切换 P/捕点 D/捕最近点 E/请输入第一个点：点取地性线起点。

捕捉 A/捕点 D/捕最近点 E/切换 P/下一点：指定地性线经过点。

捕捉 A/捕点 D/捕最近点 E/切换 P/下一点：依次指定地性线经过点，直到结束。

说明：绘制地性线时应打开捕捉功能，确保通过测量点（高程点），否则地性线无效。

7.10.2.13　导出三角网（Writesjw）

功能：将生成的三角网另存为".sjw"格式的数据文件。

操作：点击"导出三角网"命令，弹出文件保存对话框，设置文件名及路径后确定。命令行提示：

选择对象：[全选 A/多边形框选 K/多边形交选 J/点选 D/过滤器 F]：在图面上选择要导出的三角网，右键或回车确认。命令行提示：

成功写入 N 个三角形。

7.10.2.14　导入三角网（Readsjw）

功能：将保存的三角网文件".sjw"导入当前的数据库，并显示在图面上。

操作：点击"导入三角网"命令，弹出文件打开对话框，找到文件后双击打开。命令行提示：

共读入 N 个三角形，另有 M 个三角形重复。

7.10.3　等值线绘制

等高线与等深线绘制命令模块。

7.10.3.1　绘制等高线（Dgx）

功能：根据当前显示三角网计算并绘制等高线。

操作：点击"绘制等高线"命令，系统弹出如图 7.151 所示"追踪等值线设置"对话框，在对话框中进行以下设置：

图 7.151　追踪等值线设置

（1）等值线范围：

①"全图追踪"表示图面上所有的三角网都参与等高线绘制，"选择三角网"表示仅以选中的三角网来绘制等高线。

②"最小高程/米"和"最大高程/米"输入框中，自动显示当前三角网模型的最小和最大高程值，也可以在此输入高程范围，只生成限定范围内的等高线。

③"等高距/米"输入框中，设置等高距。

④ 勾选"单条等高线"，并在下方"指定高程/米："输入框输入单条等高线的高程，则只生成一条等高线。

（2）拟合方式：

选择等高线的拟合方式，并可输入等高线的抽稀阈值，用来控制生成等高线的节点密集程度。阈值设置只对三次 B 样条曲线、张力样条曲线和五点光滑曲线三种拟合曲线有效。

设置完成后点击"确定"命令，图 7.152 所示三角网，生成等高线如图 7.153 所示。

说明：自动生成的等高线多少会存在一些问题，需要进行检查、修改，主要内容如下：

① 首先判断是否有错误高程点导致等高线与实际明显不符。若有则应对错误点作改正，或使之不参与建网，并删除三角网和等高线重新构网绘制。

② 地貌复杂测区等高线通常是分区绘制，两个区域相邻处等高线会重叠、交叉。这种情况需要打断交叉等高线，并使用"等高线缝合"工具进行缝合处理。

③ 修剪、消隐穿过建筑物、道路、陡坎（陡坡）等符号的等高线。

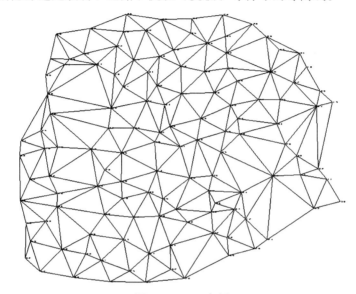

图 7.152　三角网

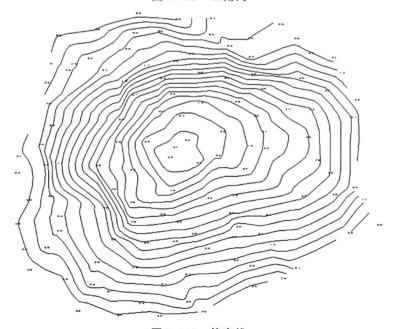

图 7.153　等高线

7.10.3.2　绘制等深线（Dsx）

功能：根据当前显示三角网计算并绘制水下等高线（等深线）。

操作：参照等高线设置与绘制方法。

7.10.4　等高线注记

等高（深）线添加数字注记命令模块。

7.10.4.1　单个高程注记（Gczj）

功能：为指定的单条等高（深）线注记高程数字。

操作：点击"单个高程注记"命令，命令行提示：

选择需注记的等高（深）线：选择要注记的等高（深）线。

依法线方向指定一条相邻等高（深）线：垂直注记等高线方向，任意点击一条相邻等高（深）线，在距点击最近处的注记等高线上，自动生成字头朝向高处的高程注记。

7.10.4.2　直线高程注记（Zxgczj）

功能：在辅助直线与等高线的交点处注记高程。

操作：点击"直线高程注记"命令，命令行提示：

请选择：[1.只处理计曲线/2.处理所有等高线]<1>：选择注记等高线类别。

捕捉 A/请选择起点位置：指定辅助直线一个端点。

捕捉 A/请选择终点位置：指定辅助直线另一个端点，即在直线与计曲线（等高线）交点处生成高程注记。

7.10.4.3　单个示坡注记（Spzj）

功能：为指定等高线标注示坡线。

操作：点击"单个示坡注记"命令，命令行提示：

选择需注记的等高（深）线：点选需要注记示坡的等高（深）线。

依法线方向指定相邻一条等高（深）线：垂直注记等高线方向，任意选择一条相邻等高（深）线，在距点击最近处的示坡注记等高线上，朝向低处的示坡短线即自动生成。

7.10.4.4　直线示坡注记（Zxspzj）

功能：在辅助直线与等高线交点处标注示坡线。

操作：点击"直线示坡注记"命令，命令行提示：

请选择：[1.只处理计曲线/2.处理所有等高线]<1>：选择示坡注记等高线类别。

捕捉 A/请选择起点位置：指定辅助直线起点。

捕捉 A/请选择终点位置：指定辅助直线终端，直线与计曲线（等高线）所有交点处生成示坡线。

7.10.5　等值线处理

等高（深）线编辑与修饰命令模块。

7.10.5.1　查询指定点高程（Height）

功能：内插计算图面三角网内任意点高程。

操作：点击"查询指定点高程"命令，命令行提示：

是否在图上注记：[是 Y/否 N]<Y>：设置查询后是否在图上标注查询点位置及注记高程。

捕捉 A/指定点：指定要查询的点，命令行提示：

指定点坐标：X=53460.950 米,Y=31396.553 米,H=37.611 米。若选择在图上标注，系统同时在查询点注记位置和高程。

说明：查询点高程是根据生成的三角网数据内插计算得到，若查询点在三角网范围之外，命令退出并提示：

查询点在范围之外，请重新指定查询位置！

7.10.5.2　计曲线识别（Identifyjqx）

功能：根据输入的新等高距，识别等高线中的计曲线并赋予计曲线地物编码，若原计曲线不正确，则自动纠正为首曲线。

操作：点击"计曲线识别"命令，命令行提示：

请输入等高距<默认 1.0 米>：输入新的等高距，右键或回车确认，系统即自动对已绘等高线进行计曲线识别、纠正。

说明：

（1）输入的等高距若小于原等高距，操作命令无效。

（2）计曲线识别功能仅限于区分计曲线与首曲线。

7.10.5.3　拉线高程赋值（Setheightfromline）

功能：绘制与等高线相交的辅助直线，设置相交等高线中的起始等高线高程值，并可修改等高距，实现相交等高线高程值重新赋值。

操作：点击"拉线高程赋值"命令，命令行提示：

捕捉 A/指定起始位置：指定辅助直线起点。

捕捉 A/指定终止位置：指定辅助直线终点。

请输入起始高程：输入辅助直线与等高线第一个交点高程值。

请输入等高距（默认值 1 米）：输入等高距，命令行提示：

所拉线与等高线共有 N 个交点。

第一条等高线高程为*米，最后一条等高线高程为*米。

说明：相交等高线赋值支持输入等高距为负值，所以辅助直线起点在高程较低处时，等高距应输入正值，反之输入负值。

7.10.5.4　等高线内插（Contour）

功能：在选定的相邻等高线之间插入间曲线。

操作：点击"等高线内插"命令，在绘图区左侧弹出如图 7.154 所示绘制属性窗口，用于设置母线编码、间曲线内插范围、条数及拟合属性等选项，具体设置内容如下：

（1）只处理等高地线：勾选表示只处理等高线、等深线，其他等高地形符号不予处理。

（2）内插线编码：插入等高线（间曲线）的实体编码。

（3）母线编码：插入等高线时，系统检测两相邻等高线编码是否都属于母线编码，不是则不内插。系统默认为母线是首曲线与计曲线。在属性窗口中允许修改母线编码，并且系统运行总是默认上一次设置。

（4）部分内插：勾选表示仅内插与两条母线相交的辅助直线之间的等高线，不勾选表示所有与一条辅助直线相交的相邻等高线之间均要内插等高线。

（5）内插线条数：设置相邻两等高线间插入等高线的条数。

（6）拟合弦高：控制插入等高线的平滑程度，值越小，等高线越平滑。

（7）拟合等高线：勾选表示插入的等高线需要拟合，不勾选表示不拟合。

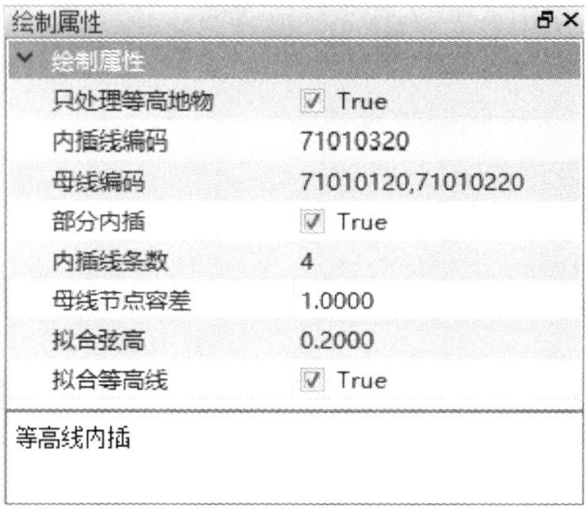

图 7.154　绘制属性

在绘制属性窗口弹出同时，出现命令行提示，操作人员在设置完成后，根据命令行提示，执行以下操作：

捕捉 A/内插区间边界的第一点：点取辅助直线第一点。

捕捉 A/内插区间边界的第二点：确定辅助直线第二点。

按回车键或者点击鼠标右键，等高线内插完成。若勾选了"部分内插"选择项，则提示设置第二条辅助直线，完成后确认执行，系统仅在两条辅助直线之间内插等高线。

7.10.5.5　等高线过滤（Dgxguolv）

功能：当等高线过于密集时，可修改等高距重新生成等高线。

操作：点击"等高线过滤"命令，命令行提示：

请输入新的等高距<默认值5米>：输入新的等高距，回车即滤掉多余的等高线，命令行显示：

共删除 N 条等值线。

7.10.5.6　等高线缝合（Dgxconnect）

功能：通过绘制闭合范围线，将范围线内高程值相同的断开等高线连接起来。

操作：点击"等高线缝合"命令，命令行提示：

捕捉 A/请绘制范围线：鼠标依次选取缝合范围边界点，边界线绘制完成后，点击右键或回车即完成缝合操作。

7.10.5.7　等高线区间消隐（Pldgxblanking）

功能：绘制封闭多边形范围线，将包含的等高线消隐，但不破坏等高线在数据库的存储状态和属性信息。

操作：点击"等高线区间消隐"命令，命令行提示：

请选择处理线：[1.只处理首曲线/2.处理所有等高线]<1>：选择处理等高线类型。

捕捉 A/ 请绘制范围线：用鼠标依次选取等高线消隐范围边界点，边界线绘制完成后，右键或回车即完成操作。

7.10.5.8　等高线批量消隐（Pltrdgx）

功能：根据设置条件，对图面上与面实体相交或重叠的等高线进行消隐或遮盖操作。

操作：点击"等高线批量消隐"命令，弹出如图 7.155 所示对话框，在对话框中设置：

图 7.155　等高线批量消隐设置

（1）修剪选择：

① 整图处理：消隐图面上所有符合条件的等高线。

② 手动选择：选择图面上需要消隐等高线的面实体。

③ 按范围线选择：选择闭合范围线，仅对范围线内等高线进行消隐处理。

（2）修剪类型：

① 消隐：在等高线与面实体边线相交处生成线型交错特征点，自动更换线形,来实现等高线消隐。

② 遮盖：将与等高线相交或重叠的面实体设置为掩膜状态，盖住穿过的等高线。

设置完成后，点击"确定"命令执行消隐（遮盖）。若选择了"整图处理"，消隐操作自动完成；若选择的"手工选择"，则命令行提示：

选择要修剪等高线的地物实体(遮盖效果只针对面)：[全选 A/多边形框选 K/多边形交选 J/点选 D/过滤器 F]：在图上指定欲消隐等高线的面实体，右键或回车完成操作。

若选择"按范围线选择"，则命令行提示：

选择范围线：在图上选择一个已事先绘制好的封闭范围线，右键或回车完成操作。

7.10.5.9　取消等高线消隐（Erasewipeout）

功能：选择已做过等高线消隐处理的面实体，取消等高线的消隐状态。

操作：点击"取消等高线消隐"命令，命令行提示：

选择已做过消隐处理的实体:[全选 A/多边形框选 K/多边形交选 J/点选 D/过滤器 F]：选择要取消等高线消隐操作的面实体，按回车键或者点击鼠标右键确认。

7.10.5.10　等高线滤波（Dgxvacuate）

功能：根据设定的阈值，对指定等高线的节点密度进行抽稀。

操作：点击"等高线滤波"命令，命令行提示：

请选择要抽稀的等高线:[全选 A/多边形框选 K/多边形交选 J/点选 D/过滤器 F]：选中要抽稀的等高线；

请输入抽稀阈值<默认 0.5>：输入抽稀阈值，抽稀操作完成。

说明：如图 7.156 所示，等高线上有 1、2、3 连续三个节点。2 号节点到 1、3 号节点连线的垂足为 h。抽稀阈值即为 h 的最大限值，若 h 的实际值小于这个最大限值，那么 2 号点将被删除，等高线直接从 1 号点连接到 3 号点。

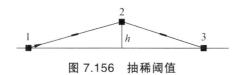

图 7.156 抽稀阈值

7.10.5.11 删除全部等高线（Deldgx）

功能：删除图面上所有的等高线。

操作：点击"删除全部等高线"命令，系统即删除所有等高线。

7.10.5.12 删除全部等深线（Deldsx）

功能：删除图面上的所有水下等高线。

操作：点击"删除全部等深线"命令，系统即删除所有等深线。

7.10.6 国际 DEM 转换

高程点数据文件与 DEM（Digital Elevation Model）相互转换，国际 DEM 指 DEM 文件采用国际通用标准格式。

7.10.6.1 DEM 转高程点（Demtogcd）

功能：将通用 DEM 格式文件转换为 DAT 高程数据文件。

操作：点击"DEM→高程点"命令，在弹出对话框指定路径和名称，打开要读入的 DEM 文件。命令行提示：

横向隔几行读入一个高程点？<0>：输入读入高程点的横向隔行数，默认值为 0。

纵向隔几列读入一个高程点？<0>：输入读入高程点的纵向隔列数，默认值为 0。

系统弹出保存 DAT 文件对话框，设置保存文件路径和名字后点击"保存"命令。

7.10.6.2 高程点转 DEM（Gcdtodem）

功能：将指定的高程点数据，生成对应的 DEM 数据文件。

操作：点击"高程点→DEM"命令，命令行提示：

请选择：[1.根据坐标数据文件/2.根据图上高程点/3.根据图上三角网]：

选择 1，"根据坐标数据文件"生成 DEM，弹出打开文件对话框，浏览找到 DAT 数据文件打开，系统即执行转换。

选择 2 或 3，弹出"输入要生成的 DEM 数据文件名"对话框，设置文件名及路径点后击"保存"命令，命令区行提示：

捕捉 A/输入范围，第一角：指定范围矩形的一个角点。

另一角：指定范围矩形的另一对角点。

选择 DEM 点间距（单位：米）<5>：输入 DEM 点间距，默认为 5 m。

请选择高程精度(1)1 米 (2)0.1 米 (3)0.01 米 (4)0.001 米：<3> 选择高程精度，默认 0.01 m。回车或点右键系统即执行转换。

7.10.7 坡度分析

根据坡度范围值用不同的颜色填充三角网，便于直观分析测区地貌形态。

7.10.7.1 配置（Slopeconfig）

功能：设置坡度分级，对不同坡度值范围配置对应的颜色。

操作：点击"配置"命令，在弹出颜色设置对话框（图 7.157）中做如下设置：

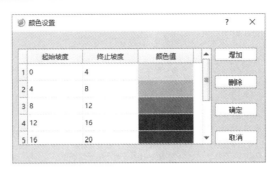

图 7.157　坡度颜色设置

（1）坡度范围设置：对话框中每一行，用坡度的上下限，表示一个坡度范围。双击起始坡度（终止坡度）值，可设置、修改坡度范围。

（2）颜色设置：点击"颜色值"下的色块，在弹出对话框中设置该行坡度的填充色。

说明：对话框右侧的命令按钮，可做如下操作：

① 增加：新增一行记录，弹出对话框（图 7.158）设置坡度范围和颜色。

图 7.158　增加颜色

② 删除：删除指定行记录或最后一行记录。

③ 确定：保存坡度颜色设置。

④ 取消：取消对坡度颜色设置的修改。

7.10.7.2　填充（Slopcolor）

功能：根据坡度分级的颜色设置，对当前三角网进行坡度计算与颜色填充，直观查看三角网范围的地势起伏。

操作：点击"填充"命令，系统显示结果如图 7.159 所示。

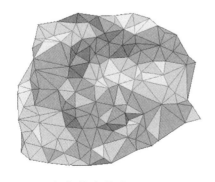

共填充218个三角形
坡度在0.0和4.0间，面积为4569.482平方米
坡度在4.0和8.0间，面积为17766.762平方米
坡度在8.0和12.0间，面积为20464.898平方米
坡度在12.0和16.0间，面积为3067.923平方米
坡度在16.0和20.0间，面积为3151.670平方米
坡度在20.0和24.0间，面积为253.448平方米
坡度在24.0和28.0间，面积为0.000平方米

（a）填充显示　　　　　　　　（b）面积统计

图 7.159　坡度分析

7.11　地物符号精调

符号精调菜单是地图符号扩展编辑菜单，功能包括各点、线、面符号的精确调整，菜单窗口如图 7.160 所示。

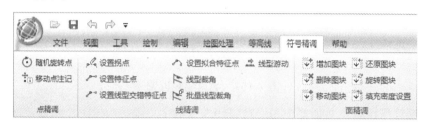

图 7.160　符号精调

7.11.1　点实体符号精调

点实体精调命令模块。

7.11.1.1　随机旋转点（Ranangle）

功能：指定一个可旋转的点实体，图面上所有编码与之相同的点实体，均按随机的角度旋转。

操作：点击"随机旋转点"命令，命令行提示：

请输入编码/选择实体<默认>：在命令行输入地物编码，回车或点击鼠标右键，随机旋转操作完成。直接回车或点击右键，则在图面上选择实体，命令行提示：

选择一个点实体：选中要旋转的点实体，所有相同地物编码点实体均随机旋转一个角度。

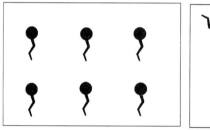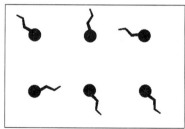

图 7.161　点实体随机旋转

7.11.1.2　移动点注记（Movepartnode）

功能：移动控制点、高程点点名、注记及控制点注记分割横线，且不改变储存数据库内容。

操作：点击"移动点注记"命令，命令行提示：

请选择点实体：选中要移动点注记的点实体，回车或点击右键确定，注记可移动部分出现黑色节点。

捕捉 A/请选择需要移动的部分：指定点注记中所要移动的部分。

捕捉 A/请选择要移动到的目标位置：指定目标位置，移动完成。

一个目标移动完成后，命令行返回提示选择移动点实体，可继续选择实体不同部分进行移动，直至点击鼠标右键或回车退出。

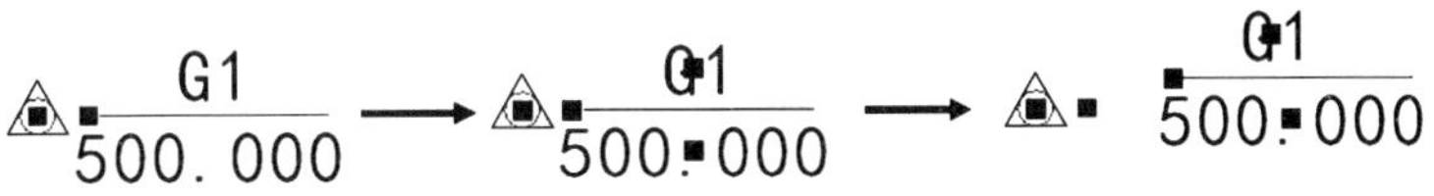

$$\triangle \underset{500.000}{\overset{G1}{\rule{0pt}{0pt}}} \longrightarrow \triangle \underset{500 \cdot 000}{\overset{G1}{\rule{0pt}{0pt}}} \longrightarrow \triangle \underset{500 \cdot 000}{\overset{G1}{\rule{0pt}{0pt}}}$$

图 7.162　移动点注记

7.11.2　线实体精调

线实体的精确调整命令模块。

7.11.2.1　设置拐点（Flexnode）

功能：在绘制台阶、楼梯等地物时，系统会根据地物符号边线自动生成填充线。当填充方式不正确时，可使用设置拐点工具修改。

操作：点击"设置拐点"命令，命令行提示：

请选择一个实体：指定图面上要设置拐点的实体，命令行提示：

捕捉 A/请设置拐点：指定实体上要设置为拐点的节点，系统随之改变实体填充形式，一实例如图 7.163 所示。

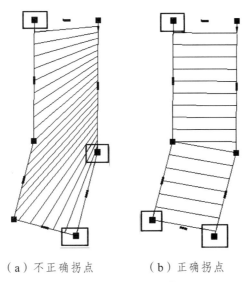

（a）不正确拐点　　　　（b）正确拐点

图 7.163　设置拐点

说明：首节点默认为拐点，拐点节点框为红色，非拐点节点框为灰色。填充线的修改可通过"设置拐点"命令，并结合编辑菜单中的"移动首节点"命令完成。

7.11.2.2　设置特征点（删除符号）（Spcnode）

功能：修改实体的特征点，删除线实体或面实体在选定点处的符号，如电力线接入房屋处的电线杆符号、棚房某房角不该存在的短线等。

操作：点击"设置特征点"命令，命令行提示：

请选择实体：[全选 A/多边形框选 K/多边形交选 J/点选 D/过滤器 F]：指定要设置特征点的实体对象；

捕捉 A/请选择一点：指定该实体上的特征点，特征点上的附加符号自动删除。

说明：棚房内角度大于 180°处不应该绘制棚房短线，所以将该节点设为特征点，短线符号自动被删除（图 7.164）。

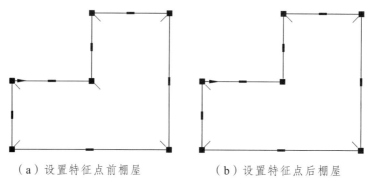

（a）设置特征点前棚屋　　　　　（b）设置特征点后棚屋

图 7.164　设置特征点

7.11.2.3　设置线型交错特征点（Ltspcnode）

功能：部分更改线状实体或者面状实体边界线的线型。

操作：点击"设置线型交错特征点"命令，命令行提示：

<mark>请选择实体：[全选 A/多边形框选 K/多边形交选 J/点选 D/过滤器 F]</mark>：选择欲设置线型交错特征点的实体，回车或点击右键确认。

<mark>捕捉 A/请选择一点</mark>：指定一节点，作为该实体上的线型交错特征点，设置线型交错特征点操作完成。

说明：

（1）从实体首节点沿绘制方向到交错特征点为该实体的第一线型，从特征点到实体的尾节点为第二线型。

（2）系统只显示定义了线型的实体线段，没有定义线型的实体线段将被消隐，但有一特殊情况是：如果对象是没有填充的面状实体边界线时，本应消隐的线段是以用简单实线显示。

（3）若要取消线型交错特征点，则使用该功能再次点选该点。

（4）首节点是绘制地物符号时的第一个点，选中地物时首节点旁边会出现一个箭头符号。若地物符号为一闭合线实体，则自动按顺时针为节点编号，首节点与尾节点为同一点。若实体为非封闭线状地物，则节点按绘制顺序编号。查看节点编号，可在"文件"→"设置"菜单下勾选"显示节点下标"，然后选中实体查看。

例如对一棚屋的节点 5 应用"设置线型交错特征点"命令，处理前后效果如图 7.165 所示。

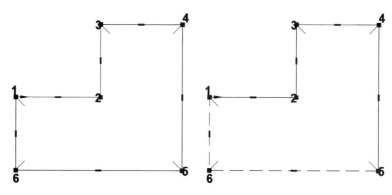

（a）设置交错节点前　　（b）设置交错节点后（红点为交错节点）

图 7.165　设置线型交错特征点

7.11.2.4　设置拟合特征点（Cuvspcnode）

功能：设置线实体上折线部分和拟合曲线部分的分界点，转换分界点至尾节点之间线段的线型，若原为拟合曲线就转为折线，反之则转为拟合曲线。命令只对拟合曲线或包含拟合曲线段的线实体和面实体边界线有效，若节点已是拟合特征点，再次执行该命令则取该消拟合特征点。

操作：点击"设置拟合特征点"命令，命令行提示：

请选择一个拟合实体：指定要设置拟合特征点的实体对象。

捕捉 A/请选择要修改的节点：选择设置为（或取消设置）拟合特征点的节点。

如图 7.166 所示，（a）是未设置特征点的拟合线，（b）（c）是依次设置 3、4 号节点为特征点后的线实体。

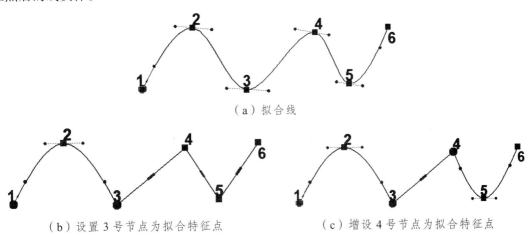

（a）拟合线

（b）设置 3 号节点为拟合特征点　　　　　（c）增设 4 号节点为拟合特征点

图 7.166　设置拟合特征点

7.11.2.5　线型裁角（Trimpolyhaswidth）

功能：裁剪较宽的线状或多线实体，使与其他实体连接部分形状吻合。

操作：点击"线型裁角"命令，命令行提示：

请选择要被修剪的对象：指定修剪对象。

捕捉 A/消除裁剪 E/请输入定向点：系统显示光标与修剪对象的连线，移动鼠标指示裁剪方向，比如图 7.167 中沿黑线方向，单击鼠标即完成裁剪，并填充黑线上方空隙。或输入"E"来取消裁剪操作。操作前后实例如图 7.167 所示。

（a）裁角前　　　　　　　　　　（b）裁角后

图 7.167　线型裁角

7.11.2.6　批量线型裁角（Pltrimpolyhaswidth）

功能：对满足线型裁角条件的多个线实体进行批量裁剪。

操作：点击"批量线型裁角"命令，命令行提示：

请选择需要剪裁的实体：[全选 A/多边形框选 K/多边形交选 J/点选 D/过滤器 F]： 在图上选择多个修剪对象，回车或点击鼠标右键，系统自动判断裁剪方向并完成裁剪。由于连接时宽线（双线）仅一边线端点延伸越界，系统据此自行判断裁掉越界的部分。

7.11.2.7　线型游动（Swim）

功能：修改陡坎、栅栏等复杂线实体的线型特征，使附加符号沿线实体绘制方向移动。

操作：点击"线型游动"命令，命令行提示：

请选择一个实体： 选择操作对象，鼠标点击处即为基点。

捕捉 A/输入距离/跳出线型游动 E/请输入定位点： 通过指定定位点或直接输入数字，设置符号移动距离，输入"E"则取消线型移动操作。

说明：

（1）鼠标点击给出定位点时，以点击处在基点所在线段上的垂足为定位点。

（2）给出定位点后，基点移动到定位点，所有线上符号均沿线实体绘制方向移动同样的距离；若直接输入距离，则所有线上符号沿矢量方向移动该距离。

如图 7.168（a）所示，围墙 2 号节点与一附加符号重合，经"线型游动"后已无重合，如图 7.168（b）所示。

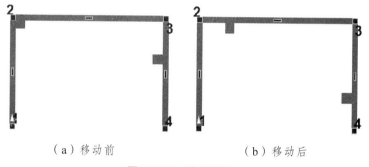

（a）移动前　　　　　　　　　　　（b）移动后

图 7.168　线型游动

7.11.3　面实体精调

面实体的精确调整命令模块。

7.11.3.1　增加图块（Addregionb）

功能：人工添加填充符号。

操作：点击"增加图块"命令，命令行提示：

选择需要添加图块的填充面： 点取已有填充面。

请选择新增的图块： 在绘图面板中点击独立符号，或者直接回车，前者在填充面内添加一个新选填充符号，后者则是添加一个上一次操作所选填充符号。

说明：

（1）填充符号（如植被符号）是以图块形式保存的，因而"图块"实际上就是指填充地物符号。

（2）当面状实体绘制时不满足符号自动填充条件，或者填充密度不够时，可以使用该工具进行单个符号的填充。

7.11.3.2　删除图块（Delregionb）

功能：对面状实体中的填充符号进行单个删除，此功能与增加图块（符号）作用正好相反。

操作：点击"删除图块"命令，命令行提示：

选择需要删除图块的填充面：点取填充面，命令行提示：

捕捉 A/请选择删除符号：点选删除单个符号。

7.11.3.3　移动图块（Moveregionb）

功能：移动面实体中的填充符号，用于图面整饰美化。

操作：点击"移动图块"命令，命令行提示：

选择填充面：点取填充面；

捕捉 A/选择移动的图块：点击要移动的符号；

捕捉 A/移动到：点击移动目标位置，实现符号移动。

7.11.3.4　还原图块（Reregionb）

功能：撤销增加、删除和移动填充符号等操作，返回到未进行符号编辑前的状态。

操作：点击"还原图块"命令，命令行提示：

选择需要还原的填充面：[全选 A/多边形框选 K/多边形交选 J/点选 D/过滤器 F]：选择要进行操作的填充面，右键或回车完成操作。

说明：若在操作前就已经选择好了填充面，则只需直接点击"还原图块"功能便可，命令窗口将不再有提示语句。

7.11.3.5　旋转图块（Changedirect）

功能：旋转面实体中单个填充符号。

操作：点击"旋转图块"命令，命令行提示：

选择需要旋转图块方向的填充面：点取填充面。

捕捉 A/请选择图块：指定要旋转的单个符号。

捕捉 A/请选择方向：点击鼠标左键指定一点，填充符号至这点连线就是旋转目标方向，即填充符号朝向该方向。

7.11.3.6　填充密度设置（Changescale）

功能：设置填充符号的密度。

操作：点击"填充密度设置"命令，命令行提示：

选择需要修改缩放间距的实体：选择实体，命令行提示：

请输入缩放尺度：输入缩放系数完成缩放。

说明：小于 1 为增大密度，大于 1 为减小密度。

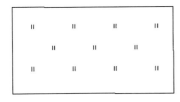　

（a）原始状态　　　　　　（b）缩放系数 0.6　　　　　　（c）缩放系数 1.4

图 7.169　填充密度设置

附录 1　CASS 地形图编辑时的常见问题

1. 数据传输不能进行，显示"数据格式错误"。

分析：① 数据线没有插好。② 全站仪通讯参数设置不当。③ 全站仪型号设置错误。④ 数据线不通。

解决方法：参照上述几种情况对应检查处理。

2. 部分命令或菜单不能执行。

分析：① 软件狗过期。南方公司的软件狗有临时注册和永久注册两类，临时注册的软件狗在一定期限后会过期。② 软件狗没有装好。③ 所编辑的地形图因不规范操作，环境被"破坏"。④ 没有先打开 CASS 再打开文件，而是直接双击图形文件名打开文件。

解决方法：

（1）检查并与南方公司联系。

（2）建立一幅新图，试试在新图上那些不能执行的功能是否执行？若能，则将有问题的图插入新图分解即可。

（3）先打开 CASS，然后在 CASS 系统中打开图形文件。

3. 图形显示不正确（如围墙或陡坎只显示出单线，曲线或道路设计线被显示为折线等）。

分析：若绘制时没有问题，则应该是屏幕显示问题。

解决方法：在命令区输入重绘命令"regen"后回车。

4. 碎部点坐标和高程出现系统性偏差。

分析：测站设置错误，分三种情况：① 测站或定向点设置错误。② 定向错误。③ X，Y 坐标输反。

解决方法：

（1）对于前两种错误，可以根据公共点，用"地物编辑"菜单下"测站改正"功能经平移、旋转处理纠正。其中测站点坐标设置错误，还要利用"数据"菜单下的"批量修改坐标数据"功能对错误的高程进行统一改正；若是定向或定向点设置错误，则不需改正高程数据。

纠正前已经展绘的图面高程注记，不能批量修改，只能删除后重新展绘。

（2）若公共点数量多，要求有较高的纠正质量时，可以采用"地物编辑"菜单下"坐标转换"功能完成同样的工作。"坐标转换"是采用多点最小二乘转换，整体转换效果优于一点一方向的"测站改正"。

（3）若测站、定向点设置错误或定向错误只出现了一次，则出错后的全部测量数据，包括由此测站所布设支导线的观测数据，均可经一次处理完成纠正。但要注意，出现错误的测站布设的支导线测站，若定向点是其他坐标正确的点，那么该支导线测站所测数据与其他错误数据不是同一系统，处理时需要单独进行。

为了便于纠正处理时，分清哪些点是正确的，哪些点是错误的，测站上应记录开始的点号和结束时的点号，以便出问题时处理方便。对于某些型号的全站仪，可以采取不同的测站数据点号前冠以不同的字母来加以区分。

（4）测站或定向点坐标输反，情况比较复杂，若仅是其中一点输反，则与第①、②两种情况处理方法相同。若测站与定向点全部输反，且两站相互定向，也可用"测站改正"功能一次改正两站的测量数据。其他的情况下，由于相对位置关系已经不正确，只能逐站改正数据。

5. 图形文件不能存盘。

分析：① 文件属性是只读。② 系统错误造成。

解决方法：对于第①种问题，可去掉只读属性，或者采用别的文件名存盘；对于第②种情况，可以采取将整幅图形制作图块的方法，完成处理。

6. 在"工程应用"的"高程点生成数据文件"命令下生成的数据文件高程和图面显示的高程不符。

分析：在 CASS 里面高程信息是由高程注记文本信息和高程注记点属性信息两部分构成，而 CASS 的各项与高程点相关的操作，却只与高程注记点属性信息相关，而与高程注记文本信息无关。因此，出现上述问题可能有两种原因：① 编图人员在修改高程点时，只修改了高程注记文本信息，而没有修改高程点位注记点属性信息。② 在使用移动、图形插入功能时，选择的基点和目标点（或之一）是带有高程属性的点，从而使移动或插入部分的图形高程属性被改动。

解决方法：

（1）若注记是正确的，点位高程属性不对，则使用"批量修改坐标数据"功能对数据文件进行改正后，将高程点层内容删除重新展绘。若高程注记不对，则直接删除高程点层内容后，重新展绘。

（2）若只是部分区域高程点属性与注记不符，则可采用"工程应用"菜单下"高程点生成数据文件"功能提出该部分高程点加以处理，再用"地物编辑/批量删剪"功能，从图上删除错误高程后，重新展绘高程点及注记。

7. 陡坎坡线左右交错。

分析：对拟合过的坎线做剪切操作，造成复杂线形出错。

解决方法：打开"编辑"菜单，点击"对象特性管理"弹出属性编辑对话框。选中出现问题的线段，将对话框最下端选项"线形生成"设为"启用"。

8. 电杆与电线是一个整体，不能删除电线。

分析：这是一个软件设置的问题，可以通过对象编组设定来控制这些分组图形的可编辑性。

解决方法：在"编辑/对象编组"选择中设定"off"。或选择"文件/AutoCAD 系统配置/选择"，在对话框中将"对象编组"前的√去掉。

9. 不能进行"非二值图像"的纠正。

分析：CASS 中只能处理二值图像，包括：*.BMP，*.GIF，*.JPG 等，如果是 JPEG 图像格式的图片，会纠正不了。现在 CASS 的新版本已经支持 JPEG 格式了。

解决方法：把 JPEG 图像格式的图片通过 photoshop 等图像处理软件转换为上面的图像文件格式即可。

10. 在 AutoCAD 中打开 CASS 图，地形符号显示不全。

分析：CASS 系统中使用专用地形符号，CAD 中没用这些符号或文字，所以显示不全。

解决方法：

（1）保存文件采用电子传递方法：选择"文件/电子传递"选项，将打开的文件连同外部支持文件，集合成一个图形包保存。图形包除图形文件外，自动包含全部图形依赖文件，如外部参照和字体文件，这样其他兼容 CAD 数据格式的软件系统使用地形图时，CASS 系统专用的符号和字型能够正常显示。

（2）将 CASS 的地形专用符号拷入到 AutoCAD 系统目录下的 Support 子目录下，实际操作时将 CASS 目录下的 BLOCK 文件夹复制到 AutoCAD 系统目录下的 Support 子目录中去即可。

11. CASS 图形输入到 MAPINFO 时符号丢失。

分析：原因与 CAD 打开 CASS 时，图形部分符号显示不全相同。

解决方法：由于 MAPINFO 与 CAD 不是同一系统，符号库不同，所以只能采用"地物编辑"里的"打散复杂线型"命令，将 CASS 的复杂线型全部打散，再将图形输出成 AutoCAD 的 DXF 格式，在 MAPINFO 里导入 DXF 文件即可。

12. 用"工具"菜单下的绘图工具绘制的闭合多边形不能进行植被填充。

分析："工具"菜单下绘图工具绘制的多边形不是闭合的复合线，所以不能进行填充。

解决方法：采用复合线绘制闭合多边形边界。

13. 图形面积不大，容量很大。

分析：图形环境中有大量没有使用的层、块，并且图中等高线较多。

解决方法：

（1）使用"文件/清理图形（purge 命令）"清理文件，也可通过屏幕选择全图，制作图块的方法另存文件。

（2）执行等高线滤波操作。

14. 拼接图形时，图形插不上去，系统显示"插入失败"，或插入位置不对。

分析：① 图形文件在插入操作过程中，会引入被插入图的一些"环境"设定，当删除所插入的图块后，引入的环境被保留。当图形编辑时反复进行插入、删除操作后，CAD 系统出现错误导致图块插入不上。② 由于操作错误，图形被移动，坐标已不正确。

解决方法：

（1）对打开的图与要插入的图执行"文件"菜单下的"清理图形"操作。

（2）采用指定"基点"插入或"测站改正"、坐标转换等方法，对坐标错误图形进行纠正。

15. 找不到 CASS 屏幕菜单。

分析：① 被不慎关掉。② 最小化了。

解决方法：

（1）点击文件菜单下"AutoCAD"选项，在弹出对话框中，选择"显示"选项，选中"显示屏幕菜单项"。

（2）找到缩小的菜单并拖下来。

16. 每次只能选择一个图形目标。

分析：这是 CAD 系统的设置问题。

解决方法：

在"文件"菜单下选中"AutoCAD 配置"子菜单，在随后弹出的"选项"对话框中，点击"选择"。在多项选择"选择模式"下，取消"用 Shift 键添加到选择集"选项。

17. 图面上部分汉字是"？"号。

分析：不同的计算机汉字字库不同，当计算机上没有所定义的字型时，就会显示问号。

解决方法：选中显示"？"号的汉字，点击"编辑／对象特性管理"，查询定义的字型名称，然后选择"文件／文字／定义字型"修改该名称的字型定义。

18. 不能在图面上框选对象。

分析：这是 CAD 系统设置问题。

解决方法：点击"文件／CAD 系统配置／选择"，选中"隐含窗口"选项。

19. CTRL+C、CTRL+V 等键无效。

分析：这是 CAD 系统设置问题。

解决方法：点击"文件／CAD 系统配置／用户系统配置"，选中"Windows 标准加速键"选项。

20. 没有存盘系统死机或断电。

分析：数据一般会丢失，但可以尝试看看系统自动存盘的文件中有没有。

解决方法：AutoCAD 将自动保存的图形存放到 AUTO.SV$或 AUTO?.SV$文件中，可以按时间和扩展名找到该文件，将其改名为图形文件即可在 AutoCAD 中打开。一般该文件存放在 Windows 的临时目录中，如 C:\Windows\TEMP。

21. 空图层删不掉。

分析：一种可能是在该图层上定义过块，另一个原因是在该图层上插入过外部参照，因为定义块或插入外部参照都会自动在该图层上定义参照关系，虽然表面上没有实体，但实质上是非空图层。

解决方法：

（1）执行 LAYTRANS 命令，启动图层转换器。

（2）在图层转换器上单击"加载"按钮，然后选择当前图纸。在"转换自"对话框中选择要删除的图层，在"转换为"对话框中选择 0 层（也可选其他保留图层），然后单击"映射"按钮，建立从要删除图层到 0 层的映射。

（3）最后，单击"转换"。

经过此操作，就可删除冗余图层了。

附录 2　野外操作码

在野外进行地形图测绘时采用编码法作业，需要输入说明测点性质、连接关系的提示性编码，这类提示性编码就称为野外操作码。野外操作码由描述实体属性的野外地物码和描述测点连接关系的连接码组成。

绘图系统需确定野外操作码与地物实体编码的对应关系，才能实现对野外操作码的识别和自动绘图。

iData 系统野外操作码定义在符号化模板 MDB 文件的 SYS_JCODE 数据表中，其中各列定义如下：

Jcode　　　　　　野外操作码（简编码）
UserCode　　　　用户码
CodeiData　　　　实体编码
UserName　　　　实体名称

iData 用户可以采用系统设置的野外操作码，也可在本书 7.6.2.1 中讲的 SQL（sql）查询窗口中打开 SYS_JCODE 数据表,根据自己的作业习惯，编辑、修改数据表中的用户码，实现自行设置野外操作码。

CASS 系统也设有野外操作码定义文件"jcode.def"，文件格式为：

　　　　野外操作码，CASS8.0 编码
　　　　　　　…，…
　　　　　　　END

CASS 用户同样可以通过编辑修改"jcode.def"文件，实现 CASS 系统自定义野外操作码。

iData 沿袭了 CASS 系统的地物野外操作码，其地物野外代码如附表 2.1、附表 2.2 所示，测点连接关系代码如附表 2.3 所示。

附表 2.1　线面状地物符号代码表（野外地物码）

坎类（曲）	K(U)＋数（0—未加固陡坎，1—加固陡坎，2—未加固斜坡，3—加固斜坡，4—垄，5—石质陡崖、石质有滩陡岸线，6—双线干沟）。注：U 开头的线要拟合
线类（曲）	X(Q)＋数（0—县道—建成边线，1—内部道路边线，2—小路，3—机耕路（大路）虚边线，4—县道—建筑中边线，5—地类界）。注：Q 开头的线要拟合 X＋数（6—乡、镇界，7—县、县级市界，8—地区、地级市界，9—省界线）
垣栅类	W＋数（2—栅栏，3—铁丝网、电网，4—篱笆，5—活树篱笆，6—不依比例围墙）
铁路类	T＋数（0—单线标准轨，2—单线窄轨，4—简易轨道线，6—缆车道，9—过河电缆）
电力线类	D＋数（0，1—高压架空输电线，2—架空低压线，3—地上通讯线）
房屋类	F＋数（0，1，2—建成房屋，3—建筑中房，4—破坏房，5—棚房，6—简易房）
管线类	G＋数(0，1—架空给水管线，2—地面上的给水管线)

续表

植被土质	① 拟合边界：B+数（0—旱地，1—稻田，2—花圃、花坛，3—天然草地，4—成林，5—菜地，6—果园，7—水生作物地，8—大面积灌木林，9—大面积竹林） ② 不拟合边界：H+数（0—旱地，1—稻田，2—花圃、花坛，3—天然草地，4—成林，5—菜地，6—果园，7—水生作物地，8—大面积灌木林，9—大面积竹林）
圆形物	Y+ 数（0半径，1—直径两端点，2—圆周三点）
平行体	P+ [X(0~9)，Q(0~9)，K(0~6)，U(0~6)…]
控制点	C+数（0—不埋石图根点，1—埋石图根点，2—导线点，3—小三角点，4—三角点，5—土堆上的三角点，6—土堆上的小三角点，7—天文点，8—水准点，9—卫星定位等级点，10—土堆上的导线点）

附表 2.2 点状地物符号代码表

符号类别	编码及符号名称				
水系设施	A00 水文站	A01 停泊场	A02 航行灯塔	A03 航行灯桩	A04 航行灯船
	A05 左航行浮标	A06 右航行浮标	A07 系船浮筒	A08 急流	A09 过江管线标
	A10 信号标	A11 露出的沉船	A12 淹没的沉船范围	A13 泉	A14 水井
	A85 水轮泵、抽水站				
土质	A15 石堆				
居民地	A16 学校	A17 肥气池	A18 医院	地上窑洞	A20 电视发射塔
	A21 地下窑洞	A22 窑	A23 蒙古包、放牧点		
管线设施	A24 给水 检修井	A25 雨水管线 检修井	A26 圆形 雨水篦子	A27 排水 暗井	A28 煤气管线 检修井
	A29 热力管线 检修井	A30 电信 入孔	A31 电信 手孔	A32 输电线 检修井	A33 工业管线 检修井
	A34 液体气体 储存设备	A35 不明用途 检修井	A36 消火栓	A37 阀门	A38 水龙头
	A39 长形 雨水篦子				
电力设施	A40 变电站、所	A41 移动通信塔	A42 电杆		
军事设施	A43 旧碉堡	A44 长形 雨水篦子			
道路设施	A45 里程碑	A46 坡度标	A47 路标	A48 汽车站	A49 臂板信号机

续表

符号类别	编码及符号名称				
独立树	A50 阔叶独立树	A51 针叶独立树	A52 果树独立树	A53 椰子独立树	
工矿设施	A54 烟囱	A55 露天设备	A56 地磅	A57 起重机	A58 探井
	A59 钻孔	A60 管道井（油、气）	A61 盐井	A62 废弃的 小矿井	A63 废弃的 平硐洞口
	A64 废弃 的竖井井口 （圆）	A65 开采的 小矿井	A66 开采的 平硐洞口	A67 开采的 竖井井口 （圆）	
公共设施	A68 加油（气）站	A69 气象站	A70 路灯	A71 杆式照射灯	A72 喷水池
	A73 垃圾台	A74 旗杆	A75 亭	A76 岗亭、岗楼	A77 钟楼 鼓楼、城楼
	A78 水塔	A79 水塔烟囱	A80 环保监测站	A81 粮仓	A82 风磨房、风车
	A83 水磨房、水车	A84 避雷针	A85 水轮泵、抽水站	A86 地下建筑物 天窗、通风口	A87 北回归线 标示塔
	A88 纪念碑、柱、墩	A89 塑像	A90 庙宇	A91 土地庙	A92 教　堂
	A93 清真寺	A94 敖包、经堆	A95 宝塔、经塔	A96 假石山	A97 散热塔
	A98 独立大坟	A99 坟地			

附表2.3　连接关系符号

符号	含　义
+	本点与上一点相连，连线依测点顺序进行
−	本点与下一点相连，连线依测点顺序相反方向进行
N+	本点与上 n 点相连，连线依测点顺序进行
N−	本点与下 n 点相连，连线依测点顺序相反方向进行
P	本点与上一点所在地物平行
NP	本点与上 n 点所在地物平行
+A$	断点标识符，本点与上点连
−A$	断点标识符，本点与下点连

野外操作码编排及系统处理有以下规则：

（1）若是绘制地物的第一个特征点，操作码就是野外地物码。野外地物码第一位是英文字母，大小写等价，后面是范围为0~99的数字。无意义的0可以省略，例如，A和A00等价、F1 和 F01 等价。

（2）地物的其余特征点，野外操作码是该点与其他特征点的连接关系符号，表示本点与哪一个点连接。若操作码是"P"，则表示绘制与过前一个点之线状符号的同类平行线状符号。

（3）野外操作码后面可跟参数，如果野外操作码不到 3 位，与参数间应有连接符"-"，如已达 3 位，则紧跟参数不需连接符。参数可以是控制点的点名、房屋的层数、陡坎的坎高等信息。

（4）符号"+""－"符号表示连线方向，其中"+"号表示连线依测点顺序由小到大进行；"－"号表示连线依测点顺序相反的方向进行。

（5）地物特征点点号不连续时，操作码为"n+"或"n－"。其中"+""－"号的意义同上，n 表示该点应与 n 个点以前的点相连。

（6）"+A$"或"－A$"是断点标识，"A$"和"A$"是任意助记字符。遇到断点标识符，系统会直接将具有相同标识符的测点连接起来，标识符前的"+""－"符号表示连接方向。

（7）野外操作码"P"是系统表示平行信息的保留字，野外操作码"Y0、Y1、Y2"是系统表示圆的保留字。

（8）野外操作码是"U""Q""B"，过点的线段被认为是拟合的。如果某线状地物分段部分拟合，就需要使用两种野外操作码。

（9）房屋和填充类地物自动被认为是闭合的，若是房屋只需给出三个特征点，系统会按矩形自动闭合。

（10）对于查不到实体编码的地物以及没有测够点数的地物，系统或不做处理，或按线性地物处理。

附图 2.1 是一个野外操作码实例。

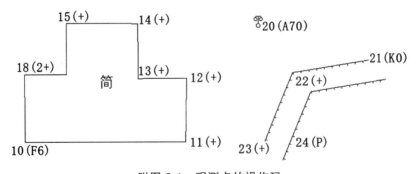

附图 2.1　观测点的操作码

说明：操作码为"P"表示通过该点绘制与过前一点之线状符号平行的同类线状符号；"nP"表示绘制与过前第 $n+1$ 个点线状符号的同属性平行线状符号。

附录 3　iData 系统元规则

iData 数据处理引擎根据功能分类将元规则归为十一大类：数据集、逻辑运算、数据选择、数据检查、数据转换、数据操作、属性操作、数据输出、管线模块、地籍模块及其它（他），其中基本功能元规则在前九个大类中，如附图 3.1。本附录按此分类依次详细介绍 iData 数据处理引擎提供的部分元规则的功能及参数。

附图 3.1　元规则分类

3.1　数据集

用于获取符合条件的数据，目前数据集下只有一个图面数据元规则。

1. 图面数据

功能：用于图面数据的获取[附图 3.2（a）]。

输入端：自动由当前图面获取数据，但可设置数据筛选条件。

（3）输出端：

【全部】：输出所有符合筛选条件的图面数据。

【点】：输出符合筛选条件的点实体。

【线】：输出符合筛选条件的线实体。

【面】：输出符合筛选条件的面实体。

【文字】：输出符合筛选条件的注记类实体。

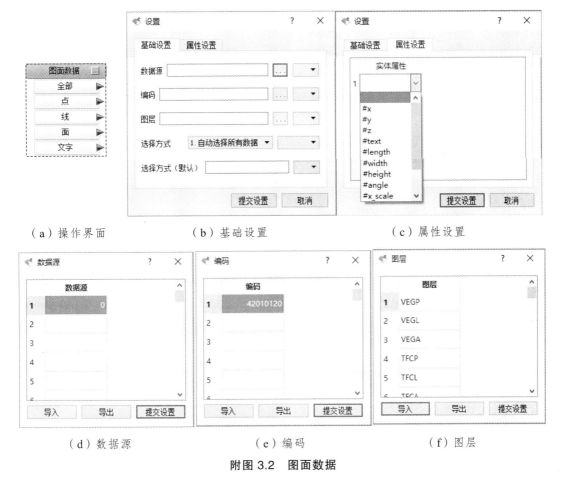

（a）操作界面　　　　　　（b）基础设置　　　　　　　（c）属性设置

（d）数据源　　　　　　（e）编码　　　　　　　（f）图层

附图3.2　图面数据

（4）【设置】：点击元规则"图面数据"图标右侧的"⬚"按钮，弹出"设置"对话框，如附图3.2（b）（c）所示。对话框有两大选项"基础设置"和"属性设置"，用于设置输入、输出筛选条件。

（5）【基础设置】：点击"基础设置"，设置内容如下：

【数据源】：在数据源输入窗口内输入选项，输入0表示当前数据源，输入1表示第一个数据源，输入2表示第二个数据源，依次类推。可以同时输入多个序号，以";"（英文标点、半角）隔开。也可以点击"数据源"输入框右边的"……"按钮，弹出"数据源"对话框[附图3.2（d）]，在对话框中依次输入要输出的数据源序号（编码表中数据源次序）。

【编码】：筛选图面上具有指定编码的实体并进行输出。可同时输入多个编码，以";"（英文标点、半角）隔开。也可点击"编码"输入框后的"……"按钮，在弹出的"编码"表格[附图3.2（e）]中，依次输入实体编码，或点击"导入"命令按钮，导入".txt"格式的编码数据文件，文件格式为每行一个编码，共一列。按"导出"按钮，可将当前筛选编码输出为TXT文件。

【图层】：选择指定图层内的实体并输出，同编码筛选一样，可以同时指定多个图层，操作与编码筛选类似[附图3.2（f）]。

【选择方式】：设置自动、手动选择所有数据，自动选择显示数据等三种图面实体选择方式。

【选择方式（默认）】：可输入公共变量，通过公共变量的值设置筛选条件。该项设置不同于上面三种选择方式的地方在于，可调用公共变量的枚举值，对数据的属性进行筛选。

（6）【属性设置】：可添加或自定义继承属性，实现不同元规则之间的属性传递，通过属性传递，可将所需字段发布至参数区，进行相应的操作。还可在下拉列表中选择实体的基本属性或几何属性字段作为继承属性。

注：同时设置图层和编码时，若设置图层内没有指定编码的实体，则没有实体被输出。若数据源列表中不选择，则是以所有图面数据为输入数据源，编码或图层设置为空，表示输出对象是所有实体。

各设置项后面下拉列表可直接选择已定义的公共变量或新建新的公共变量。

3.2　逻辑运算

逻辑运算集合内现有 5 个元规则，功能是完成输入数据的合并、分解等逻辑运算，输出符合条件的数据。

1. 数据分组（GroupBy）（附图 3.3）

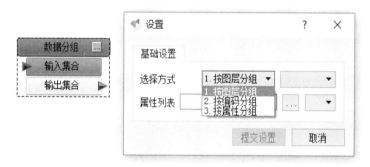

附图 3.3　数据分组

（1）功能：对输入实体依据不同的方式进行分组。分组后操作可分别在各组内进行，不同组之间实体互不影响。

（2）【输入集合】：输入需要进行分组的数据集。

（3）【输出集合】：输出分组之后的数据集。

（4）【设置】：

【选择方式】：iData 提供三种不同的数据分组方式：

① 按图层分组：对输入的实体按所属图层分组。

② 按编码分组：对输入的实体按其编码分组。

③ 按属性分组：对输入的实体按指定属性值分组。

【属性列表】：当选择"按属性分组"时，需要在属性列表中指定一个或多个属性字段名称。同一组内的实体属性字段值要完全相同。

2. 交集运算（Intersector）（附图 3.4）

附图 3.4　交集运算

（1）功能：对输入的两个数据集进行交集运算。

（2）输入端：【集合 1】【集合 2】：分别用于两个数据集合的输入。

（3）输出端：【输出交集】：输出同时存在于集合一和集合二中的实体。

3. 边线差集运算（LineNotOverlapChecker）（附图 3.5）

附图 3.5　边线差集运算

（1）功能：将线集合与参考线集合中的实体边线进行差集运算。

（2）输入端：

【线集合】：输入要进行边线差集运算的线实体或面实体集合。

【参考线集合】：输入与线集合中实体做边线差集运算的参考线集合，既可输入线实体，也可输入面实体。

（3）输出端：【边线不重合区域】：输出属于线集合，但不属于参考线集合的实体边线。

4. 差集运算（Substractor）（附图 3.6）

附图 3.6　差集运算

（1）功能：对输入的数据集进行差集运算。

（2）输入端：【被减集合】【SUB 集合】：分别输入差集运算里的被减数据集和所减数据集。

（3）输出端：【输出差集】：输出执行差集运算后的【被减集合】数据。

5. 并集运算（Unitor）（附图 3.7）

附图 3.7　并集运算

（1）功能：对输入的所有数据集进行并集运算。

（2）输入端：【输入集合】：输入所有需要进行并集运算的数据集。

（3）输出端：【输出并集】：输出这些集合里的所有数据，若同时存在于两个或多个集合里的同一重复实体，仅输出一个（即并集运算）。

3.3　数据选择

数据选择集合内现有 15 个元规则，功能是根据设置条件，对输入的数据进行筛选处理，输出符合条件的数据，本附录仅介绍其中的 12 个。

1. 面积筛选（AreaFilter）（附图 3.8）

附图 3.8　面积筛选

（1）功能：根据设置的面积区间值对面实体进行筛选。

（2）输入端：【输入集合】：输入需要进行筛选的数据集。

（3）输出端：

【区间内】：输出面积位于设置面积区间内的面实体。

【小于区间】：输出面积小于设置面积最小值的面实体。

【大于区间】：输出面积大于设置面积最大值的面实体。

（4）设置：【最小值】【最大值】：分别设置作为筛选参照的最小和最大面积值（m²）。若要筛选出面积等于某一定值的面实体，则最小和最大面积值设置同样的数，输出端选择【区间内】即可。

2. 属性过滤（AtrributeFilter）（附图 3.9）

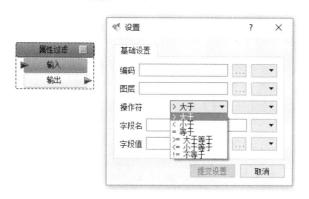

附图 3.9　属性过滤

（1）功能：筛选并输出属性值满足设置条件的实体。

（2）输入端:【输入】：输入要进行属性筛选的数据集。

（3）输出端:【输出】：输出筛选后的实体。

（4）设置：

【编码】：指定要筛选实体的编码，空值表示选择所有实体。

【图层】：指定要筛选实体的图层。空值表示选择所有图层。

【操作符】：设置属性值与设置值之间的比较操作符。如操作符选择 ">大于"，便只筛选属性值大于设置值的实体。

【字段名】：设置筛选属性值所存放的属性字段名。

【字段值】：设置属性值的参考值。

注：如果同时设置【编码】和【图层】，且设置的编码不属于设置图层的，则筛选无效。

3. 角度筛选（CheckAngle）（附图 3.10）

附图 3.10　角度筛选

（1）功能：检查输入线集合中相交线实体的角度，输出夹角在设置范围内的线实体和交点位置。相交的线在交点处必须都有节点才可参与检查。

（2）输入端:【线集合】：输入要检查夹角的数据集。

（3）输出端:【异常实体】【异常点】：分别输出夹角介于设置范围内的相交线实体和交点位置。

（4）设置:【最小值】【最大值】：分别设置两条相交线实体夹角的最小和最大限值（度）。

4. 面内角角度筛选（CheckPolygonAngle）（附图 3.11）

附图 3.11　面内角角度筛选

（1）功能：根据设置的角度范围对输入面实体所有节点的内角角度进行筛选。

（2）输入端:【面集合】：输入要检查内角的面实体集。

（3）输出端：

【大于区间的节点】：输出内角角度大于设置最大角度值的节点。

【区间内的节点】：输出内角角度位于设置角度值区间内的节点。

【小于区间的节点】：输出内角角度小于设置的最小角度的节点。

（4）设置：【最小角度】【最大角度】：分别设置筛选的最小内和最大内角角度限值。若需要筛选出内角等于某一定值的节点，则在最小角度和最大角度处填写一样的数字，并从【区间内的节点】处输出即可。

5. 类型筛选（EntTypeFilter）（附图 3.12）

附图 3.12　类型筛选

（1）功能：对输入数据集中的图形要素按实体类型（点、线、面、注记）进行筛选。

（2）输入端：【输入集合】：输入需要进行筛选的数据集。

（3）输出端：【点】【线】【面】【文字】：分别输出数据集中的点实体、线实体、面实体和文字类实体。

6. 高程值筛选（HeightValueFilter）（附图 3.13）

附图 3.13　高程值筛选

（1）功能：根据输入实体的高程值进行筛选。

（2）输入端：【输入集合】：输入需要进行筛选的数据集。

（3）输出端：

【区间内】：输出高程值介于设置高程值区间内的面实体。

【小于区间】：输出高程值小于设置高程最小值的面实体。

【大于区间】：输出高程值大于设置高程最大值的面实体。

（4）设置：【最小值】【最大值】：分别设置作为筛选参照的最小和最大高程值。若要筛选出高程等于某一定值的实体，则最小和最大高程值设置同样的数，输出端选择【区间内】即可。

7. 长度筛选（LengthFilter）（附图3.14）

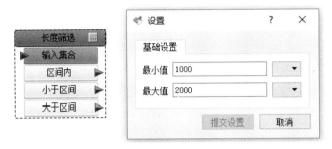

附图3.14　长度筛选

（1）功能：根据设置的长度范围对线实体进行筛选。

（2）输入端：【输入集合】：输入需要进行筛选的数据集。

（3）输出端：

【区间内】：输出长度值位于设置长度值区间内的线实体。

【小于区间】：输出长度小于设置长度最小值的线实体。

【大于区间】：输出长度大于设置长度最大值的线实体。

（4）设置：【最小值】【最大值】：分别设置作为筛选参照的线实体最小和最大长度值，单位为米。若要筛选出长度等于某一定值的线实体，则在最小和最大值处设置同样的数，输出端选择【区间内】即可。

8. 长宽筛选（LengthWightFilter）（附图3.15）

附图3.15　长宽筛选

（1）功能：筛选出外包矩形符合设置长度、宽度要求的面状实体。

（2）输入端：【输入集合】：输入要进行长宽筛选操作的数据集。

（3）输出端：【输出】：输出外包矩形符合设置要求的实体。

（4）设置：

【长度最小阈值】：指定要进行筛选的实体的外包矩形的长度最小值（mm）。

【长度最大阈值】：指定要进行筛选的实体的外包矩形的长度最大值。

【宽度最小阈值】：指定要进行筛选的实体的外包矩形的宽度最小值。

【宽度最大阈值】：指定要进行筛选的实体的外包矩形的宽度最大值。

9. 线距筛选检查（LineDistFilter）（附图 3.16）

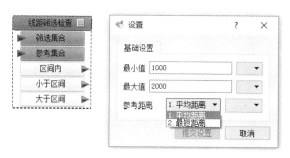

附图 3.16　线距筛选检查

（1）功能：按以下两种方案进行筛选：

① 只检查筛选集合：输入端仅"筛选集合"有数据输入时，根据线实体参考距离的最大和最小限值，检查筛选集合中线实体到相邻线实体的距离，逐一输出平均距离满足条件的线实体。

② 检查筛选集合和参考集合：输入端 "筛选集合"和"参考集合"都有数据输入时，根据线实体参考距离的最大和最小限值，检查筛选集合中线实体到参考集合中相邻线实体的距离，逐一输出平均距离满足条件，并位于的筛选集合中的线实体。

（2）输入端：

【筛选集合】：输入参与检查的数据集，输出满足条件的线实体。

【参考集合】：输入的线实体只参与检查，不进行输出。

（2）输出端：

【区间内】：输出筛选集合中与相邻线实体距离处于最小和最大参考距离之间的线实体。

【小于区间】：输出筛选集合中与相邻线实体距离小于设置最小参考值的线实体。

【大于区间】：输出筛选集合中与相邻线实体距离大于设置最大限值的线实体。

说明：根据设置不同，比较线对象是筛选集合或参考集合中的线实体

（3）设置：

①【最小值】【最大值】：设置筛选线实体距离的最小和最大限值。

②【参考距离】：设置线实体之间距离的参考值，"平均距离"为筛选集合中线实体各节点到附近线实体距离的平均值，"最短距离"为筛选集合中线实体上各节点到附近线上距离的最小值。

10. SQL 筛选（SQLExec）（附图 3.17）

附图 3.17　SQL 筛选

（1）功能：对输入实体进行 SQL 条件筛选，并输出满足条件的实体。

（2）输入端:【输入集合】:输入要进行 SQL 筛选的数据集合。

（3）输出端:【输出集合】:输出满足 SQL 条件的实体。

（4）设置:【select * from SMETable where】:输入 SQL 条件语句。

注: SQL 语句中, 若筛选条件涉及实体属性, 则该属性必须为继承属性。

11. 文字筛选（TextFilter）（附图 3.18）

（a）操作界面　　　　（b）设置　　　　　　（c）筛选文字列表

附图 3.18　文字筛选

（1）功能:筛选出指定文字内容的注记实体。

（2）输入端:【输入集合】:输入需要进行筛选的数据集。

（3）输出端:【输出】:输出具有指定文字内容的注记实体。

（4）设置:【筛选文字列表】:设置需要筛选出的文字内容。可以指定多个,用";"隔开,或点击输入框后的 "..." 按钮,在弹出的表格[附图 3.18（c）]中进行多个文字内容的输入。

注:【筛选文字列表】中的文字内容前面或后面可接通配符 "%", 表示筛选的文字注记内容中只要包含 "%" 后面或前面的内容即可。

12. 属性值类型筛选（ValueType）（附图 3.19）

附图 3.19　属性值类型筛选

（1）功能:筛选出指定属性字段值是整型、字符串型或是浮点型的实体。

（2）输入端:【输入集合】:输入要进行筛选的数据集。

（3）输出端:【整型】【字符串型】【浮点型】:分别输出属性值是整型、字符串型或者浮点型的实体。

（4）设置:【属性字段名】:指定要进行类型筛选的属性值所存放的属性字段名。

3.4　数据检查

数据选择集合现有 52 个元规则,功能是按照设置条件,对输入的数据进行各种几何关系检查，输出符合条件的数据，本附录仅介绍其中的 23 个。

1. 属性重复检查（AttributeRepeated）（附图 3.20）

附图 3.20　属性重复检查

（1）功能：根据设置的实体属性字段，检查输入实体集合中设置属性字段的值相同或不同的实体。

（2）输入端：【实体集合】：输入要检查的实体。

（3）输出端：

【属性无重复实体】：输出设置属性字段值不相同的实体。

【属性重复实体】：输出设置属性字段的值相同的实体。

（4）设置：

【字段名称】：设置检查属性字段名，可设置一个或多个。

【精度】：当属性字段值是浮点型时，设置其小数位数。如 0.01 表示保留两位小数，然后判断属性值是否相同。

2. 属性正确性检查（AttriChecker）（附图 3.21）

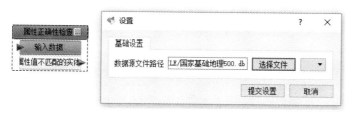

附图 3.21　属性正确性检查

（1）功能：根据选定的模板，检查并输出被检查实体中属性字段值不符合要求的实体。不符合要求包含以下 3 种情况：

① 必填的属性字段值为空；

② 必填且为有选项内容的属性字段值不属于选项内容；

③ 选填的属性字段值不符合类型要求。

（2）输入端：【输入数据】：输入要检查属性正确性的实体集合。

（3）输出端：【属性值不匹配的实体】：输出属性值不符合要求的实体。

（4）设置：【数据源文件路径】：指定数据模板的存储路径，根据模板确定各实体属性字段的要求。有两种选定方式：

① 绝对路径：通过"选择文件"找到数据模板的存储路径；

② 相对路径：直接输入数据模板的文件名（包含后缀名），系统会默认该数据模板存放

在运行环境目录下\system\TEMPLESETFILE 文件夹中。

3. 相接线方向检查（CheckIntersectLineDirect）（附图 3.22）

附图 3.22 相接线方向检查

（1）功能：检查相接线的连接方式，筛选完毕后可进行线端点拼接操作。

（2）输入端：【线集合】：输入进行相接线方向检查的线集合。

（3）输出端：【输出集合】：输出符合指定检测方式和端点距离阈值的线实体。

（4）设置：

【检测方式】：iData 提供三种不同的相接线方向检测方式：

① 首尾相接：两条相接线实体的方向一致；

② 首首相接：两条相接线实体在连接处的端点都是首端点；

③ 尾尾相接：两条相接线实体在连接处的端点都是尾端点。

【端点距离阈值】：设置相接线间端点的距离范围，端点距离在设置的端点距离阈值内的判定为相接线。

4. 必填属性空值检查（CheckNullArr）（附图 3.23）

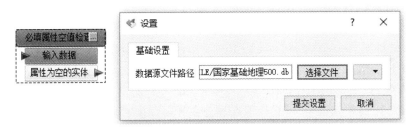

附图 3.23 必填属性空值检查

（1）功能：根据选定的模板确定实体必填属性字段，检查并输出被检实体中必填属性字段为空的实体。

（2）输入端：【输入数据】：输入要检查必填属性字段值的实体集合。

（3）输出端：【属性为空的实体】：输出被捡实体中必填属性字段为空的实体。

（4）设置：【数据源文件路径】：选定数据模板的存储路径，根据模板确定哪些属性字段是必填的。有两种选定方式：

① 绝对路径：通过"选择文件"找到数据模板的存储路径；

② 相对路径：直接输入数据模板的文件名（包含后缀名），系统会默认该数据模板存放在运行环境目录下\system\TEMPLESETFILE 文件夹中。

5. 点曲矛盾（CheckPointLine）（附图 3.24）

附图 3.24　点曲矛盾

（1）功能：通过输入过滤线将图面分隔成若干区域，分别检查每个区域中是否存在高程点与等高线之间的高程值矛盾，并将有问题的高程点报错输出。

（2）输入端：【高程点集合】【等高线集合】【过滤线集合】：分别输入要参与检查的高程点、等高线和分隔过滤线。

（3）输出端：

【高程不一致】：输出高程点集合中，位于在一条等高线上，但与等高线高程值不一致的高程点。

【两条等高线之间】：输出高程点集合中，位于两条等高线之间，且高程值不符合两条等高线之间高程区间值的高程点。

【两条等高线的一边】：输出高程点集合中，不在两条等高线之间，且高程值不满足等高线递增或递减规律的高程点。

（4）设置：

【搜索递增角度】【合格比例】：设置等高线搜索方法。搜索是以高程点为圆心，按递增角度确定搜索方向，当一条等高线被搜索到的次数／总搜索次数，达到设置的合格比例时，这条等高线是有效的。

【距离阈值】【高程阈值】：判断高程点是否在等高线上时，设置高程点距等高线的距离最大值和高程差的最大值，超出范围则认为高程点不在等高线上。

【搜索半径】：设置搜索等高线时，高程点到最近等高线的最大距离值。

注：一般情况下，【搜索递增角度】【合格比例】【阈值上限】【精度】都可采用默认值，【搜索递增角度】值越小，搜索越细致，但运行速度会越慢。

6. 线穿越（CrossLineDetector）（附图 3.25）

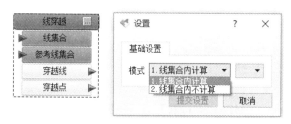

附图 3.25　线穿越

（1）功能：检查线实体集合中是否存在线实体（或面实体边线）被其他线实体（或面实体边线）穿过的现象，并输出穿过的线实体（或面实体边线）和穿越的位置点。

（2）输入端：【线集合】【参考线集合】：输入要进行线穿越检查的线实体或面实体集合，但只能输出【线集合】中满足条件的实体，【参考线集合】中的实体不能进行输出。

（3）输出端：

【穿越线】：输出穿过其他线实体或面实体边线，并在线集合中的线实体。

【穿越点】：输出线实体穿过其他线实体或面实体边线的交点位置。

（4）设置：【模式】：指定是否进行线集合内线实体的相互穿越检查，若选择"不计算"，则只进行"线集合"与"参考线集合"中线实体的相互穿越检查。

7. 线重叠（DuplicateLineDetector）（附图 3.26）

附图 3.26　线重叠

（1）功能：筛选出输入线集合中重叠的实体和重叠位置。线重叠表示两个或多个线实体完全重叠，即线实体每个节点都对应重叠。

（2）输入端：【线集合】：输入要进行线重叠检查的线实体集合。

（3）输出端：

【线重叠位置】：输出线集合中线重叠的位置。

【输出重叠的实体】：输出线集合中存在重叠的线实体。

（4）设置：【是否考虑线方向】：设置检查时是否考虑线的方向。如设置"是"，则线实体除了节点和位置重叠，线的方向也要一致，才能算线重叠。

8. 线重复点（DuplicateNodeFinder）（附图 3.27）

附图 3.27　线重复点

（1）功能：根据设置节点距离判断线上是否存在重复节点，即线上若有节点间距离小于设置阈值时，该节点将被视为重复节点。

（2）输入端：【线集合】：输入要进行线重复点检查的线实体集合。

（3）输出端：

【重复点线】：输出线集合中存在重复点情况的线实体。

【正常线】：输出线集合中不存在重复点情况的线实体。

【线上重复点】：输出线实体上重复点位置。

（4）设置：【阈值】：被视为线上重复点的节点间最大距离（m）。

9. 面重叠（DuplicatePolygonDetector）（附图 3.28）

附图 3.28　面重叠

（1）功能：筛选出面实体集合中重叠的面实体和重叠位置。面重叠表示两个或多个面实体的大小、形状和位置完全相同。

（2）输入端：【面集合】：输入要进行重叠检查的面实体集合。

（3）输出端：

【面重叠位置】：输出面实体集合中面重叠的位置。

【输出重叠的实体】：输出面实体集合中存在重叠的面实体。

10. DWG 图形一致性检查（DWGArrCheck）（附图 3.29）

（a）操作界面　　　　　　（b）设置

（c）对照表

附图 3.29　DWG 图形一致性检查

（1）功能：检查输入的 DWG 数据图形是否符合设置要求，分别输出与对照表中设置不一致的实体、一致的实体和对照表中未找到编码的实体。

（2）输入端：【输入】：输入要检查图形一致性的 DWG 数据。

（3）输出端：

【不一致的实体】：输出图形属性与对照表设置的内容不一致的 DWG 数据。

【一致的实体】：输出图形属性与对照表设置的内容一致的 DWG 数据。

【无编码实体】：输出对照表中未找到对应编码的 DWG 数据。

（4）设置：

【对照表】：设置 DWG 数据图形属性的对照关系表，每一行记录表示一个编码的 DWG 实体对应的图层名、实体类型、线型（图块）名称。

① 编码字段：输入存储实体地物编码的属性字段名，如 CASS 生产的 DWG 数据，"编码字段"一般为"SOUTH"。

② 编码：输入实体地物编码。

③ 图层：输入实体编码对应的图层名。

④ 实体类型：只能输入"1""2""3"或"4"，分别表示点、线、面、注记。

⑤ 线型（图块）名称：如果实体类型是"1"，则输入点实体的图块名；如果是"2"或"3"，则输入线或面实体的线型名；如果是"4"，则输入注记的线型名。

11. 拐点悬挂检查（FlexPointSuspension）（附图 3.30）

　（a）操作界面　　　　　（b）设置　　　　　　　　（c）悬挂拐点

附图 3.30　拐点悬挂检查

（1）功能：检查输入的线集合中拐点到最近线实体的垂直距离是否在设置的阈值范围内，如果在则判定为悬挂拐点。如附图 3.30（c）所示位置即为悬挂拐点。

（2）输入端：【线集合】：输入要进行拐点悬挂检查的线实体。

（3）输出端：

【悬挂拐点】：输出悬挂拐点。

【悬挂线】：输出存在悬挂拐点的悬挂线。

（4）设置：

【阈值上限】：设置拐点到最近线实体垂直距离的最大值，悬挂拐点到最近线的垂直距离应该小于该值。

【阈值下限】：设置拐点到最近线垂直距离的最小值，悬挂拐点到最近线的垂直距离应该大于该值。

12. 相交线（IntersectLineFinder）（附图 3.31）

附图 3.31　相交线

（1）功能：检测输出线集合中相交线实体或相交点位置。

（2）输入端：【线集合】：输入要进行相交线检查的线实体集合。

（3）输出端：【相交线】【相交点】：分别输出线集合中存在相交的线实体和交点位置。

13. 线叠盖检查（LineOverlapChecker）（附图 3.32）

附图 3.32　线叠盖检查

（1）功能：检查线实体之间的叠盖情况，并输出存在叠盖情况的线实体和叠盖区间。

（2）输入端：【线集合】：输入要进行线叠盖检查的线实体集合。

（3）输出端：

【叠盖区间】：输出线集合中存在线叠盖的位置。

【叠盖实体】：输出线集合中存在线叠盖的实体。

14. 属性空值检查（NullAttriValueChecker）（附图 3.33）

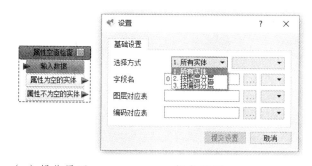

（a）操作界面　　　　　　　（b）设置

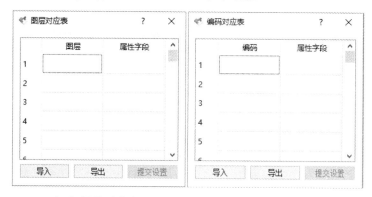

（c）图层对应表　　　　　　（d）编码对应表

附图 3.33　属性空值检查

（1）功能：检查实体中指定属性字段是否为空，并分别输出为空和不为空的实体。

（2）输入端：【输入数据】：输入要检查指定属性字段是否为空的实体集合。

（3）输出端：【属性为空的实体】【属性不为空的实体】：分别输出指定属性字段为空和不

为空的实体。

（4）设置：根据【选择方式】的不同，有三种不同的属性空值检查方式。

① 所有实体：在【字段名】中设置要检查的属性字段名，对所有输入实体的该属性字段进行检查；

② 按图层分检：在【图层对应表】中输入一组或多组图层名，及与图层对应之属性字段名，对不同图层实体分别按指定属性字段进行检查；

③ 按编码分层：在【编码对应表】中输入一组或多组实体编码，及与编码对应之属性字段名，对不同编码实体分别按指定属性字段进行检查。

15. 点面关系（PointPolygonTopoFilter）（附图 3.34）

附图 3.34　点面关系

（1）功能：根据输入点实体和面实体的位置和数量，输出符合对应关系的点实体或面实体。

（2）输入端：【点集合】【面集合】：分别输入要进行点面关系判断的点实体和面实体集合。

（3）输出端：

【面内的点】：输出点集合中位于面集合内部的所有点实体。

【面外的点】：输出点集合中位于面集合外部的所有点实体。

【有点的面】：输出面集合中内部有点集合中点实体的面实体。

【无点的面】：输出面集合中内部无点集合中点实体的面实体。

（4）设置：

【检测方式】：iData 提供两种不同的面内点位置检测方式：

① 基点：点实体的插入点位于面实体内部。

② 中心点：点实体的外包矩形中心位于面实体内部。

【面内点下限】：设置面实体内所包含点集合中点实体数量的最小值。

【面边界上点确定】：设置面边界线上点，视为面内还是面外。

16. 点线关系（PointPolyLineTopoFilter）（附图 3.35）

附图 3.35　点线关系

（1）功能：根据点实体和线实体的位置和数量，输出符合对应关系的点实体或线实体。

（2）输入端：【点集合】【面集合】：分别输入要进行点线关系判断的点、线实体集合。

（3）输出端：

【线内的点】：输出点集合中，位于线集合中线实体上的所有点实体。

【线外的点】：输出点集合中，位于线集合中线实体外的所有点实体。

【有点的线】：输出线集合中，线实体上有点集合中点实体的线实体。

【无点的线】：输出线集合中，线实体上无点集合中点实体的线实体。

（4）设置：

【检测方式】：iData 提供两种不同的线上点位置检测方式：

① 基点：点实体的插入点位于线实体上。

② 外包矩形：点实体的外包矩形与线相交。

【线参与检测方式】：设置输入的线集合检查的位置。可选"整线""只有线节点"和"只有线首尾端点"三种方式。

【线内点下限】：设置位于线实体上之点集合中点实体数量最小值。

17. 面缝隙检查（PolygonGapChecker）（附图 3.36）

附图 3.36　面缝隙检查

（1）功能：检查并输出面实体间存在镂空缝隙的区域。

（2）输入端：【面集合】：输入要检查面缝隙的面实体集合。

（3）输出端：【缝隙区域】：输出面实体之间的镂空缝隙区域。

（4）设置：【阈值】：设置封闭缝隙区域的外包矩形宽度的最大值，缝隙外包的宽度小于该值时才输出。

18. 面叠盖检查（PolygonOverlapChecker）（附图 3.37）

附图 3.37　面叠盖检查

（1）功能：检查并输出叠盖面实体和叠盖位置，面叠盖是指两个或多个面实体全部或部分区域存在叠盖。

（2）输入端：【面集合】：输入要进行面叠盖检查的面实体集合。

（3）输出端：

【叠盖区域】：输出面集合中存在叠盖面的区域。

【叠盖原实体】：输出面集合中存在叠盖面的实体。

19. 点线属性检查（PtLineCheck）（附图 3.38）

（a）操作界面　　　　　　（b）设置　　　　　　（c）属性列表

附图 3.38　点线属性检查

（1）功能：将点实体的指定属性字段值和点实体所在线实体的对应属性字段值进行匹配，分别输出属性值对应相同和不同的点实体。

（2）输入端：【点集合】【线集合】：输入要进行属性匹配检查的点实体集合和线实体集合。

（3）输出端：

【属性匹配的点】：输出与所在线实体对应属性字段值相同的点实体。

【属性不匹配的点】：输出与所在线实体对应属性字段值不同的点实体。

（4）设置：

【检测方式】：设置要进行属性匹配检查的点实体和线实体的位置关系：

① 基点：点实体的定位点位于线上。

② 中心点：点实体的外包矩形中心位于线上。

③ 外包矩形：点实体的外包矩形与线相交。

【属性列表】：指定点实体和线实体的对照属性字段名，可输入一组对照记录，也可输入多组对照记录。

20. 点点属性检查（PtPtArrCheck）（附图 3.39）

附图 3.39　点点属性检查

（1）功能：将点集合1中点实体的指定属性字段值和点集合2中点实体的对应属性字段值进行匹配，分别输出属性值对应相同和不同的实体。

（2）输入端：

【点集合1】：输入参与检查的点实体，满足条件的点实体可进行输出。

【点集合2】：输入的点实体只能参与检查，不能进行输出。

（3）输出端：

【属性匹配的点】：输出点集合1中，与点集合2中实体的对应属性字段值相同的实体。

【属性不匹配的点】：输出点集合1中，与点集合2中实体的对应属性字段值不同的点实体。

（4）设置：

【搜索半径】：设置要进行属性匹配检查的点集合1和点集合2中，相邻点实体的最大距离值。

【属性列表】：指定集合1点实体和集合2点实体的对照属性字段名，可输入一组对照记录，也可输入多组对照记录。同时输入对照属性字段的字段类型和精度，程序将按照设置的类型和精度对属性值进行匹配计算。

注："数据类型"设置中目前仅支持"string"和"double"两种，"精度"设置中输入"0""1"或"2"表示进行属性值匹配时，属性值的精度保留到个位、一位小数或两位小数位。

21. 线悬挂（SuspendedLineFinder）（附图3.40）

附图3.40　线悬挂

（1）功能：根据设置的筛选条件，检查线集合中存在悬挂点的线实体。

（2）输入端：

【严格线集合】：输入要严格进行悬挂点检查的线实体。这些线实体不受设置条件中的【非严格线搜索半径】和【非严格线方向长度】限制，满足其余3个条件的线实体，只要存在悬挂点都将作为悬挂线被检查出来。

【非严格线集合】：输入不严格进行悬挂点检查的线实体，即非严格线。非严格线要作为悬挂线检查出来，必须满足设置框中的所有条件。

（3）输出端：

【悬挂线】：输出存在满足条件悬挂点的线实体。

【正常线】：输出不存在悬挂点或悬挂点不满足条件的线实体。

【悬挂节点】：输出满足条件的线实体悬挂节点位置。

（4）设置：

【编码列表】：输入线集合中作为筛选条件的线实体编码。

【阈值上限】【阈值下限】：设置线实体节点到最近的线实体或面实体边线的最大和最小距离限值。当线实体上某一节点到最近线实体距离在这两者之间时，该线实体被视为悬挂线。

【非严格线搜索半径】：设置非严格线上以悬挂点为中心的搜索半径。若有线实体在此半径范围内穿过，则该非严格线满足悬挂线或悬挂节点输出条件。

【长度筛选】：设置输入线集合中参与检查的线实体最小长度值。

【非严格线方向长度】：设置非严格线上悬挂点到其附近线实体的最大距离值。

22. 线周围悬挂点检查（SuspendPointCheck）（附图 3.41）

附图 3.41　线周围悬挂点检查

（1）功能：检查参考线周边线集合中线实体的悬挂点，线集合中仅线实体的首尾端点参与计算。如果该点到参考线的最短距离小于设置的距离阈值，则判定该点为悬挂点。

（2）输入端：

【线集合】：输入要进行悬挂点判断的线集合。

【参考线】：输入用于判断悬挂点的参考线集合，参考线集合参与悬挂点的判断，但其端点不参与周围悬挂点检查。

（3）输出端：

【悬挂线集合】：输出线集合中存在悬挂点的悬挂线。

【悬挂点】输出检查出的悬挂点。

（4）设置：【距离阈值】设置距离阈值（m），当端点到参考线的垂直距离小于该阈值时，判定该点为悬挂点。

23. 面悬挂（SuspendedPolygonFinder）（附图 3.42）

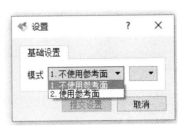

附图 3.42　面悬挂

（1）功能：检查输入面集合中，边线与相邻面实体边线部分重合的面实体，并将其作为悬挂面输出，与相邻面实体重合边线上的节点作为悬挂节点输出。

（2）输入端：【面集合】输入进行面悬挂检查的面实体。

（3）输出端：

【悬挂面】：输出边线与相邻面实体边线部分重合的面实体。

【悬挂节点】：输出与相邻面实体边线重合部分线段上的节点。

3.5　数据转换

数据转换集合内的有 7 个元规则，功能是根据设置对输入的数据进行格式转换，输出转换后数据，本附录仅介绍其中的 5 个。

1. 普通编码转换（CodeConvertor）（附图 3.43）

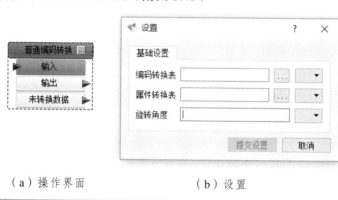

（a）操作界面　　　　　　　　　　（b）设置

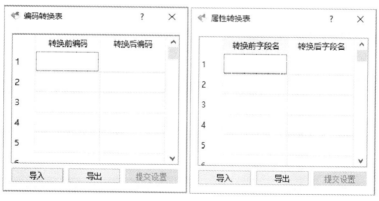

（c）编码转换表　　　　　　　　　（d）属性转换表

附图 3.43　普通编码转换

（1）功能：根据设置的编码和属性转换对照表，将一个数据源中的数据转换到另一个数据源中。

（2）输入端：【输入】：输入转换前数据。

（3）输出端：

【输出】：输出转换后数据。

【未转换数据】：输出未转换数据。

（4）设置：

【编码转换表】：设置转换数据的实体编码转换对应关系。可直接在文本框中输入，也可点击文本框后的"▦"按钮，在弹出的"编码转换表"表格中，依次输入数据转换前编码和转换后编码，或直接导入.txt 格式的对应数据文件。

【属性转换表】：设置两个数据源中的实体属性转换对应关系，操作方法与"编码转换表"类似。

【旋转角度】：设置被转换数据中实体的一个扩展属性字段名，程序会将其属性值复制到目标数据对应实体的旋转角度属性字段中。

2. 数据库编码转换（DatabaseToPdbConvertor）（附图 3.44）

（a）操作界面　　　　　　　　（b）设置

（c）编码转换表　　　　　　（d）属性转换表

附图 3.44　数据库至 PDB 编码转换

（1）功能：根据设置的编码转换表和属性转换表，将一种数据库数据转换为另一种数据库数据，并按设置处理没有参与转换或者无编码的数据库数据。

（2）输入端：【输入】：输入要进行转换的数据库格式数据。

（3）输出端：【输出】：输出转换后的 PDB 数据格式数据。

（4）设置：

【数据库格式】：选择数据库数据格式，有 PDB 和 SHP 两种选项。

【选择模式】：设置未参与转换，或无编码数据库数据的处理方式：

① 转到默认图层：将未参与转换的数据库格式实体转换到 PDB 数据源中的默认图层里；

② 舍弃无编码实体：舍弃无编码数据库格式的实体。

【编码转换表】：设置数据库格式文件中的实体编码存储字段名及其编码，和转换到 PDB 格式文件中的对应实体编码。可直接在文本框中输入，也可点击文本框后的"⬚"按钮，在弹出的"编码转换表"[附图 3.44（c）]中依次输入，表中每一列的含义如下：

① 编码字段：数据库格式文件中实体编码所存放的属性字段名；

② 转换前编码数据库格式文件中的实体编码值；

③ 转换后编码：转换到 PDB 格式文件后的对应实体编码。

【属性转换表】：设置数据库格式与 PDB 格式数据间的实体属性转换对应关系。可直接在文本框中输入，也可点击文本框后的"[...]"按钮，在弹出的"属性转换表"[附图 3.44（d）]中，依次输入转换前的属性字段名和转换后的属性字段名，或直接导入".txt"格式的对应数据文件。

3. DGN 至 PDB 编码转换（DGNCodeConvertor）（附图 3.45）

（a）操作界面　　　　（b）设置　　　　　　　　　（c）编码转换表

附图 3.45　DGN 至 PDB 编码转换

（1）功能：按照设置的转换规则，将 DGN 格式数据转换为 PDB 格式数据。

（2）输入端：【输入】输入要进行转换的 DGN 数据。

（3）输出端：

【输出】：输出转换为 PDB 格式文件的数据。

【原数据输出】：输出 DGN 格式文件中符合转换规则、转换之前的数据。

（4）设置：

【编码转换表】设置 DGN 格式数据与 PDB 格式数据之间的转换对应关系。可直接在文本框中输入，也可点击文本框后的"[...]"按钮，在弹出的"编码转换表"表格[附图 3.45（c）]中，依次输入 dgn 数据中要转换的每个实体的图层名、颜色号、线型值，与之对应的 PDB 数据实体编码，或直接导入".txt"格式的对应数据文件。

【文本内容】【大小】【旋转角度】【字体】【高程】：分别指定 DGN 数据中文字注记的内容、大小、旋转角度、字体和高程等，转换到 PDB 数据中对应属性字段的名称。

4. DWG 至 PDB 编码转换（DwgToPdbConvertor）（附图 3.46）

（a）操作界面　　　　　（b）设置

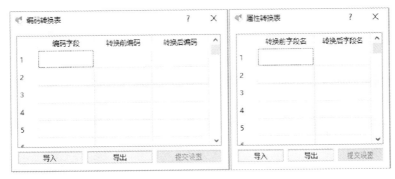

（c）编码转换表　　　　　　　　（d）属性转换表

附图 3.46　DWG 至 PDB 编码转换

（1）功能：根据设置的编码和属性转换对照表，将 DWG 格式文件数据转换到 PDB 格式文件中。

（2）输入端：【输入】输入 DWG 数据。

（3）输出端：

【输出】输出 PDB 数据。

【未转换数据】将未能成功转换成 PDB 的实体输出。

（4）设置：

【编码转换表】：设置 DWG 格式文件中的实体编码及其存储字段名，转换为 PDB 格式文件的对应实体编码。可直接在文本框中输入，也可点击文本框后的"□"按钮，在弹出的"编码转换表"中依次输入，表中每一列的含义如下：

① 编码字段：DWG 格式文件中保存实体编码的属性字段名；

② 转换前编码：DWG 格式文件中的实体编码；

③ 转换后编码：转换到 PDB 格式文件中的对应实体编码。

【属性转换表】设置 DWG 数据与 PDB 数据中的实体属性转换对应关系。

5. DXF 至 PDB 编码转换（DXFChangeToPDB）（附图 3.47）

（a）操作界面　　　　　（b）设置　　　　　　（c）编码对照表

附图 3.47　DXF 至 PDB 编码转换

（1）功能：根据设置的编码转换对照表，将 DXF 格式数据转换为 PDB 格式。并按照设置的方式，将 DXF 中没有参与转换或者无编码的实体进行相应的处理。

（2）输入端：【DXF】：输入 DXF 数据。

（3）输出端：【输出】：输出 PDB 数据。

（4）设置：

【选择模式】：指定未参与转换或无编码的 DXF 实体数据处理方式：

① 未转换实体转到默认图层：将未写入编码对照表中的 DXF 实体数据转换到 PDB 数据源默认普通图层。

② 舍弃无编码实体：舍弃无编码 DXF 数据。

【编码对照表】：每行记录的 DXF 数据图层名和地物编码，与 PDB 数据地物编码一一对应。

3.6　数据操作

数据操作集合内现有 71 个元规则，功能是对数据（图形）进行单一的操作处理，输出处理后的（图形）数据,本附录仅介绍其中的 32 个。

1. 添加线节点（AddLineNode）（附图 3.48）

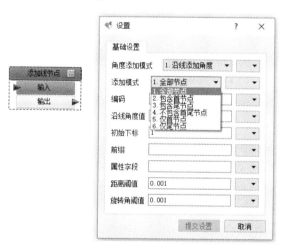

附图 3.48　添加线节点

（1）功能：在线实体设置节点处生成一个指定编码的点实体，为这些点实体进行随机编号，且每个编号都不重复。

（2）输入端：【输入】：输入要在节点处添加点实体的线实体集合。

（3）输出端：【输出】：将在线实体节点上生成的临时点实体输出（可连接"向图面生成实体"元规则，实现向数据源中生成点实体的操作）。

（4）设置：

【角度添加模式】：设置在线实体节点处所生成点实体的旋转模式。

【添加模式】：提供六种线节点处生成点实体的模式：

① 全部节点：所有节点处都生成；

② 包含首节点：除尾节点，其他节点处都生成。

③ 包含尾节点：除首节点，其他节点处都生成。

④ 不包含首尾节点：除首尾节点外，其他节点处都生成。

⑤ 仅首节点：只在首节点处生成。

⑥ 仅尾节点：只在尾节点出生成。

【编码】：指定生成点实体的编码。

【沿线角度值】：设置生成的点实体，以节点处线实体绘制方向为起始方向，还需要旋转的角度值。

【初始下标】：设置生成点实体的编号最小值，默认为 1，程序会自动生成 8 位十进制码。

【前缀】：设置生成点实体的编号前缀。

【属性字段】：设置生成点实体储存编号的扩展属性字段名。

【距离阈值】【旋转角阈值】：通过设置生成点实体间的最小间距和旋转角度差异，来控制生成点实体的密度。

注：只有当【角度添加模式】设置为"沿线添加角度"时，【沿线角度值】设置才有效；【属性字段】为空时，则不为生成的点实体编号。

2. 切割构外边界（BoundSnipper）（附图 3.49）

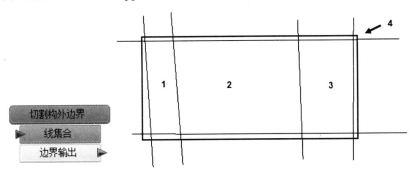

（a）元规则　　　　　　　　　　　（b）闭合面筛选

附图 3.49　切割构外边界

（1）功能：对线实体围成的闭合区域进行筛选，将最外围边界线围成的闭合面进行输出。如附图 3.49（b）所示，图面上的线实体围成的所有闭合面中将只输出 4 号面。

（2）输入端：【线集合】：输入要进行切割构外边界操作的线实体集合。

（3）输出端：【边界输出】：输出线实体围成最外围的闭合面。

3. 面生成点（CenterPoint）（附图 3.50）

（a）操作界面　　　　　　　　（b）设置

（c）编码转换表　　　　　　　（d）属性值对照表

附图 3.50　面转点

（1）功能：在输入的闭合区域中心位置生成点实体或长度为 0 的线实体。

（2）输入端：【闭合区域】输入要生成中心点或中心线的闭合区域。可以是闭合的线或面实体，也可以是由多个线或面实体围成的封闭区域，对于不封闭的线或面实体，则会将其外包矩形作为闭合区域。

（3）输出端：

【输出中心点】：在闭合区域的中心生成点实体。

【输出中心线】：在闭合区域的中心生成长度为 0 的线实体。

（4）设置：

【旋转方式】：当生成中心点实体时，iData 提供两种点实体的旋转方式：

① 不旋转：表示生成的点实体按固定角度（0°）输出；

② 按面最长边旋转：表示生成的点实体旋转后，正向朝向闭合区域边线中最长边的方向。

【插入点方式】：设置生成的中心点位置，有几何中心、几何重心和面内中心三种。

【旋转角度】：当"旋转方式"设置为"按闭合面最长边"时，设置的旋转角度是在原旋转角度基础上增加角度值。

【中心点编码转换表】：输入存储面实体编码的字段名、面实体编码值，和生成的中心点编码。也可以通过"导入"按钮直接导入.txt 格式的数据文件。时

【中心线编码转换表】：选择生成长度为 0 线实体的设置内容，设置方法参见【中心点编码转换表】。

【属性值对照表】：设置面实体属性字段与点实体、线实体属性字段的对应关系。可直接在"属性值对照表"中输入，也可以通过"导入"按钮，直接导入.txt 格式的对应数据文件。

注：若【中心点编码转换表】或【中心线编码转换表】为空，则元规则后接【向图面生成实体】元规则，将在图面上生成 iData 普通图层的点或线。

4. 自动切面（ConditionDiv）（附图 3.51）

附图 3.51　自动切面

（1）功能：用于处理面叠盖的问题，将有叠盖现象的面实体按照设置的条件进行切割，使其不再存在叠盖，若输出到【列表输出】元规则，可在数据浏览窗口的列表中输出切割后的面实体。

元规则可设置的切割条件有四个，按优先顺序排列依次为：叠盖面积、属性值、楼层数、面积大小。

① 搜索满足叠盖面积小于设置上限值的面实体，操作仅对叠盖面积符合限值条件的面实体进行；

② 按照属性值列表中的先后顺序，属性值排列在前的切割属性值排列在后的面实体；

③ 若面实体是建筑物且属性值相同，就判断楼层高低，楼层高的切割楼层低的；

④ 若面实体是建筑物楼，且属性值、层数都相同，就用面积大的面去切割面积小的，或反向切割；

如不需要进行某项条件筛选，置为空即可。

（2）输入端：【面集合】：输入参与自动切面的面实体集合。

（3）输出端：【切面输出】：输出进行了面切割的面实体。

（4）设置：

【切割模式】：有两种面切割的模式："大面切小面"和"小面切大面"。分别表示为面积大的实体去切面积小的实体，或面积小的实体去切面积大的实体。

【叠盖面积上限】：设置叠盖区域的面积最大限值，若大于这个值将不进行自动切面操作。

【指定属性】：按属性值设置切割顺序时，设置属性值所在的属性字段名。

【属性值列表】：按切割设置次序输入指定属性字段中的属性值。

【层数字段名】：指定存放建筑楼层数的属性字段名。

5. 外边界裁剪（CutPolygonRect）（附图 3.52）

附图 3.52　外边界裁剪

（1）功能：以输入的边界线或面实体边线为界，对输入集合中实体进行裁剪，并允许输出保留部分和删除部分。

（2）输入端：

【输入集合】：输入要裁剪的实体。

【外边界】：输入裁剪范围线实体，可以是闭合的线实体或面实体。

（3）输出端：

【保留部分】：输出裁剪后图面上剩余实体。

【删除部分】：输出被裁剪掉的原实体位置。

（4）设置：

【模式】：iData 提供两种裁剪后删除实体的模式：

① 删除边界外：删除边界线以外实体；

② 删除边界内：删除边界线内部实体。

6. 删除线节点（DeleteLineNote）（附图 3.53）

附图 3.53　删除线节点

（1）功能：根据设置的删除模式，删除输入线或面实体上节点，并输出处理后的实体和已删除的节点位置。

（2）输入端：

【线集合】：输入要删除节点的线实体或面实体。

【点集合】：输入删除线实体或面实体上节点时的参照点实体，以参照点为圆心，搜索半径内的节点可设置删除或保留。

（3）输出端：

【处理后实体】：输出删除了节点的线实体或面实体。

【删除节点】：输出已删除的节点位置。

（4）设置：

【删除模式】：iData 提供两种删除节点的方式：

① 保留：保留在输入点实体搜索半径内线实体上，或面实体边线上的线节点，删除其他线节点；

② 删除：删除在输入点实体位置处的线实体上，或面实体边线上的线节点。

【搜索半径】：设置要删除线节点的搜索半径，以输入点实体为搜索中心，在此半径范围内搜索附近线或面实体上最近节点。

【节点处理】：当【删除模式】为"删除"时，可设置能被删除的节点，
iData 提供四种处理方式：

① 全部节点：线或面实体上所有节点。

② 包含首节点：线或面实体上除尾节点以外的所有节点。

③ 包含尾节点：线或面实体上除首节点以外的所有节点。

④ 不包含首尾节点：线或面实体上除首节点和尾节点以外的所有节点。

7. 扣岛（DigIsland）（附图 3.54）

附图 3.54　扣岛

（1）功能：若面实体内部包含另一面实体，则删除该面实体与被包含面实体重合部分。

（2）输入端：

【构建的环】：输入需要扣岛的面实体集合。

【构建的岛】：输入被包含面实体或封闭线实体。

（3）输出端：【输出】：输出完成了扣岛操作的面实体。

（4）设置：

【模式】：若输入数据集合中的面实体内部包该集合内的面实体，设置是否对其进行扣岛操作。选择"集合内计算"表示要扣岛，而"集合内不计算"表示不扣岛。

【删除模式】：设置扣岛完成后，是否删除原有的岛实体。

8. 重复属性值移除（DuplicateRemove）（附图 3.55）

附图 3.55　重复属性值移除

（1）功能：剔除输入集合的要素属性值中的重复值，并分别输出具有重复属性的要素集合和唯一属性的要素集合。重复属性值移除元规则一般作用于临时属性表，对实体扩展属性无效。

（2）输入端：【输入集合】：输入要移除重复属性值的要素集合。

（3）输出端：【重复实体集合】【唯一实体集合】：分别输出包含重复属性值和已移除重复属性值的要素集合。

（4）设置：【重复属性】：设置要检查重复值的属性字段名，设置为空则检查所有属性。

9. 图幅接边（EdgeMatchJoiner）（附图 3.56）

附图 3.56　图幅接边

（1）功能：在设置的阈值范围内，对相邻图幅之间编码、属性相同的线实体进行拼接、面实体进行合并，图幅接边后弹出数据浏览窗口显示接边结果。

（2）输入端：【输入集合】：输入需要进行图幅接边操作的数据集合。若要全图接边，则输入图面上全部数据。

（3）设置：

【起始 X】【起始 Y】：表示输入数据左下角内图廓角点坐标，若数据满足标准格网分幅原则，则默认填写 0。

【图幅宽度】【图幅高度】：分别设置接边图幅的宽度和高度。

【实体丢弃】：指定不参与图幅接边的实体编码。

【分界线扩宽宽度定义】：设置分幅线两边搜索实体的范围值，即只检查与此范围内的实体，并进行接边处理。

【分界线穿越厚度定义】：线实体穿过分幅线的长度大于此值时，判定此线为穿越分幅线。

【两点重合定义】：分幅线两边线实体判定为同一实体时，两个端点间距离的最大限值。

【两点不相干定义】：分幅线两边实体端点间距离大于此值时，判定两线实体为不同要素。

10. 线端点拼接（EndPointJoiner）（附图 3.57）

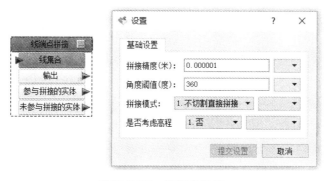

附图 3.57　线端点拼接

（1）功能：依据设置的拼接精度、角度变化范围和模式，对编码相同的线实体进行拼接，并分别输出拼接后生成的实体、参与拼接的实体位置和未参与拼接的实体。

（2）输入端:【线集合】：输入要进行拼接的线实体集合。

（3）输出端：

【输出】：输出拼接后新生成的实体。

【参与拼接的实体】：输出参与拼接的原实体。

【未参与拼接的实体】：输出未参与拼接的实体。

（4）设置：

【拼接精度】：设置两拼接端点间的最大距离限值。

【角度阈值】：设置两拼接段线方向角度差最大限值，若两段线的方向角度相差大于这个阈值时，就不进行拼接。

【拼接模式】iData 提供两种拼接模式：

① 不切割直接拼接：直接对输入的线实体进行拼接，要求拼接的线实体不存在线叠盖；

② 先切割后再拼接:仅对存在叠盖的线实体进行剪切、拼接，拼接后线实体不再有叠盖。

【是否考虑高程】：设置在拼接过程中是否考虑高程值一致，选择"是"，则高程值相同时拼接，否则不拼接。

11. 实体编组（EntityGroup）（附图 3.58）

附图 3.58　实体编组

（1）功能：对输入集合 1 和集合 2，分别设置实体扩展属性值 1 和扩展属性值 2。

① 在集合 1 和集合 2 内部，分别对比设置扩展属性值，将相同的进行编组；

② 对比两个集合中实体扩展属性 1 和 2 的值，将相同的进行编组。

可进行编组的情况有以下三种：

① 集合 1 中，对实体扩展属性 1 值相同的进行编组；

② 集合 2 中，对实体扩展属性 2 值相同的进行编组；

③ 对集合 1 中实体扩展属性 1 与集合 2 中实体扩展属性 2 值相同实体的进行编组。

（2）输入端：【集合 1】【集合 2】：分别输入参与编组的实体集合。

（3）输出端：

【集合 1_已编组】：输出集合 1 中已经编组的实体。

【集合 1_未编组】：输出集合 1 中未进行编组的实体。

【集合 2_已编组】：输出集合 2 中已经编组的实体。

【集合 2_未编组】：输出集合 2 中未进行编组的实体。

（4）设置：

【扩展属性 1】：指定集合 1 中实体的属性字段名。

【扩展属性 2】：指定集合 2 中实体的属性字段名。

【保存文件路径】：设置已经编组的实体信息所存储的".txt"格式文件名和存储路径。

12. 线相交打断（IntersectLineBreak）（附图 3.59）

附图 3.59　线相交打断

（1）功能：将输入线实体在与参考线实体的交点处打断，但不打断自相交线实体。

（2）输入端：

【打断对象】：输入要在交点处打断的线实体集合。

【参考对象】：输入与打断对象相交的参考线实体集合。

（3）输出端：

【输出集合】：输出打断后的线实体。

【输出打断交点】：输出打断处的交点位置。

（4）设置：【内部运算】：设置是否打断"打断对象"集合内部的相交线实体。

13. 不规则接边拼接（IrregularEdgeMatchJoiner）（附图 3.60）

附图 3.60　不规则接边拼接

（1）功能：对分界线处符合设置条件的图形要素进行接边处理，处理后可输出拼接点及不符合接边条件的实体。

（2）输入端：

【输入集合】：输入需要进行不规则接边拼接操作的数据集合。若全图拼接直接输入图面上全部数据。

【分界线集合】：输入作为接边界线的线实体。

（3）输出端：

【没有匹配的实体】：输出符合拼接阈值，但分界线另一侧没有拼接对象的实体。

【编码不匹配实体】：输出符合拼接阈值，但编码不匹配的实体。

【扩展属性不匹配实体】：输出符合拼接阈值，但拓展属性值不匹配的实体。

【穿越分界线实体】：输出大于设置分界线穿越厚度值，且穿越了分界线的实体。

【中心在分界线上】：输出中心在分界线上的实体。

【大于拼接阈值的点】：输出在设置检查范围内，但大于拼接阈值的点实体。

【拼接点】：输出进行拼接的点位置。

（4）设置：

【实体丢弃】：指定输入实体中不参与不规则接边修复的实体。

【分界线扩宽宽度】：设置分界线两边搜索实体的范围值，即只检查此值范围内的实体，并进行拼接处理。

【分界线穿越厚度】：设置穿越分界线阈值，线实体穿过分界线的长度大于此值时，判定此线为穿越了分界线。

【两点拼接阈值】：设置要进行拼接的阈值，两线实体端点距离在阈值范围内时进行拼接操作。

14. 不规则接边修复（irregularEdgeMatchRepair）（附图 3.61）

附图 3.61 不规则接边修复

（1）功能：以分界线集合中线实体作为接边界线，对两侧线实体进行不规则接边修复操作，但接边修复只是将分界线两侧线实体端点拉到一起，并不进行实体的拼接或融合。

（2）输入端：

【输入集合】：输入需要进行不规则接边操作的线实体集合。

【分界线集合】：输入作为不规则接边修复边界线的线实体集合。

（3）输出端：

【修复的点】：输出不规则接边修复后生成的分界线接边点坐标。

【大于修复阈值的点】：输出大于修复阈值而未处理的点实体。

【没有匹配的点】：输出符合修复阈值，但分界线另一侧没有匹配对象的点实体。

【编码不匹配的点】：输出符合修复阈值，但编码不匹配的点实体。

【拓展属性不匹配的点】：输出符合修复阈值，但分界线两侧实体拓展属性不匹配的点实体。

【在分界线上的实体】：输出在分界线上的点实体。

【穿越分界线的点】：输出穿越分界线处的点实体。

（4）设置：

【分界线扩宽宽度】：设置分界线两边搜索实体的范围，即只检查在此范围内的实体，并进行接边处理。

【穿越分界线阈值】：线实体穿过分界线的长度大于此值时，判定此线为穿越分界线。

【两点修复阈值】：分界线两边线实体判定为同一实体类型时，两个端点间距离的最大限值。

【是否检查扩展属性匹配】：设置拼接修复时检查拼接实体扩展属性是否匹配。

【实体丢弃】：指定输入实体中不参与接边修复的实体编码。

15. 线缝隙连接（LineConnect）（附图 3.62）

附图 3.62 线缝隙连接

（1）功能：连接编码相同，且满足设置要求的线实体。操作将多条线缝合成一条线，并输出新生成的那段缝合线位置、缝合后线实体和未参与缝合的线实体。

（2）输入端：【线集合】：输入要进行缝合的线实体集合。

（3）输出端：

【缝合的线段】：输出新生成的缝合线位置。

【缝合后的线】：输出缝合后的线实体。

【未参与的线】：输出未参与缝合的线实体。

（4）设置：

【是否考虑高程】：设置缝合过程中是否考虑线实体的高程，若选"是"，则只有高程相同的线实体才进行缝合。

【是否考虑扩展属性】：设置缝合过程中是否考虑输入线实体的扩展属性，若选"是"，则要求扩展属性也要完全相同的线实体才进行缝合。

【角度区间】：当连接缝合线段两端点的缝合线段，与被缝合的两条线段夹角在设置区间内，方可进行缝合。

① 填写"179-180"，要求被缝合的两条线段方向趋于一致，才可以连接；

② 填写"0-180"，只要两个端点距离符合要求，则直接连接。

【豁口最大距离】：设置可缝合线实体两端点最大距离限值（米），只有两个端点距离在此范围内才进行缝合。

16. 线向线面停靠（LineDockToLine）（附图 3.63）

附图 3.63　线向线面停靠

（1）功能：以停靠线上实体节点为中心设置搜索半径，将线节点靠向最近被停靠线或面实体，并输出停靠后的线实体和发生停靠的节点位置。

（2）输入端：

【停靠线集合】：输入要进行停靠的线实体集合。

【被停靠线/面集合】：输入停靠线节点要靠向的线或面实体集合。

（3）输出端：

【被修改线】：输出停靠后的线实体。

【被修改的节点】：输出发生停靠的节点位置。

（4）设置：

【参与节点】：选定停靠线实体上可参与停靠的节点，有三个选项：首尾节点、所有节点、除首尾节点外全部节点。

【停靠半径】：设置停靠线节点的搜索半径，在此半径范围内搜索被停靠线或面实体。

17. 线向点停靠（LineDockToPt）（附图 3.64）

附图 3.64　线向点停靠

（1）功能：以线实体节点为中心，设置搜索半径，将节点向搜索半径内最近的点实体停靠。

（2）输入端：

【停靠线集合】：输入要进行停靠的线实体集合。

【被停靠点集合】：输入停靠线节点要靠向的点实体集合。

（3）输出端：

【被修改线】：输出进行了线向点停靠的线实体。

【停靠的节点】：输出发生停靠的节点位置。

（4）设置：

【参与节点】：选定停靠线实体上可参与停靠的节点，有两个选项：首尾节点、所有节点。

【停靠半径】：设置停靠线节点的搜索半径，在此半径范围内搜索点实体，将节点向其中最近的点实体进行停靠。

18. 合并至相邻面（MergeAdjacentSurface）（附图 3.65）

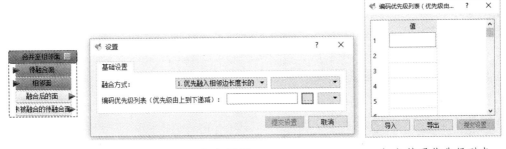

（a）操作界面　　　　　　（b）设置　　　　　（c）编码优先级列表

附图 3.65　合并至相邻面

（1）功能：根据设置的融合方式，将待融合面实体合并到相邻面实体中，合并后的面实体属性继承相邻面实体的属性。

（2）输入端：

【待融合面】：输入待融合的面实体集合。

【相邻面】：输入与待融合面相邻的面实体集合。

（3）输出端：

【融合后的面】：输出合并后的面实体。

【未被融合的待融合面】：输出未参与合并的待融合面实体。

（4）设置：

【融合方式】：设置当待融合面实体有多个相邻面实体时，选择与相邻面实体合并的最优方式，iData 提供两种融合方式：

① 优先融入相邻边长度长的：选择相邻边长度较长的相邻面实体进行合并；

② 优先融入编码优先级高的：根据【编码优先级列表】选择编码优先级较高的相邻面进行合并。

【编码优先级列表（优先级由上到下递减）】：设置相邻面实体的编码优先级，设置只有当【融合方式】为"优先融入编码优先级高的"时才有效。

19. 线节点融合（NodeSnapper）（附图 3.66）

附图 3.66　线节点融合

（1）功能：根据设置的节点融合方式，被融合节点（融合时移动的节点）与搜索范围内参与节点（不移动）进行融合，并输出被融合节点所在的线实体。

（2）输入端：

【线集合】：输入要进行线节点融合的线实体集合。

【需移动的节点】：输入节点融合时位置更改的节点集合。

【不能移动的节点】：输入节点融合时位置不能更改的节点集合。

（3）输出端：【被修改要素】：输出被融合节点所在线实体。

（4）设置：

【融合方式】：iData 提供五种不同的融合方式：

① 改变面积大者权重：节点在封闭线实体或面实体边界上时，选择融合后面积变化小的节点移动方式。

② 改变长度大者权重：选择融合后长度变化小的节点移动方式。

③ 线实体上节点密集者权重：节点稀疏线实体上节点，向节点密集线实体上节点移动融合。

④ 线实体上边多者权重：若两节点间线段视为边，则边少的线实体上节点，向边多的线实体上节点靠拢融合。

⑤ 节点间距长者权重：节点间距离短的线实体上节点，向节点间距长的线实体上节点靠拢融合。

【参与节点】：可选择"所有节点"或"线首尾节点"参与线节点融合。

【被融合节点】：有三种节点以供选择：

① 所有节点：线实体上的所有节点都可以被融合。

② 仅悬挂节点：只有输入线实体的首尾端点才能被融合。

③ 孤立节点：只有输入线实体上的孤立点才能被融合，这里孤立节点是指不予线实体连接的节点。

【捕捉宽度】：设置两节点间的最小距离限值。

20. 双线地物构面（PlaneStructorDbLine）（附图 3.67）

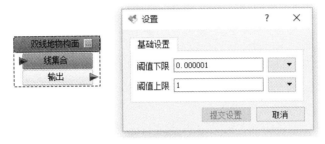

附图 3.67　双线地物构面

（1）功能：将满足设置间距范围的平行线实体，作为构面的两条边线形成封闭面，并输出封闭面的位置。若后面连接【向图面生成实体】元规则，并指定面实体编码和数据源，即可在指定数据源中生成指定编码的面实体。

（2）输入端：【线集合】：输入需要构面的平行线实体。

（3）输出端：【输出】：输出完成构面的面实体边界线拐点坐标。

（4）设置

【阈值下限】：设置双线地物构面时平行线宽度最小限值。

【阈值上限】：设置双线地物构面时平行线宽度最大限值。

21. 切割构面（PlaneStructorDiv）（附图 3.68）

附图 3.68　切割构面

（1）功能：对输入线集合围成的闭合面进行筛选，输出最小封闭区域边界。若后面连接【向图面生成实体】元规则，并指定面实体编码和数据源，即可在指定数据源中生成指定编码的面实体。

（2）输入端：【线集合】：输入参与切割构面的线实体和面实体。

（3）输出端：【边界输出】：输出最小封闭区域的边界。

（4）设置：

【切割模式】：设置在切割构面的过程中是否执行扣岛操作，若要在切割构面的过程中执行扣岛，则在输入线集合中，要包含围成岛的实体。

22. 两集合间构面（PlaneStructorSets）（附图 3.69）

附图 3.69　两集合间构面

（1）功能：对构面对象和辅助对象进行构面操作，并对所构成封闭区域（范围面）进行筛选，仅将至少有一条边属于构面对象集合中线实体的范围面输出。若后面连接【向图面生成实体】元规则，并指定面实体编码和数据源，即可在指定数据源中生成指定编码的面实体。

（2）输入端：

【构面对象】：输入参与构面的线实体或面实体对象。

【辅助对象】：输入参与构面的辅助线实体或面实体对象。

（3）输出端：

【边界输出】：输出新构面边界位置。构成的范围面中至少要有一条边线属于构面对象集合中的实体，若范围面全是由辅助实体对象围成则不进行输出。

如附图 3.70 所示，面实体作为构面对象，线实体作为辅助对象进行两集合间构面操作，图中构成的范围面有 5 个，其中 3 号面全由辅助对象构成，其他范围面都至少有一条边属于面实体边界，则系统将 1、2、4、5 号范围面的边界输出。

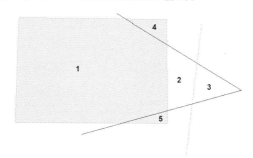

附图 3.70　两集合间构面实例

23. 点实体停靠（PointDockToEnt）（附图 3.71）

附图 3.71　点实体停靠

（1）功能：根据设置的停靠方式，将点实体停靠到附近的参考实体上，并分别输出进行了停靠的点实体和被停靠的参考实体。

（2）输入端：

【点集合】：输入要进行停靠的点实体集合。

【参考集合】：输入被停靠的实体集合，可以是点实体、线实体或面实体。

（3）输出端：

【被停靠实体】：输出被停靠的参考实体。

【停靠点实体】：输出进行了停靠的实体。

（4）设置：

【停靠方式】：iData 提供三种点实体的停靠方式：

① 垂直停靠：垂直于参考实体进行停靠。

② 节点停靠：向参考实体的节点进行停靠。

③ 沿线方向停靠：沿着参考线实体的方向，向线实体最近节点进行停靠。

【初始角度】：设置点实体沿线实体方向停靠时，相对于线方向的旋转角度值。

【停靠半径】：设置点实体停靠的搜索半径，在此范围内搜索停靠参考实体。

24. 点转线（PointToLine）（附图 3.72）

附图 3.72　点转线

（1）功能：【点转线】：元规则在输入的点实体插入点处，沿着点实体的旋转方向，生成指定长度的对应线编码实体，并输出线实体的位置。一般后面接【向图面生成实体】元规则，可将对应线编码的实体生成到图面上。

（2）输入端：【点集合】：输入要在插入点处生成线实体的点实体集合。

（3）输出端：【输出线位置】：输出可生成线实体的位置。

（4）设置：

【点角度】：设置输入点实体的旋转角度扩展属性字段名。若该字段关联了几何属性中的"旋转角度"，则直接使用默认的"#angle"即可。

【点角度方向】：选定输入点实体角度值的旋转方向，表示以逆时针或顺时针方向旋转点实体角度值，作为生成线实体的方向。

【线长度（米）】：设置生成线实体的固定长度值。

【编码对照表】：设置点实体与生成对应线实体的编码对照关系。

注：若【编码对照表】为空，则元规则后接【向图面生成实体】元规则，将在图面上生成 iData 图层的普通线。

25. 面合并（PolygonMerge）（附图 3.73）

附图 3.73　面合并

（1）功能：将符合设置条件的两个同编码，且存在叠盖的面实体合并生成新面；对于不同编码但符合其余条件的面实体可以检查并输出。

（2）输入端：【进行合并的面实体】：输入要进行合并操作的面实体集合。

（3）输出端：

【合并后的面实体】：输出合并操作后生成新面实体。

【参与合并的面实体】：输出参与过合并操作的原面实体。

【未参与合并的实体】：输出没有参加合并操作的面实体。

【可合并属性不同实体】：输出存在叠盖且满足面合并设置条件，但编码不同的实体。

（4）设置：

【叠盖区域最大宽度（米）】：设置叠盖区域允许的最大宽度值（m），叠盖区域最大宽度在该值范围内时可进行面合并操作。

【相交线最小长度（米）】：设置相交线的最小长度值（m），相交线的长度大于设置的相交线最小长度时可进行面合并操作。

【合并原则】：设置合并面的图层、编码、属性条件。有四种原则：

① 合并编码相同、属性相同的面实体。

② 合并编码相同、属性不同的面实体。

③ 合并图层相同、编码和属性不同的面实体。

④ 合并边线重合面实体、允许图层、编码、属性不同。

【面实体合并规则】：设置面合并操作选项：

① 小面合并到大面；

② 按编码或属性优先级合并；

③ 随机。

【优先级判断字段】：当合并规则选择按编码或属性优先级合并时，设置优先级判断的字段名称。

【优先级列表（优先级由上到下递减）】：设置编码或属性优先级的先后顺序。

26. 面擦除（PolygonDiv）（附图 3.74）

附图 3.74　面擦除

（1）功能：消除两个叠盖面的重叠区域。当被擦除面与参考面发生叠盖时，对被擦除面进行切割，删除其叠盖区域。

（2）输入端：

【被擦除面集合】：输入可进行擦除的的面实体。

【参考面集合】：输入与被擦除面做叠盖运算的面实体。

（3）输出端：

【擦除后数据】：输出进行了面擦除后的实体。

【擦除数据】：输出被擦除的叠盖区域。

【擦除不正确区域】：输出进行了面擦除，但却产生拓扑错误的实体。

（4）设置：【加点容差（米）】【核查面积阈值（平方米）】：分别设置面擦除过程中的拓扑处理阈值，一般使用默认值即可。

27. 延长多段线（PolylineExtender）（附图 3.75）

附图 3.75　延长多段线

（1）功能：依据设置的延长方式和类别，将线实体对象以一定的距离或比例进行延长。

（2）输入端：【延长对象】：输入要进行延长的线实体。

（3）输出端：【被延长线实体】：输出被延长了的线实体。

（4）设置：

【延长方式】：提供距离和比例两种延长方式：

① 距离延长：线实体按指定的延长距离进行延长。

② 比例延长：线实体按设置的比例参数进行延长，延长的长度=比例参数×线段的长度。

【延长类别】：提供两端延长和孤立点延长两种不同的类型：

① 两端延长：线实体首尾两端点处进行等长延伸。

② 孤立点延长：仅对线实体首尾两端点中不与其他线实体连接的一端进行延长。

【延长距离或比例】：设置线实体延长的距离或者比例参数。当延长方式为距离延长时，输入延长距离；当延长方式为比例延长时，输入比例参数。

28. 面内符号阵列（PtArrangeInPG）（附图 3.76）

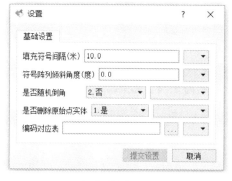

（a）操作界面　　　　　　（b）设置　　　　　　（c）编码对应表

附图 3.76　面内符号阵列

（1）功能：在面实体内部仅存在一个输入点实体或注记实体时，按照设置的填充间隔及随机旋转选项，在面实体内填充点符号。

确定填充点符号的方式有两种：

① 输入点集合为点实体：在输入点集合中，提取当前面实体中的点实体（符号）进行填充。

② 输入点集合为注记实体：在注记内容与点实体"编码对照表"中，设置"注记实体集"中注记对应的点实体编码，以实体编码确定的点实体符号为填充符号。

（2）输入端：【点集合】【面集合】：输入填充点符号的点集合和被填充的面实体集合。

（3）输出端：【异常面】：当面实体内部包含两个以上点实体或注记实体时，面实体将不填充，而是作为异常面输出。

（4）设置：

【填充符号间隔】：设置面内填充点符号的间距。

【是否随机倒角】：设置填充点实体是否随机旋转角度。

【是否删除原始点实体】：设置填充完毕后是否删除面实体内原有的那个点（注记）实体。

【编码对应表】：指定注记内容所对应的点实体编码。

29. 设置特征点（K 或 J）（SetSpecialPointK or J）（附图 3.77）

附图 3.77　设置特征点（K 或 J）

（1）功能：在输入线实体或面实体上，若有节点与输入【节点集合】中节点距离在设置阈值范围内，则把这些线节点设置 K 或 J 特征点，并输出设置了特征点的线或面实体和节点位置。

（2）输入端：

【实体集合】：输入要设置特征点的线实体或面实体。

【节点集合】：输入需设置特征点的节点集合。

（3）输出端：

【被作用实体】：输出设置了特征点的线实体或面实体。

【作用的节点】：输出设置了特征点的节点位置。

（4）设置：

【特征点类型】：选择要设置的特征类型：K 特征点或 J 特征点。

【阈值】：设置【节点集合】中的节点，与【实体集合】中线（面）实体上节点的距离阈值，线（面）实体上小于这个阈值的节点，才设置 K 或 J 特征点。

30. 符号线生成（SymbolGeneration）（附图 3.78）

附图 3.78　符号线生成

（1）功能：根据 iData 的符号模板定义，将地物符号线打散输出到图面上，但原地物符号实体仍然保留。在【辅助编码对照表】中，模板里定义的一个辅助编码符号对应一个实体编码，可生成到图面上，并可通过【属性对照表】进行属性传递。

（2）输入端：【输入】：输入要打散地物符号。

（3）输出端：【输出】：输出生成打散的地物符号。

（4）设置：

【转换模式】：若输入要打散的地物符号在【辅助编码对照表】中没有找到对应编码，设置符号实体的生成方式，iData 提供两种转换模式：

① 转换到默认图层：没有找到对应关系的符号生成到 iData 普通层中；

② 丢弃：没找到对应关系的符号不生成到图面。

【辅助编码对照表】：设置符号模板中实体的主编码、辅助编码和辅助编码符号对应生成的实体编码对应关系。

【属性对照表】：设置原实体与新生成的实体之间，属性传递的对照关系。

【符号是否编组输出】：设置生成的每个符号化实体是否进行编组。

31. 文字转点（TextChangePoint）（附图 3.79）

附图 3.79　文字转点

（1）功能：在注记实体的插入点处生成点实体，并将注记的内容、大小、旋转角度和字体等信息，分别复制到该点实体的对应属性字段中。

（2）输入端：【文字集合】：输入要在插入点处生成点实体的注记实体。

（3）输出端：【输出点集】：输出生成的点实体。

（4）设置：

【文本内容】：设置储存注记内容的点实体属性字段名。

【大小】：设置储存注记大小的点实体属性字段名。

【旋转角度】：设置储存注记实体旋转角度的点实体属性字段名。

【字体】：设置储存文字注记字体属性的点实体属性字段名。

32. 文字转中心点（TextChangePoint）（附图 3.80）

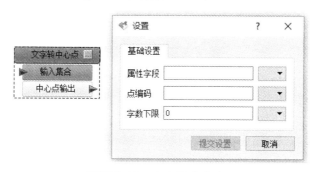

附图 3.80　文字转中心点

（1）功能：根据设置的字数限制条件，在文字注记的外包矩形中心位置，生成指定编码的点实体，并将注记内容复制到该点实体的指定属性字段中。

（2）输入端：【文字集合】：输入要进行文字转点实体属性值的注记实体。

（3）输出端：【中心点输出】：输出生成的中心点实体。

（4）设置：

【属性字段】：指定在生成点实体中存储文字注记的属性字段名。

【点编码】：生成的点实体编码。

【字数下限】：设置输入文字集合中，参与文字转中心点操作的注记实体字数最小值。即字数小于字数下限的文字注记，不能生成中心点实体。

3.7　数据分析

数据分析集合有 12 个元规则，功能是对图面数据提取、排序、分析等，本附录仅介绍其中的 9 个。

1. 获得最近点集（AcquireClosedPoint）（附图 3.81）

附图 3.81　获得最近点集

（1）功能：计算点实体到最近的线实体的垂直距离，输出符合条件的垂足位置。

（2）输入端：

【线集合】：输入参与计算的线实体或面实体集合。

【点集合】：输入参与计算的点实体集合。

（3）输出端：【最近点集】：输出点实体到最近线（面）实体边线，小于设置搜索半径的垂直距离之垂足位置。

（4）设置：【搜索半径】：设置点实体到线或面实体的垂直距离的最大值。

2. 面状地物外包分析（AnalyzePolygonRectangle）（附图 3.82）

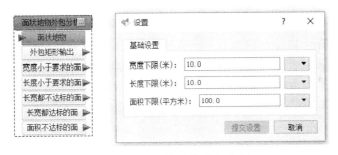

附图 3.82　面状地物外包分析

（1）功能：对输入的面实体的外包矩形进行分析，并输出外包矩形符合指定条件的面实体。

（2）输入端：【面状地物】：输入要进行面状地物外包分析的面实体集合。

（3）输出端：

【外包矩形输出】：输出符合设置要求的面状地物的外包矩形。

【宽度小于要求的面】：输出外包矩形长度达标，且宽度小于指定宽度下限的面实体。

【长度小于要求的面】：输出外包矩形宽度达标，且长度小于指定长度下限的面实体。

【长宽都不达标的面】：输出外包矩形长度、宽度分别小于指定长度、宽度下限的面实体。

【长宽都达标的面】：输出外包矩形长、宽分别大于指定长度、指定宽度下限的面实体。

【面积不达标的面】：输出外包矩形面积小于设置的面积下限的面状实体。

（4）设置：

【宽度下限】：设置面状实体外包矩形的宽度下限值（m）；

【长度下限】：设置面状实体外包矩形的长度下限值（m）；

【面积下限】：设置面状实体外包矩形的面积下限值（m²）。

3. 属性提取（AttributeExposer）（附图 3.83）

附图 3.83　属性提取

（1）功能：提取输入实体的基本属性和几何属性，后接属性运算的相关元规则，可将提取出来的属性进行后续计算操作，如后接【SQL 筛选】元规则进行属性的比较、筛选等，或后接【属性值运算】进行属性值的计算。

（2）输入端：【输入】：输入要进行属性提取的实体。

（3）输出端：【输出】：输出符合提取条件的实体，后接元规则将获取该实体提取的属性。

（4）设置：【选择属性】：选择一个或多个需要提取的实体基本属性或几何属性。

4. 生成单边实体缓冲区（BandBufferCreater）（附图 3.84）

附图 3.84　生成单边实体缓冲区

（1）功能：按指定方式在图面生成输入线实体的缓冲区。

（2）输入端：【输入集合】：输入要进行生成实体单边缓冲区操作的线实体。

（3）输出端：【输出集合】：输出生成的实体缓冲区。

（4）设置：

【缓冲区大小】：设置生成的缓冲区边界到输入线实体边界的实际距离值（m）。

【缓冲区生成方式】：指定实体缓冲区的生成方式，iData 提供以下三种方式：

① 向两边生成：以输入线实体为中心线，向两边生成缓冲区。

② 向左边生成：往输入线实体前进方向的左边生成缓冲区。

③ 向右边生成：往输入线实体前进方向的右边生成缓冲区。

5. 生成实体缓冲区（CreateBufferRegions）（附图 3.85）

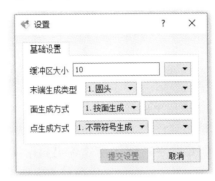

附图 3.85　生成实体缓冲区

（1）功能：按指定方式在图面生成输入实体的缓冲区。

（2）输入端：【输入集合】：输入要进行生成实体缓冲区操作的实体。

（3）输出端：【输出集合】：输出生成的实体缓冲区。

（4）设置：

【缓冲区大小】：设置生成的缓冲区边界到实体边界的实际距离值（m）。

【末端生成类型】：指定生成的缓冲区顶点处的类型，iData 提供圆头、方头、无三种选项。

【面生成方式】：指定生成缓冲区的方式，iData 提供以下两种选项：

① 按面生成：将需要生成缓冲区的实体当作面实体，处理多部分实体时，每个部分生成各自的缓冲区后再合并。

② 按线生成：将需要生成缓冲区的实体当作线实体，总体一次生成缓冲区。

【点生成方式】：指定点实体缓冲区的生成方式，iData 提供以下两种方式：

① 不带符号生成：点实体在生成缓冲区时只考虑点实体的定位点，不考虑符号部分，生成椭球型的缓冲区。

② 带符号生成：点实体在生成缓冲区时既考虑定位点也考虑符号部分，根据点的外包生成缓冲区。

6. 求最小外包矩形（MiniBoundingRect）（附图 3.86）

附图 3.86　求最小外包矩形

（1）功能：计算输入实体的最小外包矩形，并输出外包矩形范围。

（2）输入端：【输入集合】：输入要计算最小外包矩形的实体。

（3）输出端：【输出外包】：输出实体的最小外包矩形范围。

8. 坐标排序（SortByXY）（附图 3.87）

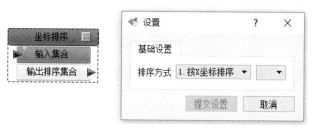

附图 3.87　坐标排序

（1）功能：根据设置的坐标排序方式，对实体进行坐标排序，并依次输出排序后的实体。

（2）输入端：【输入集合】：输入要进行坐标排序的实体。

（3）输出端：【输出排序集合】：依次输出坐标排序后的实体。

（4）设置：【排序方式】：iData 提供两种不同的坐标排序方式：

① 按 X 坐标排序：根据输入实体的 X 坐标从小到大排列；

② 按 Y 坐标排序：根据输入实体的 Y 坐标从大到小排列。

9. 排序器（Sorter）（附图 3.88）

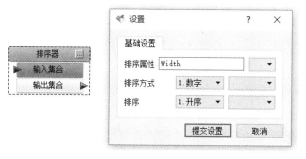

附图 3.88　排序器

（1）功能：对设置的排序属性字段值，按照数字或字母的排列顺序，进行升序或降序输出。

（2）输入端：【输入集合】输入要进行属性值排序的实体。

（3）输出端：【输出集合】输出排序后的实体，按升序或降序依次顺序输出。

（4）设置：

【排序属性】：设置要进行值大小排序的属性字段名。

【排序方式】：选定属性值是按字母大小排序，还是按数字大小排序。

【排序】：确定输出实体顺序是按属性值由小到大（升序）排列，还是从大到小（降序）排列。

3.8　属性操作

属性操作集合有 25 个元规则，功能是执行实体属性修改、添加、写入、删除等基本属性操作，本附录仅介绍其中的 14 个。

1. 线向线属性转换（ArrLineToLine）（附图 3.89）

（a）操作界面　　　　　（b）设置　　　　　　（c）属性对照表

附图 3.89　线向线属性转换

（1）功能：按照设置的要求，将一个线实体指定属性字段的值，赋给另一个线实体的指定属性字段。

（2）输入端：

【源目标实体】：输入要给其他线实体赋属性值的线实体集合。

【目标实体】：输入要修改属性值的线实体集合。

（3）输出端：【输出集合】：输出进行了属性字段赋值的目标实体。

（4）设置：

【搜索半径】：设置依次从线实体各个节点搜索相邻线实体的最大距离，仅在此距离范围内搜索最近的目标线实体。

【源字段名】：设置源目标实体的属性字段名。

【目标字段名】：设置目标实体的属性字段名。

【编码对照表】：设置源目标实体指定属性字段名，与目标实体指定属性字段名的对应关系。若为空，则表示直接将源字段中的值复制到目标相同字段中。

2. 属性值运算（ArrOperate）（附图 3.90）

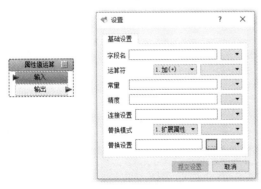

（a）元规则　　　　　（b）设置　　　　　　（c）替换设置

附图 3.90　属性值运算

功能：对输入实体的指定属性值按照设置方式进行运算集合。

（2）输入端：【输入】：输入要进行属性值运算操作的实体集合。

（3）输出端：【输出】：输出进行了属性值运算的实体集合。

（4）设置：

【字段名】：指定要进行运算的属性字段名，运算结果重新赋值给该字段。

【运算符】：选择运算符，属性值将按选定的运算方式进行计算，元规则提供 7 种运算方式：

① 加（＋）：原属性值加上【常量】值。

② 减（－）：原属性值减去【常量】值。

③ 乘（＊）：原属性值乘以【常量】值。

④ 除（／）：原属性值除以【常量】值。

⑤ 连接：选择该运算方式时，一定要在【连接设置】中输入连接表达式。

⑥ 替换：选择该运算方式时，一定要在【替换设置】中输入替换表达式。

⑦ 被减（－）:【常量】值减去原属性值。

【常量】：设置参与运算的常量值。

【精度】：指定运算后属性字段值要保留的精度，如果要保留一位小数，输入 0.1，依次类推。

【连接设置】：当运算符为"连接"时才有效，输入方式为："字符串 1"&&@指定字段原属性值&"字符串 2"。例如：输入实体的两个属性字段名分别为"MC"（属性值为"池塘"）和"BZ"（属性值为"水池"),【字段名】中输入"BZ",【连接设置】中输入"123&&@MC&456"，执行完后，"BZ"的属性值为"水池 123 池塘 456"。

【替换模式】【替换设置】：运用这一功能，运算符需要选择"替换"，而替换模式若选择"扩展属性"则【字段名】设置无效。按照上述设置，可分别对实体扩展属性或继承属性，按照"替换设置"列表中的对应关系进行替换。具体替换方式为：在"替换字段"对话框重，分别设置"替换前""替换后"属性值[附图 3.90（c）]。替换还可设置多组对应关系，对同一个字段的不同属性值进行重新赋值，也可对不同的字段进行重新赋值。

注：运算符为"替换"时，【替换设置】列表中的"替换前"属性值可为完整属性值中的部分字符，即只要"替换字段"的属性值包含这部分字符，便可对这一属性值进行替换。

3. 点向线属性转换（ArrPtToLineReg）（附图 3.91）

附图 3.91　点向线属性转换

（1）功能：在点集合中搜索与线集合中线实体重叠的点实体或注记实体，并将点（注记）实体指定属性字段的值，复制到重叠线实体的指定属性字段中。

（2）输入端：

【点集合】：输入参与点向线属性转换的点实体或注记实体集合。

【线集合】：输入参与点向线属性转换的线实体集合。

（3）输出端：【输出集合】：输出进行了属性赋值的线实体。

（4）设置：

【源字段名】：设置参与属性转换之点实体属性字段名。

【目标字段名】：设置参与属性转换之线实体属性字段名。

点向点属性转换（ArrPtToPt）（附图 3.92）

（a）元规则　　　　　　（b）设置　　　　　　（c）编码转换表

附图 3.92　点向点属性转换

（1）功能：按照设置条件，将一个点实体的属性字段的值，赋给另一个点实体的属性字段。

（2）输入端：

【参考点集合】：输入要给其他点实体赋属性值的点实体集合。

【点集合】：输入要修改属性值的点实体集合。

（3）输出端：【输出】：输出点集合中进行了属性字段赋值的实体。

（4）设置：

【模式】：指定【点集合】中的实体之间是否进行属性转换：

① 集合内运算：【点集合】中的实体相互之间进行属性值的转换；

② 集合内不运算：仅将【参考点集合】中点实体属性字段值，赋给【点集合】中点实体属性字段。

【搜索半径】：以【参考点集合】中点实体为圆心设置搜索半径，在此范围内搜索最近的【点集合】中的实体。

【源字段名】：设置【参考点集合】中复制属性值的点实体属性字段名。

【目标字段名】：设置【点集合】中实体要赋值的属性字段名。

【编码转换表】：设置参考点集合中点实体属性字段名，与点集合中点实体属性字段名的对应关系。若不设置空，则表示直接将源字段中的值复制到目标字段中。

5. 属性刷（AttriBrush）（附图 3.93）

（a）操作界面　　　　　　（b）设置　　　　　　（c）属性值对照表

附图 3.93　属性刷

（1）功能：按照设置条件，对实体指定属性字段批量输入属性值。

（2）输入端：【输入集合】输入要进行批量属性值输入或更新的实体集合。

（3）输出端：【输出集合】输出已经输入或更新属性值的实体集合。

（4）设置：

【模式】：属性刷有三种不同的执行模式：

① 按编码转换：在指定的属性字段中，对不同编码的实体设置不同的属性值；

② 按图层转换：在指定的属性字段中，对不同图层的实体设置不同的属性值；

③ 按属性转换：将实体中参照属性字段中的属性值，复制到转换属性字段中。

【参照属性字段名】：只有当【模式】选项为"按属性转换"时，才需输入参照属性字段名。

【转换属性字段名】：设置要输入属性值的属性字段名。

【属性值对照表】：设置编码与属性值、图层与属性值、参照属性字段属性值与转换属性字段属性值的对应关系。

注：当【模式】选择"按编码转换"时，"属性值对照表"中的"参照属性值"列，输入指定属性字段值赋值的实体编码；当【模式】为"按图层转换"时，"属性值对照表"中的"参照属性值"列，输入指定属性字段赋值的实体图层名；当【模式】为"按属性转换"时，"属性值对照表"中的"参照属性值"列，设置为复制到指定的属性字段的属性值。

6. 点向面属性转换（AttriCopierFromPt）（附图 3.94）

（a）元规则　　　　　　　（b）设置　　　　　　　（c）编码转换表

附图 3.94　点向面属性转换

（1）功能：在输入的点集合和面集合中，搜索位于面实体内部的点实体，并根据该点实体的编码或指定属性字段的值，确定对应外部面实体的编码或指定属性字段值。

（2）输入端：【点集合】输入参与"点向面属性转换"操作的点实体或注记实体集合。

（3）输出端：【面集合】输入参与"点向面属性转换"操作的面实体集合。

（4）设置：

【源字段名】：指定点集合中点实体源属性字段名。

【目标字段名】：指定面集合中面实体目标属性字段名。

【编码转换表】：输入面实体内点实体源属性字段名和面实体目标属性字段属性值。如要通过面实体上点实体的编码识别面实体的编码，则源属性字段名和目标属性字段名都填"#code"，编码转换表中依次输入点实体编码和面实体编码；如要通过面上点实体的类型（假设字段名为 LX）确定所在面实体的类型，则源属性字段名和目标属性字段名分别填"LX"，编码转换表[附图 3.94（c）]中依次输入点实体的类型值和所在面实体的类型值。

【是否追加】：当要将点实体的注记内容转换到所在面实体的属性字段中时，若注记内容为多行文字，选择"是"则判断是否对其进行合并，并输入到面实体属性字段中。

注：当编码转换表为空时，则表示直接将源字段名中的属性值复制到目标字段名中。

7. 属性表属性值运算（AttTableArrOperate）（附图 3.95）

附图 3.95　属性表属性值运算

（1）功能：对继承属性字段中的值统一加、减、乘、除一个设置的常量值。

（2）输入端：【输入】：输入要进行继承属性值运算的实体集合。

（3）输出端：【输出】：输出进行了继承属性值运算的实体集合。

（4）设置：

【字段名】：指定要进行运算的继承属性字段名。

【运算符】：指定"+""－""*""/"其中一种运算符。

【常量】：指定继承属性字段值统一加、减、乘、除的常量值。

【精度】：指定运算后属性字段值要保留的精度，如果要保留一位小数，输入 0.1，依次类推。

8. 面向点线属性转换（ChangePolygonAttribute）（附图 3.96）

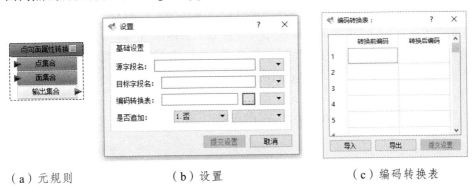

（a）元规则　　　　　　　　（b）设置　　　　　　　　（c）编码转换表

附图 3.96　面向点线属性转换

（1）功能：筛选【点线集合】位于【面集合】面实体内部的点实体或线实体，根据面实体的编码或指定属性字段的值，确定点实体或线实体的编码或指定属性字段值。

（2）输入端：

【面集合】：输入参与面实体向点线实体属性转换的面实体集合。

【点线集合】：输入参与面实体向点线实体属性转换的点实体或线实体集合。

（3）输出端：【输出集合】：输出进行了属性赋值的【点线集合】中的点或线实体。

（4）设置：

【检测方式】：iData 提供三种检测点或线实体在面实体内部的方式：

① 插入点：点实体的插入点在面实体内部，或线实体的首节点在面实体的内部；

② 中心点：点或线实体的外包矩形中心点在面实体内部；

③ 外包矩形：点或线实体的外包矩形在面实体内部或与面实体边线相交。

【源字段名】：设置参与属性转换的【面集合】中的面实体属性字段名。

【目标字段名】：设置参与属性转换的【点线集合】中的点线实体属性字段名。

【编码转换表】：设置源字段名与目标字段名的属性值对应列表。若为空表示直接将源字段中的值复制到目标字段中。

9. 线填充点编号（LineNumbering）（附图 3.97）

附图 3.97　线填充点编号

（1）功能：将线实体首尾节点处的点实体编号作为其属性值，写入指定线实体初始属性字段和终止属性字段。

（2）输入端：【输入】输入要进行线填充点编号操作的线实体集合。

（3）输出端：【输出】输出对初始和终止属性字段赋值后的线实体集合。

（4）设置：

【点编号属性字段】：指定线实体首尾节点处点实体储存点编号的属性字段名。

【线初始属性字段】：指定线实体储存首节点处点实体编号的属性字段名。

【线终止属性字段】：指定输入线实体储存尾节点处点实体编号的属性字段名。

【查找半径】：输入半径值，以线首尾节点为中心，在半径范围内搜索线实体首尾节点处的点实体。

10. 多个属性写入（MulAttWritr）（附图 3.98）

（a）元规则　　　　　（b）设置　　　　　　（c）属性对照表

附图 3.98　多个属性写入

（1）功能：批量给输入实体的多个不同的属性字段赋值。

（2）输入端:【输入实体】输入要进行属性赋值的实体集合。

（3）输出端:【生成实体】输出进行了属性赋值的实体集合。

（4）设置:【属性对照表】设置不同属性字段分别赋值不同内容的对照表。

11. 打印坐标（PrintCoordinate）（附图 3.99）

附图 3.99　打印坐标

（1）功能：将输入实体的节点坐标，按照设置写入实体扩展属性字段中。

（2）输入端:【输入数据】输入要将节点坐标写入扩展属性字段的实体集合。

（3）输出端:【输出】输出扩展属性字段中写入了节点坐标的实体集合。

（4）设置：

【打印字段】：设置要写入节点坐标的实体扩展属性字段名。

【打印格式】：选定节点坐标的存储方式，现提供四种方式：

① x，y，z；

② y，x，z；

③ x，y；

④ y，x。

【坐标值分隔符】：设置 x、y、z 值之间的分隔符号。

【节点坐标分隔符】：设置每个节点坐标值之间分隔符号。

12. 非要求字段置空（SetNullValueToAttribute）

（1）功能：根据输入数据的 iData 符号化模板里的设置，将不需要属性赋值的非空字段置为空值。或者说将实体在属性面板中不显示的属性字段值清除。

（2）输入端:【输入数据】：输入要进行非要求字段置空操作的实体。

（3）输出端:【输出】：输出进行了属性置空操作的实体。

13. 拆分字符至属性（SplitStrToArr）（附图 3.100）

附图 3.100　拆分字符至属性

（1）功能：将输入实体的指定属性字段值，按照指定字符或字符个数或部分字符进行拆分，然后将拆分的每一部分字符分别赋给其他指定的属性字段，并输出进行了属性值拆分和赋值的实体。

（2）输入端：【输入】：输入要进行属性值拆和属性赋值的实体集合。

（3）输出端：【输出】：输出已进行属性拆分和属性赋值的实体集合。

（4）设置：

【选择方式】：指定拆分字符的方式，有三种选择：

① 按字符个数拆分：将输入实体指定属性字段值，按照设置的字符个数进行拆分；

② 按拆分字符拆分：以输入实体指定属性字段值内容中所包含的某个字符，作为分隔符进行拆分；

③ 截取部分字符：根据【字符个数】中设置的字符个数，截取输入实体指定属性字段值的部分内容。

【拆分字符】：设置进行拆分的分隔符，只有当【选择方式】为“按拆分字符拆分”时本设置才有效。

【获取字符的属性字段】：指定实体注记内容存储的属性字段名。

【扩展属性列表】：按顺序依次输入各拆分字符串存储的属性字段名。

【字符个数】：当【选择方式】为“按字符个数拆分”或“截取部分字符”时才有效。

① 当【选择方式】为“按字符个数拆分”，表示拆分的每一部分字符串中所包含的字符个数；

② 当【选择方式】为“截取部分字符”，在【字符个数】处填写需要截取的字符所处位置，参数填写格式：

　　　　“L:1-3”表示截取从左数第一位至第三位字符；

　　　　“L:2-”表示从左数第二位到最后一位；

　　　　“R:2-3，5-”表示从右数第二位到第三位以及第五位到最后；

　　　　“R:1-1”表示截取从右数第一位。

即以 L 或 R 开头，分别表示从左数和从右数，冒号后表示截取的位数，以短横线分割其字符位数和终止字符位数。

注：若【扩展属性列表】中，属性字段名有重复的，则表示可覆盖之前的属性值，保留最后一次的赋值；当按字符个数进行拆分时，最后一个字符串字符数可以少于设置值。

14. 属性表属性写入实体 （WriteAttToEnt）（附图 3.101）

附图 3.101　属性表属性写入实体

（1）功能：将继承属性字段中的值依次赋到输入实体的指定扩展属性字段中。

（2）输入端：【输入】：输入要进行扩展属性字段赋值的实体集合。

（3）输出端：

【写入成功】：输出赋值成功的实体集合。

【写入失败】：输出未赋值的实体集合。

（4）设置：

【属性表字段名】：设置继承属性字段名。

【实体字段名】：设置要进行赋值的实体扩展属性字段名。

3.9　数据输出

数据输出集合内现有 7 个元规则，功能是按设置将数据以不同方式输出，本附录仅介绍其中的 6 个。

1. 二维表拷贝（2dTableCopier）（附图 3.102）

（a）操作界面　　　　　　（b）设置　　　　　　（c）拷贝对照表

附图 3.102　二维表拷贝

（1）功能：将当前 MDB 数据源中的二维表拷贝到临时数据库中。

（2）输出端：【输出数据】：输出临时数据库中拷贝出来的数据表。

（3）设置：【拷贝对照表】：设置要拷贝的二维表表名和临时数据库中对应数据表的表名。

2. 统计编码（CountCode）

（1）功能：统计数据中的实体编码，并将结果保存在指定路径下的文本文件中。

（2）输入端：【输入数据】：输入要进行编码统计的实体集合。

（3）设置：【保存文件路径】：指定统计结果的保存路径和文本文件名。

3. 向 DGN 图面生成实体（DgnEntCreator）（附图 3.103）

附图 3.103　向 DGN 图面生成实体

（1）功能：给临时实体赋予编码、线型和颜色号，生成实体并输出到指定 DGN 数据源中。

（2）输入端：【输入实体】：输入临时实体集合。

（3）输出端：【生成实体】：输出有编码、线型和颜色号属性的实体到图面上指定的 DGN 数据源中。

（4）设置：

【编码】：设置生成并输出到指定 DGN 数据源中实体的编码。

【线型】：设置生成并输出到指定 DGN 数据源中实体的线型。

【颜色号】：设置生成并输出到指定 DGN 数据源中实体的颜色号。

【数据源】：指定图面上的 DGN 数据源，生成的实体将输出到该数据源。0 表示当前数据源，1 表示第一个数据源，2 表示第二个数据源，依次类推。

4. 向图面生成实体（EntCreator）（附图 3.104）

附图 3.104　向图面生成实体

（1）功能：给临时实体赋予一个实体编码，并将其输出到指定的 MDB 数据源中。

（2）输入端：【输入实体】输入临时实体集合。

（3）输出端：【生成实体】输出有编码属性的实体到图面上指定的 MDB 数据源中。

（4）设置：

【编码】：设置要输出到指定 MDB 数据源中实体的编码。若编码为空，则默认输入实体编码。

【数据源】：在图面上指定的 MDB 数据源，生成的实体将保存在此数据源中。0 表示当前数据源，1 表示第一个数据源，2 表示第二个数据源，依次类推。

5. 列表输出（ListOutputer）（附图 3.105）

附图 3.105　列表输出

（1）功能：将数据集合按照设置的格式在"数据浏览"窗口中以列表形式输出。

（2）输入端：【输入集合】输入要在列表中输出的数据集合。

（3）设置：

【名称】：设置输入数据在"数据浏览"窗口中显示的数据名称。

【内容】：设置"数据浏览"窗口列表中每条记录的第一列显示内容。

【类型】：设置"数据浏览"窗口的列表中每条记录的第二列显示内容。

【是否显示继承属性】：设置在"数据浏览"窗口列表中每条记录的第二列之后是否分列显示输入集合的继承属性值。

【是否分组输出】设置所有数据是否以一条记录显示在"数据浏览"窗口中。

6. 报表生成（ReportGeneration）（附图 3.106）

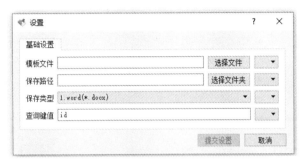

附图 3.106　报表生成

（1）功能：通过调用 fastreport 模板文件输出报表。

（2）输入端：【输入集合】：输入需要参与报表输出的实体以及输出属性表。

（3）设置：【模板文件】：设置生成报表的模板文件，生成的报表内容及格式都与模板文件一致。

【保存路径】：设置生成报表的存储路径。

【保存类型】：选择生成的报表格式。

【查询键值】：设置属性表主键用于索引。

参考文献

[1]　潘正风，杨正尧，等. 数字化测图原理与方法[M]. 武汉：武汉大学出版社，2004.

[2]　高井祥，肖本林，等. 数字化测图原理与方法[M]. 徐州：中国矿业大学出版社，2001.

[3]　杨德麟，林铸，等. 大比例尺数字测图的原理、方法与应用[M]. 北京：清华大学出版社，1997.

[4]　杨晓明，王军德，等. 数字测图[M]. 北京：科学出版社，2001.

[5]　潘云鹤，董金祥，等. 计算机图形学[M]. 北京：高等教育出版社，2003.

[6]　孙家广，胡事民. 计算机图形学基础教程[M]. 北京：清华大学出版社，2005.